“超材料前沿交叉科学丛书”编委会

国家出版基金项目
NATIONAL PUBLICATION FOUNDATION

超材料前沿交叉科学丛书

异向介质电磁理论及应用

陈红胜　沈　炼　王作佳　著

科学出版社
龍門書局
北京

内 容 简 介

本书以麦克斯韦电磁理论为基础，深入探讨了异向介质的“超常”电磁特性，展示了其在超越自然材料电磁性能极限方面的潜力，聚焦其在电磁场与电磁波的实际应用。全书共6章，涵盖了异向介质的电磁理论基础、异向介质中的电磁波、异向介质的电磁散射、异向介质的电磁隐身、异向介质的电磁辐射，以及异向介质的电磁表征和应用。本书所涉及的是相关领域前沿科学研究的最新进展，从麦克斯韦电磁理论出发，并附有大量设计案例，循序渐进地帮助读者理解异向介质的重要性。

本书可供从事异向介质器件设计与开发的科研人员和工程技术人员参考，也可作为高等院校电磁场与微波技术、电路与系统、物理电子学、微电子学与固体电子学等相关专业高年级本科生、研究生及教师的参考书。

图书在版编目(CIP)数据

异向介质电磁理论及应用 / 陈红胜, 沈炼, 王作佳著. -- 北京 : 龙门书局, 2024. 12. -- (超材料前沿交叉科学丛书). -- ISBN 978-7-5088-6463-1

I. O441

中国国家版本馆 CIP 数据核字第 2024AL3567 号

责任编辑：陈艳峰　郭学雯／责任校对：彭珍珍
责任印制：张　伟／封面设计：无极书装

科学出版社
龍門書局 出版
北京东黄城根北街 16 号
邮政编码：100717
http://www.sciencep.com
北京建宏印刷有限公司印刷
科学出版社发行　各地新华书店经销
*
2024 年 12 月第　一　版　开本：720×1000　1/16
2024 年 12 月第一次印刷　印张：18 1/4
字数：365 000

定价：158.00 元

(如有印装质量问题，我社负责调换)

丛 书 序

酝酿于世纪之交的第四次科技革命催生了一系列新思想、新概念、新理论和新技术，正在成为改变人类文明的新动能。其中一个重要的成果便是超材料。进入 21 世纪以来，“超材料”作为一种新的概念进入了人们的视野，引起了广泛关注，并成为跨越物理学、材料科学和信息学等学科的活跃的研究前沿，并为信息技术、高端装备技术、能源技术、空天与军事技术、生物医学工程、土建工程等诸多工程技术领域提供了颠覆性技术。

超材料 (metamaterials) 一词是由美国得克萨斯大学奥斯汀分校 Rodger M. Walser 教授于 1999 年提出的，最初用来描述自然界不存在的、人工制造的复合材料。其概念和内涵在此后若干年中经历了一系列演化和迭代，形成了目前被广泛接受的定义：通过设计获得的、具有自然材料不具备的超常物理性能的人工材料，其超常性质主要来源于人工结构而非构成其结构的材料组分。可以说，超材料的出现是人类从“必然王国”走向“自由王国”的一次实践。

60 多年前，美国著名物理学家费曼说过：“假如在某次大灾难里，所有的科学知识都要被毁灭，只有一句话可以留存给新世代的生物，哪句话可以用最少的字包含最多的讯息呢？**我相信那会是原子假说。**”所谓的原子假说，是来自古希腊思想家德谟克利特的一个哲学判断，认为世间万物的性质都决定于构成其结构的基本单元，这一单元就是“原子”。原子假说之所以重要，是因为它影响了整个西方的世界观、自然观和方法论，进而导致了 16—17 世纪的科学革命，从而加速了人类文明的演进。19 世纪英国科学家道尔顿借助科学革命的成果，尝试寻找德谟克利特假说中的“原子”，结果发现了今天我们大家熟知的原子。然而，站在今天人类的认知视野上，德谟克利特的“原子”并不等同于道尔顿的原子，而后者可能仅仅是前者的一个个例，因为原子既不是构成物质的最基本单元，也不一定是决定物质性质的单元。对于不同的性质，决定它的结构单元也是千差万别的，可能是比原子更大尺度的自然结构 (如分子、化学键、团簇、晶粒等)，也可能是在原子内更微观层次的结构或状态 (如电子、电子轨道、电子自旋、中子等)。从这样的分析中就可以引出一个问题：我们能否人工构造某种特殊“原子”，使其构成的材料具有自然物质所不具备的性质呢？答案是肯定的。用人工原子构造的物质就是超材料。

超材料的实现不再依赖于自然结构的材料功能单元，而是依赖于已有的物理学原理、通过人工结构重构材料基本功能单元，为新型功能材料的设计提供了一个广阔的空间——昭示人们可以在不违背基本的物理学规律的前提下，获得与自然材料具有迥然不同的超常物理性质的“新物质”。常规材料的性质主要决定于构成材料的基本单元及其结构——原子、分子、电子、价键、晶格等。这些单元和结构之间相互关联、相互影响。因此，在材料的设计中需要考虑多种复杂的因素，这些因素的相互影响也往往是决定材料性能极限的原因。而将“超材料”作为结构单元，则可望简化影响材料的因素，进而打破制约自然材料功能的极限，发展出自然材料所无法获得的新型功能材料，人类或因此成为“造物主”。

进一步讲，超材料的实现也标志着人类进入了重构物质的时代。材料是人类文明的基础和基石，人类文明进程中最基本、最重要的活动是人与物质的互动。我个人的观点是：这个活动可包括三个方面的内容。(1) 对物质的“建构”：人类与自然互动的基本活动就是将自然物质变成有用物质，进而产生了材料技术，发展出了种类繁多、功能各异的材料和制品。这一过程可以称之为人类对物质的建构过程，迄今已经历了数十万年。(2) 对物质的“解构”：对物质性质本源和规律的探索，并用来指导对物质的建构，这一过程产生了材料科学。相对于材料技术，材料科学相当年轻，还不足百年。(3) 对物质的“重构”：基于已有的物理学及材料科学原理和材料加工技术，重新构造物质的功能单元，进而发展出超越自然功能的“新物质”，这一进程取得的一个重要成果是产生了为数众多的超材料。而这一进程才刚刚开始，未来可期。

20 多年来，超材料研究风起云涌、异彩纷呈。其性能从最早对电磁波的调控，到对声波、机械波的调控，再从对波的调控发展到对流 (热流、物质流等) 的调控，再到对场 (力场、电场、磁场) 的调控；其应用从完美透镜到减震降噪，从特性到暗物质探测。因此，超材料被 *Science* 评为“21 世纪前 10 年中的 10 大科学进展”之一，被 *Materials Today* 评为“材料科学 50 年中的 10 项重大突破”之一，被美国国防部列为“六大颠覆性基础研究领域”之首，也被中国工程院列为“7 项战略制高点技术”之一。

我国超材料的研究后来居上，发展非常迅速。21 世纪初，国内从事超材料研究的团队屈指可数，但研究颇具特色和开拓性，在国际学术界产生了一定的影响。从 2010 年前后开始，随着国家对这一新的研究方向的重视，研究力量逐渐集聚，形成了具有一定规模的学术共同体，其重要标志是**中国材料研究学会超材料分会**的成立。近年来，国内超材料研究迅速崛起，越来越多的优秀科技工作者从不同的学科进入了这个跨学科领域，研究队伍的规模已居国际前列，产生了很多为学术界瞩目的新成果。科学出版社组织出版的这套“超材料前沿交叉科学丛书”既是对我国科学工作者对超材料研究主要成果的总结，也为有志于从事超材料研究和应用的年轻科技工作者提供了研究指南。相信这套丛书对于推动我国超材料的发展会发挥应有的作用。

感谢丛书作者们的辛勤工作，感谢科学出版社编辑同志的无私奉献，同时感谢编委会的各位同仁！

周济

2023 年 11 月 27 日

前　言

异向介质是一种由亚波长单元结构有序或无序排列形成的复合材料，其单元结构等效于自然界中常规介质的原子或分子。异向介质的电磁本构关系可以视为大量单元结构对外加电磁场的宏观响应。通过设计其单元结构和排列方式，可以实现常规介质所不具备的特殊电磁特性。由于异向介质具有“超常”的电磁特性，能够突破常规介质的电磁性能极限，因此可以用于制造具有某些特异功能或优于同类器件性能的新型电磁器件，展现出广阔的应用前景。基于异向介质的多项颠覆性创新研究曾多次入选《科学》杂志评选的年度十大科技突破及关键科学问题。

在短短 20 多年间，异向介质在军事和民用领域中的应用日益广泛，其适用频段也不断扩展，从最初的微波频段逐渐延伸到射频、毫米波、远红外甚至可见光波频段，跨越了 7 个数量级。随着研究的深入，人们对异向介质的理解也日益全面。从起初对其及相关现象的怀疑，到如今各种具有独特性能的异向介质的涌现，这归功于研究人员在理论和实验方面的不懈努力。目前，异向介质仍然处于国内外科学研究的前沿，由此诞生的原理与应用创新也广泛应用于其他领域。近年来，异向介质与量子光学、人工智能、集成电路等前沿技术相融合，继续保持着迅猛的发展势头，有望为生产生活方式的革新提供重要的技术驱动力。

本书是作者在总结近年来关于异向介质电磁理论及其应用研究成果的基础上编写完成的。全书从麦克斯韦方程组出发，探讨异向介质的电磁特性及其应用，涉及电磁散射、隐身、辐射等前沿领域，同时涵盖基本电磁理论和电磁波传播特性等内容。书中重点突出异向介质的“电磁”特性，提供了充足的电磁理论知识，旨在帮助读者为未来研究高级课题做好知识储备。各章节内容和相关知识点，以及穿插的案例，均经过作者精心挑选，确保读者能够从浅入深、由片面到全面地理解异向介质的电磁特性及其在前沿科技中的应用。目前，国内外已出版的关于异向介质（超材料）的书籍虽有不少，但侧重于电磁理论的研究书籍相对较少，多数书籍偏向科普性质。尤其是从麦克斯韦方程组出发，探究基于异向介质的散射、隐身、辐射等前沿领域的书籍更为罕见。因此，编写一本从电磁场与电磁波基本理论出发，以实际应用为导向的书籍，显得尤为必要。

本书共 6 章。第 1 章概述了异向介质的电磁理论基础，简要介绍了异向介质的麦克斯韦理论及其发展历程，讨论了异向介质的本构关系、边界条件和电磁特性。第 2 章探讨了异向介质中的电磁波，以 kDB 坐标系为基础，介绍了电磁波在不同类型异向介质中的传播、反射和透射特性。第 3 章讨论了异向介质的电磁散射，研究了异向介质柱体和球体的散射问题，并在此基础上探讨了不同类型异向介质的超散射现象。第 4 章简要介绍了异向介质的电磁隐身，包括电磁隐身的基本概念、坐标变换理论模型及其在电磁隐身中的应用，并进一步提出了电磁隐身的散射模型。第 5 章涉及异向介质的电磁辐射，系统地推导了偶极子天线辐射、切连科夫辐射和渡越辐射的理论，并研究了不同类型异向介质中的电磁辐射现象。第 6 章讨论了异向介质的电磁表征和应用，从等效电路理论、等效介质理论、转移矩阵理论和对称性分析理论等多个角度展开，并介绍了各种不同类型的异向介质及其应用。

在本书编写过程中，林晓博士、钱超博士、郑斌博士、杨怡豪博士等给予了无私帮助，研究生陈佳林、张新岩、韩银涛、华逸飞、陈敏、秦子健、黄敏、钟雨含、李瑞琛、陈若曦、龚政等也在排版和校对等方面提供了大力协助。对于以上所有在本书出版过程中给予帮助的人员，作者在此表示衷心感谢。本书内容涉及的研究工作得到了国家自然科学基金、浙江省自然科学基金等多个项目的支持，并获得了国内外异向介质研究领域专家和同行的长期关注与帮助。作者借此机会特别感谢清华大学周济院士和东南大学崔铁军院士的鼎力支持。最后，感谢科学出版社陈艳峰等在本书出版过程中提供的帮助与辛勤工作。

由于本书涉及异向介质领域的前沿科学研究，涵盖了许多新兴概念。为避免误解，本书将在中文名称后附上相应的英文原文，供读者参考。此外，本书引用了大量国外作者的研究成果，部分作者的中文译名难以统一，因此对于部分作者，将使用其外文名。

在本书编写过程中，所参考和引用的著作与期刊文章只是部分具有代表性的资料，另有部分参考内容因出处无法确定，故未在参考文献中一一标注。在此，谨向所有作者表示衷心的感谢，并致以诚挚的歉意。由于电磁理论发展历史悠久、内容复杂，加之作者水平有限，书中难免存在不足之处，恳请专家和读者批评指正。

作 者

2024 年 8 月

目　录

丛书序
前言
第 1 章　异向介质的电磁理论基础 …… 1
1.1　异向介质简介 …… 1
1.1.1　异向介质的麦克斯韦理论 …… 1
1.1.2　异向介质的发展历程 …… 3
1.2　电磁理论基本概念 …… 6
1.2.1　亥姆霍兹波动方程 …… 6
1.2.2　时间频率和空间频率 …… 7
1.2.3　极化 …… 11
1.2.4　能量、功率和坡印亭定理 …… 13
1.2.5　时谐场的麦克斯韦方程组 …… 15
1.2.6　复坡印亭定理 …… 17
1.3　异向介质的本构关系 …… 19
1.3.1　电极化模型 …… 19
1.3.2　磁化模型 …… 21
1.3.3　洛伦兹模型 …… 23
1.3.4　本构关系 …… 25
1.4　异向介质的边界条件 …… 29
1.4.1　电场和磁场的连续性 …… 29
1.4.2　表面电荷和电流密度 …… 30
1.4.3　广义表面边界条件 …… 32
1.4.4　异向界面的边界条件 …… 35
1.5　异向介质的电磁特性 …… 37
1.5.1　负折射率 …… 37
1.5.2　逆斯涅尔定律 …… 38
1.5.3　逆多普勒效应 …… 40
1.5.4　逆切连科夫辐射 …… 41
1.5.5　逆 Goos-Hänchen 位移 …… 42

1.5.6 完美透镜 ······ 43
参考文献 ······ 44
第 2 章 异向介质中的电磁波 ······ 48
2.1 异向介质的 kDB 坐标系 ······ 48
2.1.1 波矢量 $\boldsymbol{k}$ ······ 48
2.1.2 kDB 坐标系 ······ 50
2.1.3 kDB 坐标系中的麦克斯韦方程组 ······ 54
2.2 各向同性异向介质中的电磁波 ······ 56
2.2.1 各向同性异向介质中的电磁波 ······ 56
2.2.2 各向同性异向介质中的负折射 ······ 60
2.3 各向异性异向介质中的电磁波 ······ 65
2.3.1 单轴异向介质中的电磁波 ······ 65
2.3.2 单轴异向介质中的负折射 ······ 71
2.4 双各向同性异向介质中的电磁波 ······ 75
2.4.1 手征异向介质中的电磁波 ······ 76
2.4.2 手征异向介质中的负折射 ······ 82
参考文献 ······ 87
第 3 章 异向介质的电磁散射 ······ 89
3.1 异向介质柱体散射 ······ 89
3.1.1 导体圆柱散射 ······ 89
3.1.2 介质圆柱散射 ······ 91
3.1.3 分层介质圆柱散射 ······ 94
3.2 异向介质球体散射 ······ 97
3.2.1 瑞利散射 ······ 98
3.2.2 米氏散射 ······ 101
3.2.3 分层介质球体散射 ······ 105
3.3 柱体超散射 ······ 108
3.3.1 各向同性异向介质圆柱超散射 ······ 109
3.3.2 各向异性异向介质圆柱超散射 ······ 113
3.3.3 增益异向介质圆柱超散射 ······ 117
3.4 球体超散射 ······ 120
参考文献 ······ 124
第 4 章 异向介质的电磁隐身 ······ 127
4.1 电磁隐身简介 ······ 127
4.1.1 电磁隐身的基本概念 ······ 127

4.1.2 电磁隐身的发展历程 ……129
4.2 坐标变换理论模型 ……131
4.2.1 变换光学 ……131
4.2.2 保角变换 ……138
4.2.3 均匀坐标变换 ……142
4.3 电磁隐身的散射模型 ……145
4.3.1 球体隐身器件的散射模型 ……146
4.3.2 圆柱隐身器件的散射模型 ……151
4.3.3 坐标变换和米氏散射结合 ……157
4.3.4 隐身器件边界条件 ……162
参考文献 ……167
第 5 章 异向介质的电磁辐射 ……172
5.1 基于分层介质的偶极子天线 ……172
5.1.1 赫兹电偶极子和磁偶极子 ……172
5.1.2 分层介质中的偶极子 ……174
5.1.3 分层介质前方的偶极子 ……184
5.2 切连科夫辐射 ……190
5.2.1 各向同性异向介质中的切连科夫辐射 ……190
5.2.2 各向异性异向介质中的切连科夫辐射 ……200
5.3 渡越辐射 ……204
5.3.1 单界面渡越辐射 ……204
5.3.2 双界面渡越辐射 ……208
参考文献 ……218
第 6 章 异向介质的电磁表征和应用 ……221
6.1 异向介质的等效电路理论 ……221
6.1.1 金属棒阵列等效电路模型 ……221
6.1.2 开口谐振环等效电路模型 ……224
6.1.3 多重谐振环等效电路模型 ……228
6.1.4 增益异向介质等效电路模型 ……241
6.2 异向介质的等效介质理论 ……249
6.2.1 Maxwell-Garnett 等效介质理论 ……249
6.2.2 分层介质等效介质理论 ……252
6.3 异向介质的转移矩阵理论 ……255
6.4 异向介质的对称性分析理论 ……258
6.5 不同类型的异向介质及应用 ……263

6.5.1 手征异向介质 …… 263
6.5.2 双曲型异向介质 …… 265
6.5.3 零折射率异向介质 …… 268
6.5.4 智能异向介质 …… 269
参考文献 …… 270
索引 …… 275

第 1 章　异向介质的电磁理论基础

1.1　异向介质简介

异向介质是一种由人工微结构（即“人工原子”）按照特定方式排列而成的材料。这些微结构在亚波长尺度下能够模拟各种复杂甚至极端的本构参数，从而显著扩展了现有的材料库。与常规介质不同，异向介质的物理特性并不取决于其内部的化学元素和化学键，而是由其独特的亚波长人工结构决定。这些人工结构在功能上类似于常规介质中的原子或分子。通过设计不同的人工微结构，可以实现多种乃至任意的电磁特性，从而实现对电磁波的灵活调控。

1.1.1　异向介质的麦克斯韦理论

自然界中，电磁波无处不在，且与宇宙万物息息相关。早在公元前，就有文字记载了电与磁的现象：公元前 600 年左右，古希腊哲学家泰勒斯（Thales，公元前 624—公元前 547）记载了用干布或毛皮摩擦过的琥珀能够吸引碎草等轻小物体，以及天然磁矿石吸引铁等现象；同样，在我国春秋战国时期（公元前 770 年至公元前 221 年），也有“上有慈石（即磁石）者，其下有铜金”，“慈石召铁，或引之也”等磁石吸铁的记载。关于电与磁的科学研究，则始于 16 世纪以后：1751 年，美国科学家富兰克林（Benjamin Franklin，1706—1790）在实验过程中偶然观察到莱顿瓶（一种能储电的装置）放电后，引发了附近缝衣针的磁化现象。1785 年，法国物理学家库仑（Charles-Augustin de Coulomb，1736—1806）设计了精巧的扭秤实验，总结出了库仑定律。1820 年，丹麦物理学家奥斯特（Hans Christian Ørsted，1777—1851）成功利用通电导线非接触地操控了小磁针的偏转方向，验证了通电导线周围存在磁场。同年，法国物理学家安培（André-Marie Ampère，1775—1836）发现了电流之间的相互作用力，即安培定律，并在 5 年后提出了电能和磁能可以相互转化的观点。1831 年，英国物理学家法拉第（Michael Faraday，1791—1867）在前人研究的基础上，通过实验发现了电磁感应定律。至此，科学家们逐渐揭示了电与磁之间的密切关系，提出了电磁波的猜想。直至 1865 年，英国物理学家麦克斯韦（James Clerk Maxwell，1831—1879）系统地总结了人类截至 19 世纪中叶对电磁规律的研究成果，在库仑、奥斯特、安培、法拉第等的理论基础上，创造性地提出了麦克斯韦方程组，将自然界中所有的电磁现象纳入了一个完备的数学框架中，建立了包含 20 个方程的经典电磁波理论。后由赫维赛德（Oliver Heaviside，1850—1925）归并简化为矢量形式，即著名的麦克斯韦方程组 [1,2]

$$\nabla \times \boldsymbol{H} = \frac{\partial}{\partial t}\boldsymbol{D} + \boldsymbol{J} \tag{1.1}$$

$$\nabla \times \boldsymbol{E} = -\frac{\partial}{\partial t}\boldsymbol{B} \tag{1.2}$$

$$\nabla \cdot \boldsymbol{D} = \rho \tag{1.3}$$

$$\nabla \cdot \boldsymbol{B} = 0 \tag{1.4}$$

在方程组中，$\boldsymbol{E}$、$\boldsymbol{B}$、$\boldsymbol{H}$、$\boldsymbol{D}$、$\boldsymbol{J}$ 和 ρ 是位置和时间的实变函数。其中，$\boldsymbol{E}$ 为电场强度（V/m）；$\boldsymbol{B}$ 为磁通密度（$\mathrm{Wb/m^2}$）；$\boldsymbol{H}$ 为磁场强度（A/m）；$\boldsymbol{D}$ 为电位移（$\mathrm{C/m^2}$）；$\boldsymbol{J}$ 为电流密度（$\mathrm{A/m^2}$）；ρ 为电荷密度（$\mathrm{C/m^3}$）。

方程 (1.1) 为安培定律或广义安培环路定理。方程 (1.2) 为法拉第定律或法拉第电磁感应定律。方程 (1.3) 为库仑定律或电场的高斯定律。方程 (1.4) 为高斯定律或磁场的高斯定律。通常，$\boldsymbol{D}$ 和 $\boldsymbol{E}$ 用于描述电场，$\boldsymbol{B}$ 和 $\boldsymbol{H}$ 用于描述磁场。麦克斯韦方程组展示了电场与磁场的对称之美，变化的电场和磁场总是相互联系的，形成了一个不可分割、统一的电磁场。

麦克斯韦对电磁定律的贡献是在安培定律 [方程 (1.1)] 中增加了位移电流项 $\partial\boldsymbol{D}/\partial t$。在初始的安培定律中加入位移电流将产生三方面的影响。第一，对于含有电容的电路，位移电流保证了电路中交流电的连续性。第二，电流密度 $\boldsymbol{J}$ 和电荷密度 ρ 之间满足连续性定理

$$\nabla \cdot \boldsymbol{J} = -\frac{\partial}{\partial t}\rho \tag{1.5}$$

可由方程 (1.1) 和方程 (1.3)，并依据矢量恒等式 $\nabla \cdot (\nabla \times \boldsymbol{H}) = 0$ 得到，表明电流密度和电荷密度在任何时候都是守恒的。第三，法拉第定律 [方程 (1.2)] 指出，在时变磁场周围，会产生时变的电场。类似地，加入位移电流的安培定律 [方程 (1.1)] 表明在时变电场周围，会产生时变磁场。电场和磁场之间的相互关系构成了电磁波理论的基础。在此基础上，麦克斯韦首次预测了电磁波的存在。

为了应用麦克斯韦方程组，需找出 $\boldsymbol{D}$ 和 $\boldsymbol{E}$、$\boldsymbol{B}$ 和 $\boldsymbol{H}$ 之间的关系。这些关系被称为介质的本构关系，它描述了介质在外部场作用下产生的电极化和磁化效应，其一般形式为

$$\boldsymbol{D} = \bar{\bar{\boldsymbol{\varepsilon}}} \cdot \boldsymbol{E} + \bar{\bar{\boldsymbol{\xi}}} \cdot \boldsymbol{H} \tag{1.6}$$

$$\boldsymbol{B} = \bar{\bar{\boldsymbol{\zeta}}} \cdot \boldsymbol{E} + \bar{\bar{\boldsymbol{\mu}}} \cdot \boldsymbol{H} \tag{1.7}$$

式中，$\bar{\bar{\boldsymbol{\varepsilon}}}$、$\bar{\bar{\boldsymbol{\mu}}}$、$\bar{\bar{\boldsymbol{\xi}}}$ 和 $\bar{\bar{\boldsymbol{\zeta}}}$ 是 3×3 矩阵，其矩阵元素为本构参数，表征介质在三个方向上的电磁耦合特性。根据 $\bar{\bar{\boldsymbol{\varepsilon}}}$、$\bar{\bar{\boldsymbol{\mu}}}$、$\bar{\bar{\boldsymbol{\xi}}}$ 和 $\bar{\bar{\boldsymbol{\zeta}}}$ 的取值，可以将介质分为以下几种类型：

（1）各向同性介质，$\bar{\bar{\boldsymbol{\xi}}} = \bar{\bar{\boldsymbol{\zeta}}} = \mathbf{0}$，$\bar{\bar{\boldsymbol{\varepsilon}}} = \varepsilon\bar{\bar{\boldsymbol{I}}}$，$\bar{\bar{\boldsymbol{\mu}}} = \mu\bar{\bar{\boldsymbol{I}}}$，其中 $\bar{\bar{\boldsymbol{I}}}$ 表示 3×3 的单位矩阵。电场矢量 $\boldsymbol{E}$ 与 $\boldsymbol{D}$ 平行，磁场矢量 $\boldsymbol{H}$ 与 $\boldsymbol{B}$ 平行，各向同性介质的本构关系为 $\boldsymbol{D} = \varepsilon\boldsymbol{E}$，$\boldsymbol{B} = \mu\boldsymbol{H}$。

（2）各向异性介质，$\bar{\bar{\boldsymbol{\xi}}} = \bar{\bar{\boldsymbol{\zeta}}} = \mathbf{0}$，本构关系为 $\boldsymbol{D} = \bar{\bar{\boldsymbol{\varepsilon}}} \cdot \boldsymbol{E}$，$\boldsymbol{B} = \bar{\bar{\boldsymbol{\mu}}} \cdot \boldsymbol{H}$。在各向异性介质中，电场矢量 $\boldsymbol{E}$ 与 $\boldsymbol{D}$ 以及磁场矢量 $\boldsymbol{H}$ 与 $\boldsymbol{B}$ 将不再平行。

（3）双各向同性介质，$\bar{\bar{\boldsymbol{\varepsilon}}} = \varepsilon\bar{\bar{\boldsymbol{I}}}$，$\bar{\bar{\boldsymbol{\mu}}} = \mu\bar{\bar{\boldsymbol{I}}}$，$\bar{\bar{\boldsymbol{\xi}}} = \xi\bar{\bar{\boldsymbol{I}}}$，$\bar{\bar{\boldsymbol{\zeta}}} = \zeta\bar{\bar{\boldsymbol{I}}}$，本构关系为 $\boldsymbol{D} = \varepsilon\boldsymbol{E} + \xi\boldsymbol{H}$，$\boldsymbol{B} = \mu\boldsymbol{H} + \zeta\boldsymbol{E}$，描述电场与磁场之间具有交叉耦合关系。

（4）双各向异性介质，其电磁特性可由最具一般性的本构关系描述为 $\boldsymbol{D} = \bar{\bar{\boldsymbol{\varepsilon}}} \cdot \boldsymbol{E} + \bar{\bar{\boldsymbol{\xi}}} \cdot \boldsymbol{H}$，$\boldsymbol{B} = \bar{\bar{\boldsymbol{\zeta}}} \cdot \boldsymbol{E} + \bar{\bar{\boldsymbol{\mu}}} \cdot \boldsymbol{H}$。

在自然界中，大多数介质是各向同性的，只有少数介质是各向异性的。介质的本构关系形式固定，无法覆盖所有的电磁参数范围。这种不可调性和单一性极大地限制了人类对电磁波自由操控的能力。此外，对于某些具有奇异功能的新型电磁器件（如电磁波隐身装置、超透镜等），它们所需的电磁参数无法通过自然界中的常规介质来满足。正是基于这一背景，异向介质（metamaterial，或称人工电磁材料）的研究应运而生。

1.1.2 异向介质的发展历程

1968 年，苏联科学家 Veselago（1929—2018）基于电磁理论，预言了各向同性介质的介电常数和磁导率同时为负值并不违反基本的物理原理 [3]。由于在这种介质中，电磁波的电场 $\boldsymbol{E}$、磁场 $\boldsymbol{H}$ 和波矢量 $\boldsymbol{k}$ 满足左手正交关系，因此将这种介质定义为左手介质（left-handed materials，LHM），用以与自然界中大多数右手介质（right-handed materials，RHM）进行区分。随着对左手介质研究的不断深入，科学家相继用不同的名称替代左手介质，例如负折射率介质（negative refractive index materials，NIM）、后向波介质（backward materials，BWM）、双负介质（double negative materials，DNM）、负相速度介质（negative phase-velocity materials，NPV）和 Veselago 介质（Veselago materials）等。2001 年，美国得克萨斯大学奥斯汀分校的 Walser 建议将“left-handed materials”更改为“metamaterial”，作为这类新型人工电磁材料的名称 [4]。名称中“meta-”源自拉丁词根，表示“超越”和“高阶”，因此这类材料通常被称为超材料。随着超材料内涵与外延的扩展，其应用范围不仅局限于电磁领域，还包括声学、力学、热学及量子力学等多个领域，衍生出了声波超材料、力学超材料、热学超材料和量子超材料等。2002 年，美国麻省理工学院的孔金瓯（1942—2008）在对新型人工电磁材料中的电磁波传播特性进行详细研究的基础上 [5−7]，建议使用中文名称“异向介质”来命名这类新型人工电磁材料，以强调其本构方程的多样性，以及电磁波在这类介质中表现出的与常规介质不同的“异向”效应和“奇异”特性。本书将采用“异向介质”一词，以区分电磁超材料与其他领域的超材料。

异向介质从根本上改变了传统电磁材料的设计范式，提供了一种操控宏观电磁场的通用解决方案，并催生了众多新颖的应用。异向介质的研究历史悠久，早在 1904 年，Lamb 就认识到机械系统中可能存在反向波 [8]。同年，Schuster 探讨了钠蒸气中的电磁波在吸收频率范围内表现为反向波 [9]。然而，由于该频率范围内存在显著损耗，Schuster 对反向电磁波及其负折射现象的实际应用持怀疑态度。1905 年，Pocklington 指出，在反向波介质中，电磁波的群速度指向远离波源的方向，而相速度则指向波源的方向 [10]。约 50 年后，Malyuzhinets 再次证实了 Pocklington 的发现 [11]。1957 年，Sivukhin 深入研究了负折射率介质中电磁波的传播特性 [12]。与此同时，Pafomov 发表了一系列论文，详细描述了介质中负群速度带的非寻常辐射和切连科夫辐射 [13−15]。1968 年，Veselago 提出，在同时具有负介电常数和负磁导率的各向同性介质中，麦克斯韦方程组仍然成立，但电场、磁场和波矢量将遵循左手正交关系。他还预言了许多奇特的电磁现象，如逆斯涅尔折射和逆多普勒效应。然而，因为这种介质在自然界中并不存在，相关研究一度停滞。

1996 年，英国帝国理工学院的 Pendry 等提出了一种新的理念：自然界中的常规介质是由原子和分子按照一定规则组合构成的。因此，常规介质的本构参数可以视为这种规则组合的结果。Pendry 等进一步指出，可以通过周期结构来模拟介质的微小单元，以实现常规介质所不具备的电磁特性。他们提出了利用金属棒阵列构造负介电常数的方法 [16]，并在 1999 年提出了利用开口谐振环阵列构造负磁导率的方法 [17]。2000 年，当时还在美国加州大学圣迭戈分校的 Smith 等沿用 Pendry 的方法，成功构造了介电常数和磁导率同时为负值的异向介质 [18]。他们通过实验，首次观察到微波频段的电磁波在异向介质与空气分界面发生的“负折射”现象 [19]。这一发现开启了异向介质电磁理论的研究。由于异向介质的介电常数和磁导率均为负值，因此它完善了麦克斯韦电磁理论。此后，全球科学家相继对异向介质的设计原理和电磁特性开展深入研究，逐步完善了异向介质的电磁理论体系。

变换光学作为爱因斯坦广义相对论的延伸，为构建具有新型电磁功能的异向介质提供了理论指导，并显著拓展了异向介质的应用范围。2006 年，Pendry 等和英国圣安德鲁斯大学的 Leonhardt 分别提出了坐标变换和保角变换的设计理念，并据此提出了电磁隐身的概念和设计方法 [20,21]。异向介质在理论上可以实现任意的电磁响应，而变换光学能够指导新型电磁功能的设计，两者相互结合，使许多科幻小说中的装置具备了现实实现的可能性。除了对空间中传播的电磁波进行有效调控，异向介质还能够有效控制电磁波的表面模式。2004 年，Pendry 等发现在金属表面引入周期分布的介质孔阵列结构可以将金属表面的表面等离子体频率降低到远红外以下的频段，从而在微波频段实现了人工表面等离激元模式 [22]。这种电磁模式的物理特征与自然界中光频段的表面等离激元特征极其相似，并且具有低损耗、色散可调控等优势。

在异向介质研究领域不断发展的过程中，科学家逐渐将研究重心从微波频段拓展到光频段。同时，随着对异向介质独特电磁特性和潜在应用的深入挖掘，研究逐渐朝向二维构型发展。作为异向介质的二维构型，超构表面因其低剖面、低损耗和易加工的优点，成为研究热点。这一概念的快速发展始于 2011 年，美国哈佛大学的 Capasso 等提出了广义斯涅尔定律 [23]。该定律通过人工微结构在不同介质的分界面处构建梯度分布，并利用突变相位调控电磁波，从而改变电磁波的传播方向。从构成原理来看，超构表面通过引入人工单元结构的突变相位，突破了传统相位调控依赖路径积累的限制，使得在亚波长尺度内构建电磁元件成为可能。这种亚波长特性能够显著抑制高阶衍射项，从基本原理上弥补了传统衍射元件的不足，实现了对空间电磁波的精确调控。因此，超构表面的概念不仅符合异向介质领域的发展趋势，还催生了一系列原创性概念和新颖应用，例如全息成像、波束偏折调控、新型天线设计、电磁隐身和伪装等 [24–29]，对异向介质研究及整个电磁领域产生了深远的影响。

尽管在设定的频段内，异向介质能够有效调控电磁波的幅度、相位、极化等电磁特性，从而用于研制各种新型电磁功能器件，然而，一旦异向介质制作成型，其在设计频段内的电磁响应特性将被固化，无法再实现工作频率的可调谐性和功能的可重构性。为了克服这一难题，科学家开始研究电磁响应可重构的智能异向介质的合成机制和设计方法，并提出了有源可调谐、可重构、可编程异向介质和非线性异向介质等概念和设计技术 [30–36]。这些方法旨在智能地调控电磁波的各项参数，具有广泛的应用前景和市场需求。异向介质的电磁响应取决于其单元结构的尺寸、形状和电磁参数等。因此，若能够通过电、磁、光或机械等方式实时调控单元结构的相关参数，则可以动态调控异向介质的电磁响应，从而实现对电磁波传输和辐射特性的智能调控，进而实现可调谐、可重构和可编程的多功能电磁器件和系统。

在短短的 20 多年中，异向介质在军事和民用领域的应用日益广泛，适用的频段也不断增加。从最初的微波频段，逐渐扩展到射频、毫米波、远红外，甚至可见光频段，跨越了多个数量级。随着研究的深入，科学家对异向介质的理解逐渐全面。从最初的质疑，到如今涌现出多种具有独特性能的异向介质，这一进展离不开众多研究人员在理论和实验方面的持续努力。目前，异向介质仍然处于国内外科研的前沿，由此诞生的原理与应用创新也被其他领域广泛借鉴。同时，异向介质与量子光学、人工智能、集成电路等前沿技术融合，持续保持快速发展势头，有望成为生产和生活方式变革的重要技术推动力 [37–41]。

近年来，我国异向介质研究领域取得了较大进展，但仍存在一些亟待解决的问题，主要集中在以下两个方面：

（1）基础创新和源头创新较为薄弱。在研究初期，这一问题尤为明显，许多核心概念和基本理论主要由国外学者提出，我国研究整体处于跟随状态。随着智能异向介质研究体系的提出，我国在部分研究方向上逐渐走在前列，展现出较大的发展潜力。

（2）异向介质对产业的实际贡献较为有限。尽管异向介质研究已有 20 多年的发展历史，但大多数研究成果仍停留在实验室阶段，这一现象在全球范围内较为普遍。虽然部分异向介质器件已经得到应用，但总体上成果转化率仍然偏低，尤其在新型异向介质系统的开发方面仍面临诸多挑战，如系统稳定性、工作效率和成本控制等问题。

综观国内外异向介质研究的发展趋势，未来我国可以在以下两个方向实现重点突破：

（1）深化异向介质与物理学、信息学和材料学的学科交叉研究，并结合人工智能算法，设计并开发性能优异的异向介质电磁器件。

（2）深入研究智能异向介质的物理机理，探索其在新型信息系统中的基础应用，并进一步开展基于智能异向介质的多物理系统研究。

1.2　电磁理论基本概念

为了更好地理解异向介质的电磁理论，本节将介绍电磁理论的基本概念。主要内容包括：亥姆霍兹波动方程的简要回顾；时间频率和空间频率；线极化、圆极化与椭圆极化的概念；能量和功率的定义以及描述电磁场中能量守恒的坡印亭定理；时谐场的麦克斯韦方程组以及复数形式的坡印亭定理。

1.2.1　亥姆霍兹波动方程

对于自由空间中的任意一点，微分形式的麦克斯韦方程组 [方程 (1.1) ～ 方程 (1.4)] 始终成立。首先，研究无源区域中麦克斯韦方程组的解，即在 $\boldsymbol{J}=\boldsymbol{0}$ 和 $\rho=0$ 区域中的解。值得注意的是，这并不意味着整个空间中没有源，只是在所研究的区域内不存在源。在自由空间的无源区域中，麦克斯韦方程组可以写为

$$\nabla\times\boldsymbol{H}=\varepsilon_0\frac{\partial}{\partial t}\boldsymbol{E} \tag{1.8}$$

$$\nabla\times\boldsymbol{E}=-\mu_0\frac{\partial}{\partial t}\boldsymbol{H} \tag{1.9}$$

$$\nabla\cdot\boldsymbol{E}=0 \tag{1.10}$$

$$\nabla \cdot \boldsymbol{H} = 0 \tag{1.11}$$

为了推导矢量场 $\boldsymbol{E}$ 的方程，取方程 (1.9) 的旋度并代入方程 (1.8)，可以得到

$$\nabla \times \nabla \times \boldsymbol{E} = -\mu_0 \frac{\partial}{\partial t} \nabla \times \boldsymbol{H} = -\mu_0 \varepsilon_0 \frac{\partial^2}{\partial t^2} \boldsymbol{E} \tag{1.12}$$

利用矢量恒等式 $\nabla \times \nabla \times \boldsymbol{E} = \nabla\nabla \cdot \boldsymbol{E} - \nabla^2 \boldsymbol{E}$，并注意到方程 (1.10) 中 $\nabla \cdot \boldsymbol{E} = 0$，可以得到

$$\nabla^2 \boldsymbol{E} - \mu_0 \varepsilon_0 \frac{\partial^2}{\partial t^2} \boldsymbol{E} = 0 \tag{1.13}$$

方程 (1.13) 就是亥姆霍兹波动方程。波动方程的解若满足麦克斯韦方程组，则该解即代表电磁波。

以笛卡儿坐标系为例，可以将电场 $\boldsymbol{E}$ 写为 $\boldsymbol{E} = \hat{\boldsymbol{x}} E_x + \hat{\boldsymbol{y}} E_y + \hat{\boldsymbol{z}} E_z$ 的形式。为方便起见，假设 $E_y = E_z = 0$，且 E_x 是坐标 z 和时间 t 的函数，与坐标 x 和 y 无关，则电场 $\boldsymbol{E}$ 可以写为

$$\boldsymbol{E} = \hat{\boldsymbol{x}} E_x(z, t) \tag{1.14}$$

将电场的表达式代入波动方程 (1.13)，可以得到

$$\frac{\partial^2}{\partial z^2} E_x - \mu_0 \varepsilon_0 \frac{\partial^2}{\partial t^2} E_x = 0 \tag{1.15}$$

满足上述方程的最简单解的形式为

$$\boldsymbol{E} = \hat{\boldsymbol{x}} E_x(z, t) = \hat{\boldsymbol{x}} E_0 \cos(kz - \omega t) \tag{1.16}$$

将式 (1.16) 代入方程 (1.15)，可以得到色散关系

$$k^2 = \omega^2 \mu_0 \varepsilon_0 \tag{1.17}$$

色散关系 [式 (1.17)] 给出了时间频率 ω 和空间频率 k 之间的关系。

1.2.2 时间频率和空间频率

在研究如电场 $E_x(z, t)$ 等物理量随时间和空间的变化规律时，通常可以采用两种观察方法：时间观察法和空间观察法 [1]。时间观察法是在固定的空间点上，研究物理量随时间的变化；而空间观察法则是在固定的时间点上，研究物理量随空间的变化。

采用时间观察法研究电场 $E_x(z, t)$ 随时间的变化情况。观察空间中的一个固定点，例如 $z = 0$，该点的电场表示为 $E_x(z = 0, t) = E_0 \cos(\omega t)$。图 1.2.1 绘制了 $E_x(z = 0, t)$ 随 ωt 变化的函数曲线。对于任意整数 m，每隔 $\omega t = 2m\pi$，波形就重复一次。如果将时间周期定义为 T，1 秒（s）内的周期数定义为频率 f，有 $\omega T = 2\pi$，$f = 1/T$，可以得到

$$f = \frac{\omega}{2\pi} \tag{1.18}$$

频率 f 的单位是赫兹（Hz），$1\text{Hz} = 1\text{s}^{-1}$，表示每秒钟的循环数。由于 $\omega = 2\pi f$，因此 ω 表示电磁波的时间频率。

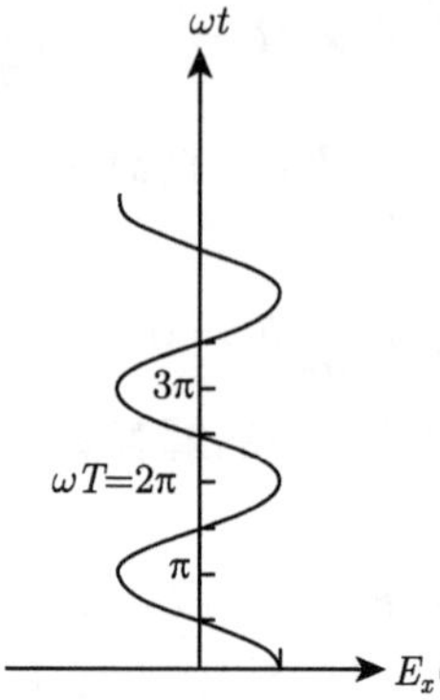

图 1.2.1　电场 $E_x(z=0,t)$ 随 ωt 变化的曲线

图 1.2.2 绘制了不同时间频率 ω 下电场 $E_x(z=0,t)$ 随时间 t 变化的曲线。需要注意的是，此时表示的曲线不再是随 ωt 变化的曲线。在图 1.2.2（a）中，令 1s 内的波形变化为一个周期，则有 $f = f_0 = 1\text{Hz}$，$\omega = \omega_0 = 2\pi\ \text{rad/s}$。图 1.2.2（b）和（c）分别表示 $\omega = 2\omega_0$ 和 $\omega = 3\omega_0$ 的情况，即在 1s 内分别包含 2 个和 3 个变化周期。

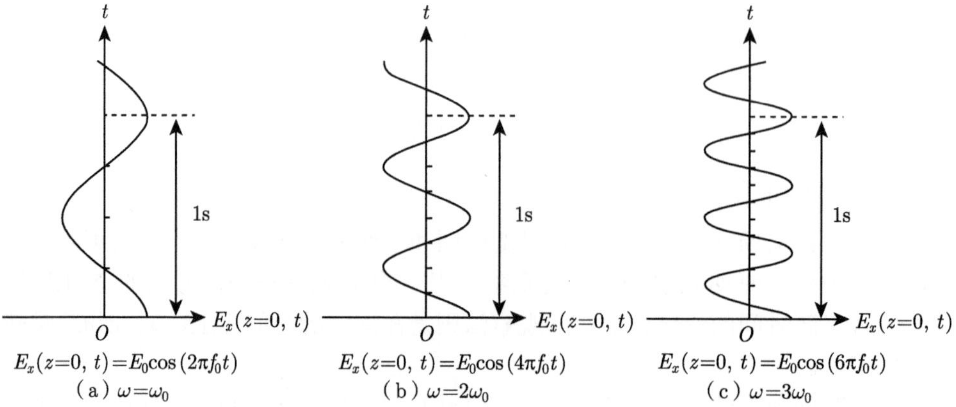

图 1.2.2　不同时间频率 ω 下电场 $E_x(z=0,t)$ 随时间 t 变化的曲线

采用空间观察法研究电场 $E_x(z,t)$ 随空间的变化情况。令 $t=0$，电场可以表示为 $E_x(z,t=0) = E_0\cos(kz)$，因此电场在空间中发生周期变化。图 1.2.3 绘制了 $E_x(z,t=0)$ 随 kz 变化的函数曲线。对于任意整数 m，每隔 $kz = 2m\pi$，波形就重复一次。如果将一个空间变化周期内传播的距离定义为波长 λ，有 $k\lambda = 2\pi$，

可以得到

$$k = \frac{2\pi}{\lambda} \tag{1.19}$$

k 称为空间频率，它表示电磁场强度的空间变化，与表示电磁场强度时间变化的时间频率类似。空间频率也称为波数，等于每 2π 空间距离内的波长数，其量纲为长度量纲的倒数。

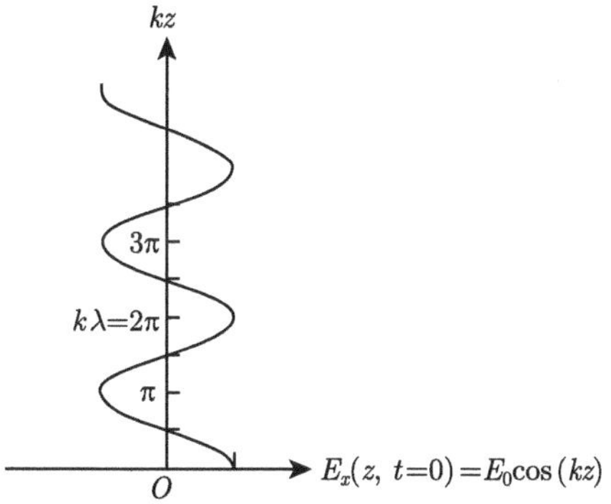

图 1.2.3 电场 $E_x(z,t=0)$ 随 kz 变化的曲线

定义空间频率的基本单位 K_0，有

$$1K_0 = 2\pi \text{ rad/m} \tag{1.20}$$

类似于单位 Hz 在时间变量中表示每秒钟的变化周期数，K_0 在空间变量中表示每米距离的变化周期数。对于在 1 米（m）距离内空间频率为一个周期的波，有 $k = 1K_0$。自由空间中 $k = 3K_0$ 的电磁波在 1m 距离内具有 3 个变化周期数。

图 1.2.4 绘制了不同空间频率下 $E_x(z,t=0)$ 随空间 z 的变化曲线。需要注意的是，此时表示的曲线不再是随 kz 变化的曲线。在图 1.2.4（a）中，令 1m 距离内的波形变化为一个周期，由于 $1K_0 = 2\pi$ rad/m，有 $k = 1K_0 = 2\pi$ rad/m。图 1.2.4（b）和（c）分别绘制了 $k = 2K_0$ 和 $k = 3K_0$ 的情况，即在 1m 距离内分别包含 2 个和 3 个变化周期。

从电磁波的色散关系 [式 (1.17)] 可以发现，空间频率和时间频率可以通过光速相互联系。对于 $1K_0$ 的空间频率，对应的时间频率和波长如下

$$f = 3\times10^8\text{Hz},\quad \lambda = 1\text{m} \tag{1.21}$$

在 0.01~100K_0 的空间频率范围内，电磁波可以用于微波加热、雷达、导航、广播、电视和卫星通信。图 1.2.5 中绘制了以空间频率（以 K_0 为单位）、波长（以 m 为单位）、时间频率及能量所表示的电磁波谱。

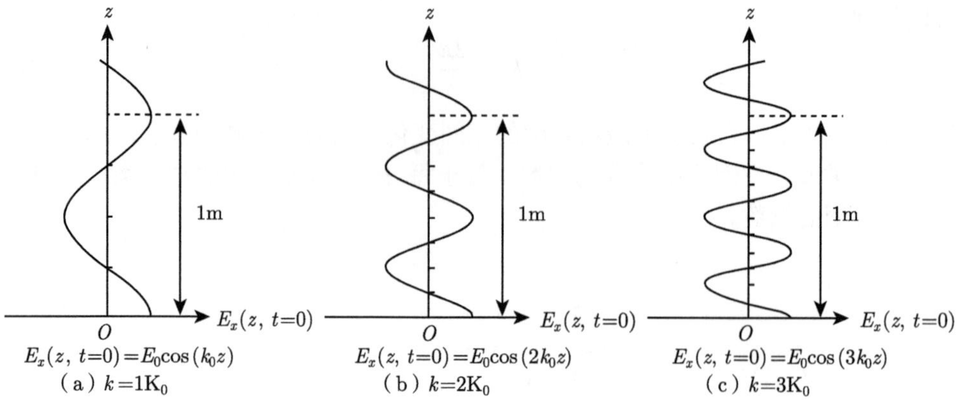

图 1.2.4　不同空间频率 k 下电场 $E_x(z,t=0)$ 随空间 z 的变化曲线

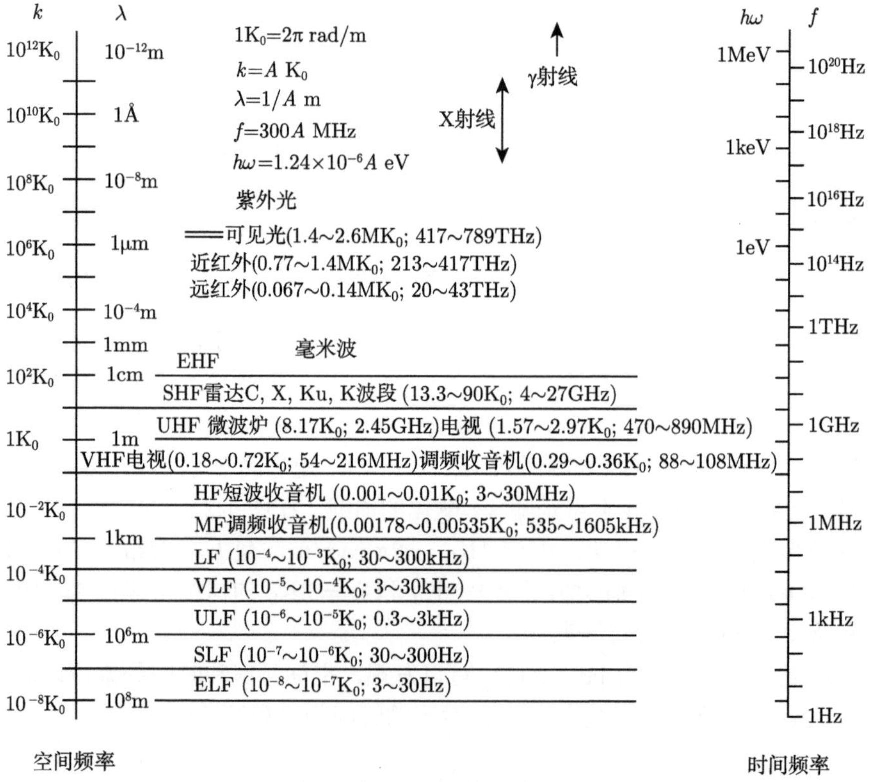

图 1.2.5　电磁波谱

EHF（extremely high frequency，极高频）；SHF（super high frequency，超高频）；UHF（ultra high frequency，特高频）；VHF（very high frequency，甚高频）；HF（high frequency，高频）；MF（medium frequency，中频）；LF（low frequency，低频）；VLF（very low frequency，甚低频）；ULF（ultra low frequency，特低频）；SLF（super low frequency，超低频）；ELF（extremely low frequency，极低频）

1.2.3 极化

在电磁理论中，极化（或称偏振）是电磁波的一个重要特性。理解和掌握极化概念对于在通信、雷达、导航等领域正确应用电磁波至关重要。尽管不同教材中对极化的定义描述有所差异，但其基本含义相同：极化描述的是电磁波电场矢量在空间固定点处随时间的变化情况。根据电场矢量随时间在空间中的轨迹，极化通常可分为线极化、圆极化和椭圆极化。此外，根据轨迹绕行方向的不同，圆极化和椭圆极化又可分为左旋极化和右旋极化 [1]。

不失一般性，考虑笛卡儿坐标系，并假定电磁波沿 $+\hat{\boldsymbol{z}}$ 方向传播，波动方程的解可以写为

$$\begin{aligned}\boldsymbol{E}(z,t) &= \hat{\boldsymbol{x}}E_x + \hat{\boldsymbol{y}}E_y \\ &= \hat{\boldsymbol{x}}\cos(kz-\omega t) + \hat{\boldsymbol{y}}A\cos(kz-\omega t+\phi)\end{aligned} \tag{1.22}$$

式中，$A>0$。采用时间观察法，令 $z=0$，有

$$\boldsymbol{E}(t) = \hat{\boldsymbol{x}}\cos(\omega t) + \hat{\boldsymbol{y}}A\cos(\omega t-\phi) \tag{1.23}$$

接下来将根据式 (1.23) 分别对以下几种极化情况进行分析。

（1）当 $\phi=2m\pi$ 或 $\phi=(2m+1)\pi$ 时，其中 $m=0,1,2,\cdots$，沿 $\hat{\boldsymbol{z}}$ 方向观察，电场矢量末端的运动轨迹为一条直线，这种极化称为线极化。对于 $\phi=2m\pi$ 的情况，其电场矢量如图 1.2.6（a）所示，对于 $\phi=(2m+1)\pi$ 的情况，其电场矢量如图 1.2.6（b）所示。

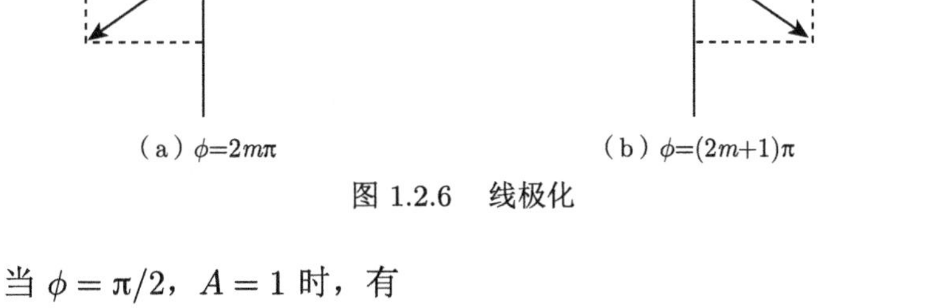

（a）ϕ=2mπ　　（b）ϕ=(2m+1)π

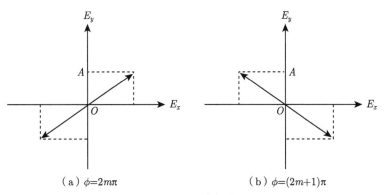

图 1.2.6　线极化

（2）当 $\phi=\pi/2$，$A=1$ 时，有

$$\boldsymbol{E}(t) = \hat{\boldsymbol{x}}\cos(\omega t) + \hat{\boldsymbol{y}}\sin(\omega t) \tag{1.24}$$

从式 (1.24) 可以看出，当 x 分量达到最大值时，y 分量为零。随着时间的推移，y 分量增大而 x 分量减小。电场 $\boldsymbol{E}$ 将从正的 E_x 轴向正的 E_y 轴旋转，如图 1.2.7（a）所示。另一方面，从式 (1.24) 的 x 和 y 分量中消去时间 t，将得到一个半径为 1 的圆，$E_x^2+E_y^2=1$。因此，这种极化称为右旋圆极化。之所以称为“右旋”，是因为若将右手大拇指指向波的传播方向，则其余四指指向电场的旋转方向。

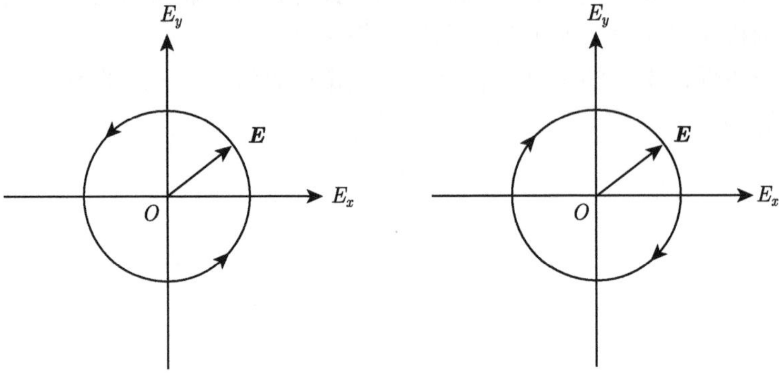

（a）右旋圆极化　　（b）左旋圆极化

图 1.2.7　圆极化

（3）当 $\phi=-\pi/2$，$A=1$ 时，有

$$\boldsymbol{E}(t)=\hat{\boldsymbol{x}}\cos(\omega t)-\hat{\boldsymbol{y}}\sin(\omega t) \tag{1.25}$$

与（2）不同的是，电场 $\boldsymbol{E}$ 将从正的 E_x 轴到负的 E_y 轴旋转，如图 1.2.7（b）所示。因此，这种极化称为左旋圆极化。

（4）当 $\phi=\pm\pi/2$ 时，有

$$\boldsymbol{E}(t)=\hat{\boldsymbol{x}}\cos(\omega t)\pm\hat{\boldsymbol{y}}A\sin(\omega t) \tag{1.26}$$

从式 (1.26) 的 x 和 y 分量中消去时间 t，将得到一个椭圆，$E_x^2+(E_y/A)^2=1$。类似地，若 $\phi=\pi/2$，则对应的电磁波为右旋椭圆极化波，如图 1.2.8（a）所示。若 $\phi=-\pi/2$，则对应的电磁波为左旋椭圆极化波，如图 1.2.8（b）所示。

图 1.2.9 总结了上述几种情况，展示了不同幅度 A 和相位差 ϕ 对应的极化情况。在水平轴上，若 $\phi=0$ 或 π，则电磁波为线极化波。若 $A=1$，$\phi=\pi/2$，则电磁波为右旋圆极化波；若 $A=1$，$\phi=-\pi/2$，则电磁波为左旋圆极化波。在其他情况下，电磁波为椭圆极化波，相位差在 0 和 π 之间为右旋极化波，相位差在 π 和 2π 之间为左旋极化波。

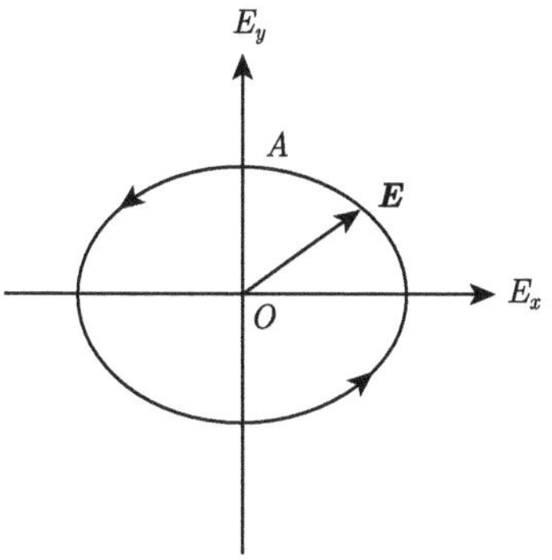

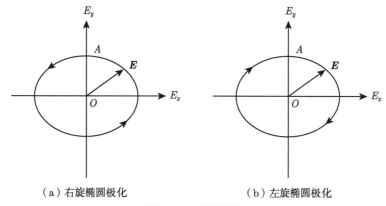

（a）右旋椭圆极化

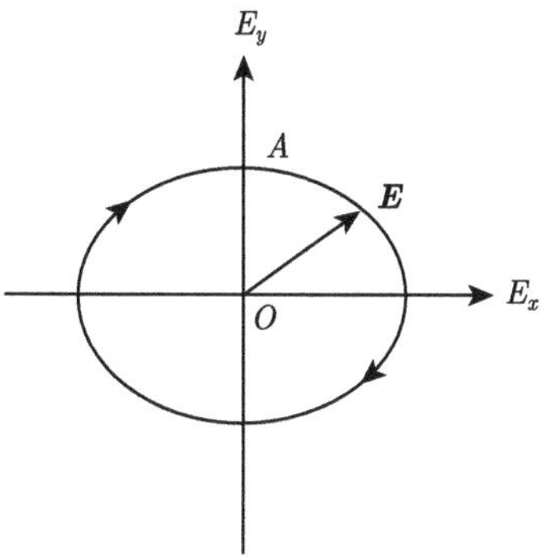

（b）左旋椭圆极化

图 1.2.8 椭圆极化

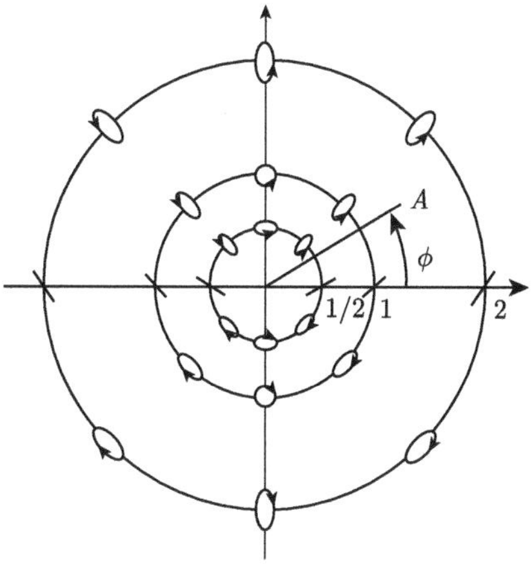

图 1.2.9 不同幅度 A 和相位差 ϕ 的极化图

1.2.4 能量、功率和坡印亭定理

能量和功率是物理中的两个最基本的量，在电磁领域，可以从麦克斯韦方程组出发，建立电磁场与能量和功率之间的关系。根据麦克斯韦方程组，将法拉第定律数学表达式 [方程 (1.2)] 点乘 $\boldsymbol{H}$ 后与安培定律数学表达式 [方程 (1.1)] 点乘 $\boldsymbol{E}$ 相减，有

$$\boldsymbol{H}\cdot(\nabla\times\boldsymbol{E})-\boldsymbol{E}\cdot(\nabla\times\boldsymbol{H})=-\boldsymbol{E}\cdot\frac{\partial\boldsymbol{D}}{\partial t}-\boldsymbol{H}\cdot\frac{\partial\boldsymbol{B}}{\partial t}-\boldsymbol{E}\cdot\boldsymbol{J}\tag{1.27}$$

再利用矢量恒等式 $\nabla\cdot(\boldsymbol{E}\times\boldsymbol{H})=\boldsymbol{H}\cdot(\nabla\times\boldsymbol{E})-\boldsymbol{E}\cdot(\nabla\times\boldsymbol{H})$，可以得到微分形式的坡印亭定理

$$\nabla\cdot(\boldsymbol{E}\times\boldsymbol{H})+\boldsymbol{H}\cdot\frac{\partial\boldsymbol{B}}{\partial t}+\boldsymbol{E}\cdot\frac{\partial\boldsymbol{D}}{\partial t}=-\boldsymbol{E}\cdot\boldsymbol{J}\tag{1.28}$$

坡印亭矢量定义为

$$\boldsymbol{S}=\boldsymbol{E}\times\boldsymbol{H} \tag{1.29}$$

代表功率流密度，表示一个与垂直于电磁波传播方向的单位面积的功率相关的矢量，单位为 W/m^2。$\boldsymbol{H}\cdot(\partial\boldsymbol{B}/\partial t)+\boldsymbol{E}\cdot(\partial\boldsymbol{D}/\partial t)$ 表示储存的电能密度和磁能密度的时间变化率，式 (1.28) 右侧的 $-\boldsymbol{E}\cdot\boldsymbol{J}$ 表示电流源 $\boldsymbol{J}$ 提供的功率。

考虑以下波动方程的简单解

$$\boldsymbol{E}=\hat{\boldsymbol{x}}E_0\cos(kz-\omega t) \tag{1.30}$$

$$\boldsymbol{H}=\hat{\boldsymbol{y}}H_0\cos(kz-\omega t) \tag{1.31}$$

式中，$H_0=E_0/\eta_0$，$\eta_0=\sqrt{\mu_0/\varepsilon_0}$ 为自由空间的特征阻抗。根据坡印亭矢量的表达式 (1.29)，可以得到

$$\boldsymbol{S}=\boldsymbol{E}\times\boldsymbol{H}=\hat{\boldsymbol{z}}\sqrt{\frac{\varepsilon_0}{\mu_0}}E_0^2\cos^2(kz-\omega t) \tag{1.32}$$

在自由空间中，有

$$\boldsymbol{H}\cdot\frac{\partial}{\partial t}(\mu_0\boldsymbol{H})=\frac{\partial}{\partial t}\left(\frac{1}{2}\mu_0\boldsymbol{H}\cdot\boldsymbol{H}\right)=\frac{\partial}{\partial t}W_{\mathrm{m}} \tag{1.33}$$

$$\boldsymbol{E}\cdot\frac{\partial}{\partial t}(\varepsilon_0\boldsymbol{E})=\frac{\partial}{\partial t}\left(\frac{1}{2}\varepsilon_0\boldsymbol{E}\cdot\boldsymbol{E}\right)=\frac{\partial}{\partial t}W_{\mathrm{e}} \tag{1.34}$$

对于无源区域，$\boldsymbol{J}=\boldsymbol{0}$，坡印亭定理 [式 (1.28)] 可以写为

$$\nabla\cdot(\boldsymbol{E}\times\boldsymbol{H})+\frac{\partial}{\partial t}(W_{\mathrm{m}}+W_{\mathrm{e}})=0 \tag{1.35}$$

式中，储存的电能密度 W_{e} 和磁能密度 W_{m} 分别为

$$W_{\mathrm{e}}=\frac{1}{2}\varepsilon_0\left|\boldsymbol{E}\right|^2=\frac{1}{2}\varepsilon_0E_0^2\cos^2(kz-\omega t) \tag{1.36}$$

$$W_{\mathrm{m}}=\frac{1}{2}\mu_0\left|\boldsymbol{H}\right|^2=\frac{1}{2}\mu_0H_0^2\cos^2(kz-\omega t) \tag{1.37}$$

从以上两式中可以看出，储存的电能等于储存的磁能。

坡印亭矢量的时均值为

$$\langle\boldsymbol{S}\rangle=\frac{1}{T}\int_0^T\mathrm{d}t\boldsymbol{S}=\hat{\boldsymbol{z}}\frac{E_0^2}{2\eta_0}=\hat{\boldsymbol{z}}\frac{\eta_0H_0^2}{2}=\hat{\boldsymbol{z}}P \tag{1.38}$$

式中，$P=\dfrac{E_0^2}{2\eta_0}=\dfrac{\eta_0 H_0^2}{2}$ 表示电磁波在一个周期内的平均功率流密度，单位为 $\mathrm{W/m^2}$。总的电磁能量密度时均值（单位 $\mathrm{J/m^3}$）等于电能密度和磁能密度之和，有

$$W=\langle W_{\mathrm{e}}\rangle+\langle W_{\mathrm{m}}\rangle=\frac{1}{2}\varepsilon_0 E_0^2=\frac{1}{2}\mu_0 H_0^2 \tag{1.39}$$

定义能速 v_{e} 等于功率流密度与能量密度之比，可以得到 $v_{\mathrm{e}}=P/W=1/\sqrt{\mu_0\varepsilon_0}$，其等于自由空间的光速。

为了进一步理解坡印亭定理的物理意义，将散度定理应用于微分形式的坡印亭定理 [式 (1.28)]，可以得到积分形式的坡印亭定理

$$\oint_S \mathrm{d}\boldsymbol{S}\cdot\boldsymbol{E}\times\boldsymbol{H}=-\int_V \mathrm{d}V\left(\boldsymbol{H}\cdot\frac{\partial\boldsymbol{B}}{\partial t}+\boldsymbol{E}\cdot\frac{\partial\boldsymbol{D}}{\partial t}\right)-\int_V \mathrm{d}V\boldsymbol{E}\cdot\boldsymbol{J} \tag{1.40}$$

式中，S 为包围体积 V 的闭合曲面的面积。上式描述的是电磁场中的能量守恒，等式左侧表示通过闭合曲面的总功率，流入或流出所包围的体积；等式右侧第一项表示体积 V 内部消耗的电能和磁能，用于提供坡印亭功率的流出，第二项表示体积 V 内部电流源 $\boldsymbol{J}$ 产生的功率。

1.2.5 时谐场的麦克斯韦方程组

当电磁波处于某一特定频率的稳定状态时，电流、电荷和电磁场以单一频率振荡，电磁场表现出时谐特性。这种时谐的电磁波称为单色波（单频波）或连续波。单色波的重要性体现在以下三个方面：① 单色波假设可以消去麦克斯韦方程组中的时间项，简化数学处理；② 通过求解单色波问题，可以得到频域现象的特性响应，进而通过傅里叶变换分析电磁波在时域中的行为；③ 单色波表示法涵盖了电磁波的整个频谱。显然，全面理解单色波或时谐场特性对于电磁波现象的研究十分必要。

一般情况下，频率为 ω 的时谐场可以表示为

$$\boldsymbol{E}(\boldsymbol{r},t)=\mathrm{Re}\{\boldsymbol{E}(\boldsymbol{r})\mathrm{e}^{-\mathrm{i}\omega t}\} \tag{1.41}$$

式中，Re 表示复数的实部，$\boldsymbol{E}(\boldsymbol{r})$ 表示复数场矢量。需要注意的是，对于其他书本中约定 $\mathrm{e}^{\mathrm{j}\omega t}$ 作为时间项，只需用 $-\mathrm{i}$ 替换 j 即可。采用 $\mathrm{e}^{-\mathrm{i}\omega t}$ 作为时间项对应复平面的上半平面，这也与物理文献中的常见习惯一致。复数场矢量 $\boldsymbol{E}(\boldsymbol{r})$ 只是位置的函数而与时间无关。在本书中，将不会采用不同的符号区分时域的实变量 [如 $\boldsymbol{E}(\boldsymbol{r},t)$] 和频域的复变量 [如 $\boldsymbol{E}(\boldsymbol{r})$]，符号的具体含义可以根据上下文理解。类

似的定义也适用于 $\boldsymbol{B}$、$\boldsymbol{D}$、$\boldsymbol{H}$、$\boldsymbol{J}$ 和 ρ 等场量，有

$$\boldsymbol{B}(\boldsymbol{r},t)=\mathrm{Re}\{\boldsymbol{B}(\boldsymbol{r})\mathrm{e}^{-\mathrm{i}\omega t}\} \tag{1.42}$$

$$\boldsymbol{D}(\boldsymbol{r},t)=\mathrm{Re}\{\boldsymbol{D}(\boldsymbol{r})\mathrm{e}^{-\mathrm{i}\omega t}\} \tag{1.43}$$

$$\boldsymbol{H}(\boldsymbol{r},t)=\mathrm{Re}\{\boldsymbol{H}(\boldsymbol{r})\mathrm{e}^{-\mathrm{i}\omega t}\} \tag{1.44}$$

$$\boldsymbol{J}(\boldsymbol{r},t)=\mathrm{Re}\{\boldsymbol{J}(\boldsymbol{r})\mathrm{e}^{-\mathrm{i}\omega t}\} \tag{1.45}$$

$$\rho(\boldsymbol{r},t)=\mathrm{Re}\{\rho(\boldsymbol{r})\mathrm{e}^{-\mathrm{i}\omega t}\} \tag{1.46}$$

将 $\boldsymbol{E}(\boldsymbol{r},t)$ 和 $\boldsymbol{B}(\boldsymbol{r},t)$ 代入法拉第定律

$$\nabla\times\boldsymbol{E}(\boldsymbol{r},t)=-\frac{\partial}{\partial t}\boldsymbol{B}(\boldsymbol{r},t) \tag{1.47}$$

可以得到

$$\mathrm{Re}\left\{\left[\nabla\times\boldsymbol{E}(\boldsymbol{r})-\mathrm{i}\omega\boldsymbol{B}(\boldsymbol{r})\right]\mathrm{e}^{-\mathrm{i}\omega t}\right\}=0 \tag{1.48}$$

上式对任意时间 t 成立。需要注意的是，当式 (1.48) 方括号中的复变量与时间变化项 $\mathrm{e}^{-\mathrm{i}\omega t}$ 所有取值的乘积的实部都是零时，方括号内的复变量必定等于零。时谐场的法拉第定律变为

$$\nabla\times\boldsymbol{E}(\boldsymbol{r})-\mathrm{i}\omega\boldsymbol{B}(\boldsymbol{r})=0 \tag{1.49}$$

类似的结论也适用于其他麦克斯韦方程。如果省略位置变量 $\boldsymbol{r}$，则麦克斯韦方程组可以写为以下形式

$$\nabla\times\boldsymbol{E}=\mathrm{i}\omega\boldsymbol{B} \tag{1.50}$$

$$\nabla\times\boldsymbol{H}=-\mathrm{i}\omega\boldsymbol{D}+\boldsymbol{J} \tag{1.51}$$

$$\nabla\cdot\boldsymbol{B}=0 \tag{1.52}$$

$$\nabla\cdot\boldsymbol{D}=\rho \tag{1.53}$$

电流连续性方程变为

$$\nabla\cdot\boldsymbol{J}=\mathrm{i}\omega\rho \tag{1.54}$$

上述变换相当于将微分形式的麦克斯韦方程组中所有对时间的偏导 $\partial/\partial t$ 替换为 $-\mathrm{i}\omega$。对于积分形式的麦克斯韦方程组，使用同样的处理方式也可得到相应的复变量方程，而边界条件中不含对时间的偏导，因而形式保持不变。通过这些变换，

在麦克斯韦方程组中将不再有时间项。此外，对于大多数实际应用中的电磁问题，频域的结果往往比时域的结果更有用，这些结果可从复矢量中直接得到。若要恢复真实时空相关的场矢量也很容易，只需如式 (1.41) 所示将复数场矢量 $\boldsymbol{E}(\boldsymbol{r})$ 乘以 $\mathrm{e}^{-\mathrm{i}\omega t}$ 取实部即可。

1.2.6 复坡印亭定理

对时谐场来说，场矢量的瞬时值和复数场矢量之间满足式 (1.41) 所示的关系，但这一关系对于包含两个场矢量（如功率和能量）乘积的量是不适用的。为了进一步说明，可以根据方程 (1.50) 和方程 (1.51)，并利用矢量恒等式 $\boldsymbol{H}^*\cdot(\nabla\times\boldsymbol{E})-\boldsymbol{E}\cdot(\nabla\times\boldsymbol{H}^*)=\nabla\cdot(\boldsymbol{E}\times\boldsymbol{H}^*)$ 得到复坡印亭定理

$$\nabla\cdot(\boldsymbol{E}\times\boldsymbol{H}^*)=\mathrm{i}\omega(\boldsymbol{H}^*\cdot\boldsymbol{B}-\boldsymbol{E}\cdot\boldsymbol{D}^*)-\boldsymbol{E}\cdot\boldsymbol{J}^* \tag{1.55}$$

式中，上角标 $*$ 表示共轭。复坡印亭矢量 $\boldsymbol{S}$ 定义为

$$\boldsymbol{S}=\boldsymbol{E}\times\boldsymbol{H}^* \tag{1.56}$$

需要指出，复坡印亭矢量 $\boldsymbol{S}=\boldsymbol{E}\times\boldsymbol{H}^*$ 的定义在数学上并不是唯一的。若给 $\boldsymbol{E}\times\boldsymbol{H}^*$ 加上任意旋度场 $\nabla\times\boldsymbol{A}$，则式 (1.55) 仍然成立。在物理意义上，式 (1.56) 定义的复坡印亭矢量指的是一个复功率密度矢量。

复坡印亭定理 [式 (1.55)] 右侧最后一项 $\boldsymbol{E}\cdot\boldsymbol{J}^*=\boldsymbol{E}\cdot(\boldsymbol{J}_\mathrm{c}^*+\boldsymbol{J}_\mathrm{f}^*)$ 包括两部分，一部分取决于欧姆电流 $\boldsymbol{J}_\mathrm{c}$，另一部分取决于自由电流 $\boldsymbol{J}_\mathrm{f}$。对式 (1.55) 重新排序，可以得到

$$-\boldsymbol{E}\cdot\boldsymbol{J}_\mathrm{f}^*=\nabla\cdot(\boldsymbol{E}\times\boldsymbol{H}^*)+\boldsymbol{E}\cdot\boldsymbol{J}_\mathrm{c}^*+\mathrm{i}\omega(\boldsymbol{E}\cdot\boldsymbol{D}^*-\boldsymbol{B}\cdot\boldsymbol{H}^*) \tag{1.57}$$

考虑一个小的体积单元 V，式 (1.57) 的意义是：等号左侧 $-\boldsymbol{E}\cdot\boldsymbol{J}_\mathrm{f}^*$ 为 $\boldsymbol{J}_\mathrm{f}^*$ 提供给体积单元 V 的功率，等号右侧第一项 $\nabla\cdot(\boldsymbol{E}\times\boldsymbol{H}^*)$ 为流出体积单元 V 的复坡印亭功率的散度，第二项 $\boldsymbol{E}\cdot\boldsymbol{J}_\mathrm{c}^*$ 为体积单元 V 中耗散的复功率，第三项 $\mathrm{i}\omega(\boldsymbol{E}\cdot\boldsymbol{D}^*-\boldsymbol{B}\cdot\boldsymbol{H}^*)$ 为存储的电磁能量。

虽然场矢量的瞬时值可以直接从式 (1.41) 得到，但是复坡印亭矢量 $\boldsymbol{S}$ 涉及两个场矢量的乘积，其瞬时值并不能用同样的方法得到。为了更深入地了解这个问题，可以将复数场矢量 $\boldsymbol{E}(\boldsymbol{r})$ 和 $\boldsymbol{H}(\boldsymbol{r})$ 用实数场矢量表示，有

$$\boldsymbol{E}(\boldsymbol{r})=\boldsymbol{E}_\mathrm{R}(\boldsymbol{r})+\mathrm{i}\boldsymbol{E}_\mathrm{I}(\boldsymbol{r}) \tag{1.58}$$

$$\boldsymbol{H}(\boldsymbol{r})=\boldsymbol{H}_\mathrm{R}(\boldsymbol{r})+\mathrm{i}\boldsymbol{H}_\mathrm{I}(\boldsymbol{r}) \tag{1.59}$$

式中，$\boldsymbol{E}_{\mathrm{R}}$、$\boldsymbol{E}_{\mathrm{I}}$、$\boldsymbol{H}_{\mathrm{R}}$ 和 $\boldsymbol{H}_{\mathrm{I}}$ 都是实数场矢量，下标 R 和 I 分别表示复数场矢量的实部和虚部。场矢量的瞬时值为

$$\boldsymbol{E}(\boldsymbol{r},t)=\mathrm{Re}\{\boldsymbol{E}(\boldsymbol{r})\mathrm{e}^{-\mathrm{i}\omega t}\}=\boldsymbol{E}_{\mathrm{R}}\cos(\omega t)+\boldsymbol{E}_{\mathrm{I}}\sin(\omega t) \tag{1.60}$$

$$\boldsymbol{H}(\boldsymbol{r},t)=\mathrm{Re}\{\boldsymbol{H}(\boldsymbol{r})\mathrm{e}^{-\mathrm{i}\omega t}\}=\boldsymbol{H}_{\mathrm{R}}\cos(\omega t)+\boldsymbol{H}_{\mathrm{I}}\sin(\omega t) \tag{1.61}$$

复坡印亭矢量为

$$\boldsymbol{S}=\boldsymbol{E}\times\boldsymbol{H}^*=\boldsymbol{E}_{\mathrm{R}}\times\boldsymbol{H}_{\mathrm{R}}+\boldsymbol{E}_{\mathrm{I}}\times\boldsymbol{H}_{\mathrm{I}}+\mathrm{i}(\boldsymbol{E}_{\mathrm{I}}\times\boldsymbol{H}_{\mathrm{R}}-\boldsymbol{E}_{\mathrm{R}}\times\boldsymbol{H}_{\mathrm{I}}) \tag{1.62}$$

瞬时坡印亭矢量 $\boldsymbol{S}(\boldsymbol{r},t)$ 定义为

$$\boldsymbol{S}(\boldsymbol{r},t)=\boldsymbol{E}(\boldsymbol{r},t)\times\boldsymbol{H}(\boldsymbol{r},t) \tag{1.63}$$

根据式 (1.60) 和式 (1.61)，可以得到

$$\begin{aligned}\boldsymbol{S}(\boldsymbol{r},t)=&\boldsymbol{E}_{\mathrm{R}}\times\boldsymbol{H}_{\mathrm{R}}\cos^2(\omega t)+\boldsymbol{E}_{\mathrm{I}}\times\boldsymbol{H}_{\mathrm{I}}\sin^2(\omega t)\\&+(\boldsymbol{E}_{\mathrm{R}}\times\boldsymbol{H}_{\mathrm{I}}+\boldsymbol{E}_{\mathrm{I}}\times\boldsymbol{H}_{\mathrm{R}})\sin(\omega t)\cos(\omega t)\end{aligned} \tag{1.64}$$

显然，式 (1.64) 与式 (1.62) 没有直接关系。瞬时坡印亭矢量 $\boldsymbol{S}(\boldsymbol{r},t)$ 是一个与时间相关的实数矢量。为了建立复坡印亭矢量 $\boldsymbol{S}(\boldsymbol{r})$ 和瞬时坡印亭矢量 $\boldsymbol{S}(\boldsymbol{r},t)$ 之间的关系，可以通过求 $\boldsymbol{S}(\boldsymbol{r},t)$ 的时均值消去 $\boldsymbol{S}(\boldsymbol{r},t)$ 中的时间项得到，有

$$\begin{aligned}\langle\boldsymbol{S}(\boldsymbol{r},t)\rangle&=\frac{1}{2\pi}\int_0^{2\pi}\mathrm{d}(\omega t)\boldsymbol{S}(\boldsymbol{r},t)\\&=\frac{1}{2}(\boldsymbol{E}_{\mathrm{R}}\times\boldsymbol{H}_{\mathrm{R}}+\boldsymbol{E}_{\mathrm{I}}\times\boldsymbol{H}_{\mathrm{I}})\\&=\frac{1}{2}\mathrm{Re}\{\boldsymbol{S}(\boldsymbol{r})\}\end{aligned} \tag{1.65}$$

式中，第一个等式定义了 $\boldsymbol{S}(\boldsymbol{r},t)$ 的时均值，第二个等式由式 (1.64) 推导得到，第三个等式由式 (1.62) 推导得到。根据上述结果，当复坡印亭矢量 $\boldsymbol{S}=\boldsymbol{E}\times\boldsymbol{H}^*$ 已知时，取其实部的一半就可以得到瞬时坡印亭矢量 $\boldsymbol{S}(\boldsymbol{r},t)=\boldsymbol{E}(\boldsymbol{r},t)\times\boldsymbol{H}(\boldsymbol{r},t)$ 的时均值

$$\langle\boldsymbol{E}(\boldsymbol{r},t)\times\boldsymbol{H}(\boldsymbol{r},t)\rangle=\frac{1}{2}\mathrm{Re}\{\boldsymbol{E}\times\boldsymbol{H}^*\} \tag{1.66}$$

以上结论可以推广到任意两个场矢量的乘积。

1.3 异向介质的本构关系

在经典电动力学中，介质的电磁特性通常通过介电常数和磁导率这两个宏观电磁参数来描述。介电常数主要反映了电磁场对介质中束缚电荷微小运动在原电场中产生的影响，其宏观效应可以用电偶极矩表示；相较之下，磁导率则反映了电磁场对介质中分子电流形成的磁偶极矩在原磁场中产生的影响。

1.3.1 电极化模型

考虑介质中带电粒子对电磁场的影响 [42]。众所周知，介质由分子构成，而分子又由原子组成。原子核包含中子和质子，其中中子不带电荷，而质子携带正电荷。环绕原子核的是携带负电荷的电子，它们的数量与质子相等。这些电子受电场力束缚在原子核周围，通常情况下无法脱离束缚，只能环绕原子核高速旋转，其轨道中心与质子中心重合，因此整个原子呈现电中性。分子由一个或多个原子组成。某些分子由于原子的排列方式导致正负电荷中心的重合，这类分子称为非极性分子，由非极性分子组成的物质呈现电中性。另一些分子则由于原子间相互作用而导致等效正负电荷中心相互偏移，形成微小电偶极子，产生微弱电场，这类分子称为极性分子。然而，由于极性分子的取向是随机的，其电偶极子产生的电场相互抵消，因此由极性分子组成的介质也呈现电中性。

然而，当施加一外加电场时，上述描述不再适用。尽管原子核受分子力作用不能移动，然而根据洛伦兹力定律，外加电场会对正电荷施加一个与电场方向相同的作用力，对负电荷施加一个与电场方向相反的作用力。这导致原子和非极性分子中的正负电荷的等效中心相互偏移，在电场方向形成微小的电偶极子。在这种情况下，由于外加电场的强度不足以克服原子核对电子的束缚，材料通常被称为绝缘体。在极性分子中，由于洛伦兹力的作用，原本随机取向的电偶极子会趋向于外加电场的方向排列。当大量电偶极子沿同一方向排列时，它们共同形成的电场与外加场的方向相反，从而导致介质中总的电场减弱。为了量化这些电偶极子的效应，下面定义电偶极矩

$$\boldsymbol{p} = q\boldsymbol{l} \tag{1.67}$$

式中，q 为电荷，$\boldsymbol{l}$ 为负电荷有效中心到正电荷有效中心距离的矢量。假设介质中单位体积内的分子数为 N，那么介质中任意一点处的电偶极矩在宏观上可以表示为

$$\boldsymbol{P} = \lim_{\Delta v \to 0} \frac{1}{\Delta v} \sum_{i=1}^{N\Delta v} \boldsymbol{p}_i \tag{1.68}$$

式中，$\boldsymbol{p}_i$ 表示体积 Δv 中第 i 个电偶极矩，电偶极矩 $\boldsymbol{P}$ 也称为极化强度或极化矢量。对于简单介质，如线性、均匀、各向同性的介质，介质中的极化强度通常

与电场呈比例关系，即

$$\boldsymbol{P}=\varepsilon_0\chi_{\mathrm{e}}\boldsymbol{E} \tag{1.69}$$

式中，χ_{e} 称为介质的电极化率。

假定 $\varPhi_i$ 是第 i 个电偶极矩在空间某点处引起的电势，如图 1.3.1 所示，则 $\varPhi_i$ 可以表示为

$$\varPhi_i=\frac{q_i}{4\pi\varepsilon_0}\left(\frac{1}{R_+}-\frac{1}{R_-}\right) \tag{1.70}$$

当距离较大时，$l\ll|\boldsymbol{r}-\boldsymbol{r}'|$，上式可以写成

$$\varPhi_i=\frac{q_i}{4\pi\varepsilon_0}\left(\frac{1}{R_+}-\frac{1}{R_-}\right)\approx\frac{q_i}{4\pi\varepsilon_0}\frac{l\cos\theta}{|\boldsymbol{r}-\boldsymbol{r}'|^2}=\frac{\boldsymbol{p}_i\cdot(\boldsymbol{r}-\boldsymbol{r}')}{4\pi\varepsilon_0|\boldsymbol{r}-\boldsymbol{r}'|^3} \tag{1.71}$$

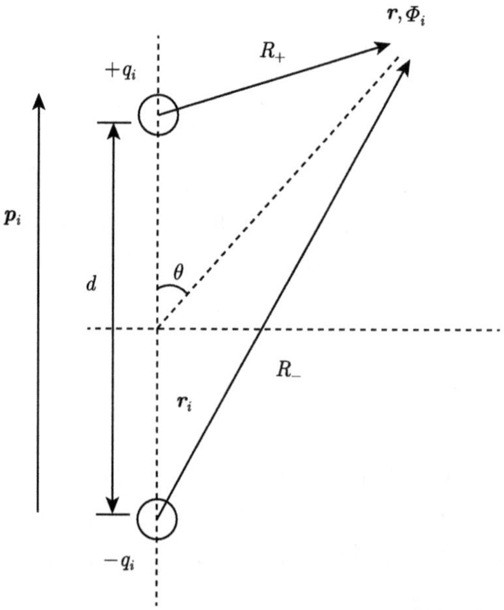

图 1.3.1　电偶极矩对空间电势的影响

单位体积内的总电偶极矩在空间中引起的总电势 $\varPhi(\boldsymbol{r})$ 为

$$\varPhi(\boldsymbol{r})=\frac{1}{4\pi\varepsilon_0}\int_V\boldsymbol{P}\cdot\frac{(\boldsymbol{r}-\boldsymbol{r}')}{|\boldsymbol{r}-\boldsymbol{r}'|^3}\mathrm{d}v'=\frac{1}{4\pi\varepsilon_0}\int_V\boldsymbol{P}\cdot\nabla'\frac{1}{|\boldsymbol{r}-\boldsymbol{r}'|}\mathrm{d}v' \tag{1.72}$$

经过一系列矢量运算，可以得到

$$\varPhi(\boldsymbol{r})=\frac{1}{4\pi\varepsilon_0}\int_V\frac{-\nabla'\cdot\boldsymbol{P}}{|\boldsymbol{r}-\boldsymbol{r}'|}\mathrm{d}v'+\frac{1}{4\pi\varepsilon_0}\oint_S\frac{\boldsymbol{P}\cdot\hat{\boldsymbol{s}}}{|\boldsymbol{r}-\boldsymbol{r}'|}\mathrm{d}s' \tag{1.73}$$

依据静电场理论，对于体电荷密度为 ρ_{v} 和面电荷密度为 ρ_{s} 的空间，其整体对空间电势分布的贡献可以表示为

$$\varPhi(\boldsymbol{r}) = \frac{1}{4\pi\varepsilon_0}\int_V \frac{\rho_{\mathrm{v}}}{|\boldsymbol{r}-\boldsymbol{r}'|}\mathrm{d}v' + \frac{1}{4\pi\varepsilon_0}\oint_S \frac{\rho_{\mathrm{s}}}{|\boldsymbol{r}-\boldsymbol{r}'|}\mathrm{d}s' \tag{1.74}$$

介质内部由极化引起的体电荷分布和面电荷分布可以分别表示为

$$\rho_{\mathrm{vp}} = -\nabla'\cdot\boldsymbol{P} \tag{1.75}$$

$$\rho_{\mathrm{sp}} = \boldsymbol{P}\cdot\hat{\boldsymbol{s}} \tag{1.76}$$

根据高斯定理

$$\nabla\cdot\varepsilon_0\boldsymbol{E} = \rho_{\mathrm{v}} + \rho_{\mathrm{vp}} \tag{1.77}$$

可以得到

$$\nabla\cdot(\varepsilon_0\boldsymbol{E}+\boldsymbol{P}) = \rho_{\mathrm{v}} \tag{1.78}$$

若定义 $\boldsymbol{D}=\varepsilon_0\boldsymbol{E}+\boldsymbol{P}$ 为介质的电位移，则可以得到

$$\boldsymbol{D} = \varepsilon_0(1+\chi_{\mathrm{e}})\boldsymbol{E} = \varepsilon\boldsymbol{E} \tag{1.79}$$

式中，$\varepsilon=\varepsilon_0(1+\chi_{\mathrm{e}})$ 为介质的介电常数。介质的相对介电常数为

$$\varepsilon_{\mathrm{r}} = 1+\chi_{\mathrm{e}} \tag{1.80}$$

不同介质由于具有不同的电极化率 χ_{e}，因而具有不同的介电常数。一般来说，电极化率 χ_{e} 是随频率变化的。在低频段，分子很容易跟随外加电场的变化而极化，因此 χ_{e} 较大；而在高频段，分子来不及跟随外加电场的变化而极化，因此 χ_{e} 较小。例如，水在低频段 $\varepsilon_{\mathrm{r}}\approx 80$，而在高频段 $\varepsilon_{\mathrm{r}}\approx 2$。

1.3.2 磁化模型

在考虑介质在磁场作用下可能发生的现象时，必须注意到电子在原子中不断围绕原子核运动。这种轨道运动形成了微小的电流环，进而产生了非常弱的磁场。这个微小的电流环构成了一个磁偶极子，其磁偶极矩可以量化，定义如下

$$\boldsymbol{m} = I\boldsymbol{A} \tag{1.81}$$

式中，I 为电流，$\boldsymbol{A}$ 的幅度等于电流环面积的矢量，其方向与电流方向构成右手正交关系。在没有外加磁场的情况下，磁偶极子的方向是随机的（永磁体中的磁偶极子除外），导致宏观上磁偶极矩相互抵消，因此介质呈现磁中性。然而，当

外加磁场作用于介质时，原本随机排列的磁偶极子会趋向于与外场方向一致或相反。这种排列导致非零磁偶极矩密度的产生，称为磁化强度或磁化矢量。磁化强度定义为单位体积内磁偶极矩的总和，即

$$\boldsymbol{M}=\lim_{\Delta v\to 0}\frac{1}{\Delta v}\sum_{i=1}^{n_{\mathrm{m}}}\boldsymbol{m}_i \tag{1.82}$$

式中，n_{m} 为体积 Δv 内磁偶极子的数量。当磁偶极矩密度均匀时，相邻电流环的电流会完全抵消，因此介质中没有净电流。然而，当磁偶极矩密度不均匀时，相邻电流环无法完全抵消，从而产生净电流。净电流的体电流密度为

$$\boldsymbol{J}_{\mathrm{m}}=\nabla\times\boldsymbol{M} \tag{1.83}$$

将此电流项加到由电极化产生的电流和自由电流中，可以得到介质中的总电流为

$$\boldsymbol{J}=\boldsymbol{J}_{\mathrm{p}}+\boldsymbol{J}_{\mathrm{m}}+\boldsymbol{J}_{\mathrm{f}}=\frac{\partial\boldsymbol{P}}{\partial t}+\nabla\times\boldsymbol{M}+\boldsymbol{J}_{\mathrm{f}} \tag{1.84}$$

式中，$\boldsymbol{J}_{\mathrm{f}}$ 为自由电流密度，包括除极化电流 $\boldsymbol{J}_{\mathrm{p}}$ 和磁化电流 $\boldsymbol{J}_{\mathrm{m}}$ 外的所有电流。将上式代入安培定律 $\nabla\times\boldsymbol{B}=\varepsilon_0\mu_0\dfrac{\partial\boldsymbol{E}}{\partial t}+\mu_0\boldsymbol{J}$，并应用式 $\boldsymbol{D}=\varepsilon_0\boldsymbol{E}+\boldsymbol{P}$，可以得到

$$\nabla\times\left(\frac{\boldsymbol{B}}{\mu_0}-\boldsymbol{M}\right)=\frac{\partial\boldsymbol{D}}{\partial t}+\boldsymbol{J}_{\mathrm{f}} \tag{1.85}$$

引入磁场强度 $\boldsymbol{H}$，定义为

$$\boldsymbol{H}=\frac{\boldsymbol{B}}{\mu_0}-\boldsymbol{M} \tag{1.86}$$

其单位为 A/m，则式 (1.85) 可写为

$$\nabla\times\boldsymbol{H}=\frac{\partial\boldsymbol{D}}{\partial t}+\boldsymbol{J}_{\mathrm{f}} \tag{1.87}$$

上式可以看成只涉及自由电流的安培定律。需要指出的是，体电流密度 $\boldsymbol{J}_{\mathrm{m}}$ 并不会产生与之相关的电荷，因为 $\nabla\cdot\boldsymbol{J}_{\mathrm{m}}=\nabla\cdot(\nabla\times\boldsymbol{M})=0$。

式 (1.86) 也可以写为

$$\boldsymbol{B}=\mu_0\left(\boldsymbol{H}+\boldsymbol{M}\right) \tag{1.88}$$

对大多数介质，磁化强度与磁场强度成比例

$$\boldsymbol{M}=\chi_{\mathrm{m}}\boldsymbol{H} \tag{1.89}$$

式中，χ_{m} 为磁化率，因此式 (1.88) 可写为

$$\boldsymbol{B}=\mu_0\left(1+\chi_{\mathrm{m}}\right)\boldsymbol{H}=\mu\boldsymbol{H}=\mu_0(\boldsymbol{H}+\boldsymbol{M}) \tag{1.90}$$

式中，$\mu=\mu_0\left(1+\chi_{\mathrm{m}}\right)$ 为介质的磁导率。式 (1.90) 称为磁场的本构关系。在自由空间中，磁化强度 $\boldsymbol{M}$ 通常可以忽略不计，因此本构关系可写为

$$\boldsymbol{B}=\mu_0\boldsymbol{H} \tag{1.91}$$

1.3.3 洛伦兹模型

1.3.1 节中通过引入电极化率 χ_{e} 解释了不同介质具有不同介电常数的原因，但它却不能解释介质对电磁波的损耗，也不能解释存在自由运动电子的导电介质（如金属、等离子体）的电磁谐振现象。为了精确地描述导电介质的电磁本构关系，需要从微观角度对其建立一个简单模型 [43]。

假定导电介质中的电子密度较低，自由电子将在电场 $\boldsymbol{E}$、介质阻尼 γ 以及分子的限制（谐振频率为 ω_0）的共同作用下产生加速度。如果电子运动的位移为 $\boldsymbol{r}(t)$，根据牛顿运动定律可以得到

$$m\left[\frac{\mathrm{d}^2}{\mathrm{d}t^2}\boldsymbol{r}(t)+\gamma\frac{\mathrm{d}}{\mathrm{d}t}\boldsymbol{r}(t)+\omega_0^2\boldsymbol{r}(t)\right]=-e\boldsymbol{E}\left(\boldsymbol{r},t\right) \tag{1.92}$$

式中，m 为电子质量，e 为电子电量。如果运动电子的振荡幅度远小于外加电磁波的波长，那么电子受到的外加电场幅度几乎不变。在外加电场是频率为 ω 的时谐电场 $\mathrm{e}^{-\mathrm{i}\omega t}$ 时，运动电子所形成的电偶极矩为

$$\boldsymbol{p}=-e\boldsymbol{r}=\frac{e^2\boldsymbol{E}}{m\left(\omega_0^2-\mathrm{i}\gamma\omega-\omega^2\right)} \tag{1.93}$$

如果单位体积中的分子个数为 N，而每个分子中所包含的电子个数为 Z，则根据上式可以得到介质的相对复介电常数

$$\varepsilon_{\mathrm{r}}\left(\omega\right)=1+\frac{Ne^2}{m\varepsilon_0}\sum_j f_j\left(\omega_j^2-\omega^2-\mathrm{i}\gamma_j\omega\right)^{-1} \tag{1.94}$$

式中，$\sum\limits_j f_j=Z$。如果在上式中代入量子化的 f_j、γ_j 和 ω_j，则其为介电常数的精确表达。图 1.3.2 表示一般情况的相对复介电常数色散曲线。从图中可以发现，在等离子体频率附近，介电常数的实部为反常色散，而虚部很大，表现出该导电介质对电磁波很强的谐振吸收。

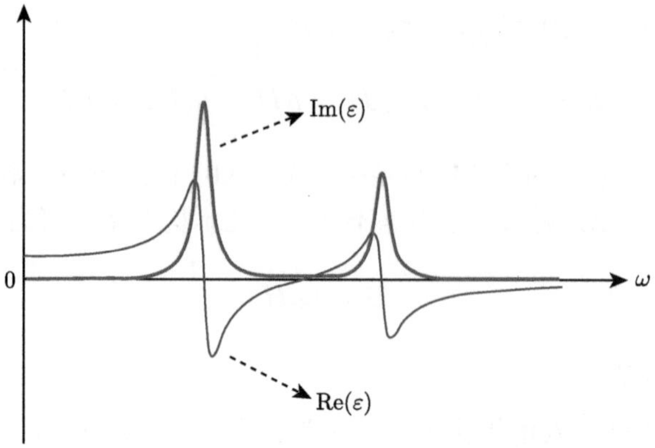

图 1.3.2　一般情况的相对复介电常数色散曲线

当频率很低时，式 (1.94) 中的第二项几乎只受约束谐振频率 ω_0 的影响，对应的复介电常数的虚部很小，因此大部分介质在低频段对电磁波的衰减都很小。若介质中存在自由运动的电子，那么这部分电子不受分子约束，即 $\omega_0=0$，式 (1.94) 变为

$$\varepsilon_{\mathrm{r}}(\omega)=\frac{\varepsilon_{\mathrm{b}}(\omega)}{\varepsilon_0}+\mathrm{i}\frac{Ne^2}{m\varepsilon_0}\frac{f_0}{\omega(-\mathrm{i}\omega+\gamma_0)} \tag{1.95}$$

式中，$\varepsilon_{\mathrm{b}}(\omega)$ 表示由极化引起的其他电偶极矩对介电常数的贡献。根据安培定律

$$\nabla\times\boldsymbol{H}=\frac{\partial}{\partial t}\boldsymbol{D}+\boldsymbol{J} \tag{1.96}$$

式中，$\boldsymbol{J}=\sigma\boldsymbol{E}$。那么式 (1.96) 在介电常数为 ε_{b} 的背景介质中变为

$$\nabla\times\boldsymbol{H}=-\mathrm{i}\omega\left(\varepsilon_{\mathrm{b}}+\mathrm{i}\frac{\sigma}{\omega}\right)\boldsymbol{E} \tag{1.97}$$

比较以上公式，可以得到导电介质的电导率

$$\sigma=\frac{Ne^2f_0}{m(-\mathrm{i}\omega+\gamma_0)} \tag{1.98}$$

当频率很高时，式 (1.94) 中的第二项几乎只受外加电场频率 ω 的影响，可以简化为

$$\varepsilon_{\mathrm{r}}(\omega)=1-\frac{NZe^2}{m\varepsilon_0\omega^2}=1-\frac{\omega_{\mathrm{p}}^2}{\omega^2} \tag{1.99}$$

式中，$\omega_{\mathrm{p}}^2=\dfrac{NZe^2}{m\varepsilon_0}$ 为介质的等离子体频率。当频率低于 ω_{p} 时，介质的介电常数可以为负值。上式是高频近似条件下介质本构关系的德鲁德 (Drude) 模型。

1.3.4 本构关系

从电磁波的角度来看，科学家所关心的是当有介质存在时将如何影响电磁场的响应，因此将介质的电磁特征用本构关系进行描述 [1]。从数学角度来说，麦克斯韦方程组支配着电场矢量 $\boldsymbol{D}$ 和 $\boldsymbol{E}$，磁场矢量 $\boldsymbol{B}$ 和 $\boldsymbol{H}$，以及源 $\boldsymbol{J}$ 和 ρ 的行为，满足

$$\nabla\times\boldsymbol{H}=-\mathrm{i}\omega\boldsymbol{D}+\boldsymbol{J} \tag{1.100}$$

$$\nabla\times\boldsymbol{E}=\mathrm{i}\omega\boldsymbol{B} \tag{1.101}$$

$$\nabla\cdot\boldsymbol{D}=\rho \tag{1.102}$$

$$\nabla\cdot\boldsymbol{B}=0 \tag{1.103}$$

电流连续性方程为

$$\nabla\cdot\boldsymbol{J}=-\frac{\partial}{\partial t}\rho \tag{1.104}$$

方程 (1.102) 可以通过求解方程 (1.100) 的散度并代入方程 (1.104) 得到，方程 (1.103) 可以通过求解方程 (1.101) 的散度得到。在大部分情况下，产生电磁场的源是已知的，即 $\boldsymbol{J}$ 和 ρ 已知，并且满足方程 (1.104)。对于麦克斯韦方程组，电场矢量和磁场矢量包含 3 个维度，共 12 个标量。如前所述，方程 (1.102) 和方程 (1.103) 不是相互独立的方程，可由方程 (1.104)、方程 (1.100) 和方程 (1.101) 推导得到。方程 (1.100) 和方程 (1.101) 是独立的，可以分解为 6 个标量方程。综上所述，若要求解电场和磁场的各个分量，仅有描述电磁波的麦克斯韦方程组是不够的，还需要知道 $\boldsymbol{D}$、$\boldsymbol{E}$、$\boldsymbol{B}$ 和 $\boldsymbol{H}$ 之间的相互关系，即需要加入 6 个标量方程，或称为本构关系，为介质的电磁特性提供数学描述。

在电磁场作用下，介质内部的电荷运动主要表现为三种状态：电极化、磁化和电传导。电极化是介质中的束缚电荷在电磁场作用下的微小运动，其宏观效应可用电偶极矩表示。磁化是介质中的分子电流所形成的分子磁偶极矩受到电磁场的作用，其大小和取向发生变化而出现的宏观磁偶极矩。电传导是介质中的自由电子或离子在电磁场的作用下运动而形成的，其大小与外加电场成正比。以上几个物理量虽然物理意义明确，与微观机理密切相关，但不便于测量和分析，因此对于介质的宏观电磁特性，通常采用统一的本构方程来加以概括

$$\boldsymbol{D}=\bar{\bar{\boldsymbol{\varepsilon}}}\cdot\boldsymbol{E}+\bar{\bar{\boldsymbol{\xi}}}\cdot\boldsymbol{H} \tag{1.105}$$

$$\boldsymbol{B}=\bar{\bar{\boldsymbol{\zeta}}}\cdot\boldsymbol{E}+\bar{\bar{\boldsymbol{\mu}}}\cdot\boldsymbol{H} \tag{1.106}$$

式中，$\bar{\bar{\boldsymbol{\varepsilon}}}$、$\bar{\bar{\boldsymbol{\mu}}}$、$\bar{\bar{\boldsymbol{\xi}}}$ 和 $\bar{\bar{\boldsymbol{\zeta}}}$ 是 3×3 矩阵，其矩阵元素为本构参数，表示介质中各方向电磁场量之间的相互关联，它们可以是复数形式，可以是负值，同时随频率色散。上述

方程组简洁地概括了 $\boldsymbol{E}$、$\boldsymbol{D}$、$\boldsymbol{H}$、$\boldsymbol{B}$ 的相互联系，共包含 6 个标量方程，其与麦克斯韦方程组共同组合成 12 个标量方程，为准确求解介质中的电磁波提供了可行手段。任意电磁参数张量 $\bar{\bar{\boldsymbol{A}}}$ 中的分量都可以表述为：$A_{ij}(\omega) = A'_{ij}(\omega) + \mathrm{i}A''_{ij}(\omega)$，其中 $i, j = x, y, z$。在三维空间中，每个电磁参数张量（$\bar{\bar{\varepsilon}}$、$\bar{\bar{\boldsymbol{\mu}}}$、$\bar{\bar{\boldsymbol{\xi}}}$ 和 $\bar{\bar{\boldsymbol{\zeta}}}$）均包含 18 个实部变量，因此可以用 72 个变量参数完整描述介质的电磁本构特性。从经典电磁理论的角度，无论介质具有何种电磁特性，都可以通过非零（或部分非零）的 72 个变量来表征。依据 $\bar{\bar{\varepsilon}}$、$\bar{\bar{\boldsymbol{\mu}}}$、$\bar{\bar{\boldsymbol{\xi}}}$ 和 $\bar{\bar{\boldsymbol{\zeta}}}$ 的依从关系以及异向介质的麦克斯韦理论，可以将异向介质分为各向同性、各向异性、双各向同性和双各向异性等不同类型。

1. 各向同性异向介质

对于各向同性异向介质，$\bar{\bar{\boldsymbol{\xi}}} = \bar{\bar{\boldsymbol{\zeta}}} = \mathbf{0}$，$\bar{\bar{\varepsilon}} = \varepsilon\bar{\bar{\boldsymbol{I}}}$，$\bar{\bar{\boldsymbol{\mu}}} = \mu\bar{\bar{\boldsymbol{I}}}$，其中 $\bar{\bar{\boldsymbol{I}}}$ 表示 3×3 的单位矩阵。各向同性异向介质的本构关系可以简化为

$$\boldsymbol{D} = \varepsilon\boldsymbol{E} \tag{1.107}$$

$$\boldsymbol{B} = \mu\boldsymbol{H} \tag{1.108}$$

式中，ε 为介电常数，μ 为磁导率。介电常数 ε 取决于介质的电特性，而磁导率 μ 取决于介质的磁特性。在各向同性异向介质中，电场矢量 $\boldsymbol{E}$ 与 $\boldsymbol{D}$ 平行，磁场矢量 $\boldsymbol{H}$ 与 $\boldsymbol{B}$ 平行。

2. 各向异性异向介质

对于各向异性异向介质，$\bar{\bar{\boldsymbol{\xi}}} = \bar{\bar{\boldsymbol{\zeta}}} = \mathbf{0}$，本构关系可以简化为

$$\boldsymbol{D} = \bar{\bar{\varepsilon}} \cdot \boldsymbol{E} \tag{1.109}$$

$$\boldsymbol{B} = \bar{\bar{\boldsymbol{\mu}}} \cdot \boldsymbol{H} \tag{1.110}$$

式中，$\bar{\bar{\varepsilon}}$ 为介电常数张量，$\bar{\bar{\boldsymbol{\mu}}}$ 为磁导率张量。在各向异性异向介质中，电场矢量 $\boldsymbol{E}$ 与 $\boldsymbol{D}$ 和磁场矢量 $\boldsymbol{H}$ 与 $\boldsymbol{B}$ 将不再平行。如果介质的介电常数由张量 $\bar{\bar{\varepsilon}}$ 描述，而磁导率由标量 μ 描述，则称其具有电各向异性；如果其磁导率由张量 $\bar{\bar{\boldsymbol{\mu}}}$ 描述，而介电常数由标量 ε 描述，则称其具有磁各向异性。介质可以既有电各向异性，又有磁各向异性。

各向异性异向介质还可以分为单轴各向异性和双轴各向异性。以电各向异性为例，对于实际介质的参数张量，总是可以求出其本征值和本征矢量，且 3 个本征矢量构成了介质的 3 个主轴。换句话说，总存在一种坐标变换，能够将对称矩阵变换为对角矩阵。在由主轴组成的坐标系中，参数张量只有 3 个对角元素为非零元素，有

$$\bar{\bar{\varepsilon}} = \begin{bmatrix} \varepsilon_x & 0 & 0 \\ 0 & \varepsilon_y & 0 \\ 0 & 0 & \varepsilon_z \end{bmatrix} \tag{1.111}$$

在由主轴组成的坐标系中，若 3 个非零元素全部相等，则各向异性异向介质将退化为各向同性异向介质；若其中两个相等，此时存在一个方向，当电磁波沿该方向在介质中传播时不发生双折射现象，沿用光学的概念，该方向称为光轴，由于此时介质只有一个光轴，故称为单轴各向异性异向介质，或单轴异向介质；若 3 个对角元素均不相等，此时存在两个光轴，故称为双轴各向异性异向介质，或双轴异向介质。

3. 双各向同性异向介质

对于双各向同性异向介质，本构关系可以表示为

$$\boldsymbol{D} = \varepsilon \boldsymbol{E} + \xi \boldsymbol{H} \tag{1.112}$$

$$\boldsymbol{B} = \mu \boldsymbol{H} + \zeta \boldsymbol{E} \tag{1.113}$$

在 19 世纪，人们就发现光在某些晶体中传播时会出现旋光特性或手征特性。在这类具有旋光特性或手征特性的介质中，位移电流同时与电场和磁场有关，而介质仍具有各向同性特性，故称为双各向同性介质。此时“双”的含义是场矢量 $\boldsymbol{D}$ 或 $\boldsymbol{B}$ 与 $\boldsymbol{E}$ 和 $\boldsymbol{H}$ 两个矢量均有关，但这一结论一直都没有引起学术界的重视。直到 20 世纪 80 年代，人们在实验室内合成了微波波段的手征介质，并将其应用于各种微波器件中，才引起广大学者的进一步研究。

1）Tellegen 介质

1948 年，Tellegen 在电阻器、电容器、电感器和理想变压器之外，引入了一种称为回旋器的元器件，用于描述一个网络 [44]。Tellegen 设想了一种具有以下本构关系的介质

$$\boldsymbol{D} = \varepsilon \boldsymbol{E} + \tau \boldsymbol{H} \tag{1.114}$$

$$\boldsymbol{B} = \tau \boldsymbol{E} + \mu \boldsymbol{H} \tag{1.115}$$

式中，$\tau^2/\mu\varepsilon$ 近似为 1。人们将以上两式描述的介质称为 Tellegen 介质。Tellegen 认为，该介质模型具有相互平行的电偶极子和磁偶极子，因此在外加电磁场时，电磁场可以使电偶极子和磁偶极子具有相同的排列方向。

2）手征介质

手征介质包括多种糖溶液、氨基酸、DNA（脱氧核糖核酸）等天然物质，具有以下本构关系

$$\boldsymbol{D} = \varepsilon \boldsymbol{E} + \chi \frac{\partial \boldsymbol{H}}{\partial t} \tag{1.116}$$

$$\boldsymbol{B} = \mu \boldsymbol{H} - \chi \frac{\partial \boldsymbol{E}}{\partial t} \tag{1.117}$$

式中，χ 表示手征参数。

4. 双各向异性异向介质

当异向介质的介电常数、磁导率、手征参数均为张量时，该介质称为双各向异性异向介质。双各向异性异向介质提供电场和磁场之间的交叉耦合，当置于电场或磁场中时，介质既有极化又有磁化。双各向异性异向介质的电磁特性可由最具一般性的本构关系描述，有

$$\boldsymbol{D} = \bar{\bar{\boldsymbol{\varepsilon}}} \cdot \boldsymbol{E} + \bar{\bar{\boldsymbol{\xi}}} \cdot \boldsymbol{H} \tag{1.118}$$

$$\boldsymbol{B} = \bar{\bar{\boldsymbol{\zeta}}} \cdot \boldsymbol{E} + \bar{\bar{\boldsymbol{\mu}}} \cdot \boldsymbol{H} \tag{1.119}$$

式中，$\boldsymbol{D}$ 和 $\boldsymbol{B}$ 都同时与 $\boldsymbol{E}$ 和 $\boldsymbol{H}$ 有关。

1）磁电介质

由朗道（Lev Davidovich Landau，1908—1968）及利夫希兹（Evgenii Mikhailovich Lifshitz，1915—1985）和 Dzyaloshinskii 从理论上预言的磁电介质于 1960 年被 Astrov 通过实验在反铁磁物质氧化铬中发现 [45,46]。由 Dzyaloshinskii 提出的氧化铬的本构关系具有以下形式

$$\boldsymbol{D} = \begin{bmatrix} \varepsilon & 0 & 0 \\ 0 & \varepsilon & 0 \\ 0 & 0 & \varepsilon_z \end{bmatrix} \cdot \boldsymbol{E} + \begin{bmatrix} \xi & 0 & 0 \\ 0 & \xi & 0 \\ 0 & 0 & \xi_z \end{bmatrix} \cdot \boldsymbol{H} \tag{1.120}$$

$$\boldsymbol{B} = \begin{bmatrix} \xi & 0 & 0 \\ 0 & \xi & 0 \\ 0 & 0 & \xi_z \end{bmatrix} \cdot \boldsymbol{E} + \begin{bmatrix} \mu & 0 & 0 \\ 0 & \mu & 0 \\ 0 & 0 & \mu_z \end{bmatrix} \cdot \boldsymbol{H} \tag{1.121}$$

此后由 Indenbom 和 Birss 等证明，有 58 种不同种类的磁性晶体都具有磁电效应 [47,48]。Rado 证明这种效应不局限于反铁磁物质，铁磁性的镓铁氧化物也具有磁电效应 [49]。

2）运动介质

运动介质是最早受到关注的双各向异性介质。1888 年，伦琴（Wilhelm Röentgen，1845—1923）发现在电场中运动的介质会发生磁化。1905 年，Wilson 进一步证明，均匀磁场中运动的介质会被极化 [50]。几乎所有介质在运动过程中都将呈现出双各向异性的电磁特性。从相对论角度来看，利用双各向异性形式描述介质具有重要意义。相对论原理假定所有物理定律都可以用固定形式的数学方程描

述且不依赖观察者而变化。尽管电场和磁场的数值会因观察者的不同而发生变化，但麦克斯韦方程组的形式始终保持不变。如果将本构关系用双各向异性形式表示，那么对于任何观察者来说，其形式也不会改变。因此，对于大多数涉及运动介质的电磁波传播问题，可以在适当的边界条件下运用双各向异性介质形式进行求解。

1.4 异向介质的边界条件

微分形式的麦克斯韦方程组在均匀异向介质中的任意位置都是成立的，但在非均匀异向介质的分界面处，场不一定是连续的，需要提供边界条件或初始条件，使微分形式的麦克斯韦方程组成立，其中边界条件可以由麦克斯韦方程组的微分形式或积分形式导出。

1.4.1 电场和磁场的连续性

考虑区域 1 和区域 2 中两种不同异向介质的分界面 $z=0$。需要注意的是，在垂直于分界面的方向，磁场幅度可能是不连续的，而在 xOy 平面上磁场幅度的变化并不显著，因此可以忽略关于 x 和 y 的偏导，只保留关于 z 的偏导。假设异向介质的分界面上有一个扁平盒子状的小块体，如图 1.4.1 所示，可以得到

$$\begin{aligned}\nabla\times\boldsymbol{H}&=\frac{\partial}{\partial z}\{\hat{\boldsymbol{z}}\times\boldsymbol{H}\}\\&=\lim_{\Delta z\to 0}\frac{1}{\Delta z}\left\{\hat{\boldsymbol{z}}\times\left[\boldsymbol{H}\left(x_0,y_0,z_0+\frac{\Delta z}{2}\right)-\boldsymbol{H}\left(x_0,y_0,z_0-\frac{\Delta z}{2}\right)\right]\right\}\\&=\lim_{\Delta z\to 0}\frac{1}{\Delta z}[\hat{\boldsymbol{z}}\times(\boldsymbol{H}_1-\boldsymbol{H}_2)]\end{aligned}\tag{1.122}$$

式中，$\boldsymbol{H}\left(x_0,y_0,z_0+\dfrac{\Delta z}{2}\right)=\boldsymbol{H}_1$ 表示区域 1 中的场，$\boldsymbol{H}\left(x_0,y_0,z_0-\dfrac{\Delta z}{2}\right)=\boldsymbol{H}_2$ 表示区域 2 中的场。

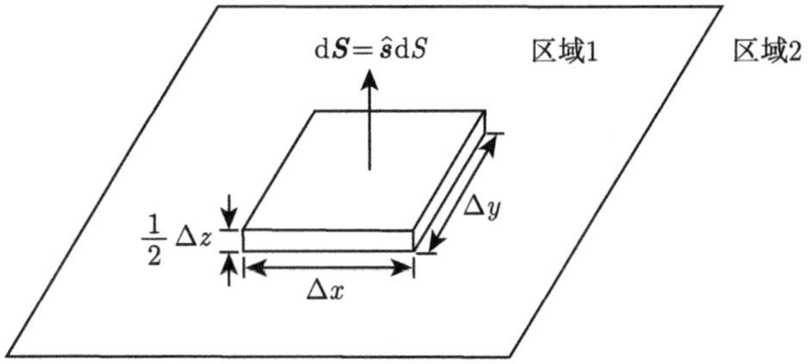

图 1.4.1 边界条件的推导

根据安培定律，令界面法向矢量 $\hat{\boldsymbol{n}}=\hat{\boldsymbol{z}}$，可以得到

$$\hat{\boldsymbol{n}}\times(\boldsymbol{H}_1-\boldsymbol{H}_2)=\lim_{\Delta z\to 0}\Delta z\left(\frac{\partial \boldsymbol{D}}{\partial t}+\boldsymbol{J}\right) \tag{1.123}$$

假设 $\boldsymbol{D}$ 的时间导数 $\partial\boldsymbol{D}/\partial t$ 和电流密度矢量 $\boldsymbol{J}$ 都是有限的，从式 (1.123) 可以得到 $H_{1x}=H_{2x}$，$H_{1y}=H_{2y}$，或者

$$\hat{\boldsymbol{n}}\times(\boldsymbol{H}_1-\boldsymbol{H}_2)=\boldsymbol{0} \tag{1.124}$$

因此，磁场 $\boldsymbol{H}$ 的切向分量在分界面上是连续的。用同样的方法对电场 $\boldsymbol{E}$ 进行推导，并利用法拉第定律，可以得到电场 $\boldsymbol{E}$ 的关系

$$\hat{\boldsymbol{n}}\times(\boldsymbol{E}_1-\boldsymbol{E}_2)=\boldsymbol{0} \tag{1.125}$$

令扁平盒子的 Δz 趋近于零（图 1.4.1），根据高斯定律可以得到

$$\begin{aligned}\nabla\cdot\boldsymbol{D}&=\lim_{\Delta z\to 0}\frac{1}{\Delta z}\left[D_z\left(x_0,y_0,z_0+\frac{\Delta z}{2}\right)-D_z\left(x_0,y_0,z_0-\frac{\Delta z}{2}\right)\right]\\&=\lim_{\Delta z\to 0}\frac{1}{\Delta z}\left[\hat{\boldsymbol{z}}\cdot(\boldsymbol{D}_1-\boldsymbol{D}_2)\right]\end{aligned} \tag{1.126}$$

式中，$D_z\left(x_0,y_0,z_0+\dfrac{\Delta z}{2}\right)=D_{1z}$，$D_z\left(x_0,y_0,z_0-\dfrac{\Delta z}{2}\right)=D_{2z}$。根据库仑定律 $\nabla\cdot\boldsymbol{D}=\rho$，有

$$\hat{\boldsymbol{n}}\cdot(\boldsymbol{D}_1-\boldsymbol{D}_2)=\lim_{\Delta z\to 0}\rho\Delta z \tag{1.127}$$

假设分界面上电荷密度是有限的，可以得到

$$\hat{\boldsymbol{n}}\cdot(\boldsymbol{D}_1-\boldsymbol{D}_2)=0 \tag{1.128}$$

同样地，根据高斯定律 $\nabla\cdot\boldsymbol{B}=0$，可以得到

$$\hat{\boldsymbol{n}}\cdot(\boldsymbol{B}_1-\boldsymbol{B}_2)=0 \tag{1.129}$$

因此，电场 $\boldsymbol{D}$ 的法向分量和磁场 $\boldsymbol{B}$ 的法向分量在分界面上都是连续的。

1.4.2　表面电荷和电流密度

在数学上，定义电场和磁场为零的区域通常较为方便，区域中的填充介质称为完美导体，这是介质的理想化情况，其内部的电磁场极其微弱，可以忽略不计。假设区域 2 中所有场矢量均为零，即 $\boldsymbol{E}_2=\boldsymbol{H}_2=\boldsymbol{B}_2=\boldsymbol{D}_2=\boldsymbol{0}$。电荷和电流主

要集中在完美导体表面的一层极薄区域，因此可以假设在完美导体表面上电荷密度 ρ 趋向于无穷大。表面电荷密度定义如下

$$\rho_s = \lim_{\Delta z \to 0} \rho \Delta z \tag{1.130}$$

其大小有限，且单位为 $\mathrm{C/m^2}$。表面电荷密度的概念具有实际意义，由于 $\boldsymbol{D}_2 = \boldsymbol{0}$，式 (1.127) 可以简化为

$$\rho_s = \hat{\boldsymbol{n}} \cdot \boldsymbol{D}_1 \tag{1.131}$$

因此，位移电流 $\boldsymbol{D}$ 的法向分量在分界面上的不连续性所引起的数值大小恰好等于表面电荷密度。

在式 (1.123) 右侧，时间导数 $\partial D_x/\partial t$ 和 $\partial D_y/\partial t$ 是有限的。假设 J_x 和 J_y 无限大，当 $\Delta z \to 0$ 时，可以得到表面电流密度

$$\boldsymbol{J}_s = \lim_{\substack{\Delta z \to 0 \\ J \to \infty}} \boldsymbol{J} \Delta z \tag{1.132}$$

根据式 (1.123) 及 $\boldsymbol{H}_2 = \boldsymbol{0}$，有

$$\boldsymbol{J}_s = \hat{\boldsymbol{n}} \times \boldsymbol{H}_1 \tag{1.133}$$

因此，磁场 $\boldsymbol{H}$ 的切向分量在分界面上的不连续性所引起的数值大小恰好等于表面电流密度。

对于完美导体的情况，边界条件 [式 (1.125) 和式 (1.129)] 保持不变，有

$$\hat{\boldsymbol{n}} \times \boldsymbol{E}_1 = \boldsymbol{0} \tag{1.134}$$

$$\hat{\boldsymbol{n}} \cdot \boldsymbol{B}_1 = 0 \tag{1.135}$$

也就是说，电场 $\boldsymbol{E}$ 的切向分量和磁场 $\boldsymbol{B}$ 的法向分量是连续的。

由于场矢量 $\boldsymbol{E}$、$\boldsymbol{B}$、$\boldsymbol{D}$ 和 $\boldsymbol{H}$ 是有限的，并且在分界面处不连续，因此分界面处的电流密度和电荷密度将有可能趋于无穷大。类比于完美导体中的情况，可以定义表面电流密度 $\boldsymbol{J}_s = \delta \boldsymbol{J}$ 为在极限 $\delta \to 0$ 和 $\boldsymbol{J} \to \infty$ 时的电流密度

$$\boldsymbol{J}_s = \lim_{\substack{\delta \to 0 \\ J \to \infty}} \delta \boldsymbol{J} \tag{1.136}$$

表面电荷密度 $\rho_s = \delta\rho$ 为在极限 $\delta \to 0$ 和 $\rho \to \infty$ 时的电荷密度

$$\rho_s = \lim_{\substack{\delta \to 0 \\ \rho \to \infty}} \rho\delta \tag{1.137}$$

表面电流密度的单位为 A/m^2，表面电荷密度的单位为 C/m^2。

对于区域 1 和区域 2 的分界面，其界面法向矢量 $\hat{\boldsymbol{n}}$ 从区域 2 指向区域 1，边界条件满足

$$\hat{\boldsymbol{n}} \times (\boldsymbol{E}_1 - \boldsymbol{E}_2) = \boldsymbol{0} \tag{1.138}$$

$$\hat{\boldsymbol{n}} \times (\boldsymbol{H}_1 - \boldsymbol{H}_2) = \boldsymbol{J}_{\rm s} \tag{1.139}$$

$$\hat{\boldsymbol{n}} \cdot (\boldsymbol{B}_1 - \boldsymbol{B}_2) = 0 \tag{1.140}$$

$$\hat{\boldsymbol{n}} \cdot (\boldsymbol{D}_1 - \boldsymbol{D}_2) = \rho_{\rm s} \tag{1.141}$$

式 (1.138) 和式 (1.140) 表明 $\boldsymbol{E}$ 的切向分量和 $\boldsymbol{B}$ 的法向分量在边界上是连续的，而式 (1.139) 和式 (1.141) 表明 $\boldsymbol{H}$ 的切向分量和 $\boldsymbol{D}$ 的法向分量在边界上是不连续的，其分别等于表面电流密度 $\boldsymbol{J}_{\rm s}$ 和表面电荷密度 $\rho_{\rm s}$。

1.4.3　广义表面边界条件

在分析非均匀异向介质中的电磁问题时，将有可能涉及复杂的分界面情况，可以考虑采用狄拉克 δ 分布 [51] 的导数展开建立电磁场的不连续性。当 $z=0$ 时，函数 $f(z)$ 的 N 阶不连续项可以表示为

$$f(z) = \{f(z)\} + \sum_{k=0}^{N} f_k \delta^{(k)}(z) \tag{1.142}$$

式中，$f(z)$ 可以表示麦克斯韦方程组中的任意一个变量，$\{f(z)\}$ 表示函数 $f(z)$ 的正则项，对应空间中除了 $z=0$ 之外的任何地方的 $f(z)$。式 (1.142) 中的求和项表示函数 $f(z)$ 的奇异部分，它精确地表示 $z=0$ 处的函数 $f(z)$ 的值，f_k 表示相应阶的加权系数，与 z 无关，$\delta^{(k)}(z)$ 表示狄拉克 δ 函数的第 k 阶导数。

在 $z \neq 0$ 时，正则项在通常函数的意义上可以定义为

$$\{f(z)\} = f_+(z)U(z) + f_-(z)U(-z) \tag{1.143}$$

式中，$U(z)$ 是单位阶跃函数，$f_\pm(z)$ 表示在 $z>0$ 和 $z<0$ 时 $f(z)$ 的部分。式 (1.143) 对 z 求导，可以得到

$$\begin{aligned}\frac{\mathrm{d}}{\mathrm{d}z}\{f(z)\} &= \left\{f'_+(z)U(z) + f'_-(z)U(-z)\right\} + [f_+(0) - f_-(0)]\,\delta(z) \\ &= \{f'\} + [[f]]\,\delta(z)\end{aligned} \tag{1.144}$$

式中，$\{f'\}$ 表示在 $z \neq 0$ 时函数 $f(z)$ 的正则项的导数；$z=0$ 时，$[[f]]$ 表示奇点。狄拉克 δ 函数满足 $\displaystyle\int_{-\infty}^{\infty} \delta(z)\,\mathrm{d}z = 1$。

现在可以通过式 (1.142)~ 式 (1.144) 推导出严格的广义表面边界条件，这里仅推导麦克斯韦方程组中的安培定律，其他麦克斯韦方程的推导过程与此类似。安培定律可以写为

$$\nabla \times \boldsymbol{H} = -\mathrm{i}\omega \boldsymbol{D} + \boldsymbol{J} \tag{1.145}$$

磁场 $\boldsymbol{H}$ 可以用式 (1.142) 表示。利用 $\nabla = \nabla_{\parallel} + \hat{\boldsymbol{z}}\dfrac{\partial}{\partial z}$ 可以将上式左侧部分表示为

$$\begin{aligned}\nabla \times \boldsymbol{H} = &\nabla_{\parallel} \times \{\boldsymbol{H}\} + \hat{\boldsymbol{z}} \times \frac{\partial}{\partial z}\{\boldsymbol{H}\} \\ &+ \sum_{k=0}^{N} \nabla_{\parallel} \times \boldsymbol{H}_k \delta^{(k)}(z) + \sum_{k=0}^{N} \hat{\boldsymbol{z}} \times \frac{\partial}{\partial z}\boldsymbol{H}_k \delta^{(k)}(z)\end{aligned} \tag{1.146}$$

上式右侧第二项可以采用式（1.144）。因为 $\boldsymbol{H}_k$ 与 z 无关，而式 (1.144) 最后一项的导数只与狄拉克 δ 函数有关，因此式 (1.146) 可以写为

$$\begin{aligned}\nabla \times \boldsymbol{H} = &\nabla_{\parallel} \times \{\boldsymbol{H}\} + \hat{\boldsymbol{z}} \times \frac{\partial}{\partial z}\{\boldsymbol{H}\} + \hat{\boldsymbol{z}} \times [[\boldsymbol{H}]]\,\delta(z) \\ &+ \sum_{k=0}^{N} \nabla_{\parallel} \times \boldsymbol{H}_k \delta^{(k)}(z) + \sum_{k=0}^{N} \hat{\boldsymbol{z}} \times \boldsymbol{H}_k \delta^{(k+1)}(z)\end{aligned} \tag{1.147}$$

式中，右侧前两项和最后两项分别表示正则项和奇异项。将上式用含有 $\boldsymbol{D}$ 和 $\boldsymbol{J}$ 的表达式代入式 (1.145) 中，最终安培定律可以写为

$$\begin{aligned}&\nabla_{\parallel} \times \{\boldsymbol{H}\} + \hat{\boldsymbol{z}} \times \frac{\partial}{\partial z}\{\boldsymbol{H}\} + \hat{\boldsymbol{z}} \times [[\boldsymbol{H}]]\,\delta(z) \\ &\quad+ \sum_{k=0}^{N} \nabla_{\parallel} \times \boldsymbol{H}_k \delta^{(k)}(z) + \sum_{k=0}^{N} \hat{\boldsymbol{z}} \times \boldsymbol{H}_k \delta^{(k+1)}(z) \\ &= \{\boldsymbol{J}(z)\} + \sum_{k=0}^{N} \boldsymbol{J}_k \delta^{(k)}(z) - \mathrm{i}\omega\,\{\boldsymbol{D}(z)\} - \mathrm{i}\omega \sum_{k=0}^{N} \boldsymbol{D}_k \delta^{(k)}(z)\end{aligned} \tag{1.148}$$

式中，$\{\boldsymbol{J}(z)\}$ 表示体电流，单位为 $\mathrm{A/m^2}$，由于 $\delta^{(k)}(z)$ 的单位是 m^{-1}，则 $\boldsymbol{J}_k$ 表示面电流，单位为 A/m。

根据安培定律的推导，可以得到其他麦克斯韦方程的表达式，且这些表达式包含相同的狄拉克 δ 函数导数阶项。对于 $\delta^{(0)}(z) = \delta(z)$ 阶项，麦克斯韦方程组可以写为

$$\hat{\boldsymbol{z}} \times [[\boldsymbol{H}]] + \nabla_{\parallel} \times \boldsymbol{H}_0 = -\mathrm{i}\omega \boldsymbol{D}_0 + \boldsymbol{J}_0 \tag{1.149}$$

$$\hat{\boldsymbol{z}} \times [[\boldsymbol{E}]] + \nabla_{\parallel} \times \boldsymbol{E}_0 = \mathrm{i}\omega \boldsymbol{B}_0 - \boldsymbol{M}_0 \tag{1.150}$$

$$\hat{\boldsymbol{z}} \cdot [[\boldsymbol{D}]] + \nabla_{\parallel} \cdot \boldsymbol{D}_0 = \rho_0 \tag{1.151}$$

$$\hat{\boldsymbol{z}} \cdot [[\boldsymbol{B}]] + \nabla_{\parallel} \cdot \boldsymbol{B}_0 = m_0 \tag{1.152}$$

此处考虑了磁流源 M 和磁荷 m_0。对于 $k \geqslant 1$ 的 $\delta^{(k)}(z)$ 阶项，有

$$\hat{\boldsymbol{z}} \times \boldsymbol{H}_{k-1} + \nabla_{\parallel} \times \boldsymbol{H}_k = -\mathrm{i}\omega \boldsymbol{D}_k + \boldsymbol{J}_k \tag{1.153}$$

$$\hat{\boldsymbol{z}} \times \boldsymbol{E}_{k-1} + \nabla_{\parallel} \times \boldsymbol{E}_k = \mathrm{i}\omega \boldsymbol{B}_k - \boldsymbol{M}_k \tag{1.154}$$

$$\hat{\boldsymbol{z}} \cdot \boldsymbol{D}_{k-1} + \nabla_{\parallel} \cdot \boldsymbol{D}_k = \rho_k \tag{1.155}$$

$$\hat{\boldsymbol{z}} \cdot \boldsymbol{B}_{k-1} + \nabla_{\parallel} \cdot \boldsymbol{B}_k = m_k \tag{1.156}$$

式 (1.149)~ 式 (1.152) 是分界面上的广义边界条件，而式 (1.153)~ 式 (1.156) 需要通过递归来确定式 (1.149)~ 式 (1.152) 的未知项。与传统边界条件相比，若令式 (1.149)~ 式 (1.152) 中的正则项满足 $z \to 0$，则会存在附加项。以式 (1.149) 为例，$[[\boldsymbol{H}]] = [H(z=0_+) - H(z=0_-)]$，$\boldsymbol{J}_0$ 是薄层结构的面电流，则该式包含的附加项为 $\nabla_{\parallel} \times \boldsymbol{H}_0$ 和 $-\mathrm{i}\omega \boldsymbol{D}_0$。

现在讨论人们最感兴趣的情况: 异向介质分界面的不连续性。当 $z = 0$ 时，要考虑 $\boldsymbol{J}_k$、$\boldsymbol{M}_k$、ρ_k、m_k，因此对于 $k \geqslant 1$，$\boldsymbol{J}_k \equiv \boldsymbol{M}_k \equiv \rho_k \equiv m_k \equiv 0$。而对于 $z \neq 0$，$\boldsymbol{E}_k$、$\boldsymbol{D}_k$、$\boldsymbol{H}_k$、$\boldsymbol{B}_k$ 仍然存在。由于不连续性集中在 $z = 0$ 处，式 (1.142) 中的泰勒级数展开只包含少量的有效项，并且该级数可以在 N 处的某些值被截断。选择一个 N 值，式 (1.153)~ 式 (1.156) 可以从 $k = N$ 到 $k = 1$ 递归求解，最终可以得到

$$\hat{\boldsymbol{z}} \times \boldsymbol{H}_0 = 0 \tag{1.157}$$

$$\hat{\boldsymbol{z}} \times \boldsymbol{E}_0 = 0 \tag{1.158}$$

$$\hat{\boldsymbol{z}} \cdot \boldsymbol{D}_0 = 0 \tag{1.159}$$

$$\hat{\boldsymbol{z}} \cdot \boldsymbol{B}_0 = 0 \tag{1.160}$$

在广义边界条件的基础上，也可以进一步分析超构表面，为此引入电偶极矩 $\boldsymbol{P}$ 和磁偶极矩 $\boldsymbol{M}$。本构关系 $\boldsymbol{D} = \varepsilon \boldsymbol{E} + \boldsymbol{P}$ 和 $\boldsymbol{B} = \mu(\boldsymbol{H} + \boldsymbol{M})$ 可以替换式 (1.149)~ 式 (1.152) 中的一阶不连续性，有

$$\boldsymbol{D}_0 = \varepsilon \boldsymbol{E}_0 + \boldsymbol{P}_0 \tag{1.161}$$

$$\boldsymbol{H}_0 = \frac{1}{\mu}\boldsymbol{B}_0 - \boldsymbol{M}_0 \tag{1.162}$$

当 $\boldsymbol{J}_k \equiv \boldsymbol{M}_k \equiv \rho_k \equiv m_k \equiv 0$ 时，将式 (1.161) 和式 (1.162)，以及式 (1.157)~ 式 (1.160) 代入式 (1.149)~ 式 (1.152) 中，可以得到

$$\hat{\boldsymbol{z}} \times [[\boldsymbol{H}]] = -\mathrm{i}\omega \boldsymbol{D}_0 - \nabla_\parallel \times \boldsymbol{H}_0 = -\mathrm{i}\omega \boldsymbol{P}_{0,\parallel} + \nabla_\parallel \times \boldsymbol{M}_{0,n} \tag{1.163}$$

$$\hat{\boldsymbol{z}} \times [[\boldsymbol{E}]] = \mathrm{i}\omega \boldsymbol{B}_0 - \nabla_\parallel \times \boldsymbol{E}_0 = \mathrm{i}\omega\mu \boldsymbol{M}_{0,\parallel} + \frac{1}{\varepsilon}\nabla_\parallel \times \boldsymbol{P}_{0,n} \tag{1.164}$$

$$\hat{\boldsymbol{z}} \cdot [[\boldsymbol{D}]] = -\nabla_\parallel \cdot \boldsymbol{D}_0 = -\nabla_\parallel \cdot \boldsymbol{P}_{0,\parallel} \tag{1.165}$$

$$\hat{\boldsymbol{z}} \cdot [[\boldsymbol{B}]] = -\nabla_\parallel \cdot \boldsymbol{B}_0 = -\mu\nabla_\parallel \cdot \boldsymbol{M}_{0,\parallel} \tag{1.166}$$

式中，下标 $\parallel$ 和 n 分别表示切向分量和法向分量。采用 $\nabla_\parallel \times (\hat{\boldsymbol{z}}\psi) = -\hat{\boldsymbol{z}} \times \nabla_\parallel \psi$ 可以得到最终形式

$$\hat{\boldsymbol{z}} \times \Delta\boldsymbol{H} = -\mathrm{i}\omega \boldsymbol{P}_\parallel - \hat{\boldsymbol{z}} \times \nabla_\parallel M_z \tag{1.167}$$

$$\Delta\boldsymbol{E} \times \hat{\boldsymbol{z}} = -\mathrm{i}\omega\mu \boldsymbol{M}_\parallel - \nabla_\parallel \left(\frac{P_z}{\varepsilon}\right) \times \hat{\boldsymbol{z}} \tag{1.168}$$

$$\hat{\boldsymbol{z}} \cdot \Delta\boldsymbol{D} = -\nabla \cdot \boldsymbol{P}_\parallel \tag{1.169}$$

$$\hat{\boldsymbol{z}} \cdot \Delta\boldsymbol{B} = -\mu\nabla \cdot \boldsymbol{M}_\parallel \tag{1.170}$$

上述公式左侧部分表示电磁场量在超构表面两侧产生的差值，在笛卡儿坐标系中可以定义为

$$\Delta\varPsi_u = \hat{\boldsymbol{u}} \cdot \Delta\boldsymbol{\varPsi}(\rho)\big|_{z=0^-}^{0^+} = \varPsi_u^{\mathrm{t}} - \left(\varPsi_u^{\mathrm{i}} + \varPsi_u^{\mathrm{r}}\right), \quad u = x, y, z \tag{1.171}$$

式中，$\boldsymbol{\varPsi}(\rho)$ 可以表示 $\boldsymbol{E}$、$\boldsymbol{H}$、$\boldsymbol{D}$ 和 $\boldsymbol{B}$，上标 i、r 和 t 分别表示入射场、反射场和透射场。

在上述推导过程中，假设超构表面的两侧填充相同的介质，介电常数和磁导率分别为 ε 和 μ。若两侧介质不同，则式 (1.169) 和式 (1.170) 包含不同的电磁参数。例如，在式 (1.171) 中，有 $\Delta\boldsymbol{D} = \boldsymbol{D}^{\mathrm{t}} - \left(\boldsymbol{D}^{\mathrm{i}} + \boldsymbol{D}^{\mathrm{r}}\right) = \varepsilon_+\boldsymbol{E}^{\mathrm{t}} - \varepsilon_-\left(\boldsymbol{E}^{\mathrm{i}} + \boldsymbol{E}^{\mathrm{r}}\right)$。

1.4.4 异向界面的边界条件

广义表面边界条件的提出为人工构造电磁界面创造了条件，也为超构表面的进一步应用提供了理论支撑。该条件使原本仅在数学理论上成立的边界能够实际实现，并有效改变电磁波的传播方式。这为人们提供了一种新的方法来控制电磁波的行为。

从电磁理论的宏观角度，可以将人工电磁界面的边界条件总结归纳为 [52]

$$\hat{\boldsymbol{n}} \times (\boldsymbol{E}_1 - \boldsymbol{E}_2) = \bar{\bar{\boldsymbol{\sigma}}}_{\mathrm{m}} \cdot (\boldsymbol{H}_1 + \boldsymbol{H}_2)/2 + \bar{\bar{\boldsymbol{\sigma}}}_{\xi} \cdot (\boldsymbol{E}_1 + \boldsymbol{E}_2)/2 \tag{1.172}$$

$$\hat{\boldsymbol{n}} \times (\boldsymbol{H}_1 - \boldsymbol{H}_2) = \bar{\bar{\boldsymbol{\sigma}}}_{\mathrm{e}} \cdot (\boldsymbol{E}_1 + \boldsymbol{E}_2)/2 + \bar{\bar{\boldsymbol{\sigma}}}_{\zeta} \cdot (\boldsymbol{H}_1 + \boldsymbol{H}_2)/2 \tag{1.173}$$

式中，$\boldsymbol{E}_1$ 和 $\boldsymbol{E}_2$ 为分界面两侧电场的平行分量，$\boldsymbol{H}_1$ 和 $\boldsymbol{H}_2$ 为分界面两侧磁场的平行分量，$\bar{\bar{\boldsymbol{\sigma}}}_{\mathrm{m}}$ 为表面磁导，$\bar{\bar{\boldsymbol{\sigma}}}_{\mathrm{e}}$ 为表面电导，$\bar{\bar{\boldsymbol{\sigma}}}_{\xi}$ 和 $\bar{\bar{\boldsymbol{\sigma}}}_{\zeta}$ 为分界面处的电磁耦合参数。$\bar{\bar{\boldsymbol{\sigma}}}_{\mathrm{m}}$、$\bar{\bar{\boldsymbol{\sigma}}}_{\mathrm{e}}$、$\bar{\bar{\boldsymbol{\sigma}}}_{\xi}$ 和 $\bar{\bar{\boldsymbol{\sigma}}}_{\zeta}$ 为 2×2 矩阵形式的二阶张量，任意界面电磁张量 $\bar{\bar{\boldsymbol{O}}}$ 中的分量都可以表述为如下形式：$O_{ij}(\omega) = O'_{ij}(\omega) + \mathrm{i}O''_{ij}(\omega)$，其中 $i, j = x, y$。每个界面电磁张量（$\bar{\bar{\boldsymbol{\sigma}}}_{\mathrm{m}}$、$\bar{\bar{\boldsymbol{\sigma}}}_{\mathrm{e}}$、$\bar{\bar{\boldsymbol{\sigma}}}_{\xi}$ 和 $\bar{\bar{\boldsymbol{\sigma}}}_{\zeta}$）都包含了 8 个实数变量。因此，一般的人工电磁界面都可以用 32 个变量参数将其所具有的电磁特性完整地描述出来。与异向介质工作进行类比研究，可以将式 (1.172) 和式 (1.173) 所描述的界面定义为双各向异性界面（bianisotropic boundary），并将满足式 (1.172) 和式 (1.173) 形式的人工电磁界面定义为异向界面（metaboundary）。

当 $\bar{\bar{\boldsymbol{\sigma}}}_{\xi}$ 和 $\bar{\bar{\boldsymbol{\sigma}}}_{\zeta}$ 为零矩阵，$\bar{\bar{\boldsymbol{\sigma}}}_{\mathrm{m}}$ 和 $\bar{\bar{\boldsymbol{\sigma}}}_{\mathrm{e}}$ 为标量时，异向界面简化为各向同性

$$\hat{\boldsymbol{n}} \times (\boldsymbol{E}_1 - \boldsymbol{E}_2) = \sigma_{\mathrm{m}} \cdot (\boldsymbol{H}_1 + \boldsymbol{H}_2)/2 \tag{1.174}$$

$$\hat{\boldsymbol{n}} \times (\boldsymbol{H}_1 - \boldsymbol{H}_2) = \sigma_{\mathrm{e}} \cdot (\boldsymbol{E}_1 + \boldsymbol{E}_2)/2 \tag{1.175}$$

当 $\bar{\bar{\boldsymbol{\sigma}}}_{\xi}$ 和 $\bar{\bar{\boldsymbol{\sigma}}}_{\zeta}$ 为零矩阵时，异向界面简化为各向异性

$$\hat{\boldsymbol{n}} \times (\boldsymbol{E}_1 - \boldsymbol{E}_2) = \bar{\bar{\boldsymbol{\sigma}}}_{\mathrm{m}} \cdot (\boldsymbol{H}_1 + \boldsymbol{H}_2)/2 \tag{1.176}$$

$$\hat{\boldsymbol{n}} \times (\boldsymbol{H}_1 - \boldsymbol{H}_2) = \bar{\bar{\boldsymbol{\sigma}}}_{\mathrm{e}} \cdot (\boldsymbol{E}_1 + \boldsymbol{E}_2)/2 \tag{1.177}$$

当 $\bar{\bar{\boldsymbol{\sigma}}}_{\mathrm{m}}$、$\bar{\bar{\boldsymbol{\sigma}}}_{\mathrm{e}}$、$\bar{\bar{\boldsymbol{\sigma}}}_{\xi}$ 和 $\bar{\bar{\boldsymbol{\sigma}}}_{\zeta}$ 为标量时，异向界面简化为双各向同性

$$\hat{\boldsymbol{n}} \times (\boldsymbol{E}_1 - \boldsymbol{E}_2) = \sigma_{\mathrm{m}} \cdot (\boldsymbol{H}_1 + \boldsymbol{H}_2)/2 + \sigma_{\xi} \cdot (\boldsymbol{E}_1 + \boldsymbol{E}_2)/2 \tag{1.178}$$

$$\hat{\boldsymbol{n}} \times (\boldsymbol{H}_1 - \boldsymbol{H}_2) = \sigma_{\mathrm{e}} \cdot (\boldsymbol{E}_1 + \boldsymbol{E}_2)/2 + \sigma_{\zeta} \cdot (\boldsymbol{H}_1 + \boldsymbol{H}_2)/2 \tag{1.179}$$

图 1.4.2 总结了上述异向界面的各种情况。

(a) 异向界面　　(b) 传统界面

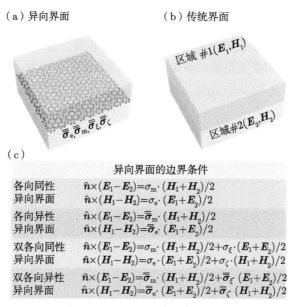

(c)

异向界面的边界条件	
各向同性 异向界面	$\hat{\boldsymbol{n}}\times(\boldsymbol{E}_1-\boldsymbol{E}_2)=\sigma_{\mathrm{m}}\cdot(\boldsymbol{H}_1+\boldsymbol{H}_2)/2$ $\hat{\boldsymbol{n}}\times(\boldsymbol{H}_1-\boldsymbol{H}_2)=\sigma_{\mathrm{e}}\cdot(\boldsymbol{E}_1+\boldsymbol{E}_2)/2$
各向异性 异向界面	$\hat{\boldsymbol{n}}\times(\boldsymbol{E}_1-\boldsymbol{E}_2)=\bar{\bar{\sigma}}_{\mathrm{m}}\cdot(\boldsymbol{H}_1+\boldsymbol{H}_2)/2$ $\hat{\boldsymbol{n}}\times(\boldsymbol{H}_1-\boldsymbol{H}_2)=\bar{\bar{\sigma}}_{\mathrm{e}}\cdot(\boldsymbol{E}_1+\boldsymbol{E}_2)/2$
双各向同性 异向界面	$\hat{\boldsymbol{n}}\times(\boldsymbol{E}_1-\boldsymbol{E}_2)=\sigma_{\mathrm{m}}\cdot(\boldsymbol{H}_1+\boldsymbol{H}_2)/2+\sigma_{\xi}\cdot(\boldsymbol{E}_1+\boldsymbol{E}_2)/2$ $\hat{\boldsymbol{n}}\times(\boldsymbol{H}_1-\boldsymbol{H}_2)=\sigma_{\mathrm{e}}\cdot(\boldsymbol{E}_1+\boldsymbol{E}_2)/2+\sigma_{\zeta}\cdot(\boldsymbol{H}_1+\boldsymbol{H}_2)/2$
双各向异性 异向界面	$\hat{\boldsymbol{n}}\times(\boldsymbol{E}_1-\boldsymbol{E}_2)=\bar{\bar{\sigma}}_{\mathrm{m}}\cdot(\boldsymbol{H}_1+\boldsymbol{H}_2)/2+\bar{\bar{\sigma}}_{\xi}\cdot(\boldsymbol{E}_1+\boldsymbol{E}_2)/2$ $\hat{\boldsymbol{n}}\times(\boldsymbol{H}_1-\boldsymbol{H}_2)=\bar{\bar{\sigma}}_{\mathrm{e}}\cdot(\boldsymbol{E}_1+\boldsymbol{E}_2)/2+\bar{\bar{\sigma}}_{\zeta}\cdot(\boldsymbol{H}_1+\boldsymbol{H}_2)/2$

图 1.4.2　异向界面的边界条件

1.5 异向介质的电磁特性

前面几节介绍了异向介质的麦克斯韦理论、本构关系和边界条件。在此基础上，本节将探讨异向介质传播过程中可能出现的“异向”效应与“奇异”特性。这些现象包括负折射、逆斯涅尔折射效应、逆多普勒效应、逆切连科夫辐射以及逆古斯–汉欣 (Goos-Hänchen) 位移等。

1.5.1 负折射率

假设介质是均匀的，即介质的本构关系与空间坐标无关。令所有的场矢量具有相同的空间变化形式 $\exp(\mathrm{i}\boldsymbol{k}\cdot\boldsymbol{r})$，在 Veselago 预言的负各向同性异向介质（ε 和 μ 都为负值）中，麦克斯韦方程组可以表示为

$$\boldsymbol{k}\times\boldsymbol{E}=\omega\mu\boldsymbol{H} \tag{1.180}$$

$$\boldsymbol{k}\times\boldsymbol{H}=-\omega\varepsilon\boldsymbol{E} \tag{1.181}$$

$$\boldsymbol{k}\cdot\boldsymbol{E}=0 \tag{1.182}$$

$$\boldsymbol{k}\cdot\boldsymbol{B}=0 \tag{1.183}$$

坡印亭矢量为

$$\boldsymbol{S} = \boldsymbol{E} \times \boldsymbol{H} \tag{1.184}$$

可见，当 ε 和 μ 都为负值时，电场 $\boldsymbol{E}$、磁场 $\boldsymbol{H}$ 和波矢量 $\boldsymbol{k}$ 满足左手坐标系，电磁波的波矢量与坡印亭矢量反向。这种构成关系如图 1.5.1 所示。

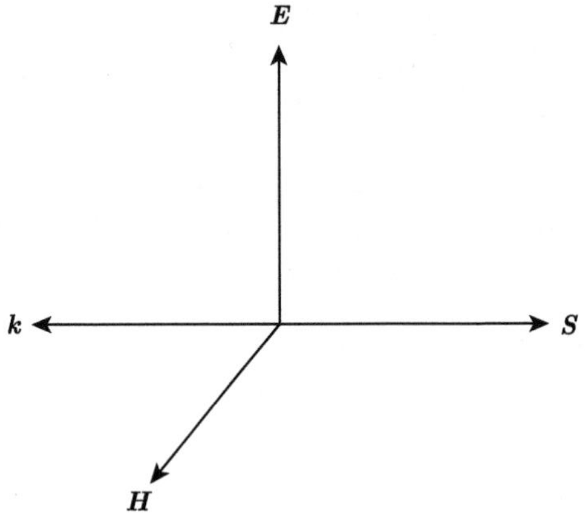

图 1.5.1　负各向同性异向介质中各矢量的关系图

实际上，根据因果关系可以得到负各向同性异向介质折射率的取值。在负各向同性异向介质损耗很小的情况下，令 $\varepsilon = \varepsilon' + \mathrm{i}\varepsilon''$，$\mu = \mu' + \mathrm{i}\mu''$，其中 $\varepsilon'' > 0$，$\mu'' > 0$。根据折射率的定义，有 $n^2 = \varepsilon\mu$，可以得到

$$\begin{aligned} n &= \pm\sqrt{(\varepsilon'\mu' - \varepsilon''\mu'') + \mathrm{i}\,(\varepsilon'\mu'' + \varepsilon''\mu')} \\ &\approx \pm\sqrt{\varepsilon'\mu'}\left[1 + \frac{\mathrm{i}}{2}\,(\varepsilon''/\varepsilon' + \mu''/\mu')\right] \end{aligned} \tag{1.185}$$

根据因果关系，折射率的虚部必须大于零。当 $\varepsilon' < 0$，$\mu' < 0$ 时，则要求折射率 n 取负的根。对于异向介质的特征阻抗，Smith 和 Kroll 在研究电流源在负各向同性异向介质内部的辐射时得出结论 [53]：为了使能量从电流源向无穷远处辐射，必须要求负各向同性异向介质所具有的特性阻抗

$$Z = \sqrt{\frac{\mu\,(\omega)}{\varepsilon\,(\omega)}} = \frac{\mu\,(\omega)}{n\,(\omega)} \tag{1.186}$$

恒大于零，因此也要求其折射率为负值。

1.5.2　逆斯涅尔定律

考虑平面波从一介电常数为 ε、磁导率为 μ 的各向同性介质入射到另一介电常数为 ε_{t}、磁导率为 μ_{t} 的各向同性介质的情况。假设入射平面平行于 x-z 平面，

其中 x-z 平面包含入射波矢量和分界面法向矢量，如图 1.5.2（a）所示。当区域 0 和区域 t 中的介质满足 $\varepsilon > 0$、$\mu > 0$ 和 $\varepsilon_t > 0$、$\mu_t > 0$ 时，根据电场和磁场切向分量连续的边界条件，可以得到相位匹配条件

$$k_z = k_{rz} = k_{tz} \tag{1.187}$$

以及斯涅尔定律

$$\frac{\sin\theta_i}{\sin\theta_t} = \frac{k_t}{k} = \frac{n_t}{n} \tag{1.188}$$

式中，$n = \sqrt{\mu\varepsilon}$ 和 $n_t = \sqrt{\mu_t\varepsilon_t}$ 分别表示区域 0 和区域 t 中介质的折射率。需要注意的是，波矢量的大小可以用圆表示，在 k_z-k_x 平面，区域 0 和区域 t 中的介质可以分别表示为半径 $k_i = k_r = \omega\sqrt{\mu\varepsilon}$ 和 $k_t = \omega\sqrt{\mu_t\varepsilon_t}$ 的圆。由于 $n > 0$，$n_t > 0$，入射波和透射波的功率流方向位于分界面法线两侧。

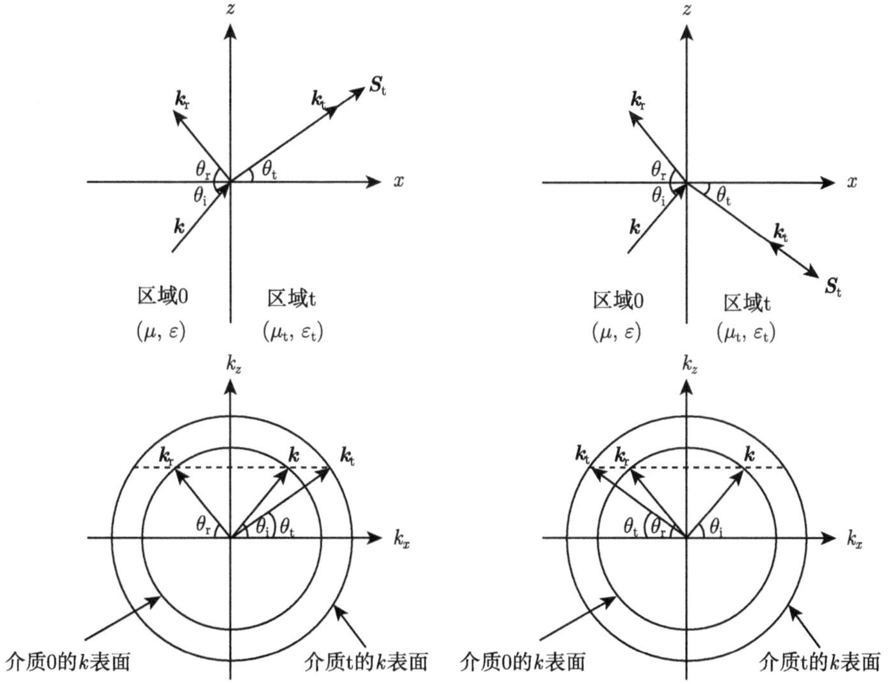

（a）斯涅尔定律 （b）逆斯涅尔定律

图 1.5.2 各向同性介质的折射现象

考虑区域 t 中为负各向同性异向介质的情况，$\varepsilon_t = -\varepsilon_n$，$\mu_t = -\mu_n$，其中 ε_n 和 μ_n 为正实数。需要注意的是区域 t 中的波矢量变为 $\boldsymbol{k}_t = -\hat{\boldsymbol{x}}k_{tx} + \hat{\boldsymbol{z}}k_z$，而坡印亭矢量仍指向区域 t。因此，在负各向同性异向介质中，后向波的矢量 $\boldsymbol{k}_t$ 和坡

印亭矢量的方向相反，如图 1.5.2（b）所示。由于负各向同性异向介质的折射率为负值，满足 $n_{\mathrm{t}} = -\sqrt{\mu_{\mathrm{n}}\varepsilon_{\mathrm{n}}} < 0$，根据斯涅尔定律可以发现，透射角 θ_{t} 相对于入射角 θ_{i} 为负值，因此入射波和透射波的功率流方向将出现在分界面法线的同侧，称为逆斯涅尔定律。

1.5.3　逆多普勒效应

多普勒效应是指当波源与观察者之间存在相对运动时，观察者接收到的电磁波频率与波源发出的频率不同的现象。在生活中，常见的例子是声波的多普勒效应。例如，当一列火车鸣笛驶过观察者时，观察者会首先听到高频鸣笛声，随后听到低频鸣笛声。这一差异是由波源与观察者间的相对运动引起的。观察者和发射源的频率关系为

$$f' = f\left(\frac{v \pm v_0}{v \pm v_{\mathrm{s}}}\right) \tag{1.189}$$

式中，观察频率表示为 f'，发射频率表示为 f，声波传播速度表示为 v，观察者运动速度表示为 v_0，发射源运动速度表示为 v_{s}。括号中分子中的正负号分别表示“接近”和“远离”，而分母中的正负号则分别表示“远离”和“接近”。

类似地，具有波动性的电磁波也会产生多普勒效应。在正各向同性介质（ε 和 μ 都为正值）中，当辐射源远离观察者时，观察到的电磁波频率会降低，这被称为红移；而当辐射源朝向观察者运动时，观察到的频率会升高，这被称为蓝移。考虑沿 $\hat{\boldsymbol{z}}$ 方向以速度 $\boldsymbol{v}_{\mathrm{s}}$ 运动的辐射源 s，向空间辐射频率为 ω 的电磁波，如图 1.5.3 所示。位于源右侧的静止观察者观测到的频率为

$$\omega' = \gamma\omega\left(1 - n\beta\cos\theta\right) \tag{1.190}$$

式中，$\gamma = \left(1 - \dfrac{v_{\mathrm{s}}^2}{c^2}\right)^{-1/2}$，$\beta = \dfrac{v_{\mathrm{s}}}{c}$，$n$ 表示介质的折射率，θ 表示辐射源波矢量与辐射源运动方向之间的夹角。在正各向同性介质中，若辐射源远离观察者方向运动，频率发生红移，若辐射源向观察者方向运动，频率发生蓝移，这种现象称为多普勒效应。在负各向同性异向介质中，由于 $n < 0$，红移或蓝移现象将出现完

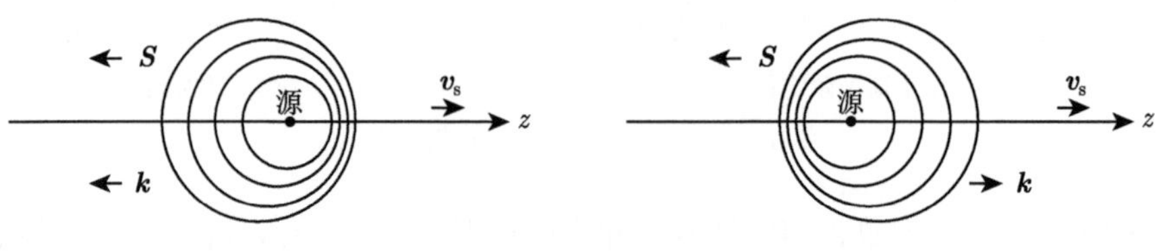

（a）多普勒效应　　　（b）逆多普勒效应

图 1.5.3　各向同性介质中的多普勒效应

全相反的结果，因此称为逆多普勒效应。这是因为在负各向同性异向介质中，波矢量 $\boldsymbol{k}$ 的方向与在正各向同性介质中相反。

1.5.4 逆切连科夫辐射

1934 年，苏联物理学家切连科夫（Pavel Alekseyevich Cherenkov，1904—1990）在实验中首次发现，当高速运动的电子束轰击液体或固体时，会激发出可见光辐射 [54]。他发现，这种辐射的产生需要电子的速度超过光在介质中的速度，辐射的角度与电子束的速度有关，而且辐射光的电场矢量的极化方向与电子束的入射面（即电子束方向和辐射方向所在的平面）平行。为了解释这一发现，科学家进行了许多尝试，但都未能得出准确的解释。直到 1937 年，切连科夫的两位同事弗兰克（Ilya Mikhailovich Frank，1908—1990）和塔姆（Igor Yevgenyevich Tamm，1895—1971）根据宏观电磁理论给出了解释，并提出了如下理论 [55,56]：在折射率大于 1 的介质中匀速运动的电子，如果运动速度大于光在介质中的速度，就会产生切连科夫辐射。

切连科夫辐射与带电粒子加速时的辐射不同。切连科夫辐射不是单个粒子的辐射效应，而是运动带电粒子与介质内束缚电荷和诱导电流共同产生的集体效应。当高速运动的粒子辐射出电磁波时，其辐射呈角锥状，并且偏离运动方向的相位角 θ_{CR} 满足以下公式

$$\cos\theta_{\text{CR}} = c/(nv) \tag{1.191}$$

式中，v 为粒子速度，n 为介质的折射率，c 为真空光速。

图 1.5.4 展示了切连科夫辐射示意图。可以观察到，在正各向同性介质中，粒

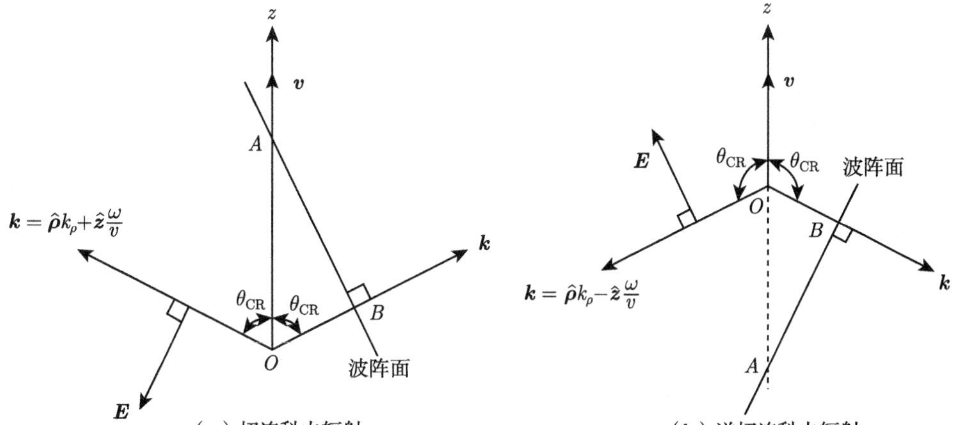

（a）切连科夫辐射　　（b）逆切连科夫辐射

图 1.5.4　各向同性介质中的切连科夫辐射

子的辐射呈现前向光锥；而在负各向同性异向介质中，由于粒子速度超过了介质中的光速，粒子的辐射将呈现后向光锥。因此，负各向同性异向介质中的切连科夫辐射称为逆切连科夫辐射。

1.5.5 逆 Goos-Hänchen 位移

古斯-汉欣（Goos-Hänchen）位移是指当光束在两种介质的分界面处发生全反射时，反射光束在界面上相对于几何光学的位置产生微小的侧向位移，且该位移沿着光的传播方向。这个现象最初由牛顿发现，并在 1947 年由 Goos 和 Hänchen 实验证明，如图 1.5.5（a）所示 [57]。1948 年，Artmann 对 Goos-Hänchen 位移现象进行了理论解释，指出实际的入射光并非理想的单色波，而是由具有一定空间谱宽的平面波叠加而成。在发生全反射时，光束中的每个平面波分量都将获得各自具有细微差异的相位，实际的反射光束就是由这些反射的单色平面波分量叠加形成的，因此入射光束强度最大值的位置与反射光束强度最大值的位置将产生横向偏移，即 Goos-Hänchen 位移。Goos 和 Hänchen 给出了计算 Goos-Hänchen 位移的定量公式

$$\Delta = \frac{Cn_2\lambda}{\sqrt{n_1^2\sin^2\theta - n_2^2}} \tag{1.192}$$

式中，C 为常数，λ 为光的波长。

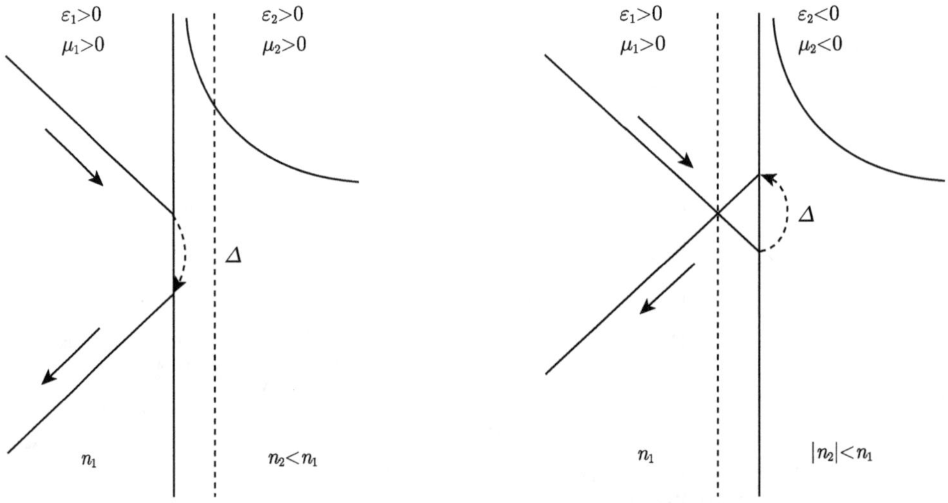

（a）Goos-Hänchen位移　　（b）逆Goos-Hänchen位移

图 1.5.5 各向同性介质中的 Goos-Hänchen 位移

从上式中可以发现，当光束在两种正各向同性介质的分界面处发生全反射时，

Goos-Hänchen 位移满足 $\Delta > 0$。需要注意的是，光从正各向同性介质入射到负各向同性异向介质时，同样会发生全反射现象，此时的反射光束同样在界面上发生横向偏移。但是在负各向同性异向介质中，由于 $n_{\mathrm{t}} < 0$，位移的方向和入射波波矢量的平行分量相反，$\Delta < 0$。这主要是因为在负各向同性异向介质中相速为负，该现象称为逆 Goos-Hänchen 位移，如图 1.5.5（b）所示。

1.5.6　完美透镜

1873 年，德国物理学家阿贝（Ernst Karl Abbe，1840—1905）提出了光学衍射极限理论 [58]：当物体通过光学系统成像时，尺寸小于入射波长二分之一的信息将在成像过程中丢失。当电磁波与物体相互作用发生电磁散射时，散射波的傅里叶分量沿传播方向的波矢可以表示为 $k_z = \sqrt{k^2 - k_x^2 - k_y^2}$，其中 k 表示自由空间的波矢，每一对 (k_x, k_y) 对应散射波傅里叶分量的波矢，总的横向波矢可以表示为 $k_{\mathrm{t}} = \sqrt{k_x^2 + k_y^2}$。当 $k_{\mathrm{t}} < k$ 时，传播方向的波矢 k_z 是实数，电磁波将沿着传播方向传播，其功率损耗只和介质的损耗相关；当 $k_{\mathrm{t}} > k$ 时，传播方向的波矢 k_z 变为复数，电磁波的幅度将随着传播距离以指数形式衰减。这种沿传播方向距离指数衰减的电磁波通常称为倏逝波，一般只能在离物体很近的距离范围传播。根据电磁波辐射理论，电磁波源所辐射的波由两部分组成：一部分是行波，其相位随传输距离增加而减少；另一部分是倏逝波，其幅度随着传播距离以指数形式减小。普通的透镜不能恢复倏逝波的幅度，因此在透镜焦点处成的像不能完全代表辐射源。

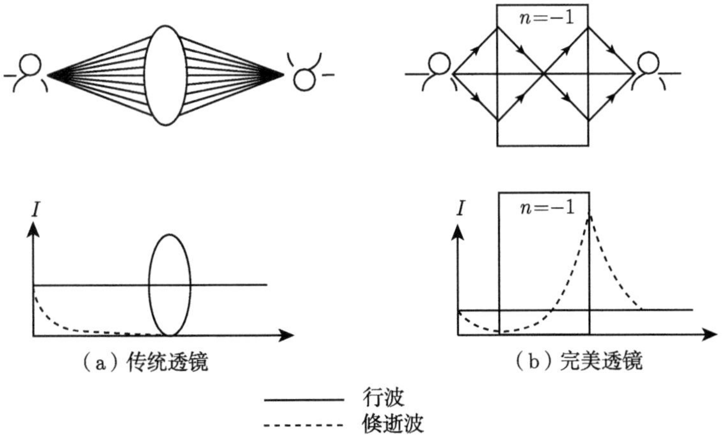

图 1.5.6　“完美透镜”原理示意图

2000 年，Pendry 提出了利用负折射率异向介质设计完美透镜的概念 [59]。在负折射率异向介质传播中，倏逝波的傅里叶分量随着传播距离呈指数增加，以补偿电磁波在自由空间传播时的衰减。Pendry 指出，这种介质可以将电磁波的行波聚焦成实像，并在像点处维持与源点处相同的幅度。因此，理想的负折射率异向介质透镜能够实现对电磁波源的完美成像，其分辨率不受任何限制，这一特性可参考图 1.5.6。

参 考 文 献

[1] Maxwell J C. A Treatise on Electricity and Magnetism [M]. London: Macmillan and Co, 1873.

[2] Kong J A. Electromagnetic Wave Theory [M]. 2nd ed. New York: Wiley, 1990.

[3] Veselago V G. The electrodynamics of substances with simultaneously negative values of ε and μ [J]. Soviet Physics Uspekhi, 1968, 10: 509-514.

[4] Walser R M. Electromagnetic metamaterials [C]. International Symposium on Optical Science and Technology. San Diego, CA, USA: SPIE, 2001: 1-15.

[5] Pacheco J, Grzegorczyk T M, Wu B, et al. Power propagation in homogeneous isotropic frequency-dispersive left-handed media [J]. Physical Review Letters, 2002, 89(25): 257401.

[6] Kong J A, Wu B, Zhang Y. Lateral displacement of a Gaussian beam reflected from a grounded slab with negative permittivity and permeability [J]. Applied Physics Letters, 2002, 80(12): 2084-2086.

[7] Wu B, Grzegorczyk T M, Zhang Y, et al. Guided modes with imaginary transverse wave number in a slab waveguide with negative permittivity and permeability [J]. Journal of Applied Physics, 2003, 93(11): 9386-9388.

[8] Lamb H. On group - velocity [J]. Proceedings of the London Mathematical Society, 1904, s2-1(1): 473-479.

[9] Schuster A. An Introduction to the Theory of Optics [M]. London: Edward Arnold, 1904.

[10] Pocklington H C. Growth of a wave-group when the group-velocity is negative [J]. Nature, 1905, 71(1852): 607-608.

[11] Malyuzhinets G. A note on the radiation principle [J]. Zhurnal Tekhniceskoj Fiziki, 1951, 21: 940-942.

[12] Sivukhin D. The energy of electromagnetic waves in dispersive media [J]. Optika Spektroskopiya, 1957, 3(4): 308-312.

[13] Pafomov V. Cerenkov radiation in anisotropic ferrites [J]. Journal of Experimental and Theoretical Physics, 1956, 30(4): 761-765.

[14] Pafomov V. Radiation from an electron crossing a plate [J]. Journal of Experimental and Theoretical Physics, 1957, 33: 1074-1075.

[15] Pafomov V. Transition radiation and Cerenkov radiation [J]. Journal of Experimental and Theoretical Physics, 1959, 36(6): 1853-1858.

[16] Pendry J B, Holden A J, Stewart W J, et al. Extremely low frequency plasmons in metallic mesostructures [J]. Physical Review Letters, 1996, 76(25): 4773-4776.

[17] Pendry J B, Holden A J, Robbins D J, et al. Magnetism from conductors and enhanced nonlinear phenomena [J]. IEEE Transactions on Microwave Theory and Techniques, 1999, 47(11): 2075-2084.

[18] Smith D R, Padilla W J, Vier D C, et al. Composite medium with simultaneously negative permeability and permittivity [J]. Physical Review Letters, 2000, 84(18): 4184-4187.

[19] Shelby R A, Smith D R, Schultz S. Experimental verification of a negative index of refraction [J]. Science, 2001, 292(5514): 77-79.

[20] Pendry J B, Schurig D, Smith D R. Controlling electromagnetic fields [J]. Science, 2006, 312(5781): 1780-1782.

[21] Leonhardt U. Optical conformal mapping [J]. Science, 2006, 312(5781): 1777-1780.

[22] Pendry J B, Martín-Moreno L, Garcia-Vidal F J. Mimicking surface plasmons with structured surfaces [J]. Science, 2004, 305(5685): 847-848.

[23] Yu N, Genevet P, Kats M A, et al. Light propagation with phase discontinuities: Generalized laws of reflection and refraction [J]. Science, 2011, 334(6054): 333-337.

[24] Ni X, Kildishev A V, Shalaev V M. Metasurface holograms for visible light [J]. Nature Communications, 2013, 4(1): 2807.

[25] Arbabi A, Arbabi E, Horie Y, et al. Planar metasurface retroreflector [J]. Nature Photonics, 2017, 11(7): 415-420.

[26] Lin D, Fan P, Hasman E, et al. Dielectric gradient metasurface optical elements [J]. Science, 2014, 345(6194): 298-302.

[27] Huang L, Chen X, Mühlenbernd H, et al. Three-dimensional optical holography using a plasmonic metasurface [J]. Nature Communications, 2013, 4(1): 2808.

[28] Pfeiffer C, Grbic A. Metamaterial Huygens' surfaces: Tailoring wave fronts with reflectionless sheets [J]. Physical Review Letters, 2013, 110(19): 197401.

[29] Ni X, Wong Z J, Mrejen M, et al. An ultrathin invisibility skin cloak for visible light [J]. Science, 2015, 349(6254): 1310-1314.

[30] Tao H, Strikwerda A C, Fan K, et al. Reconfigurable terahertz metamaterials [J]. Physical Review Letters, 2009, 103(14): 147401.

[31] Ou J, Plum E, Zhang J, et al. An electromechanically reconfigurable plasmonic metamaterial operating in the near-infrared [J]. Nature Nanotechnology, 2013, 8(4): 252-255.

[32] Wang Q, Rogers E T F, Gholipour B, et al. Optically reconfigurable metasurfaces and photonic devices based on phase change materials [J]. Nature Photonics, 2016, 10(1): 60-65.

[33] Shaltout A M, Kildishev A V, Shalaev V M. Evolution of photonic metasurfaces: From static to dynamic [J]. Journal of the Optical Society of America B, 2016, 33(3): 501-510.

[34] Wang Z, Jing L, Yao K, et al. Origami-based reconfigurable metamaterials for tunable chirality [J]. Advanced Materials, 2017, 29(27): 1700412.

[35] Oliveri G, Werner D H, Massa A. Reconfigurable electromagnetics through metamaterials—A review [J]. Proceedings of the IEEE, 2015, 103(7): 1034-1056.

[36] Zheludev N I, Kivshar Y S. From metamaterials to metadevices [J]. Nature Materials, 2012, 11(11): 917-924.

[37] Solntsev A S, Agarwal G S, Kivshar Y S. Metasurfaces for quantum photonics [J]. Nature Photonics, 2021, 15(5): 327-336.

[38] Ma W, Cheng F, Liu Y. Deep-learning-enabled on-demand design of chiral metamaterials [J]. ACS Nano, 2018, 12(6): 6326-6334.

[39] Qian C, Wang Z, Qian H, et al. Dynamic recognition and mirage using neuro-metamaterials [J]. Nature Communications, 2022, 13(1): 2694.

[40] Cui T J, Qi M Q, Wan X, et al. Coding metamaterials, digital metamaterials and programmable metamaterials [J]. Light: Science & Applications, 2014, 3(10): e218.

[41] Zangeneh-Nejad F, Sounas D L, Alù A, et al. Analogue computing with metamaterials [J]. Nature Reviews Materials, 2021, 6(3): 207-225.

[42] Demarest K R. Engineering Electromagnetics [M]. Upper Saddle River: Prentice Hall, 1998.

[43] Jackson J D. Classical Electrodynamics [M]. 3rd ed. New York: Wiley, 1999.

[44] Tellegen B D. The gyrator, a new electric network element [J]. Philips Research Reports, 1948, 3(2): 81-101.

[45] Landau L D, Lifshitz E M. The Classical Theory of Fields [M]. 4th ed. Oxford: Butterworth Heinemann, 1975.

[46] Landau L D, Lifshitz E M, Pitaevskii L P. Electrodynamics of Continuous Media [M]. 2nd ed. Oxford: Butterworth-Heinemann, 1984.

[47] Birss R, Shrubsall R. The propagation of electromagnetic waves in magnetoelectric crystals [J]. Philosophical Magazine, 1967, 15(136): 687-700.

[48] Indenbom V. Irreducible representations of the magnetic groups and allowance for magnetic symmetry [J]. Soviet Physics. Crystallogr, 1960, 5: 493.

[49] Rado G T. Observation and possible mechanisms of magnetoelectric effects in a ferromagnet [J]. Physical Review Letters, 1964, 13(10): 335.

[50] Wilson H A. On the electric effect of a rotating dielectric in a magnetic field [J]. Philosophical Transactions of the Royal Society A, 1905, 204A: 121-137.

[51] Kurasov P. Distribution theory for discontinuous test functions and differential operators with generalized coefficients [J]. Journal of Mathematical Analysis and Applications, 1996, 201(1): 297-323.

[52] Zhang X, Chen J, Chen R, et al. Perspective on meta-boundaries [J]. ACS Photonics, 2023, 10(7): 2102-2115.

[53] Smith D R, Kroll N. Negative refractive index in left-handed materials [J]. Physical Review Letters, 2000, 85(14): 2933-2936.

[54] Cherenkov P A. Visible light from pure liquids under the impact of γ-rays [J]. Comptes Rendus De L Academie Des Sciences De L Urss, 1934, 3: 451-457.

[55] Frank I M, Tamm I Y. Coherent visible radiation of fast electrons passing through matter [J]. Physics-Uspekhi, 1937, 93: 388-393.

[56] Cherenkov P A. Visible radiation produced by electrons moving in a medium with velocities exceeding that of light [J]. Physical Review, 1937, 52(4): 378.

[57] Goos F, Hänchen H. Ein neuer und fundamentaler versuch zur totalreflexion [J]. Annalen der Physik, 1947, 436(7-8): 333-346.

[58] Abbe E. Beiträge zur theorie des mikroskops und der mikroskopischen wahrnehmung [J]. Archiv Für Mikroskopische Anatomie, 1873, 9(1): 413-468.

[59] Pendry J B. Negative refraction makes a perfect lens [J]. Physical Review Letters, 2000, 85(18): 3966-3969.

第 2 章 异向介质中的电磁波

2.1 异向介质的 kDB 坐标系

异向介质 [1-4] 的宏观电磁特性，通常采用本构关系加以概括，其中本构参数包含介电常数、磁导率和手征参数等张量。这些张量一般为三阶矩阵，并且电场和磁场之间存在交叉耦合，这使得电磁波在异向介质中的传播、反射和透射变得极为复杂。因此，需要用合适的方法来简化麦克斯韦方程组和本构关系的求解过程。kDB 坐标系是电磁理论中广泛采用的方法，这种方法可以使异向介质的张量在该坐标系中所含非零元素的个数最少或具有简单的对角线形式，从而能够简化求解过程 [5]。

2.1.1 波矢量 $\boldsymbol{k}$

对于均匀各向同性介质中的无源区域，时谐场的麦克斯韦方程组可以表示为

$$\nabla \times \boldsymbol{E} = \mathrm{i}\omega\mu\boldsymbol{H} \tag{2.1}$$

$$\nabla \times \boldsymbol{H} = -\mathrm{i}\omega\varepsilon\boldsymbol{E} \tag{2.2}$$

$$\nabla \cdot \boldsymbol{E} = 0 \tag{2.3}$$

$$\nabla \cdot \boldsymbol{H} = 0 \tag{2.4}$$

从上述麦克斯韦方程组可以推导关于电场 $\boldsymbol{E}$ 和磁场 $\boldsymbol{H}$ 的亥姆霍兹波动方程，有

$$(\nabla^2 + \omega^2\mu\varepsilon)\boldsymbol{E} = 0 \tag{2.5}$$

$$(\nabla^2 + \omega^2\mu\varepsilon)\boldsymbol{H} = 0 \tag{2.6}$$

在笛卡儿坐标系中，对于沿任意方向传播的电磁波，电场和磁场可以表示为

$$\boldsymbol{E}(\boldsymbol{r}) = \boldsymbol{E}\mathrm{e}^{\mathrm{i}(k_x x + k_y y + k_z z)} \tag{2.7}$$

$$\boldsymbol{H}(\boldsymbol{r}) = \boldsymbol{H}\mathrm{e}^{\mathrm{i}(k_x x + k_y y + k_z z)} \tag{2.8}$$

并且满足亥姆霍兹波动 [方程 (2.5) 和方程 (2.6)]。将式 (2.7) 或式 (2.8) 代入波动方程，可以得到以下色散关系

$$k_x^2 + k_y^2 + k_z^2 = \omega^2\mu\varepsilon = k^2 \tag{2.9}$$

定义矢量 $\boldsymbol{k}$ 满足

$$\boldsymbol{k}=\hat{\boldsymbol{x}}k_x+\hat{\boldsymbol{y}}k_y+\hat{\boldsymbol{z}}k_z \tag{2.10}$$

矢量 $\boldsymbol{k}$ 称为波矢量、传播矢量，或简称 $\boldsymbol{k}$ 矢量。根据色散关系 [式 (2.9)]，可以得到矢量 $\boldsymbol{k}$ 的大小为 $\omega(\mu\varepsilon)^{1/2}$。

波矢量 $\boldsymbol{k}=\hat{\boldsymbol{x}}k_x+\hat{\boldsymbol{y}}k_y+\hat{\boldsymbol{z}}k_z$ 和位置矢量 $\boldsymbol{r}=\hat{\boldsymbol{x}}x+\hat{\boldsymbol{y}}y+\hat{\boldsymbol{z}}z$ 的标量积可以表示为

$$\boldsymbol{k}\cdot\boldsymbol{r}=k_xx+k_yy+k_zz \tag{2.11}$$

相位相等的波阵面由 $\boldsymbol{k}\cdot\boldsymbol{r}=$ 常数决定，表明波阵面垂直于波矢量 $\boldsymbol{k}$（图 2.1.1）。满足上述情况的电磁波通常称为平面波。

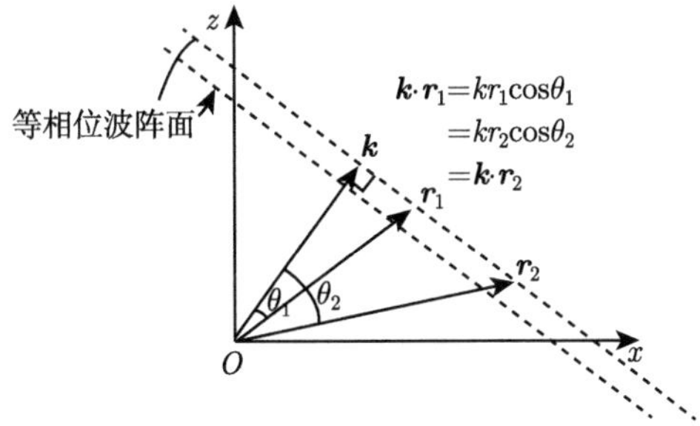

图 2.1.1　平面波中的等相位波阵面

考虑指数函数 $\mathrm{e}^{\mathrm{i}(k_xx+k_yy+k_zz)}=\mathrm{e}^{\mathrm{i}\boldsymbol{k}\cdot\boldsymbol{r}}$，很容易证明其满足以下关系

$$\nabla\mathrm{e}^{\mathrm{i}\boldsymbol{k}\cdot\boldsymbol{r}}=\mathrm{i}\boldsymbol{k}\mathrm{e}^{\mathrm{i}\boldsymbol{k}\cdot\boldsymbol{r}},\quad \nabla\cdot\hat{\boldsymbol{a}}\mathrm{e}^{\mathrm{i}\boldsymbol{k}\cdot\boldsymbol{r}}=\mathrm{i}\boldsymbol{k}\cdot\hat{\boldsymbol{a}}\mathrm{e}^{\mathrm{i}\boldsymbol{k}\cdot\boldsymbol{r}},\quad \nabla\times\hat{\boldsymbol{a}}\mathrm{e}^{\mathrm{i}\boldsymbol{k}\cdot\boldsymbol{r}}=\mathrm{i}\boldsymbol{k}\times\hat{\boldsymbol{a}}\mathrm{e}^{\mathrm{i}\boldsymbol{k}\cdot\boldsymbol{r}} \tag{2.12}$$

式中，$\hat{\boldsymbol{a}}$ 为任意方向的单位矢量，∇ 算子的作用等价于 $\mathrm{i}\boldsymbol{k}$。将式 (2.7) 和式 (2.8) 代入方程 (2.1)～方程 (2.4)，并应用式 (2.12)，可以得到平面波的麦克斯韦方程组

$$\boldsymbol{k}\times\boldsymbol{E}=\omega\mu\boldsymbol{H} \tag{2.13}$$

$$\boldsymbol{k}\times\boldsymbol{H}=-\omega\varepsilon\boldsymbol{E} \tag{2.14}$$

$$\boldsymbol{k}\cdot\boldsymbol{E}=0 \tag{2.15}$$

$$\boldsymbol{k}\cdot\boldsymbol{H}=0 \tag{2.16}$$

色散关系为

$$k^2=\omega^2\mu\varepsilon \tag{2.17}$$

复坡印亭矢量的时均值为

$$\langle \boldsymbol{S} \rangle = \frac{1}{2}\mathrm{Re}\{\boldsymbol{E} \times \boldsymbol{H}^*\} = \frac{1}{2}\mathrm{Re}\begin{cases} \dfrac{-1}{\omega\varepsilon}(\boldsymbol{k} \times \boldsymbol{H}) \times \boldsymbol{H}^* = \dfrac{\boldsymbol{k}}{\omega\varepsilon}|\boldsymbol{H}|^2 \\ \dfrac{1}{\omega\mu^*}\boldsymbol{E} \times (\boldsymbol{k}^* \times \boldsymbol{E}^*) = \dfrac{\boldsymbol{k}^*}{\omega\mu^*}|\boldsymbol{E}|^2 \end{cases} \tag{2.18}$$

当 μ 和 ε 均为正值时，复坡印亭矢量的方向与波矢量 $\boldsymbol{k}$ 的方向相同。从方程 (2.13) 和方程 (2.14) 可以发现，$\boldsymbol{k}$、$\boldsymbol{E}$ 和 $\boldsymbol{H}$ 构成一个右手正交系，如图 2.1.2（a）所示。当 μ 或 ε 其中一个为负值时，从式 (2.17) 可以知道，$\boldsymbol{k}$ 将变为虚数，此时电磁波变为倏逝波。

在负各向同性异向介质中，μ 和 ε 都是负值，$\langle \boldsymbol{S} \rangle$ 的方向与波矢量 $\boldsymbol{k}$ 的方向相反。$\boldsymbol{k}$、$\boldsymbol{E}$ 和 $\boldsymbol{H}$ 构成一个左手正交系，如图 2.1.2（b）所示。由于在这类介质中 $\langle \boldsymbol{S} \rangle$ 的方向与波矢量 $\boldsymbol{k}$ 的方向相反，因此该介质中传播的平面波也可以称为后向波。

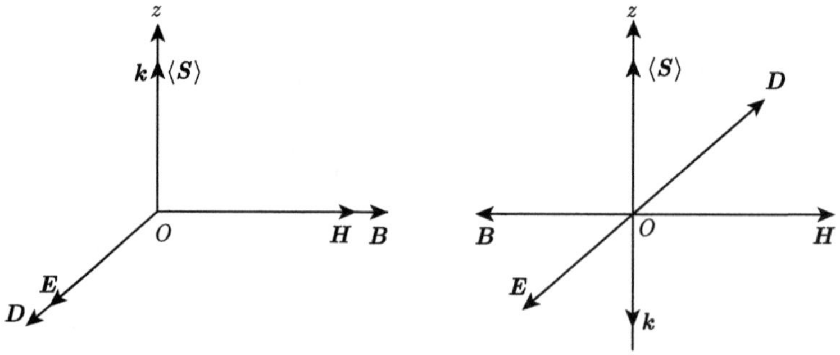

（a）正各向同性介质　　（b）负各向同性异向介质

图 2.1.2　各向同性介质中的平面波

2.1.2　kDB 坐标系

考虑介质中无源区域的麦克斯韦方程组

$$\nabla \times \boldsymbol{E} = \mathrm{i}\omega \boldsymbol{B} \tag{2.19}$$

$$\nabla \times \boldsymbol{H} = -\mathrm{i}\omega \boldsymbol{D} \tag{2.20}$$

$$\nabla \cdot \boldsymbol{B} = 0 \tag{2.21}$$

$$\nabla \cdot \boldsymbol{D} = 0 \tag{2.22}$$

另外，进一步假设介质是均匀的，即介质的本构关系与空间坐标无关，这时平面波解的形式仍然成立。令所有的复数场矢量具有相同的随空间变化的形式 $e^{i\boldsymbol{k}\cdot\boldsymbol{r}}$，麦克斯韦方程组变为

$$\boldsymbol{k}\times\boldsymbol{E}=\omega\boldsymbol{B} \tag{2.23}$$

$$\boldsymbol{k}\times\boldsymbol{H}=-\omega\boldsymbol{D} \tag{2.24}$$

$$\boldsymbol{k}\cdot\boldsymbol{B}=0 \tag{2.25}$$

$$\boldsymbol{k}\cdot\boldsymbol{D}=0 \tag{2.26}$$

从方程 (2.25) 和方程 (2.26) 可以看出，复矢量 $\boldsymbol{D}$ 和 $\boldsymbol{B}$ 总是与波矢量 $\boldsymbol{k}$ 垂直。可以将这个包含 $\boldsymbol{D}$ 和 $\boldsymbol{B}$ 并且与 $\boldsymbol{k}$ 垂直的平面称为 DB 平面。对于满足 $\boldsymbol{B}=\mu\boldsymbol{H}$ 的介质，矢量 $\boldsymbol{H}$ 也在 DB 平面上。如果介质是各向异性的，满足 $\boldsymbol{D}=\varepsilon\cdot\boldsymbol{E}$，可以看到 $\boldsymbol{E}$ 不在 DB 平面上。因此，可以用矢量 $\boldsymbol{D}$ 定义平面波的极化。值得注意的是，坡印亭矢量在 $\boldsymbol{E}\times\boldsymbol{H}$ 的方向上，在各向异性介质中，这个方向并不一定与波矢量 $\boldsymbol{k}$ 的方向一致，因此平面波的功率流方向并不总是与波矢量 $\boldsymbol{k}$ 的方向一致。

为了研究和理解平面波在均匀介质中的波动特性和场矢量的解，将建立以下 kDB 坐标系，由波矢量 $\boldsymbol{k}$ 和 DB 平面组成。kDB 坐标系具有单位矢量 $\hat{\boldsymbol{e}}_1$、$\hat{\boldsymbol{e}}_2$ 和 $\hat{\boldsymbol{e}}_3$。令 $\hat{\boldsymbol{e}}_3$ 与 $\boldsymbol{k}$ 的方向一致，有 $\boldsymbol{k}=\hat{\boldsymbol{e}}_3 k$，即 $\hat{\boldsymbol{e}}_3$ 与 $\hat{\boldsymbol{r}}$ 方向一致。将 kDB 坐标系中的单位矢量用 xyz 坐标系表示（图 2.1.3），有

$$\hat{\boldsymbol{e}}_3=\hat{\boldsymbol{x}}\sin\theta\cos\phi+\hat{\boldsymbol{y}}\sin\theta\sin\phi+\hat{\boldsymbol{z}}\cos\theta \tag{2.27}$$

取单位矢量 $\hat{\boldsymbol{e}}_2$ 与 $\hat{\boldsymbol{\theta}}$ 方向一致，可以得到

$$\hat{\boldsymbol{e}}_2=\hat{\boldsymbol{x}}\cos\theta\cos\phi+\hat{\boldsymbol{y}}\cos\theta\sin\phi-\hat{\boldsymbol{z}}\sin\theta \tag{2.28}$$

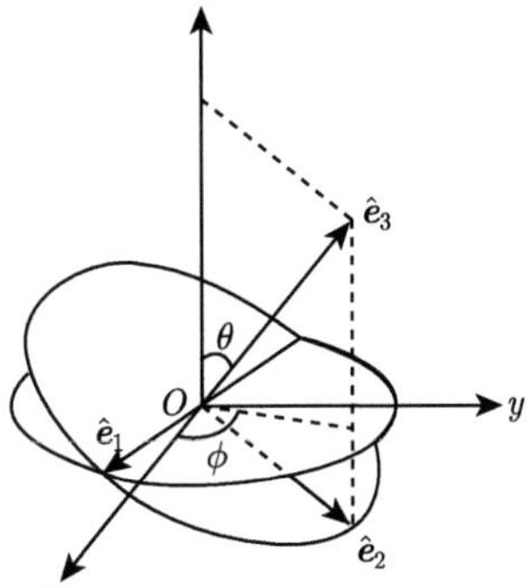

图 2.1.3 *kDB* 坐标系

单位矢量 $\hat{\boldsymbol{e}}_1$ 与 $\hat{\boldsymbol{e}}_2$、$\hat{\boldsymbol{e}}_3$ 构成一个右手正交系

$$\hat{\boldsymbol{e}}_1 = \hat{\boldsymbol{e}}_2 \times \hat{\boldsymbol{e}}_3 = \hat{\boldsymbol{x}} \sin\phi - \hat{\boldsymbol{y}} \cos\phi \tag{2.29}$$

单位矢量 $\hat{\boldsymbol{e}}_1$ 在 x-y 平面上，三个单位矢量互相垂直，即 $\hat{\boldsymbol{e}}_1 \cdot \hat{\boldsymbol{e}}_2 = \hat{\boldsymbol{e}}_2 \cdot \hat{\boldsymbol{e}}_3 = \hat{\boldsymbol{e}}_3 \cdot \hat{\boldsymbol{e}}_1 = 0$。可以看到，如果 x-y 平面围绕 z 轴逆时针旋转 $\phi - \pi/2$ 角度，再围绕新的 x 轴旋转 θ 角度，所得到的与矢量 $\boldsymbol{k}$ 垂直的平面就是 DB 平面。

现在建立 kDB 坐标系和 xyz 坐标系之间场矢量分量的变换公式。将某一矢量投影到 xyz 坐标系，可以得到矢量 $\boldsymbol{A}$

$$\boldsymbol{A} = \begin{pmatrix} A_x \\ A_y \\ A_z \end{pmatrix} \tag{2.30}$$

将相同的矢量投影到 kDB 坐标系，可以得到矢量 $\boldsymbol{A}_k$

$$\boldsymbol{A}_k = \begin{pmatrix} A_1 \\ A_2 \\ A_3 \end{pmatrix} \tag{2.31}$$

$\boldsymbol{A}$ 的分量与 $\boldsymbol{A}_k$ 的分量满足以下关系

$$\boldsymbol{A}_k = \overline{\overline{\boldsymbol{T}}} \cdot \boldsymbol{A} \tag{2.32}$$

或者

$$\boldsymbol{A} = \overline{\overline{\boldsymbol{T}}}^{-1} \cdot \boldsymbol{A}_k \tag{2.33}$$

式中，$\overline{\overline{\boldsymbol{T}}}^{-1}$ 是 $\overline{\overline{\boldsymbol{T}}}$ 的逆矩阵。由于 $\boldsymbol{A}$ 和 $\boldsymbol{A}_k$ 是同一个矢量的不同表达形式，所以有

$$A_1 = \hat{\boldsymbol{e}}_1 \cdot A = \hat{\boldsymbol{e}}_1 \cdot \hat{\boldsymbol{x}} A_x + \hat{\boldsymbol{e}}_1 \cdot \hat{\boldsymbol{y}} A_y + \hat{\boldsymbol{e}}_1 \cdot \hat{\boldsymbol{z}} A_z = \sin\phi A_x - \cos\phi A_y \tag{2.34}$$

$$A_2 = \cos\theta\cos\phi A_x + \cos\theta\sin\phi A_y - \sin\theta A_z \tag{2.35}$$

$$A_3 = \sin\theta\cos\phi A_x + \sin\theta\sin\phi A_y + \cos\theta A_z \tag{2.36}$$

将式 (2.34)~ 式 (2.36) 写成矩阵的形式，并与式 (2.32) 进行比较，可以得到

$$\overline{\overline{\boldsymbol{T}}} = \begin{bmatrix} \sin\phi & -\cos\phi & 0 \\ \cos\theta\cos\phi & \cos\theta\sin\phi & -\sin\theta \\ \sin\theta\cos\phi & \sin\theta\sin\phi & \cos\theta \end{bmatrix} \tag{2.37}$$

其逆矩阵为

$$\overline{\overline{T}}^{-1} = \begin{bmatrix} \sin\phi & \cos\theta\cos\phi & \sin\theta\cos\phi \\ -\cos\phi & \cos\theta\sin\phi & \sin\theta\sin\phi \\ 0 & -\sin\theta & \cos\theta \end{bmatrix} \tag{2.38}$$

$\overline{\overline{T}}^{-1}$ 刚好也是 $\overline{\overline{T}}$ 的转置。

式 (2.32) 与式 (2.33) 所建立的坐标变换公式适用于所有的矢量场 $\boldsymbol{D}$、$\boldsymbol{B}$、$\boldsymbol{E}$、$\boldsymbol{H}$，有

$$\boldsymbol{D}_k = \overline{\overline{\boldsymbol{T}}} \cdot \boldsymbol{D} \tag{2.39}$$

$$\boldsymbol{B}_k = \overline{\overline{\boldsymbol{T}}} \cdot \boldsymbol{B} \tag{2.40}$$

$$\boldsymbol{E}_k = \overline{\overline{\boldsymbol{T}}} \cdot \boldsymbol{E} \tag{2.41}$$

$$\boldsymbol{H}_k = \overline{\overline{\boldsymbol{T}}} \cdot \boldsymbol{H} \tag{2.42}$$

以及

$$\boldsymbol{D} = \overline{\overline{\boldsymbol{T}}}^{-1} \cdot \boldsymbol{D}_k \tag{2.43}$$

$$\boldsymbol{B} = \overline{\overline{\boldsymbol{T}}}^{-1} \cdot \boldsymbol{B}_k \tag{2.44}$$

$$\boldsymbol{E} = \overline{\overline{\boldsymbol{T}}}^{-1} \cdot \boldsymbol{E}_k \tag{2.45}$$

$$\boldsymbol{H} = \overline{\overline{\boldsymbol{T}}}^{-1} \cdot \boldsymbol{H}_k \tag{2.46}$$

波矢量的变换关系有

$$\boldsymbol{k}_k = \overline{\overline{\boldsymbol{T}}} \cdot \boldsymbol{k} \tag{2.47}$$

$$\boldsymbol{k} = \overline{\overline{\boldsymbol{T}}}^{-1} \cdot \boldsymbol{k}_k \tag{2.48}$$

接下来推导本构关系从 xyz 坐标系到 kDB 坐标系的变换公式。在 xyz 坐标系中，本构关系给出了矢量 $\boldsymbol{E}$、$\boldsymbol{H}$ 与矢量 $\boldsymbol{D}$、$\boldsymbol{B}$ 之间的关系

$$\boldsymbol{E} = \bar{\bar{\boldsymbol{\kappa}}} \cdot \boldsymbol{D} + \bar{\bar{\boldsymbol{\chi}}} \cdot \boldsymbol{B} \tag{2.49}$$

$$\boldsymbol{H} = \bar{\bar{\boldsymbol{\nu}}} \cdot \boldsymbol{B} + \bar{\bar{\boldsymbol{\gamma}}} \cdot \boldsymbol{D} \tag{2.50}$$

利用变换公式 (2.33) 可以得到 $\boldsymbol{E} = \overline{\overline{\boldsymbol{T}}}^{-1} \cdot \boldsymbol{E}_k$ 以及其他场量的类似关系。其结果为

$$\boldsymbol{E}_k = (\overline{\overline{\boldsymbol{T}}} \cdot \bar{\bar{\boldsymbol{\kappa}}} \cdot \overline{\overline{\boldsymbol{T}}}^{-1}) \cdot \boldsymbol{D}_k + (\overline{\overline{\boldsymbol{T}}} \cdot \bar{\bar{\boldsymbol{\chi}}} \cdot \overline{\overline{\boldsymbol{T}}}^{-1}) \cdot \boldsymbol{B}_k \tag{2.51}$$

$$\boldsymbol{H}_k = (\overline{\overline{\boldsymbol{T}}} \cdot \bar{\bar{\boldsymbol{\nu}}} \cdot \overline{\overline{\boldsymbol{T}}}^{-1}) \cdot \boldsymbol{B}_k + (\overline{\overline{\boldsymbol{T}}} \cdot \bar{\bar{\boldsymbol{\gamma}}} \cdot \overline{\overline{\boldsymbol{T}}}^{-1}) \cdot \boldsymbol{D}_k \tag{2.52}$$

因此，可以得到

$$\bar{\bar{\boldsymbol{\kappa}}}_k = \overline{\overline{\boldsymbol{T}}} \cdot \bar{\bar{\boldsymbol{\kappa}}} \cdot \overline{\overline{\boldsymbol{T}}}^{-1} \tag{2.53}$$

$$\overline{\overline{\boldsymbol{\chi}}}_k = \overline{\overline{\boldsymbol{T}}} \cdot \overline{\overline{\boldsymbol{\chi}}} \cdot \overline{\overline{\boldsymbol{T}}}^{-1} \tag{2.54}$$

$$\bar{\bar{\boldsymbol{\nu}}}_k = \overline{\overline{\boldsymbol{T}}} \cdot \bar{\bar{\boldsymbol{\nu}}} \cdot \overline{\overline{\boldsymbol{T}}}^{-1} \tag{2.55}$$

$$\bar{\bar{\gamma}}_k = \overline{\overline{\boldsymbol{T}}} \cdot \bar{\bar{\gamma}} \cdot \overline{\overline{\boldsymbol{T}}}^{-1} \tag{2.56}$$

在 kDB 坐标系中，有

$$\boldsymbol{E}_k = \bar{\bar{\boldsymbol{\kappa}}}_k \cdot \boldsymbol{D}_k + \overline{\overline{\boldsymbol{\chi}}}_k \cdot \boldsymbol{B}_k \tag{2.57}$$

$$\boldsymbol{H}_k = \bar{\bar{\boldsymbol{\nu}}}_k \cdot \boldsymbol{B}_k + \bar{\bar{\gamma}}_k \cdot \boldsymbol{D}_k \tag{2.58}$$

利用变换公式 (2.32) 及式 (2.53)~ 式 (2.56)，可以将所有场量从 xyz 坐标系变换到 kDB 坐标系。

2.1.3　*kDB* 坐标系中的麦克斯韦方程组

在 kDB 坐标系下，均匀无源介质内平面波的麦克斯韦方程组具有下面的形式

$$\boldsymbol{k}_k \times \boldsymbol{E}_k = \omega \boldsymbol{B}_k \tag{2.59}$$

$$\boldsymbol{k}_k \times \boldsymbol{H}_k = -\omega \boldsymbol{D}_k \tag{2.60}$$

$$\boldsymbol{k}_k \cdot \boldsymbol{B}_k = 0 \tag{2.61}$$

$$\boldsymbol{k}_k \cdot \boldsymbol{D}_k = 0 \tag{2.62}$$

波矢量 $\boldsymbol{k}$ 与 $\hat{\boldsymbol{e}}_3$ 的方向一致，即

$$\boldsymbol{k} = \hat{\boldsymbol{e}}_3 k \tag{2.63}$$

根据方程 (2.61) 和方程 (2.62) 可知 $D_3 = B_3 = 0$。根据方程 (2.59) 和方程 (2.60)，有

$$\omega \boldsymbol{B}_k = k\hat{\boldsymbol{e}}_3 \times (\hat{\boldsymbol{e}}_1 E_1 + \hat{\boldsymbol{e}}_2 E_2 + \hat{\boldsymbol{e}}_3 E_3) \tag{2.64}$$

$$-\omega \boldsymbol{D}_k = k\hat{\boldsymbol{e}}_3 \times (\hat{\boldsymbol{e}}_1 H_1 + \hat{\boldsymbol{e}}_2 H_2 + \hat{\boldsymbol{e}}_3 H_3) \tag{2.65}$$

利用本构关系 [式 (2.57) 和式 (2.58)]，可以得到

$$\omega B_2 = kE_1 = k(\kappa_{11} D_1 + \kappa_{12} D_2 + \chi_{11} B_1 + \chi_{12} B_2) \tag{2.66}$$

$$\omega B_1 = -kE_2 = -k(\kappa_{21} D_1 + \kappa_{22} D_2 + \chi_{21} B_1 + \chi_{22} B_2) \tag{2.67}$$

$$\omega D_2 = -kH_1 = -k(\nu_{11} B_1 + \nu_{12} B_2 + \gamma_{11} D_1 + \gamma_{12} D_2) \tag{2.68}$$

$$\omega D_1 = kH_2 = k(\nu_{21}B_1 + \nu_{22}B_2 + \gamma_{21}D_1 + \gamma_{22}D_2) \tag{2.69}$$

将上面等式两侧同时除以 k 并令 $u = \omega/k$，重新排列等式的各项并写成矩阵的形式，可以得到

$$\begin{bmatrix} \kappa_{11} & \kappa_{12} \\ \kappa_{21} & \kappa_{22} \end{bmatrix} \begin{bmatrix} D_1 \\ D_2 \end{bmatrix} = -\begin{bmatrix} \chi_{11} & \chi_{12} - u \\ \chi_{21} + u & \chi_{22} \end{bmatrix} \begin{bmatrix} B_1 \\ B_2 \end{bmatrix} \tag{2.70}$$

$$\begin{bmatrix} \nu_{11} & \nu_{12} \\ \nu_{21} & \nu_{22} \end{bmatrix} \begin{bmatrix} B_1 \\ B_2 \end{bmatrix} = -\begin{bmatrix} \gamma_{11} & \gamma_{12} + u \\ \gamma_{21} - u & \gamma_{22} \end{bmatrix} \begin{bmatrix} D_1 \\ D_2 \end{bmatrix} \tag{2.71}$$

进一步可以从式中消去 $\boldsymbol{B}_k$ 和 $\boldsymbol{D}_k$，从而导出关于单独的 $\boldsymbol{B}_k$ 和 $\boldsymbol{D}_k$ 的 2×2 阶矩阵方程。方程 (2.70) 和方程 (2.71) 为齐次线性矩阵方程，令矩阵的行列式等于 0，有

$$\left|\bar{\bar{\boldsymbol{\kappa}}}'_k - (\bar{\bar{\boldsymbol{\chi}}}'_k - \mathrm{i}u\bar{\bar{\boldsymbol{\sigma}}}_y)\,\bar{\bar{\boldsymbol{\nu}}}'^{-1}_k \left(\bar{\bar{\boldsymbol{\gamma}}}'_k + \mathrm{i}u\bar{\bar{\boldsymbol{\sigma}}}_y\right)\right| = 0 \tag{2.72}$$

式中

$$\bar{\bar{\boldsymbol{\kappa}}}'_k = \begin{bmatrix} \kappa_{11} & \kappa_{12} \\ \kappa_{21} & \kappa_{22} \end{bmatrix} \tag{2.73}$$

$$\bar{\bar{\boldsymbol{\chi}}}'_k = \begin{bmatrix} \chi_{11} & \chi_{12} \\ \chi_{21} & \chi_{22} \end{bmatrix} \tag{2.74}$$

$$\bar{\bar{\boldsymbol{\gamma}}}'_k = \begin{bmatrix} \gamma_{11} & \gamma_{12} \\ \gamma_{21} & \gamma_{22} \end{bmatrix} \tag{2.75}$$

$$\bar{\bar{\boldsymbol{\nu}}}'_k = \begin{bmatrix} \nu_{11} & \nu_{12} \\ \nu_{21} & \nu_{22} \end{bmatrix} \tag{2.76}$$

$$\bar{\bar{\boldsymbol{\sigma}}}_y = \begin{bmatrix} 0 & -\mathrm{i} \\ \mathrm{i} & 0 \end{bmatrix} \tag{2.77}$$

根据上述方程，可以推导出均匀介质的色散关系。这种方法对损耗介质同样适用，其波矢量 $\boldsymbol{k} = \hat{\boldsymbol{x}}k_x + \hat{\boldsymbol{y}}k_y + \hat{\boldsymbol{z}}k_z$ 是一个复矢量。对于复矢量的处理，可以首先将 k、角度 θ 和 ϕ 当作实数，在得到方程的解以后，利用 θ 和 ϕ 与波矢量 $\boldsymbol{k}$ 在 xyz 坐标系的直角分量，以及将 $\boldsymbol{k}$ 作为复矢量，从而消去解中的 θ 和 ϕ。

2.2　各向同性异向介质中的电磁波

在电磁理论中，各向同性异向介质指的是介质在各个方向上都具有相同的电磁特性。在这种异向介质中，电磁特性不会随着方向的变化而改变，例如介电常数、磁导率、介质中电磁波的传播速度等在各个方向上都相同。这一特性简化了电磁问题的分析与处理，因为无须考虑方向性因素。

2.2.1　各向同性异向介质中的电磁波

在笛卡儿坐标系中，无源麦克斯韦方程组为

$$\boldsymbol{k} \times \boldsymbol{E} = \omega \boldsymbol{B} \tag{2.78}$$

$$\boldsymbol{k} \times \boldsymbol{H} = -\omega \boldsymbol{D} \tag{2.79}$$

$$\boldsymbol{k} \cdot \boldsymbol{D} = 0 \tag{2.80}$$

$$\boldsymbol{k} \cdot \boldsymbol{B} = 0 \tag{2.81}$$

$\boldsymbol{EH}$ 表示的各向同性介质的本构关系为

$$\boldsymbol{D} = \varepsilon \boldsymbol{E} \tag{2.82}$$

$$\boldsymbol{B} = \mu \boldsymbol{H} \tag{2.83}$$

式中，ε 和 μ 分别是介电常数和磁导率。将笛卡儿坐标系中 $\boldsymbol{EH}$ 表示的本构关系写为 $\boldsymbol{DB}$ 表示的本构关系，有

$$\boldsymbol{E} = \kappa \boldsymbol{D} \tag{2.84}$$

$$\boldsymbol{H} = \nu \boldsymbol{B} \tag{2.85}$$

式中，$\kappa = 1/\varepsilon$，$\nu = 1/\mu$。根据 kDB 坐标系中的麦克斯韦方程组

$$\boldsymbol{k}_k \times \boldsymbol{E}_k = \omega \boldsymbol{B}_k \tag{2.86}$$

$$\boldsymbol{k}_k \times \boldsymbol{H}_k = -\omega \boldsymbol{D}_k \tag{2.87}$$

$$\boldsymbol{k}_k \cdot \boldsymbol{D}_k = 0 \tag{2.88}$$

$$\boldsymbol{k}_k \cdot \boldsymbol{B}_k = 0 \tag{2.89}$$

在 kDB 坐标系中，本构关系可写为

$$\boldsymbol{E}_k = \kappa_k \cdot \boldsymbol{D}_k \tag{2.90}$$

$$\boldsymbol{H}_k = \nu_k \cdot \boldsymbol{B}_k \tag{2.91}$$

式中，$\kappa_k = \kappa$，$\nu_k = \nu$。令矩阵的行列式等于 0，有

$$\left|\bar{\bar{\boldsymbol{\kappa}}}_k' - u^2 \bar{\bar{\boldsymbol{\nu}}}_k'^{-1}\right| = 0 \tag{2.92}$$

式中

$$\bar{\bar{\boldsymbol{\kappa}}}_k' = \begin{pmatrix} \kappa_k & 0 \\ 0 & \kappa_k \end{pmatrix} = \begin{pmatrix} \kappa & 0 \\ 0 & \kappa \end{pmatrix} \tag{2.93}$$

$$\bar{\bar{\boldsymbol{\nu}}}_k' = \begin{pmatrix} \nu_k & 0 \\ 0 & \nu_k \end{pmatrix} = \begin{pmatrix} \nu & 0 \\ 0 & \nu \end{pmatrix} \tag{2.94}$$

以及 $u = \omega/k$，色散关系为

$$u = \sqrt{\kappa\nu} \tag{2.95}$$

该色散关系分别对应 $D_1 \neq 0, D_2 = 0$ 和 $D_1 = 0, D_2 \neq 0$ 两种特征波。将这两种类型的波分别定义为 I 型波和 Ⅱ 型波，并令其满足 $\kappa\nu > 0$。对于 I 型波，波矢量为

$$\boldsymbol{k}_k^{\mathrm{I}} = \hat{\boldsymbol{e}}_3 k^{\mathrm{I}} = \hat{\boldsymbol{e}}_3 \frac{\omega}{\sqrt{\kappa\nu}} \tag{2.96}$$

其大小为正值。根据 $D_1 \neq 0, D_2 = 0$，$\boldsymbol{D}_k$、$\boldsymbol{B}_k$、$\boldsymbol{E}_k$ 和 $\boldsymbol{H}_k$ 可以分别表示为

$$\boldsymbol{D}_k^{\mathrm{I}} = \hat{\boldsymbol{e}}_1 D^{\mathrm{I}} \tag{2.97}$$

$$\boldsymbol{B}_k^{\mathrm{I}} = \begin{cases} \hat{\boldsymbol{e}}_2 \sqrt{\kappa/\nu} D^{\mathrm{I}}, & \kappa > 0, \nu > 0 \\ -\hat{\boldsymbol{e}}_2 \sqrt{\kappa/\nu} D^{\mathrm{I}}, & \kappa < 0, \nu < 0 \end{cases} \tag{2.98}$$

$$\boldsymbol{E}_k^{\mathrm{I}} = \hat{\boldsymbol{e}}_1 \kappa D^{\mathrm{I}} \tag{2.99}$$

$$\boldsymbol{H}_k^{\mathrm{I}} = \hat{\boldsymbol{e}}_2 \sqrt{\kappa\nu} D^{\mathrm{I}} \tag{2.100}$$

类似地，对于 Ⅱ 型波，波矢量为

$$\boldsymbol{k}_k^{\mathrm{II}} = \hat{\boldsymbol{e}}_3 k^{\mathrm{II}} = \hat{\boldsymbol{e}}_3 \frac{\omega}{\sqrt{\kappa\nu}} \tag{2.101}$$

$\boldsymbol{D}_k$、$\boldsymbol{B}_k$、$\boldsymbol{E}_k$ 和 $\boldsymbol{H}_k$ 可以分别表示为

$$\boldsymbol{D}_k^{\mathrm{II}} = \hat{\boldsymbol{e}}_2 D^{\mathrm{II}} \tag{2.102}$$

$$\boldsymbol{B}_k^{\mathrm{II}}=\begin{cases}-\hat{\boldsymbol{e}}_1\sqrt{\kappa/\nu}D^{\mathrm{II}}, & \kappa>0,\nu>0\\ \hat{\boldsymbol{e}}_1\sqrt{\kappa/\nu}D^{\mathrm{II}}, & \kappa<0,\nu<0\end{cases}\tag{2.103}$$

$$\boldsymbol{E}_k^{\mathrm{II}}=\hat{\boldsymbol{e}}_2\kappa D^{\mathrm{II}}\tag{2.104}$$

$$\boldsymbol{H}_k^{\mathrm{II}}=-\hat{\boldsymbol{e}}_1\sqrt{\kappa\nu}D^{\mathrm{II}}\tag{2.105}$$

kDB 坐标系中坡印亭矢量的时均值由下式计算得到

$$\langle\boldsymbol{S}_k\rangle=\frac{1}{2}\mathrm{Re}\left(\boldsymbol{E}_k\times\boldsymbol{H}_k^*\right)\tag{2.106}$$

对于 I 型波，有

$$\left\langle\boldsymbol{S}_k^{\mathrm{I}}\right\rangle=\begin{cases}\hat{\boldsymbol{e}}_3\dfrac{\kappa\nu}{2}\sqrt{\kappa/\nu}\left|D^{\mathrm{I}}\right|^2, & \kappa>0,\nu>0\\ -\hat{\boldsymbol{e}}_3\dfrac{\kappa\nu}{2}\sqrt{\kappa/\nu}\left|D^{\mathrm{I}}\right|^2, & \kappa<0,\nu<0\end{cases}\tag{2.107}$$

对于 Ⅱ 型波，有

$$\left\langle\boldsymbol{S}_k^{\mathrm{II}}\right\rangle=\begin{cases}\hat{\boldsymbol{e}}_3\dfrac{\kappa\nu}{2}\sqrt{\kappa/\nu}\left|D^{\mathrm{II}}\right|^2, & \kappa>0,\nu>0\\ -\hat{\boldsymbol{e}}_3\dfrac{\kappa\nu}{2}\sqrt{\kappa/\nu}\left|D^{\mathrm{II}}\right|^2, & \kappa<0,\nu<0\end{cases}\tag{2.108}$$

因此，对于任意类型的波，有两组场分量，分别对应于 $\kappa>0,\nu>0$ 和 $\kappa<0,\nu<0$。定义满足 $\kappa>0,\nu>0$ 的介质为常规介质（或称为正各向同性介质），满足 $\kappa<0,\nu<0$ 的介质为异向介质（或称为负各向同性异向介质）。I 型波和 Ⅱ 型波构成各向同性介质中的一组本征态，任何类型的波都可以用这组本征态展开。

将场分量从 kDB 坐标系变换到 xyz 坐标系，对于 I 型波，在常规介质中，有

$$\boldsymbol{D}^{\mathrm{I}}=\hat{\boldsymbol{x}}\sin\phi D^{\mathrm{I}}-\hat{\boldsymbol{y}}\cos\phi D^{\mathrm{I}}\tag{2.109}$$

$$\boldsymbol{E}^{\mathrm{I}}=\hat{\boldsymbol{x}}\sin\phi\kappa D^{\mathrm{I}}-\hat{\boldsymbol{y}}\cos\phi\kappa D^{\mathrm{I}}\tag{2.110}$$

$$\boldsymbol{B}^{\mathrm{I}}=\hat{\boldsymbol{x}}\cos\theta\cos\phi\sqrt{\kappa/\nu}D^{\mathrm{I}}+\hat{\boldsymbol{y}}\cos\theta\sin\phi\sqrt{\kappa/\nu}D^{\mathrm{I}}-\hat{\boldsymbol{z}}\sin\theta\sqrt{\kappa/\nu}D^{\mathrm{I}}\tag{2.111}$$

$$\boldsymbol{H}^{\mathrm{I}}=\hat{\boldsymbol{x}}\cos\theta\cos\phi\sqrt{\kappa\nu}D^{\mathrm{I}}+\hat{\boldsymbol{y}}\cos\theta\sin\phi\sqrt{\kappa\nu}D^{\mathrm{I}}-\hat{\boldsymbol{z}}\sin\theta\sqrt{\kappa\nu}D^{\mathrm{I}}\tag{2.112}$$

在异向介质中，有

$$\boldsymbol{D}^{\mathrm{I}}=\hat{\boldsymbol{x}}\sin\phi D^{\mathrm{I}}-\hat{\boldsymbol{y}}\cos\phi D^{\mathrm{I}}\tag{2.113}$$

$$\boldsymbol{E}^{\mathrm{I}}=\hat{\boldsymbol{x}}\sin\phi\kappa D^{\mathrm{I}}-\hat{\boldsymbol{y}}\cos\phi\kappa D^{\mathrm{I}} \tag{2.114}$$

$$\boldsymbol{B}^{\mathrm{I}}=-\hat{\boldsymbol{x}}\cos\theta\cos\phi\sqrt{\kappa/\nu}D^{\mathrm{I}}-\hat{\boldsymbol{y}}\cos\theta\sin\phi\sqrt{\kappa/\nu}D^{\mathrm{I}}+\hat{\boldsymbol{z}}\sin\theta\sqrt{\kappa/\nu}D^{\mathrm{I}} \tag{2.115}$$

$$\boldsymbol{H}^{\mathrm{I}}=\hat{\boldsymbol{x}}\cos\theta\cos\phi\sqrt{\kappa\nu}D^{\mathrm{I}}+\hat{\boldsymbol{y}}\cos\theta\sin\phi\sqrt{\kappa\nu}D^{\mathrm{I}}-\hat{\boldsymbol{z}}\sin\theta\sqrt{\kappa\nu}D^{\mathrm{I}} \tag{2.116}$$

类似地，对于 Ⅱ 型波，在常规介质中，有

$$\boldsymbol{D}^{\mathrm{II}}=\hat{\boldsymbol{x}}\cos\theta\cos\phi D^{\mathrm{II}}+\hat{\boldsymbol{y}}\cos\theta\sin\phi D^{\mathrm{II}}-\hat{\boldsymbol{z}}\sin\theta D^{\mathrm{II}} \tag{2.117}$$

$$\boldsymbol{E}^{\mathrm{II}}=\hat{\boldsymbol{x}}\cos\theta\cos\phi\kappa D^{\mathrm{II}}+\hat{\boldsymbol{y}}\cos\theta\sin\phi\kappa D^{\mathrm{II}}-\hat{\boldsymbol{z}}\sin\theta\kappa D^{\mathrm{II}} \tag{2.118}$$

$$\boldsymbol{B}^{\mathrm{II}}=-\hat{\boldsymbol{x}}\sin\phi\sqrt{\kappa/\nu}D^{\mathrm{II}}+\hat{\boldsymbol{y}}\cos\phi\sqrt{\kappa/\nu}D^{\mathrm{II}} \tag{2.119}$$

$$\boldsymbol{H}^{\mathrm{II}}=-\hat{\boldsymbol{x}}\sin\phi\sqrt{\kappa\nu}D^{\mathrm{II}}+\hat{\boldsymbol{y}}\cos\phi\sqrt{\kappa\nu}D^{\mathrm{II}} \tag{2.120}$$

在异向介质中，有

$$\boldsymbol{D}^{\mathrm{II}}=\hat{\boldsymbol{x}}\cos\theta\cos\phi D^{\mathrm{II}}+\hat{\boldsymbol{y}}\cos\theta\sin\phi D^{\mathrm{II}}-\hat{\boldsymbol{z}}\sin\theta D^{\mathrm{II}} \tag{2.121}$$

$$\boldsymbol{E}^{\mathrm{II}}=\hat{\boldsymbol{x}}\cos\theta\cos\phi\kappa D^{\mathrm{II}}+\hat{\boldsymbol{y}}\cos\theta\sin\phi\kappa D^{\mathrm{II}}-\hat{\boldsymbol{z}}\sin\theta\kappa D^{\mathrm{II}} \tag{2.122}$$

$$\boldsymbol{B}^{\mathrm{II}}=\hat{\boldsymbol{x}}\sin\phi\sqrt{\kappa/\nu}D^{\mathrm{II}}-\hat{\boldsymbol{y}}\cos\phi\sqrt{\kappa/\nu}D^{\mathrm{II}} \tag{2.123}$$

$$\boldsymbol{H}^{\mathrm{II}}=-\hat{\boldsymbol{x}}\sin\phi\sqrt{\kappa\nu}D^{\mathrm{II}}+\hat{\boldsymbol{y}}\cos\phi\sqrt{\kappa\nu}D^{\mathrm{II}} \tag{2.124}$$

上述场分量均用 $\boldsymbol{DB}$ 表示的形式给出。将 $\boldsymbol{DB}$ 表示转为 $\boldsymbol{EH}$ 表示，色散关系为

$$k=\omega\sqrt{\varepsilon\mu} \tag{2.125}$$

介质的本构参数有以下两种情况：

① $\kappa>0,\nu>0$，要求 $\varepsilon>0,\mu>0$；

② $\kappa<0,\nu<0$，要求 $\varepsilon<0,\mu<0$。

对于 I 型波，波矢为

$$k^{\mathrm{I}}=\omega\sqrt{\varepsilon\mu} \tag{2.126}$$

该结果为正值。由于 $\boldsymbol{k}=\hat{\boldsymbol{e}}_3k=\hat{\boldsymbol{x}}k\sin\theta\cos\phi+\hat{\boldsymbol{y}}k\sin\theta\sin\phi+\hat{\boldsymbol{z}}k\cos\theta$ 和 $\boldsymbol{r}=\hat{\boldsymbol{x}}x+\hat{\boldsymbol{y}}y+\hat{\boldsymbol{z}}z$，场分量中包含一个相位因子，其中

$$D^{\mathrm{I}}=D_0^{\mathrm{I}}\mathrm{e}^{\mathrm{i}\boldsymbol{k}^{\mathrm{I}}\cdot\boldsymbol{r}}=D_0^{\mathrm{I}}\mathrm{e}^{\mathrm{i}k^{\mathrm{I}}(x\sin\theta\cos\phi+y\sin\theta\sin\phi+z\cos\theta)} \tag{2.127}$$

为简洁起见省略了其他分量的结果。类似地，对于 Ⅱ 型波，波矢为

$$k^{\mathrm{II}} = \omega\sqrt{\varepsilon\mu} \tag{2.128}$$

该结果也为正值。相应的场分量也包含一个相位因子

$$D^{\mathrm{II}} = D_0^{\mathrm{II}}\mathrm{e}^{\mathrm{i}\boldsymbol{k}^{\mathrm{II}}\cdot\boldsymbol{r}} = D_0^{\mathrm{II}}\mathrm{e}^{\mathrm{i}k^{\mathrm{II}}(x\sin\theta\cos\phi+y\sin\theta\sin\phi+z\cos\theta)} \tag{2.129}$$

坡印亭矢量的时均值由下式给出

$$\langle\boldsymbol{S}\rangle = \frac{1}{2}\mathrm{Re}\left(\boldsymbol{E}\times\boldsymbol{H}^*\right) \tag{2.130}$$

对于 I 型波，有

$$\left\langle\boldsymbol{S}^{\mathrm{I}}\right\rangle = \begin{cases} \hat{\boldsymbol{e}}_3'\dfrac{\eta}{2\varepsilon\mu}D_0^{\mathrm{I}2}, & \varepsilon>0,\mu>0 \\ -\hat{\boldsymbol{e}}_3'\dfrac{\eta}{2\varepsilon\mu}D_0^{\mathrm{I}2}, & \varepsilon<0,\mu<0 \end{cases} \tag{2.131}$$

式中，$\hat{\boldsymbol{e}}_3' = \hat{\boldsymbol{x}}\sin\theta\cos\phi + \hat{\boldsymbol{y}}\sin\theta\sin\phi + \hat{\boldsymbol{z}}\cos\theta$。

类似地，对于 II 型波，有

$$\left\langle\boldsymbol{S}^{\mathrm{II}}\right\rangle = \begin{cases} \hat{\boldsymbol{e}}_3'\dfrac{\eta}{2\varepsilon\mu}D_0^{\mathrm{II}2}, & \varepsilon>0,\mu>0 \\ -\hat{\boldsymbol{e}}_3'\dfrac{\eta}{2\varepsilon\mu}D_0^{\mathrm{II}2}, & \varepsilon<0,\mu<0 \end{cases} \tag{2.132}$$

表 2.1 和表 2.2 分别总结了各向同性介质中 I 型波和 II 型波的主要特性。

表 2.1　各向同性介质中 I 型波的主要特性

I 型波	$\boldsymbol{k}^{\mathrm{I}}$ 方向	$\langle\boldsymbol{S}^{\mathrm{I}}\rangle$ 方向
情况①：$\varepsilon>0,\mu>0$	$\hat{\boldsymbol{e}}_3$	$\hat{\boldsymbol{e}}_3$
情况②：$\varepsilon<0,\mu<0$	$\hat{\boldsymbol{e}}_3$	$-\hat{\boldsymbol{e}}_3$

表 2.2　各向同性介质中 II 型波的主要特性

II 型波	$\boldsymbol{k}^{\mathrm{II}}$ 方向	$\langle\boldsymbol{S}^{\mathrm{II}}\rangle$ 方向
情况①：$\varepsilon>0,\mu>0$	$\hat{\boldsymbol{e}}_3$	$\hat{\boldsymbol{e}}_3$
情况②：$\varepsilon<0,\mu<0$	$\hat{\boldsymbol{e}}_3$	$-\hat{\boldsymbol{e}}_3$

2.2.2　各向同性异向介质中的负折射

图 2.2.1 展示了电磁波在各向同性介质中的反射和透射现象，其中入射平面为 x-z 平面，两个介质之间的分界面为 y-z 平面，并假定所有角度均为正值。考虑

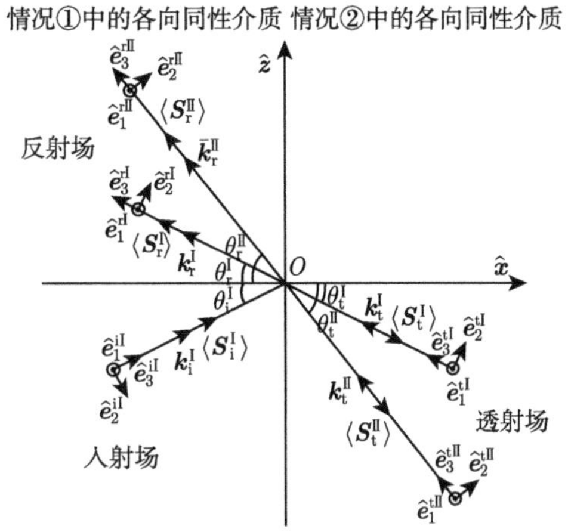

图 2.2.1 各向同性介质中的反射和透射

常规介质（$\varepsilon > 0, \mu > 0$）入射到异向介质（$\varepsilon < 0, \mu < 0$）的情况。对于入射波，满足 $\theta = \pi/2 - \theta_{\rm i}^{\rm I}$，$\phi = 0$，则入射场分量可以表示为

$$\boldsymbol{D}_{\rm i}^{\rm I} = -\hat{\boldsymbol{y}} D_{\rm i}^{\rm I} {\rm e}^{{\rm i}k_1^{\rm I}\left(x\cos\theta_{\rm i}^{\rm I} + z\sin\theta_{\rm i}^{\rm I}\right)} \tag{2.133}$$

$$\boldsymbol{E}_{\rm i}^{\rm I} = -\hat{\boldsymbol{y}} \frac{1}{\varepsilon_1} D_{\rm i}^{\rm I} {\rm e}^{{\rm i}k_1^{\rm I}\left(x\cos\theta_{\rm i}^{\rm I} + z\sin\theta_{\rm i}^{\rm I}\right)} \tag{2.134}$$

$$\boldsymbol{B}_{\rm i}^{\rm I} = \left(\hat{\boldsymbol{x}}\sin\theta_{\rm i}^{\rm I} - \hat{\boldsymbol{z}}\cos\theta_{\rm i}^{\rm I}\right)\eta_1 D_{\rm i}^{\rm I} {\rm e}^{{\rm i}k_1^{\rm I}\left(x\cos\theta_{\rm i}^{\rm I} + z\sin\theta_{\rm i}^{\rm I}\right)} \tag{2.135}$$

$$\boldsymbol{H}_{\rm i}^{\rm I} = \left(\hat{\boldsymbol{x}}\sin\theta_{\rm i}^{\rm I} - \hat{\boldsymbol{z}}\cos\theta_{\rm i}^{\rm I}\right)\frac{1}{\sqrt{\varepsilon_1\mu_1}} D_{\rm i}^{\rm I} {\rm e}^{{\rm i}k_1^{\rm I}\left(x\cos\theta_{\rm i}^{\rm I} + z\sin\theta_{\rm i}^{\rm I}\right)} \tag{2.136}$$

坡印亭矢量的时均值为

$$\left\langle \boldsymbol{S}_{\rm i}^{\rm I} \right\rangle = \left(\hat{\boldsymbol{x}}\cos\theta_{\rm i}^{\rm I} + \hat{\boldsymbol{z}}\sin\theta_{\rm i}^{\rm I}\right)\frac{\eta_1}{2\varepsilon_1\mu_1} D_{\rm i}^{\rm I2} \tag{2.137}$$

式中，$\eta_1 = \sqrt{\mu_1/\varepsilon_1}$，$k_1^{\rm I} = \omega\sqrt{\varepsilon_1\mu_1}$。

对于反射波而言，I 型波满足 $\theta = \pi/2 - \theta_{\rm r}^{\rm I}$ 和 $\phi = \pi$，II 型波满足 $\theta = \pi/2 - \theta_{\rm r}^{\rm II}$ 和 $\phi = \pi$，因此反射波中 I 型波的场分量为

$$\boldsymbol{D}_{\rm r}^{\rm I} = \hat{\boldsymbol{y}} D_{\rm r}^{\rm I} {\rm e}^{{\rm i}k_1^{\rm I}\left(-x\cos\theta_{\rm r}^{\rm I} + z\sin\theta_{\rm r}^{\rm I}\right)} \tag{2.138}$$

$$\boldsymbol{E}_{\rm r}^{\rm I} = \hat{\boldsymbol{y}} \frac{1}{\varepsilon_1} D_{\rm r}^{\rm I} {\rm e}^{{\rm i}k_1^{\rm I}\left(-x\cos\theta_{\rm r}^{\rm I} + z\sin\theta_{\rm r}^{\rm I}\right)} \tag{2.139}$$

$$\boldsymbol{B}_{\rm r}^{\rm I} = \left(-\hat{\boldsymbol{x}}\sin\theta_{\rm r}^{\rm I} - \hat{\boldsymbol{z}}\cos\theta_{\rm r}^{\rm I}\right)\eta_1 D_{\rm r}^{\rm I} {\rm e}^{{\rm i}k_1^{\rm I}\left(-x\cos\theta_{\rm r}^{\rm I} + z\sin\theta_{\rm r}^{\rm I}\right)} \tag{2.140}$$

$$\boldsymbol{H}_{\rm r}^{\rm I}=\left(-\hat{\boldsymbol{x}}\sin\theta_{\rm r}^{\rm I}-\hat{\boldsymbol{z}}\cos\theta_{\rm r}^{\rm I}\right)\frac{1}{\sqrt{\varepsilon_1\mu_1}}D_{\rm r}^{\rm I}{\rm e}^{{\rm i}k_1^{\rm I}\left(-x\cos\theta_{\rm r}^{\rm I}+z\sin\theta_{\rm r}^{\rm I}\right)}\tag{2.141}$$

坡印亭矢量的时均值为

$$\left\langle\boldsymbol{S}_{\rm r}^{\rm I}\right\rangle=\left(-\hat{\boldsymbol{x}}\cos\theta_{\rm r}^{\rm I}+\hat{\boldsymbol{z}}\sin\theta_{\rm r}^{\rm I}\right)\frac{\eta_1}{2\varepsilon_1\mu_1}D_{\rm r}^{\rm I2}\tag{2.142}$$

不失一般性，假设 Ⅱ 型波也存在反射波，场分量为

$$\boldsymbol{D}_{\rm r}^{\rm II}=\left(-\hat{\boldsymbol{x}}\sin\theta_{\rm r}^{\rm II}-\hat{\boldsymbol{z}}\cos\theta_{\rm r}^{\rm II}\right)D_{\rm r}^{\rm II}{\rm e}^{{\rm i}k_1^{\rm II}\left(-x\cos\theta_{\rm r}^{\rm II}+z\sin\theta_{\rm r}^{\rm II}\right)}\tag{2.143}$$

$$\boldsymbol{E}_{\rm r}^{\rm II}=\left(-\hat{\boldsymbol{x}}\sin\theta_{\rm r}^{\rm II}-\hat{\boldsymbol{z}}\cos\theta_{\rm r}^{\rm II}\right)\frac{1}{\varepsilon_1}D_{\rm r}^{\rm II}{\rm e}^{{\rm i}k_1^{\rm II}\left(-x\cos\theta_{\rm r}^{\rm II}+z\sin\theta_{\rm r}^{\rm II}\right)}\tag{2.144}$$

$$\boldsymbol{B}_{\rm r}^{\rm II}=-\hat{\boldsymbol{y}}\eta_1D_{\rm r}^{\rm II}{\rm e}^{{\rm i}k_1^{\rm II}\left(-x\cos\theta_{\rm r}^{\rm II}+z\sin\theta_{\rm r}^{\rm II}\right)}\tag{2.145}$$

$$\boldsymbol{H}_{\rm r}^{\rm II}=-\hat{\boldsymbol{y}}\frac{1}{\sqrt{\varepsilon_1\mu_1}}D_{\rm r}^{\rm II}{\rm e}^{{\rm i}k_1^{\rm II}\left(-x\cos\theta_{\rm r}^{\rm II}+z\sin\theta_{\rm r}^{\rm II}\right)}\tag{2.146}$$

坡印亭矢量的时均值为

$$\left\langle\boldsymbol{S}_{\rm r}^{\rm II}\right\rangle=\left(-\hat{\boldsymbol{x}}\cos\theta_{\rm r}^{\rm II}+\hat{\boldsymbol{z}}\sin\theta_{\rm r}^{\rm II}\right)\frac{\eta_1}{2\varepsilon_1\mu_1}D_{\rm r}^{\rm II2}\tag{2.147}$$

式中，$k_1^{\rm II}=\omega\sqrt{\mu_1\varepsilon_1}$。

对于透射波而言，I 型波满足 $\theta=\pi/2-\theta_{\rm t}^{\rm I}$ 和 $\phi=\pi$，场分量为

$$\boldsymbol{D}_{\rm t}^{\rm I}=\hat{\boldsymbol{y}}D_{\rm t}^{\rm I}{\rm e}^{{\rm i}k_2^{\rm I}\left(-x\cos\theta_{\rm t}^{\rm I}+z\sin\theta_{\rm t}^{\rm I}\right)}\tag{2.148}$$

$$\boldsymbol{E}_{\rm t}^{\rm I}=\hat{\boldsymbol{y}}\frac{1}{\varepsilon_2}D_{\rm t}^{\rm I}{\rm e}^{{\rm i}k_2^{\rm I}\left(-x\cos\theta_{\rm t}^{\rm I}+z\sin\theta_{\rm t}^{\rm I}\right)}\tag{2.149}$$

$$\boldsymbol{B}_{\rm t}^{\rm I}=\left(\hat{\boldsymbol{x}}\sin\theta_{\rm t}^{\rm I}+\hat{\boldsymbol{z}}\cos\theta_{\rm t}^{\rm I}\right)\eta_2D_{\rm t}^{\rm I}{\rm e}^{{\rm i}k_2^{\rm I}\left(-x\cos\theta_{\rm t}^{\rm I}+z\sin\theta_{\rm t}^{\rm I}\right)}\tag{2.150}$$

$$\boldsymbol{H}_{\rm t}^{\rm I}=\left(-\hat{\boldsymbol{x}}\sin\theta_{\rm t}^{\rm I}-\hat{\boldsymbol{z}}\cos\theta_{\rm t}^{\rm I}\right)\frac{1}{\sqrt{\varepsilon_2\mu_2}}D_{\rm t}^{\rm I}{\rm e}^{{\rm i}k_2^{\rm I}\left(-x\cos\theta_{\rm t}^{\rm I}+z\sin\theta_{\rm t}^{\rm I}\right)}\tag{2.151}$$

坡印亭矢量的时均值为

$$\left\langle\boldsymbol{S}_{\rm t}^{\rm I}\right\rangle=-\left(-\hat{\boldsymbol{x}}\cos\theta_{\rm t}^{\rm I}+\hat{\boldsymbol{z}}\sin\theta_{\rm t}^{\rm I}\right)\frac{\eta_2}{2\varepsilon_2\mu_2}D_{\rm t}^{\rm I2}\tag{2.152}$$

式中，$\eta_2=\sqrt{\mu_2/\varepsilon_2}$，$k_2^{\rm I}=\omega\sqrt{\mu_2\varepsilon_2}$。Ⅱ 型波满足 $\theta=\pi/2-\theta_{\rm t}^{\rm II}$，$\phi=\pi$，场分量为

$$\boldsymbol{D}_{\rm t}^{\rm II}=\left(-\hat{\boldsymbol{x}}\sin\theta_{\rm t}^{\rm II}-\hat{\boldsymbol{z}}\cos\theta_{\rm t}^{\rm II}\right)D_{\rm t}^{\rm II}{\rm e}^{{\rm i}k_2^{\rm II}(-x\cos\theta_{\rm t}^{\rm II}+z\sin\theta_{\rm t}^{\rm II})}\tag{2.153}$$

$$\boldsymbol{E}_{\mathrm{t}}^{\mathrm{II}}=\left(-\hat{\boldsymbol{x}}\sin\theta_{\mathrm{t}}^{\mathrm{II}}-\hat{\boldsymbol{z}}\cos\theta_{\mathrm{t}}^{\mathrm{II}}\right)\frac{1}{\varepsilon_2}D_{\mathrm{t}}^{\mathrm{II}}\mathrm{e}^{\mathrm{i}k_2^{\mathrm{II}}(-x\cos\theta_{\mathrm{t}}^{\mathrm{II}}+z\sin\theta_{\mathrm{t}}^{\mathrm{II}})} \tag{2.154}$$

$$\boldsymbol{B}_{\mathrm{t}}^{\mathrm{II}}=\hat{\boldsymbol{y}}\eta_2D_{\mathrm{t}}^{\mathrm{II}}\mathrm{e}^{\mathrm{i}k_2^{\mathrm{II}}(-x\cos\theta_{\mathrm{t}}^{\mathrm{II}}+z\sin\theta_{\mathrm{t}}^{\mathrm{II}})} \tag{2.155}$$

$$\boldsymbol{H}_{\mathrm{t}}^{\mathrm{II}}=-\hat{\boldsymbol{y}}\frac{1}{\sqrt{\varepsilon_2\mu_2}}D_{\mathrm{t}}^{\mathrm{II}}\mathrm{e}^{\mathrm{i}k_2^{\mathrm{II}}(-x\cos\theta_{\mathrm{t}}^{\mathrm{II}}+z\sin\theta_{\mathrm{t}}^{\mathrm{II}})} \tag{2.156}$$

坡印亭矢量的时均值为

$$\left\langle\boldsymbol{S}_{\mathrm{t}}^{\mathrm{II}}\right\rangle=-\left(-\hat{\boldsymbol{x}}\cos\theta_{\mathrm{t}}^{\mathrm{II}}+\hat{\boldsymbol{z}}\sin\theta_{\mathrm{t}}^{\mathrm{II}}\right)\frac{\eta_2}{2\varepsilon_2\mu_2}D_{\mathrm{t}}^{\mathrm{II}2} \tag{2.157}$$

式中，$k_2^{\mathrm{II}}=\omega\sqrt{\mu_2\varepsilon_2}$。需要注意，功率流的方向始终是从分界面指向无穷远处。

根据电场和磁场的连续性条件，可以得到

$$-\frac{1}{\varepsilon_1}D_{\mathrm{i}}^{\mathrm{I}}+\frac{1}{\varepsilon_1}D_{\mathrm{r}}^{\mathrm{I}}=\frac{1}{\varepsilon_2}D_{\mathrm{t}}^{\mathrm{I}} \tag{2.158}$$

$$\frac{\cos\theta_{\mathrm{r}}^{\mathrm{II}}}{\varepsilon_1}D_{\mathrm{r}}^{\mathrm{II}}=\frac{\cos\theta_{\mathrm{t}}^{\mathrm{II}}}{\varepsilon_2}D_{\mathrm{t}}^{\mathrm{II}} \tag{2.159}$$

$$\frac{1}{\sqrt{\varepsilon_1\mu_1}}D_{\mathrm{r}}^{\mathrm{II}}=\frac{1}{\sqrt{\varepsilon_2\mu_2}}D_{\mathrm{t}}^{\mathrm{II}} \tag{2.160}$$

$$\frac{\cos\theta_{\mathrm{i}}^{\mathrm{I}}}{\sqrt{\varepsilon_1\mu_1}}D_{\mathrm{i}}^{\mathrm{I}}+\frac{\cos\theta_{\mathrm{r}}^{\mathrm{I}}}{\sqrt{\varepsilon_1\mu_1}}D_{\mathrm{r}}^{\mathrm{I}}=\frac{\cos\theta_{\mathrm{t}}^{\mathrm{I}}}{\sqrt{\varepsilon_2\mu_2}}D_{\mathrm{t}}^{\mathrm{I}} \tag{2.161}$$

相位匹配条件为

$$k_1^{\mathrm{I}}\sin\theta_{\mathrm{i}}^{\mathrm{I}}=k_1^{\mathrm{I}}\sin\theta_{\mathrm{r}}^{\mathrm{I}}=k_2^{\mathrm{I}}\sin\theta_{\mathrm{t}}^{\mathrm{I}},\quad k_1^{\mathrm{II}}\sin\theta_{\mathrm{r}}^{\mathrm{II}}=k_2^{\mathrm{II}}\sin\theta_{\mathrm{t}}^{\mathrm{II}} \tag{2.162}$$

相应的系数解为

$$\boldsymbol{D}_o=\overline{\overline{\boldsymbol{C}}}^{-1}\boldsymbol{D}_{\mathrm{i}} \tag{2.163}$$

式中

$$\boldsymbol{D}_o=\begin{pmatrix}D_{\mathrm{r}}^{\mathrm{I}}\\ D_{\mathrm{t}}^{\mathrm{I}}\end{pmatrix} \tag{2.164}$$

$$\overline{\overline{\boldsymbol{C}}}=\begin{pmatrix}1/\varepsilon_1 & -1/\varepsilon_2\\ \cos\theta_{\mathrm{r}}^{\mathrm{I}}/\sqrt{\varepsilon_1\mu_1} & -\cos\theta_{\mathrm{t}}^{\mathrm{I}}/\sqrt{\varepsilon_2\mu_2}\end{pmatrix} \tag{2.165}$$

$$\boldsymbol{D}_{\rm i} = \begin{pmatrix} 1/\varepsilon_1 \\ -\cos\theta_{\rm i}^{\rm I}/\sqrt{\varepsilon_1\mu_1} \end{pmatrix} D_{\rm i}^{\rm I} \tag{2.166}$$

并且 $D_{\rm r}^{\rm II} = D_{\rm t}^{\rm II} = 0$。因此，在常规介质中（$\varepsilon > 0, \mu > 0$），反射场仅存在 I 型波。而在异向介质中（$\varepsilon < 0, \mu < 0$），透射场仅存在 I 型波。此外，由于 $k_2^{\rm I}$ 为正值，I 型波发生负折射，透射角 $\theta_{\rm t}^{\rm I}$ 满足

$$\sqrt{\varepsilon_1\mu_1}\sin\theta_{\rm i}^{\rm I} = \sqrt{\varepsilon_2\mu_2}\sin\theta_{\rm t}^{\rm I} \tag{2.167}$$

解的存在验证了各向同性异向介质中的负折射 [6−11]，如图 2.2.2 所示。值得注意的是，透射角 $\theta_{\rm t}^{\rm I}$ 的定义为正值，而在斯涅尔定律中，$\theta_{\rm t}^{\rm I}$ 定义为负值，与入射角的符号不同。因此，异向介质的折射率定义为 $n = -\sqrt{\varepsilon_2\mu_2}$，即折射率为负值。

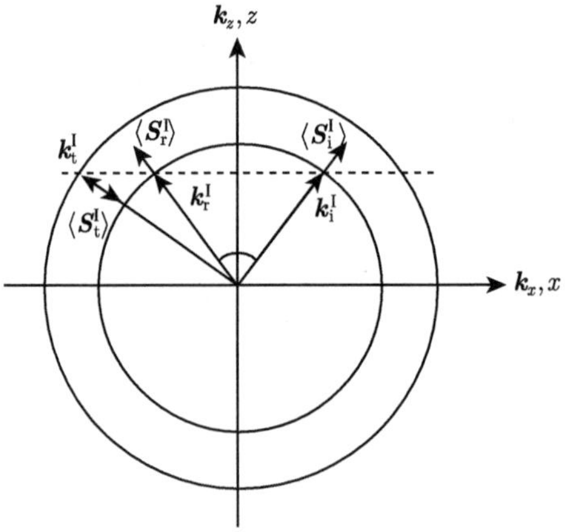

图 2.2.2　自由空间和异向介质的 k 表面

在实际应用中，人们对电磁波从自由空间中入射的负折射现象更感兴趣。考虑 I 型波从自由空间入射到各向同性介质，入射平面为 x-z 平面，分界面为 y-z 平面。自由空间的色散关系为

$$\frac{k_x^2}{\varepsilon_0\mu_0} + \frac{k_z^2}{\varepsilon_0\mu_0} = \omega^2 \tag{2.168}$$

各向同性介质的色散关系

$$\frac{k_x^2}{\varepsilon\mu} + \frac{k_z^2}{\varepsilon\mu} = \omega^2 \tag{2.169}$$

当介质是异向介质时，I 型波会发生负折射。对于入射场，其波矢量 $\boldsymbol{k}_{\rm i}^{\rm I}$ 在第一象限，如图 2.2.2 所示。根据相位匹配条件，反射场的波矢量 $\boldsymbol{k}_{\rm r}^{\rm I}$ 在第二象限。根据

表 2.1，透射场的波矢量和坡印亭矢量方向分别为 $\hat{\boldsymbol{e}}_3$ 和 $-\hat{\boldsymbol{e}}_3$。因此 $\boldsymbol{k}_\mathrm{t}^\mathrm{I}$ 必须在第二象限，坡印亭矢量将沿着离开分界面的方向，如图 2.2.2 所示，负折射现象正是由功率流的透射角为负引起的。

2.3 各向异性异向介质中的电磁波

各向异性可以分为单轴各向异性和双轴各向异性。以电各向异性为例，对于实际异向介质的电磁参数张量，总可以求出其本征值和本征矢量，并且三个本征矢量构成异向介质的三个主轴。换句话说，总存在一种坐标变换，能够将对称矩阵变换为对角矩阵。这种变换能够有助于简化各向异性异向介质中的电磁问题。

2.3.1 单轴异向介质中的电磁波

单轴介质的本构参数满足

$$\bar{\bar{\boldsymbol{\kappa}}} = \bar{\bar{\boldsymbol{\varepsilon}}}^{-1} = \mathrm{diag}\,(1/\varepsilon, 1/\varepsilon, 1/\varepsilon_z) \tag{2.170}$$

$$\bar{\bar{\boldsymbol{\nu}}} = \bar{\bar{\boldsymbol{\mu}}}^{-1} = \mathrm{diag}\,(1/\mu, 1/\mu, 1/\mu_z) \tag{2.171}$$

$$\bar{\bar{\boldsymbol{\varepsilon}}} = \bar{\bar{\boldsymbol{\kappa}}}^{-1} = \mathrm{diag}\,(1/\kappa, 1/\kappa, 1/\kappa_z) \tag{2.172}$$

$$\bar{\bar{\boldsymbol{\mu}}} = \bar{\bar{\boldsymbol{\nu}}}^{-1} = \mathrm{diag}\,(1/\nu, 1/\nu, 1/\nu_z) \tag{2.173}$$

在 kDB 坐标系下，本构关系可写为

$$\boldsymbol{E}_k = \bar{\bar{\boldsymbol{\kappa}}}_k \cdot \boldsymbol{D}_k \tag{2.174}$$

$$\boldsymbol{H}_k = \bar{\bar{\boldsymbol{\nu}}}_k \cdot \boldsymbol{B}_k \tag{2.175}$$

式中

$$\bar{\bar{\boldsymbol{\kappa}}}_k = \begin{pmatrix} \kappa & 0 & 0 \\ 0 & \kappa\cos^2\theta + \kappa_z\sin^2\theta & (\kappa-\kappa_z)\sin\theta\cos\theta \\ 0 & (\kappa-\kappa_z)\sin\theta\cos\theta & \kappa\sin^2\theta + \kappa_z\cos^2\theta \end{pmatrix} \tag{2.176}$$

$$\bar{\bar{\boldsymbol{\nu}}}_k = \begin{pmatrix} \nu & 0 & 0 \\ 0 & \nu\cos^2\theta + \nu_z\sin^2\theta & (\nu-\nu_z)\sin\theta\cos\theta \\ 0 & (\nu-\nu_z)\sin\theta\cos\theta & \nu\sin^2\theta + \nu_z\cos^2\theta \end{pmatrix} \tag{2.177}$$

矩阵行列式满足

$$\left|\bar{\bar{\boldsymbol{\kappa}}}_k' - u^2\bar{\bar{\boldsymbol{\sigma}}}_y\bar{\bar{\boldsymbol{\nu}}}_k'^{-1}\bar{\bar{\boldsymbol{\sigma}}}_y\right| = 0 \tag{2.178}$$

式中

$$\bar{\bar{\boldsymbol{\kappa}}}'_k = \begin{pmatrix} \kappa_{11} & 0 \\ 0 & \kappa_{22} \end{pmatrix} = \begin{pmatrix} \kappa & 0 \\ 0 & \kappa\cos^2\theta + \kappa_z\sin^2\theta \end{pmatrix} \tag{2.179}$$

$$\bar{\bar{\boldsymbol{\nu}}}'_k = \begin{pmatrix} \nu_{11} & 0 \\ 0 & \nu_{22} \end{pmatrix} = \begin{pmatrix} \nu & 0 \\ 0 & \nu\cos^2\theta + \nu_z\sin^2\theta \end{pmatrix} \tag{2.180}$$

$$\bar{\bar{\boldsymbol{\sigma}}}_y = \begin{pmatrix} 0 & -\mathrm{i} \\ \mathrm{i} & 0 \end{pmatrix} \tag{2.181}$$

以及 $u = \omega/k$。消去方程 (2.70) 和方程 (2.71) 中的 B_1 和 B_2，可以得到

$$\begin{bmatrix} u^2 - \nu\kappa_{11} & 0 \\ 0 & u^2 - \nu\kappa_{22} \end{bmatrix} \begin{bmatrix} D_1 \\ D_2 \end{bmatrix} = 0 \tag{2.182}$$

因此，色散关系为

$$u^{\mathrm{I}} = \sqrt{\kappa\left(\nu\cos^2\theta + \nu_z\sin^2\theta\right)} \tag{2.183}$$

$$u^{\mathrm{II}} = \sqrt{\left(\kappa\cos^2\theta + \kappa_z\sin^2\theta\right)\nu} \tag{2.184}$$

上述两种色散关系分别对应 $D_1 \neq 0, D_2 = 0$ 和 $D_1 = 0, D_2 \neq 0$。将这两种类型的波分别定义为 I 型波和 II 型波，并令 I 型波满足 $\kappa\left(\nu\cos^2\theta + \nu_z\sin^2\theta\right) > 0$，II 型波满足 $\left(\kappa\cos^2\theta + \kappa_z\sin^2\theta\right)\nu > 0$。对于 I 型波，波矢量为

$$\boldsymbol{k}_k^{\mathrm{I}} = \hat{\boldsymbol{e}}_3 k^{\mathrm{I}} = \hat{\boldsymbol{e}}_3 \frac{\omega}{\sqrt{\kappa\left(\nu\cos^2\theta + \nu_z\sin^2\theta\right)}} \tag{2.185}$$

其大小为正值。根据 $D_1 \neq 0, D_2 = 0$，在 kDB 坐标系下的 $\boldsymbol{D}_k$、$\boldsymbol{B}_k$、$\boldsymbol{E}_k$ 和 $\boldsymbol{H}_k$ 为

$$\boldsymbol{D}_k^{\mathrm{I}} = \hat{\boldsymbol{e}}_1 D^{\mathrm{I}} \tag{2.186}$$

$$\boldsymbol{B}_k^{\mathrm{I}} = \begin{cases} \hat{\boldsymbol{e}}_2\sqrt{\kappa/\boldsymbol{\nu}}D^{\mathrm{I}}, & \kappa > 0, \boldsymbol{\nu} > 0 \\ -\hat{\boldsymbol{e}}_2\sqrt{\kappa/\boldsymbol{\nu}}D^{\mathrm{I}}, & \kappa < 0, \boldsymbol{\nu} < 0 \end{cases} \tag{2.187}$$

$$\boldsymbol{E}_k^{\mathrm{I}} = \hat{\boldsymbol{e}}_1 \kappa D^{\mathrm{I}} \tag{2.188}$$

$$\boldsymbol{H}_k^{\mathrm{I}} = \begin{cases} \hat{\boldsymbol{e}}_2\sqrt{\kappa\boldsymbol{\nu}}D^{\mathrm{I}} + \hat{\boldsymbol{e}}_3\left(\nu - \nu_z\right)\sin\theta\cos\theta\sqrt{\kappa/\boldsymbol{\nu}}D^{\mathrm{I}}, & \kappa > 0, \boldsymbol{\nu} > 0 \\ \hat{\boldsymbol{e}}_2\sqrt{\kappa\boldsymbol{\nu}}D^{\mathrm{I}} - \hat{\boldsymbol{e}}_3\left(\nu - \nu_z\right)\sin\theta\cos\theta\sqrt{\kappa/\boldsymbol{\nu}}D^{\mathrm{I}}, & \kappa < 0, \boldsymbol{\nu} < 0 \end{cases} \tag{2.189}$$

式中，$\boldsymbol{\nu}=\nu\cos^2\theta+\nu_z\sin^2\theta$。类似地，对于 Ⅱ 型波，波矢量为

$$\boldsymbol{k}_k^{\mathrm{II}}=\hat{\boldsymbol{e}}_3k^{\mathrm{II}}=\hat{\boldsymbol{e}}_3\frac{\omega}{\sqrt{\left(\kappa\cos^2\theta+\kappa_z\sin^2\theta\right)\nu}} \tag{2.190}$$

其大小为正值。kDB 坐标系下的 $\boldsymbol{D}_k$、$\boldsymbol{B}_k$、$\boldsymbol{E}_k$ 和 $\boldsymbol{H}_k$ 为

$$\boldsymbol{D}_k^{\mathrm{II}}=\hat{\boldsymbol{e}}_2D^{\mathrm{II}} \tag{2.191}$$

$$\boldsymbol{B}_k^{\mathrm{II}}=\begin{cases}-\hat{\boldsymbol{e}}_1\sqrt{\boldsymbol{\kappa}/\nu}D^{\mathrm{II}}, & \boldsymbol{\kappa}>0,\nu>0\\ \hat{\boldsymbol{e}}_1\sqrt{\boldsymbol{\kappa}/\nu}D^{\mathrm{II}}, & \boldsymbol{\kappa}<0,\nu<0\end{cases} \tag{2.192}$$

$$\boldsymbol{E}_k^{\mathrm{II}}=\hat{\boldsymbol{e}}_2\boldsymbol{\kappa}D^{\mathrm{II}}+\hat{\boldsymbol{e}}_3\left(\kappa-\kappa_z\right)\sin\theta\cos\theta D^{\mathrm{II}} \tag{2.193}$$

$$\boldsymbol{H}_k^{\mathrm{II}}=-\hat{\boldsymbol{e}}_1\sqrt{\boldsymbol{\kappa}\nu}D^{\mathrm{II}} \tag{2.194}$$

式中，$\boldsymbol{\kappa}=\kappa\cos^2\theta+\kappa_z\sin^2\theta$。$kDB$ 坐标系中坡印亭矢量的时均值由下式计算得到

$$\langle\boldsymbol{S}_k\rangle=\frac{1}{2}\mathrm{Re}\left(\boldsymbol{E}_k\times\boldsymbol{H}_k^*\right) \tag{2.195}$$

对于 I 型波，有

$$\left\langle\boldsymbol{S}_k^{\mathrm{I}}\right\rangle=\begin{cases}-\hat{\boldsymbol{e}}_2\frac{1}{2}\kappa\left(\nu-\nu_z\right)\sin\theta\cos\theta\sqrt{\kappa/\boldsymbol{\nu}}\left|D^{\mathrm{I}}\right|^2 & \\ +\hat{\boldsymbol{e}}_3\frac{1}{2}\kappa\left(\nu\cos^2\theta+\nu_z\sin^2\theta\right)\sqrt{\kappa/\boldsymbol{\nu}}\left|D^{\mathrm{I}}\right|^2, & \kappa>0,\boldsymbol{\nu}>0\\ \hat{\boldsymbol{e}}_2\frac{1}{2}\kappa\left(\nu-\nu_z\right)\sin\theta\cos\theta\sqrt{\kappa/\boldsymbol{\nu}}\left|D^{\mathrm{I}}\right|^2 & \\ -\hat{\boldsymbol{e}}_3\frac{1}{2}\kappa\left(\nu\cos^2\theta+\nu_z\sin^2\theta\right)\sqrt{\kappa/\boldsymbol{\nu}}\left|D^{\mathrm{I}}\right|^2, & \kappa<0,\boldsymbol{\nu}<0\end{cases} \tag{2.196}$$

对于 Ⅱ 型波，有

$$\left\langle\boldsymbol{S}_k^{\mathrm{II}}\right\rangle=\begin{cases}-\hat{\boldsymbol{e}}_2\frac{1}{2}\left(\kappa-\kappa_z\right)\nu\sin\theta\cos\theta\sqrt{\boldsymbol{\kappa}/\nu}\left|D^{\mathrm{II}}\right|^2 & \\ +\hat{\boldsymbol{e}}_3\frac{1}{2}\left(\kappa\cos^2\theta+\kappa_z\sin^2\theta\right)\nu\sqrt{\boldsymbol{\kappa}/\nu}\left|D^{\mathrm{II}}\right|^2, & \boldsymbol{\kappa}>0,\nu>0\\ \hat{\boldsymbol{e}}_2\frac{1}{2}\left(\kappa-\kappa_z\right)\nu\sin\theta\cos\theta\sqrt{\boldsymbol{\kappa}/\nu}\left|D^{\mathrm{II}}\right|^2 & \\ -\hat{\boldsymbol{e}}_3\frac{1}{2}\left(\kappa\cos^2\theta+\kappa_z\sin^2\theta\right)\nu\sqrt{\boldsymbol{\kappa}/\nu}\left|D^{\mathrm{II}}\right|^2, & \boldsymbol{\kappa}<0,\nu<0\end{cases} \tag{2.197}$$

因此，对于 I 型波，有两组场分量，分别对应于 $\kappa>0,\nu\cos^2\theta+\nu_z\sin^2\theta>0$ 和 $\kappa<0,\nu\cos^2\theta+\nu_z\sin^2\theta<0$；对于 Ⅱ 型波，也有两组场分量，分别对应

于 $\kappa\cos^2\theta+\kappa_z\sin^2\theta>0,\nu>0$ 和 $\kappa\cos^2\theta+\kappa_z\sin^2\theta<0,\nu<0$。定义满足 $\kappa>0,\nu\cos^2\theta+\nu_z\sin^2\theta>0$ 和 $\kappa\cos^2\theta+\kappa_z\sin^2\theta>0,\nu>0$ 的介质为常规介质，满足 $\kappa<0,\nu\cos^2\theta+\nu_z\sin^2\theta<0$ 和 $\kappa\cos^2\theta+\kappa_z\sin^2\theta<0,\nu<0$ 的介质为异向介质（或称为单轴异向介质）。I 型波和 II 型波构成单轴介质中的一组本征态，任何类型的波都可以使用这组本征态展开。

将场分量从 kDB 坐标系变换到 xyz 坐标系，对于 I 型波，在常规介质中，有

$$\boldsymbol{D}^{\mathrm{I}}=\hat{\boldsymbol{x}}\sin\phi D^{\mathrm{I}}-\hat{\boldsymbol{y}}\cos\phi D^{\mathrm{I}} \tag{2.198}$$

$$\boldsymbol{E}^{\mathrm{I}}=\hat{\boldsymbol{x}}\sin\phi\kappa D^{\mathrm{I}}-\hat{\boldsymbol{y}}\cos\phi\kappa D^{\mathrm{I}} \tag{2.199}$$

$$\boldsymbol{B}^{\mathrm{I}}=\hat{\boldsymbol{x}}\cos\theta\cos\phi\sqrt{\kappa/\boldsymbol{\nu}}D^{\mathrm{I}}+\hat{\boldsymbol{y}}\cos\theta\sin\phi\sqrt{\kappa/\boldsymbol{\nu}}D^{\mathrm{I}}-\hat{\boldsymbol{z}}\sin\theta\sqrt{\kappa/\boldsymbol{\nu}}D^{\mathrm{I}} \tag{2.200}$$

$$\boldsymbol{H}^{\mathrm{I}}=\hat{\boldsymbol{x}}\nu\cos\theta\cos\phi\sqrt{\kappa/\boldsymbol{\nu}}D^{\mathrm{I}}+\hat{\boldsymbol{y}}\nu\cos\theta\sin\phi\sqrt{\kappa/\boldsymbol{\nu}}D^{\mathrm{I}}-\hat{\boldsymbol{z}}\nu_z\sin\theta\sqrt{\kappa/\boldsymbol{\nu}}D^{\mathrm{I}} \tag{2.201}$$

在异向介质中，有

$$\boldsymbol{D}^{\mathrm{I}}=\hat{\boldsymbol{x}}\sin\phi D^{\mathrm{I}}-\hat{\boldsymbol{y}}\cos\phi D^{\mathrm{I}} \tag{2.202}$$

$$\boldsymbol{E}^{\mathrm{I}}=\hat{\boldsymbol{x}}\sin\phi\kappa D^{\mathrm{I}}-\hat{\boldsymbol{y}}\cos\phi\kappa D^{\mathrm{I}} \tag{2.203}$$

$$\boldsymbol{B}^{\mathrm{I}}=-\hat{\boldsymbol{x}}\cos\theta\cos\phi\sqrt{\kappa/\boldsymbol{\nu}}D^{\mathrm{I}}-\hat{\boldsymbol{y}}\cos\theta\sin\phi\sqrt{\kappa/\boldsymbol{\nu}}D^{\mathrm{I}}+\hat{\boldsymbol{z}}\sin\theta\sqrt{\kappa/\boldsymbol{\nu}}D^{\mathrm{I}} \tag{2.204}$$

$$\boldsymbol{H}^{\mathrm{I}}=-\hat{\boldsymbol{x}}\nu\cos\theta\cos\phi\sqrt{\kappa/\boldsymbol{\nu}}D^{\mathrm{I}}-\hat{\boldsymbol{y}}\nu\cos\theta\sin\phi\sqrt{\kappa/\boldsymbol{\nu}}D^{\mathrm{I}}+\hat{\boldsymbol{z}}\nu_z\sin\theta\sqrt{\kappa/\boldsymbol{\nu}}D^{\mathrm{I}} \tag{2.205}$$

类似地，对于 II 型波，在常规介质中，有

$$\boldsymbol{D}_k^{\mathrm{II}}=\hat{\boldsymbol{x}}\cos\theta\cos\phi D^{\mathrm{II}}+\hat{\boldsymbol{y}}\cos\theta\sin\phi D^{\mathrm{II}}-\hat{\boldsymbol{z}}\sin\theta D^{\mathrm{II}} \tag{2.206}$$

$$\boldsymbol{E}_k^{\mathrm{II}}=\hat{\boldsymbol{x}}\cos\theta\cos\phi\kappa D^{\mathrm{II}}+\hat{\boldsymbol{y}}\cos\theta\sin\phi\kappa D^{\mathrm{II}}-\hat{\boldsymbol{z}}\sin\theta\kappa_z D^{\mathrm{II}} \tag{2.207}$$

$$\boldsymbol{B}_k^{\mathrm{II}}=-\hat{\boldsymbol{x}}\sin\phi\sqrt{\boldsymbol{\kappa}/\nu}D^{\mathrm{II}}+\hat{\boldsymbol{y}}\cos\phi\sqrt{\boldsymbol{\kappa}/\nu}D^{\mathrm{II}} \tag{2.208}$$

$$\boldsymbol{H}_k^{\mathrm{II}}=-\hat{\boldsymbol{x}}\sin\phi\sqrt{\boldsymbol{\kappa}\nu}D^{\mathrm{II}}+\hat{\boldsymbol{y}}\cos\phi\sqrt{\boldsymbol{\kappa}\nu}D^{\mathrm{II}} \tag{2.209}$$

在异向介质中，有

$$\boldsymbol{D}_k^{\mathrm{II}}=\hat{\boldsymbol{x}}\cos\theta\cos\phi D^{\mathrm{II}}+\hat{\boldsymbol{y}}\cos\theta\sin\phi D^{\mathrm{II}}-\hat{\boldsymbol{z}}\sin\theta D^{\mathrm{II}} \tag{2.210}$$

$$\boldsymbol{E}_k^{\mathrm{II}}=\hat{\boldsymbol{x}}\cos\theta\cos\phi\kappa D^{\mathrm{II}}+\hat{\boldsymbol{y}}\cos\theta\sin\phi\kappa D^{\mathrm{II}}-\hat{\boldsymbol{z}}\sin\theta\kappa_z D^{\mathrm{II}} \tag{2.211}$$

$$\boldsymbol{B}_k^{\mathrm{II}}=\hat{\boldsymbol{x}}\sin\phi\sqrt{\boldsymbol{\kappa}/\nu}D^{\mathrm{II}}-\hat{\boldsymbol{y}}\cos\phi\sqrt{\boldsymbol{\kappa}/\nu}D^{\mathrm{II}} \tag{2.212}$$

$$\boldsymbol{H}_k^{\mathrm{II}}=-\hat{\boldsymbol{x}}\sin\phi\sqrt{\boldsymbol{\kappa}\nu}D^{\mathrm{II}}+\hat{\boldsymbol{y}}\cos\phi\sqrt{\boldsymbol{\kappa}\nu}D^{\mathrm{II}} \tag{2.213}$$

上述场分量都是用 $\boldsymbol{DB}$ 表示的形式给出。将 $\boldsymbol{DB}$ 表示转为 $\boldsymbol{EH}$ 表示，色散关系为

$$k^{\mathrm{I}}=\omega\sqrt{\frac{\varepsilon\mu\mu_z}{\boldsymbol{\mu}}} \tag{2.214}$$

$$k^{\mathrm{II}}=\omega\sqrt{\frac{\varepsilon\varepsilon_z\mu}{\boldsymbol{\varepsilon}}} \tag{2.215}$$

式中

$$\boldsymbol{\mu}=\mu_z\cos^2\theta+\mu\sin^2\theta \tag{2.216}$$

$$\boldsymbol{\varepsilon}=\varepsilon_z\cos^2\theta+\varepsilon\sin^2\theta \tag{2.217}$$

介质的本构参数有以下四种情况：

① $\kappa>0,\nu\cos^2\theta+\nu_z\sin^2\theta>0$；

② $\kappa<0,\nu\cos^2\theta+\nu_z\sin^2\theta<0$；

③ $\kappa\cos^2\theta+\kappa_z\sin^2\theta>0,\nu>0$；

④ $\kappa\cos^2\theta+\kappa_z\sin^2\theta<0,\nu<0$。

分别对应于：

① $\varepsilon>0,(1/\mu)\cos^2\theta+(1/\mu_z)\sin^2\theta>0$；

② $\varepsilon<0,(1/\mu)\cos^2\theta+(1/\mu_z)\sin^2\theta<0$；

③ $(1/\varepsilon)\cos^2\theta+(1/\varepsilon_z)\sin^2\theta>0,\mu>0$；

④ $(1/\varepsilon)\cos^2\theta+(1/\varepsilon_z)\sin^2\theta<0,\mu<0$。

对于 I 型波，波矢为

$$k^{\mathrm{I}}=\omega\sqrt{\frac{\varepsilon\mu\mu_z}{\mu_z\cos^2\theta+\mu\sin^2\theta}} \tag{2.218}$$

该结果为正值。由于 $\boldsymbol{k}=\hat{\boldsymbol{e}}_3k=\hat{\boldsymbol{x}}k\sin\theta\cos\phi+\hat{\boldsymbol{y}}k\sin\theta\sin\phi+\hat{\boldsymbol{z}}k\cos\theta$，$\boldsymbol{r}=\hat{\boldsymbol{x}}x+\hat{\boldsymbol{y}}y+\hat{\boldsymbol{z}}z$，场分量中包含一个相位因子，其中

$$D^{\mathrm{I}}=D_0^{\mathrm{I}}\mathrm{e}^{\mathrm{i}\boldsymbol{k}^{\mathrm{I}}\cdot\boldsymbol{r}}=D_0^{\mathrm{I}}\mathrm{e}^{\mathrm{i}k^{\mathrm{I}}(x\sin\theta\cos\phi+y\sin\theta\sin\phi+z\cos\theta)} \tag{2.219}$$

为简洁起见省略了其他分量的结果。类似地，对于 II 型波，波矢为

$$k^{\mathrm{II}}=\omega\sqrt{\frac{\varepsilon_z\mu}{\varepsilon_z\cos^2\theta+\varepsilon\sin^2\theta}} \tag{2.220}$$

该结果也为正值。相应的场分量 $\boldsymbol{D}$ 为

$$D^{\mathrm{II}}=D_0^{\mathrm{II}}\mathrm{e}^{\mathrm{i}\boldsymbol{k}^{\mathrm{II}}\cdot\boldsymbol{r}}=D_0^{\mathrm{II}}\mathrm{e}^{\mathrm{i}k^{\mathrm{II}}(x\sin\theta\cos\phi+y\sin\theta\sin\phi+z\cos\theta)} \tag{2.221}$$

坡印亭矢量的时均值由下式给出

$$\langle \boldsymbol{S} \rangle = \frac{1}{2}\mathrm{Re}\,(\boldsymbol{E} \times \boldsymbol{H}^*) \tag{2.222}$$

对于 I 型波，有

$$\langle \boldsymbol{S}^{\mathrm{I}} \rangle = \begin{cases} \hat{\boldsymbol{e}}_3' \dfrac{1}{2\varepsilon\mu_z}\sqrt{\dfrac{\mu\mu_z}{\varepsilon\boldsymbol{\mu}}}D_0^{\mathrm{I}2}, & \varepsilon > 0, \cos^2\theta/\mu + \sin^2\theta/\mu_z > 0 \\ -\hat{\boldsymbol{e}}_3' \dfrac{1}{2\varepsilon\mu_z}\sqrt{\dfrac{\mu\mu_z}{\varepsilon\boldsymbol{\mu}}}D_0^{\mathrm{I}2}, & \varepsilon < 0, \cos^2\theta/\mu + \sin^2\theta/\mu_z < 0 \end{cases} \tag{2.223}$$

式中，$\hat{\boldsymbol{e}}_3' = \hat{\boldsymbol{x}}\sin\theta\cos\phi + \hat{\boldsymbol{y}}\sin\theta\sin\phi + \hat{\boldsymbol{z}}\cos\theta\mu_z/\mu$，$\boldsymbol{\mu} = \mu_z\cos^2\theta + \mu\sin^2\theta$。需要注意，$\hat{\boldsymbol{e}}_3'$ 和 $\hat{\boldsymbol{e}}_3$ 并不相同。

类似地，对于 Ⅱ 型波，有

$$\langle \boldsymbol{S}^{\mathrm{II}} \rangle = \begin{cases} \hat{\boldsymbol{e}}_3' \dfrac{1}{2\varepsilon_z\mu}\sqrt{\dfrac{\mu\boldsymbol{\varepsilon}}{\varepsilon\varepsilon_z}}D_0^{\mathrm{II}2}, & \mu > 0, \cos^2\theta/\varepsilon + \sin^2\theta/\varepsilon_z > 0 \\ -\hat{\boldsymbol{e}}_3' \dfrac{1}{2\varepsilon_z\mu}\sqrt{\dfrac{\mu\boldsymbol{\varepsilon}}{\varepsilon\varepsilon_z}}D_0^{\mathrm{II}2}, & \mu < 0, \cos^2\theta/\varepsilon + \sin^2\theta/\varepsilon_z < 0 \end{cases} \tag{2.224}$$

式中，$\hat{\boldsymbol{e}}_3' = \hat{\boldsymbol{x}}\sin\theta\cos\phi + \hat{\boldsymbol{y}}\sin\theta\sin\phi + \hat{\boldsymbol{z}}\cos\theta\varepsilon_z/\varepsilon$，$\boldsymbol{\varepsilon} = \varepsilon_z\cos^2\theta + \varepsilon\sin^2\theta$。表 2.3 和表 2.4 分别总结了单轴介质中 I 型波和 Ⅱ 型波的主要特性。

表 2.3　单轴介质中 I 型波的主要特性

I 型波	$\boldsymbol{k}^{\mathrm{I}}$ 方向	$\langle \boldsymbol{S}^{\mathrm{I}} \rangle$ 方向
情况①：$\varepsilon > 0, (1/\mu)\cos^2\theta + (1/\mu_z)\sin^2\theta > 0$	$\hat{\boldsymbol{e}}_3$	$\mathrm{sgn}\,(\varepsilon\mu_z)\,\hat{\boldsymbol{e}}_3'$
情况②：$\varepsilon < 0, (1/\mu)\cos^2\theta + (1/\mu_z)\sin^2\theta < 0$	$\hat{\boldsymbol{e}}_3$	$-\mathrm{sgn}\,(\varepsilon\mu_z)\,\hat{\boldsymbol{e}}_3'$

表 2.4　单轴介质中 Ⅱ 型波的主要特性

Ⅱ 型波	$\boldsymbol{k}^{\mathrm{II}}$ 方向	$\langle \boldsymbol{S}^{\mathrm{II}} \rangle$ 方向
情况③：$(1/\varepsilon)\cos^2\theta + (1/\varepsilon_z)\sin^2\theta > 0, \mu > 0$	$\hat{\boldsymbol{e}}_3$	$\mathrm{sgn}\,(\varepsilon_z\mu)\,\hat{\boldsymbol{e}}_3'$
情况④：$(1/\varepsilon)\cos^2\theta + (1/\varepsilon_z)\sin^2\theta < 0, \mu < 0$	$\hat{\boldsymbol{e}}_3$	$-\mathrm{sgn}\,(\varepsilon_z\mu)\,\hat{\boldsymbol{e}}_3'$

在本节最后，将对各向同性介质和单轴介质中的电磁波进行比较。在这两种介质中，都存在两种类型的波：I 型波和 Ⅱ 型波。每种类型的波对应两种介质：常规介质和异向介质。除了这些相似之处外，这两种异向介质之间还有一个重要的区别：在各向同性介质中，波矢量和坡印亭矢量的方向始终是相同的，而在单轴介质中，它们通常不在同一方向上。

2.3.2 单轴异向介质中的负折射

单轴介质的反射和透射情况如图 2.3.1 所示，所有角度均为正值。考虑 I 型波从情况①的单轴介质入射到情况②的单轴介质，令情况①满足 $\varepsilon_{z1} > 0, \mu_1 > 0, \mu_{z1} > 0$，情况②满足 $\varepsilon_{z2} < 0, \mu_2 < 0, \mu_{z2} < 0$，因此对于 Ⅱ 型波，情况①的单轴介质相当于情况③的单轴介质，情况②的单轴介质相当于情况④的单轴介质。对于入射波，满足 $\theta = \pi/2 - \theta_{\mathrm{i}}^{\mathrm{I}}$，$\phi = 0$，入射场分量为

$$\boldsymbol{D}_{\mathrm{i}}^{\mathrm{I}} = -\hat{\boldsymbol{y}} D_{\mathrm{i}}^{\mathrm{I}} \mathrm{e}^{\mathrm{i} k_{\mathrm{i}}^{\mathrm{I}} \left(x \cos\theta_{\mathrm{i}}^{\mathrm{I}} + z \sin\theta_{\mathrm{i}}^{\mathrm{I}}\right)} \tag{2.225}$$

$$\boldsymbol{E}_{\mathrm{i}}^{\mathrm{I}} = -\hat{\boldsymbol{y}} \frac{1}{\varepsilon_1} D_{\mathrm{i}}^{\mathrm{I}} \mathrm{e}^{\mathrm{i} k_{\mathrm{i}}^{\mathrm{I}} \left(x \cos\theta_{\mathrm{i}}^{\mathrm{I}} + z \sin\theta_{\mathrm{i}}^{\mathrm{I}}\right)} \tag{2.226}$$

$$\boldsymbol{B}_{\mathrm{i}}^{\mathrm{I}} = \left(\hat{\boldsymbol{x}} \sin\theta_{\mathrm{i}}^{\mathrm{I}} - \hat{\boldsymbol{z}} \cos\theta_{\mathrm{i}}^{\mathrm{I}}\right) \eta_{\mathrm{i}}^{\mathrm{I}} D_{\mathrm{i}}^{\mathrm{I}} \mathrm{e}^{\mathrm{i} k_{\mathrm{i}}^{\mathrm{I}} \left(x \cos\theta_{\mathrm{i}}^{\mathrm{I}} + z \sin\theta_{\mathrm{i}}^{\mathrm{I}}\right)} \tag{2.227}$$

$$\boldsymbol{H}_{\mathrm{i}}^{\mathrm{I}} = \left(\hat{\boldsymbol{x}} \frac{\sin\theta_{\mathrm{i}}^{\mathrm{I}}}{\mu_1} - \hat{\boldsymbol{z}} \frac{\cos\theta_{\mathrm{i}}^{\mathrm{I}}}{\mu_{z_1}}\right) \eta_{\mathrm{i}}^{\mathrm{I}} D_{\mathrm{i}}^{\mathrm{I}} \mathrm{e}^{\mathrm{i} k_{\mathrm{i}}^{\mathrm{I}} \left(x \cos\theta_{\mathrm{i}}^{\mathrm{I}} + z \sin\theta_{\mathrm{i}}^{\mathrm{I}}\right)} \tag{2.228}$$

坡印亭矢量的时均值为

$$\left\langle \boldsymbol{S}_{\mathrm{i}}^{\mathrm{I}} \right\rangle = \left(\hat{\boldsymbol{x}} \cos\theta_{\mathrm{i}}^{\mathrm{I}} + \hat{\boldsymbol{z}} \sin\theta_{\mathrm{i}}^{\mathrm{I}} \frac{\mu_{z_1}}{\mu_1}\right) \frac{\eta_{\mathrm{i}}^{\mathrm{I}}}{2\varepsilon_1 \mu_{z_1}} D_{\mathrm{i}}^{\mathrm{I}2} \tag{2.229}$$

式中，$\eta_{\mathrm{i}}^{\mathrm{I}} = \sqrt{\mu_1 \mu_{z_1} / \left[\varepsilon_1 (\mu_{z_1} \sin^2\theta_{\mathrm{i}}^{\mathrm{I}} + \mu_1 \cos^2\theta_{\mathrm{i}}^{\mathrm{I}})\right]}$ 为阻抗，波矢 $k_{\mathrm{i}}^{\mathrm{I}} = \omega((\varepsilon_1 \mu_1 \mu_{z_1}) / (\mu_{z_1} \sin^2\theta_{\mathrm{i}}^{\mathrm{I}} + \mu_1 \cos^2\theta_{\mathrm{i}}^{\mathrm{I}}))^{1/2}$ 为正值。根据坡印亭矢量的方向，可以得到 $\mu_1 > 0$ 和 $\mu_{z_1} > 0$。

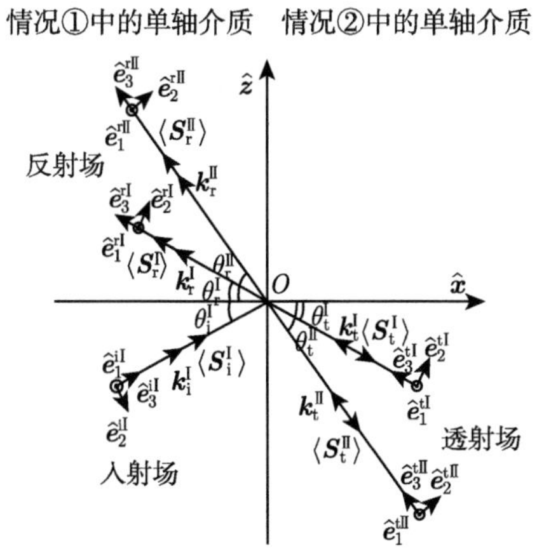

图 2.3.1 单轴介质的反射和透射

对于反射波，I 型波满足 $\theta=\pi/2-\theta_{\rm r}^{\rm I}$ 和 $\phi=\pi$，Ⅱ 型波满足 $\theta=\pi/2-\theta_{\rm r}^{\rm II}$ 和 $\phi=\pi$，因此 I 型波中反射波的场分量为

$$\boldsymbol{D}_{\rm r}^{\rm I}=\hat{\boldsymbol{y}}D_{\rm r}^{\rm I}{\rm e}^{{\rm i}k_{\rm r}^{\rm I}\left(-x\cos\theta_{\rm r}^{\rm I}+z\sin\theta_{\rm r}^{\rm I}\right)} \tag{2.230}$$

$$\boldsymbol{E}_{\rm r}^{\rm I}=\hat{\boldsymbol{y}}\frac{1}{\varepsilon_1}D_{\rm r}^{\rm I}{\rm e}^{{\rm i}k_{\rm r}^{\rm I}\left(-x\cos\theta_{\rm r}^{\rm I}+z\sin\theta_{\rm r}^{\rm I}\right)} \tag{2.231}$$

$$\boldsymbol{B}_{\rm r}^{\rm I}=\left(-\hat{\boldsymbol{x}}\sin\theta_{\rm r}^{\rm I}-\hat{\boldsymbol{z}}\cos\theta_{\rm r}^{\rm I}\right)\eta_{\rm r}^{\rm I}D_{\rm r}^{\rm I}e^{{\rm i}k_{\rm r}^{\rm I}\left(-x\cos\theta_{\rm r}^{\rm I}+z\sin\theta_{\rm r}^{\rm I}\right)} \tag{2.232}$$

$$\boldsymbol{H}_{\rm r}^{\rm I}=\left(-\hat{\boldsymbol{x}}\frac{\sin\theta_{\rm r}^{\rm I}}{\mu_1}-\hat{\boldsymbol{z}}\frac{\cos\theta_{\rm r}^{\rm I}}{\mu_{z_1}}\right)\eta_{\rm r}^{\rm I}D_{\rm r}^{\rm I}{\rm e}^{{\rm i}k_{\rm r}^{\rm I}(-x\cos\theta_{\rm r}^{\rm I}+z\sin\theta_{\rm r}^{\rm I})} \tag{2.233}$$

坡印亭矢量的时均值为

$$\left\langle\boldsymbol{S}_{\rm r}^{\rm I}\right\rangle=\left(-\hat{\boldsymbol{x}}\cos\theta_{\rm r}^{\rm I}+\hat{\boldsymbol{z}}\sin\theta_{\rm r}^{\rm I}\frac{\mu_{z_1}}{\mu_1}\right)\frac{\eta_{\rm r}^{\rm I}}{2\varepsilon_1\mu_{z_1}}D_{\rm r}^{\rm I2} \tag{2.234}$$

式中，$\eta_{\rm r}^{\rm I}=\sqrt{\mu_1\mu_{z_1}/\left[\varepsilon_1(\mu_{z_1}\sin^2\theta_{\rm r}^{\rm I}+\mu_1\cos^2\theta_{\rm r}^{\rm I})\right]}$ 为阻抗，波矢 $k_{\rm r}^{\rm I}=\omega((\sqrt{\varepsilon_1\mu_1\mu_{z_1}})/(\mu_{z_1}\sin^2\theta_{\rm r}^{\rm I}+\mu_1\cos^2\theta_{\rm r}^{\rm I}))^{1/2}$ 为正值。对于 Ⅱ 型波，反射波的场分量为

$$\boldsymbol{D}_{\rm r}^{\rm II}=\left(-\hat{\boldsymbol{x}}\sin\theta_{\rm r}^{\rm II}-\hat{\boldsymbol{z}}\cos\theta_{\rm r}^{\rm II}\right)D_{\rm r}^{\rm II}{\rm e}^{{\rm i}k_{\rm r}^{\rm II}\left(-x\cos\theta_{\rm r}^{\rm II}+z\sin\theta_{\rm r}^{\rm II}\right)} \tag{2.235}$$

$$\boldsymbol{E}_{\rm r}^{\rm II}=\left(-\hat{\boldsymbol{x}}\frac{\sin\theta_{\rm r}^{\rm II}}{\varepsilon_1}-\hat{\boldsymbol{z}}\frac{\cos\theta_{\rm r}^{\rm II}}{\varepsilon_{z_1}}\right)D_{\rm r}^{\rm II}{\rm e}^{{\rm i}k_{\rm r}^{\rm II}(-x\cos\theta_{\rm r}^{\rm II}+z\sin\theta_{\rm r}^{\rm II})} \tag{2.236}$$

$$\boldsymbol{B}_{\rm r}^{\rm II}=-\hat{\boldsymbol{y}}\eta_{\rm r}^{\rm II}D_{\rm r}^{\rm II}{\rm e}^{{\rm i}k_{\rm r}^{\rm II}\left(-x\cos\theta_{\rm r}^{\rm II}+z\sin\theta_{\rm r}^{\rm II}\right)} \tag{2.237}$$

$$\boldsymbol{H}_{\rm r}^{\rm II}=-\hat{\boldsymbol{y}}\frac{1}{\mu_1}\eta_{\rm r}^{\rm II}D_{\rm r}^{\rm II}{\rm e}^{{\rm i}k_{\rm r}^{\rm II}\left(-x\cos\theta_{\rm r}^{\rm II}+z\sin\theta_{\rm r}^{\rm II}\right)} \tag{2.238}$$

坡印亭矢量的时均值为

$$\left\langle\boldsymbol{S}_{\rm r}^{\rm II}\right\rangle=\left(-\hat{\boldsymbol{x}}\cos\theta_{\rm r}^{\rm II}+\hat{\boldsymbol{z}}\cos\theta_{\rm r}^{\rm II}\frac{\varepsilon_{z_1}}{\varepsilon_1}\right)\frac{\eta_{\rm r}^{\rm II}}{2\varepsilon_{z_1}\mu_1}D_{\rm r}^{\rm II2} \tag{2.239}$$

式中，$\eta_{\rm r}^{\rm II}=\sqrt{\mu_1\left(\varepsilon_{z_1}\sin^2\theta_{\rm r}^{\rm II}+\varepsilon_1\cos^2\theta_{\rm r}^{\rm II}\right)/(\varepsilon_1\varepsilon_{z_1})}$ 为阻抗，波矢 $k_{\rm r}^{\rm II}=\omega((\varepsilon_1\varepsilon_{z_1}\mu_1)/(\varepsilon_{z_1}\sin^2\theta_{\rm r}^{\rm II}+\varepsilon_1\cos^2\theta_{\rm r}^{\rm II}))^{1/2}$ 为正值。根据坡印亭矢量的方向，可以得到 $\varepsilon_1>0$ 和 $\varepsilon_{z_1}>0$。

对于透射波，I 型波满足 $\theta=\pi/2-\theta_{\rm t}^{\rm I}$ 和 $\phi=\pi$，Ⅱ 型波满足 $\theta=\pi/2-\theta_{\rm t}^{\rm II}$ 和 $\phi=\pi$，因此 I 型波中透射波的场分量为

$$\boldsymbol{D}_{\rm t}^{\rm I}=\hat{\boldsymbol{y}}D_{\rm t}^{\rm I}{\rm e}^{{\rm i}k_{\rm t}^{\rm I}\left(-x\cos\theta_{\rm t}^{\rm I}+z\sin\theta_{\rm t}^{\rm I}\right)} \tag{2.240}$$

$$\boldsymbol{E}_{\rm t}^{\rm I}=\hat{\boldsymbol{y}}\frac{1}{\varepsilon_2}D_{\rm t}^{\rm I}{\rm e}^{{\rm i}k_{\rm t}^{\rm I}\left(-x\cos\theta_{\rm t}^{\rm I}+z\sin\theta_{\rm t}^{\rm I}\right)} \tag{2.241}$$

$$\boldsymbol{B}_{\rm t}^{\rm I}=\left(\hat{\boldsymbol{x}}\sin\theta_{\rm t}^{\rm I}+\hat{\boldsymbol{z}}\cos\theta_{\rm t}^{\rm I}\right)\eta_{\rm t}^{\rm I}D_{\rm t}^{\rm I}{\rm e}^{{\rm i}k_{\rm t}^{\rm I}\left(-x\cos\theta_{\rm t}^{\rm I}+z\sin\theta_{\rm t}^{\rm I}\right)} \tag{2.242}$$

$$\boldsymbol{H}_{\rm t}^{\rm I}=\left(\hat{\boldsymbol{x}}\frac{\sin\theta_{\rm t}^{\rm I}}{\mu_2}+\hat{\boldsymbol{z}}\frac{\cos\theta_{\rm t}^{\rm I}}{\mu_{z_2}}\right)\eta_{\rm t}^{\rm I}D_{\rm t}^{\rm I}{\rm e}^{{\rm i}k_{\rm t}^{\rm I}\left(-x\cos\theta_{\rm t}^{\rm I}+z\sin\theta_{\rm t}^{\rm I}\right)} \tag{2.243}$$

坡印亭矢量的时均值为

$$\left\langle\boldsymbol{S}_{\rm t}^{\rm I}\right\rangle=-\left(-\hat{\boldsymbol{x}}\cos\theta_{\rm t}^{\rm I}+\hat{\boldsymbol{z}}\sin\theta_{\rm t}^{\rm I}\frac{\mu_{z_2}}{\mu_2}\right)\frac{\eta_{\rm t}^{\rm I}}{2\varepsilon_2\mu_{z_2}}D_{\rm t}^{\rm I2} \tag{2.244}$$

式中，$\eta_{\rm t}^{\rm I}=\sqrt{\mu_2\mu_{z_2}/\left[\varepsilon_2\left(\mu_{z_2}\sin^2\theta_{\rm t}^{\rm I}+\mu_2\cos^2\theta_{\rm t}^{\rm I}\right)\right]}$ 为阻抗，波矢 $k_{\rm t}^{\rm I}=\omega((\varepsilon_2\mu_2\mu_{z_2})/(\mu_{z_2}\sin^2\theta_{\rm t}^{\rm I}+\mu_2\cos^2\theta_{\rm t}^{\rm I}))^{1/2}$ 为正值。根据坡印亭矢量的方向，可以得到 $\mu_2<0$ 和 $\mu_{z_2}<0$。对于 Ⅱ 型波，透射波的场分量为

$$\boldsymbol{D}_{\rm t}^{\rm II}=\left(-\hat{\boldsymbol{x}}\sin\theta_{\rm t}^{\rm II}-\hat{\boldsymbol{z}}\cos\theta_{\rm t}^{\rm II}\right)D_{\rm t}^{\rm II}{\rm e}^{{\rm i}k_2^{\rm II}\left(-x\cos\theta_{\rm t}^{\rm II}+z\sin\theta_{\rm t}^{\rm II}\right)} \tag{2.245}$$

$$\boldsymbol{E}_{\rm t}^{\rm II}=\left(-\hat{\boldsymbol{x}}\sin\theta_{\rm t}^{\rm II}\frac{1}{\varepsilon_2}-\hat{\boldsymbol{z}}\cos\theta_{\rm t}^{\rm II}\frac{1}{\varepsilon_{z2}}\right)D_{\rm t}^{\rm II}{\rm e}^{{\rm i}k_2^{\rm II}(-x\cos\theta_{\rm t}^{\rm II}+z\sin\theta_{\rm t}^{\rm II})} \tag{2.246}$$

$$\boldsymbol{B}_{\rm t}^{\rm II}=\hat{\boldsymbol{y}}\eta_{\rm t}^{\rm II}D_{\rm t}^{\rm II}{\rm e}^{{\rm i}k_2^{\rm II}\left(-x\cos\theta_{\rm t}^{\rm II}+z\sin\theta_{\rm t}^{\rm II}\right)} \tag{2.247}$$

$$\boldsymbol{H}_{\rm t}^{\rm II}=\hat{\boldsymbol{y}}\frac{1}{\mu_2}\eta_{\rm t}^{\rm II}D_{\rm t}^{\rm II}{\rm e}^{{\rm i}k_2^{\rm II}\left(-x\cos\theta_{\rm t}^{\rm II}+z\sin\theta_{\rm t}^{\rm II}\right)} \tag{2.248}$$

坡印亭矢量的时均值为

$$\left\langle\boldsymbol{S}_{\rm t}^{\rm II}\right\rangle=-\left(-\hat{\boldsymbol{x}}\cos\theta_{\rm t}^{\rm II}+\hat{\boldsymbol{z}}\sin\theta_{\rm t}^{\rm II}\frac{\varepsilon_{z_2}}{\varepsilon_2}\right)\frac{\eta_{\rm t}^{\rm II}}{2\varepsilon_{z_2}\mu_2}D_{\rm t}^{\rm II2} \tag{2.249}$$

式中，$\eta_{\rm t}^{\rm II}=\sqrt{\mu_2\left(\varepsilon_{z_2}\sin^2\theta_{\rm t}^{\rm II}+\varepsilon_2\cos^2\theta_{\rm t}^{\rm II}\right)/(\varepsilon_2\varepsilon_{z_2})}$ 为阻抗，波矢 $k_{\rm t}^{\rm II}=\omega((\varepsilon_2\varepsilon_{z_2}\mu_2)/(\varepsilon_{z_2}\sin^2\theta_{\rm t}^{\rm II}+\varepsilon_2\cos^2\theta_{\rm t}^{\rm II}))^{1/2}$ 为正值。根据坡印亭矢量的方向，可以得到 $\varepsilon_2<0$ 和 $\varepsilon_{z_2}<0$。需要注意，功率流的方向始终是从分界面指向无穷远处。

根据边界条件，有

$$-\frac{1}{\varepsilon_1}D_{\rm i}^{\rm I}+\frac{1}{\varepsilon_1}D_{\rm r}^{\rm I}=\frac{1}{\varepsilon_2}D_{\rm t}^{\rm I} \tag{2.250}$$

$$\frac{\cos\theta_{\rm r}^{\rm II}}{\varepsilon_{z_1}}D_{\rm r}^{\rm II}=\frac{\cos\theta_{\rm t}^{\rm II}}{\varepsilon_{z_2}}D_{\rm t}^{\rm II} \tag{2.251}$$

$$\frac{1}{\mu_1}\eta_{\rm r}^{\rm II}D_{\rm r}^{\rm II}=-\frac{1}{\mu_2}\eta_{\rm t}^{\rm II}D_{\rm t}^{\rm II} \tag{2.252}$$

$$\frac{\cos\theta_{\rm i}^{\rm I}}{\mu_{z_1}}\eta_{\rm i}^{\rm I}D_{\rm i}^{\rm I}+\frac{\cos\theta_{\rm r}^{\rm I}}{\mu_{z_1}}\eta_{\rm r}^{\rm I}D_{\rm r}^{\rm I}=-\frac{\cos\theta_{\rm t}^{\rm I}}{\mu_{z_2}}\eta_{\rm t}^{\rm I}D_{\rm t}^{\rm I} \tag{2.253}$$

相位匹配条件为

$$k_{\rm i}^{\rm I}\sin\theta_{\rm i}^{\rm I}=k_{\rm r}^{\rm I}\sin\theta_{\rm r}^{\rm I}=k_{\rm t}^{\rm I}\sin\theta_{\rm t}^{\rm I} \tag{2.254}$$

$$k_{\rm r}^{\rm II}\sin\theta_{\rm r}^{\rm II}=k_{\rm t}^{\rm II}\sin\theta_{\rm t}^{\rm II} \tag{2.255}$$

相应的系数解为

$$\boldsymbol{D}_o=\overline{\overline{\boldsymbol{C}}}^{-1}\boldsymbol{D}_{\rm i} \tag{2.256}$$

式中

$$\boldsymbol{D}_o=\begin{pmatrix} D_{\rm r}^{\rm I} \\ D_{\rm t}^{\rm I}\end{pmatrix} \tag{2.257}$$

$$\overline{\overline{\boldsymbol{C}}}=\begin{pmatrix} 1/\varepsilon_1 & -1/\varepsilon_2 \\ \cos\theta_{\rm r}^{\rm I}\eta_{\rm r}^{\rm I}/\mu_{z_1} & -\cos\theta_{\rm t}^{\rm I}\eta_{\rm t}^{\rm I}/\mu_{z_2}\end{pmatrix} \tag{2.258}$$

$$\boldsymbol{D}_{\rm i}=\begin{pmatrix} 1/\varepsilon_1 \\ -\cos\theta_{\rm i}^{\rm I}\eta_{\rm i}^{\rm I}/\mu_{z_1}\end{pmatrix}D_{\rm i}^{\rm I} \tag{2.259}$$

以及有 $D_{\rm r}^{\rm II}=D_{\rm t}^{\rm II}=0$。入射区域的介质为情况①时，反射场仅存在 I 型波；透射区域的介质为情况②时，透射场仅存在 I 型波。此外，由于 $k_{\rm t}^{\rm I}$ 为正值，I 型波可以发生负折射，透射角满足

$$\sqrt{\frac{\varepsilon_1\mu_1\mu_{z_1}}{\mu_{z_1}\sin^2\theta_{\rm i}^{\rm I}+\mu_1\cos^2\theta_{\rm i}^{\rm I}}}\sin\theta_{\rm i}^{\rm I}=\sqrt{\frac{\varepsilon_2\mu_2\mu_{z_2}}{\mu_{z_2}\sin^2\theta_{\rm t}^{\rm I}+\mu_2\cos^2\theta_{\rm t}^{\rm I}}}\sin\theta_{\rm t}^{\rm I} \tag{2.260}$$

该解的存在证明了单轴异向介质中的负折射 [12,13]。

在实际应用中，人们更感兴趣的是电磁波从自由空间中入射的负折射现象。入射平面为 x-z 平面，空气与介质的分界面为 y-z 平面。自由空间的色散关系为

$$\frac{k_x^2}{\varepsilon_0\mu_0}+\frac{k_z^2}{\varepsilon_0\mu_0}=\omega^2 \tag{2.261}$$

单轴介质中 I 型波和 Ⅱ 型波的色散关系为

$$\text{I 型波：}\ \frac{k_x^2}{\varepsilon\mu_z}+\frac{k_z^2}{\varepsilon\mu}=\omega^2 \tag{2.262}$$

$$\text{Ⅱ 型波：}\ \frac{k_x^2}{\varepsilon\mu_z}+\frac{k_z^2}{\varepsilon\mu}=\omega^2 \tag{2.263}$$

显而易见，两者具有相同的色散关系，自由空间的 k 表面是圆。对于情况①的单轴介质，满足 $\varepsilon>0$，$\mu<0$ 和 $\mu_z>0$，其 k 表面为双曲线，仅 I 型波会发生负折射，如图 2.3.2（a）所示，根据相位匹配条件，$k_{\mathrm{t}}^{\mathrm{I}}$ 位于第一象限，坡印亭矢量将沿着离开分界面的方向，负折射现象正是由功率流的透射角为负引起的。对于情况②的单轴介质，满足 $\varepsilon>0$，$\mu<0$ 和 $\mu_z>0$，其 k 表面为椭圆，仅 I 型波会发生负折射，如图 2.3.2（b）所示，此时 $k_{\mathrm{t}}^{\mathrm{I}}$ 位于第二象限。

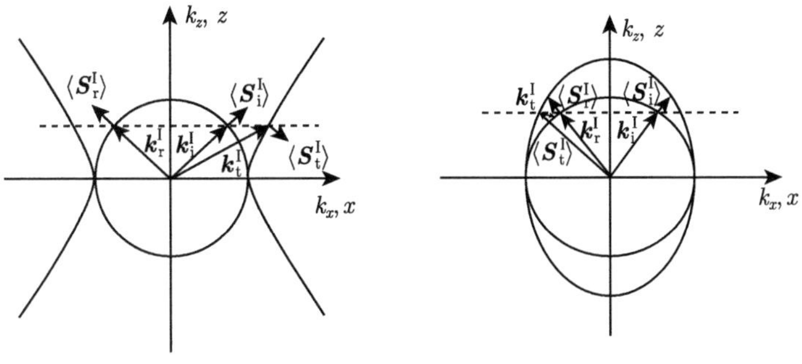

（a） （b）

图 2.3.2 （a）自由空间和情况①的单轴介质的 k 表面；（b）自由空间和情况②的单轴介质的 k 表面

2.4 双各向同性异向介质中的电磁波

当介电常数、磁导率以及手征参数均为张量时，异向介质具有双各向异性。双各向异性异向介质提供电场和磁场之间的交叉耦合，当置于电场或磁场中时，双各向异性异向介质既有电极化又有磁化。若参数矩阵的对角元素相等，则该异向介质可以通过让电磁参数取 $\xi\to \mathrm{i}\xi$ 和 $\zeta\to -\mathrm{i}\zeta$ 变为双各向同性介质 [14–17]。

2.4.1 手征异向介质中的电磁波

在笛卡儿坐标系中，双各向同性手征介质的无源麦克斯韦方程组为

$$\boldsymbol{k}\times\boldsymbol{E}=\omega\boldsymbol{B} \tag{2.264}$$

$$\boldsymbol{k}\times\boldsymbol{H}=-\omega\boldsymbol{D} \tag{2.265}$$

$$\boldsymbol{k}\cdot\boldsymbol{D}=0 \tag{2.266}$$

$$\boldsymbol{k}\cdot\boldsymbol{B}=0 \tag{2.267}$$

$\boldsymbol{EH}$ 表示的本构关系为

$$\boldsymbol{D}=\varepsilon\boldsymbol{E}+\mathrm{i}\xi\boldsymbol{H} \tag{2.268}$$

$$\boldsymbol{B}=-\mathrm{i}\xi\boldsymbol{E}+\mu\boldsymbol{H} \tag{2.269}$$

将笛卡儿坐标系中 $\boldsymbol{EH}$ 表示的本构关系写为 $\boldsymbol{DB}$ 表示的本构关系，有

$$\boldsymbol{E}=\kappa\boldsymbol{D}+\mathrm{i}\chi\boldsymbol{B} \tag{2.270}$$

$$\boldsymbol{H}=-\mathrm{i}\chi\boldsymbol{D}+\nu\boldsymbol{B} \tag{2.271}$$

式中

$$\kappa=\left(\xi^{-1}\varepsilon-\mu^{-1}\xi\right)^{-1}\xi^{-1} \tag{2.272}$$

$$\chi=\left(\mu^{-1}\xi-\xi^{-1}\varepsilon\right)^{-1}\mu^{-1} \tag{2.273}$$

$$\nu=\left(\xi^{-1}\mu-\varepsilon^{-1}\xi\right)^{-1}\xi^{-1} \tag{2.274}$$

以及

$$\varepsilon=\left(\chi^{-1}\kappa-\nu^{-1}\chi\right)^{-1}\chi^{-1} \tag{2.275}$$

$$\xi=\left(\nu^{-1}\chi-\chi^{-1}\kappa\right)^{-1}\nu^{-1} \tag{2.276}$$

$$\mu=\left(\chi^{-1}\nu-\kappa^{-1}\chi\right)^{-1}\chi^{-1} \tag{2.277}$$

根据 kDB 坐标系中的麦克斯韦方程组

$$\boldsymbol{k}_k\times\boldsymbol{E}_k=\omega\boldsymbol{B}_k \tag{2.278}$$

$$\boldsymbol{k}_k\times\boldsymbol{H}_k=-\omega\boldsymbol{D}_k \tag{2.279}$$

$$\boldsymbol{k}_k\cdot\boldsymbol{D}_k=0 \tag{2.280}$$

$$\boldsymbol{k}_k\cdot\boldsymbol{B}_k=0 \tag{2.281}$$

可以得到相应的本构关系为

$$\boldsymbol{E}_k = \kappa_k \boldsymbol{D}_k + \mathrm{i}\chi_k \boldsymbol{B}_k \tag{2.282}$$

$$\boldsymbol{H}_k = -\mathrm{i}\chi_k \boldsymbol{D}_k + \nu_k \boldsymbol{B}_k \tag{2.283}$$

式中

$$\kappa_k = \kappa \tag{2.284}$$

$$\chi_k = \chi \tag{2.285}$$

$$\nu_k = \nu \tag{2.286}$$

系数矩阵的行列式为

$$\left|\bar{\bar{\boldsymbol{\kappa}}}_k' - \left(\mathrm{i}\overline{\overline{\boldsymbol{\chi}}}_k' - \mathrm{i}u\bar{\bar{\boldsymbol{\sigma}}}_y\right)\bar{\bar{\boldsymbol{\nu}}}_k'^{-1}\left(-\mathrm{i}\overline{\overline{\boldsymbol{\chi}}}_k' + \mathrm{i}u\bar{\bar{\boldsymbol{\sigma}}}_y\right)\right| = 0 \tag{2.287}$$

式中

$$\bar{\bar{\boldsymbol{\kappa}}}_k' = \begin{pmatrix} \kappa_k & 0 \\ 0 & \kappa_k \end{pmatrix} = \begin{pmatrix} \kappa & 0 \\ 0 & \kappa \end{pmatrix} \tag{2.288}$$

$$\overline{\overline{\boldsymbol{\chi}}}_k' = \begin{pmatrix} \chi_k & 0 \\ 0 & \chi_k \end{pmatrix} = \begin{pmatrix} \chi & 0 \\ 0 & \chi \end{pmatrix} \tag{2.289}$$

$$\bar{\bar{\boldsymbol{\nu}}}_k' = \begin{pmatrix} \nu_k & 0 \\ 0 & \nu_k \end{pmatrix} = \begin{pmatrix} \nu & 0 \\ 0 & \nu \end{pmatrix} \tag{2.290}$$

$$\bar{\bar{\boldsymbol{\sigma}}}_y = \begin{pmatrix} 0 & -\mathrm{i} \\ \mathrm{i} & 0 \end{pmatrix} \tag{2.291}$$

以及 $u = \omega/k$，色散关系为

$$u^{\mathrm{I}} = \sqrt{\kappa\nu} + \chi \tag{2.292}$$

$$u^{\mathrm{II}} = \sqrt{\kappa\nu} - \chi \tag{2.293}$$

上述两个色散关系分别对应 $D_1/D_2 = -\mathrm{i}$ 和 $D_1/D_2 = \mathrm{i}$，定义 $D_1/D_2 = -\mathrm{i}$ 为 I 型波，即右旋圆极化波，$D_1/D_2 = \mathrm{i}$ 为 II 型波，即左旋圆极化波。在这里，I 型波和 II 型波均满足 $\kappa\nu > 0$，并且只考虑 $\chi > 0$ 的情况，$\chi < 0$ 的情况可以用类似的方法讨论。

在 kDB 坐标系中，对于 I 型波，波矢量为

$$\boldsymbol{k}_k^{\mathrm{I}} = \hat{\boldsymbol{e}}_3 k^{\mathrm{I}} = \hat{\boldsymbol{e}}_3 \frac{\omega}{\sqrt{\kappa\nu} + \chi} \tag{2.294}$$

数值大小恒为正。相应的场分量为

$$\boldsymbol{D}_k^{\mathrm{I}} = (\hat{\boldsymbol{e}}_1 + \mathrm{i}\hat{\boldsymbol{e}}_2)D^{\mathrm{I}} \tag{2.295}$$

$$\boldsymbol{B}_k^{\mathrm{I}} = \begin{cases} (-\mathrm{i}\hat{\boldsymbol{e}}_1 + \hat{\boldsymbol{e}}_2)\sqrt{\kappa/\nu}D^{\mathrm{I}}, & \kappa > 0, \nu > 0 \\ (\mathrm{i}\hat{\boldsymbol{e}}_1 - \hat{\boldsymbol{e}}_2)\sqrt{\kappa/\nu}D^{\mathrm{I}}, & \kappa < 0, \nu < 0 \end{cases} \tag{2.296}$$

$$\boldsymbol{E}_k^{\mathrm{I}} = \begin{cases} (\hat{\boldsymbol{e}}_1 + \mathrm{i}\hat{\boldsymbol{e}}_2)\kappa_+ D^{\mathrm{I}}, & \kappa > 0, \nu > 0 \\ (\hat{\boldsymbol{e}}_1 + \mathrm{i}\hat{\boldsymbol{e}}_2)\,\kappa_- D^{\mathrm{I}}, & \kappa < 0, \nu < 0 \end{cases} \tag{2.297}$$

$$\boldsymbol{H}_k^{\mathrm{I}} = (-\mathrm{i}\hat{\boldsymbol{e}}_1 + \hat{\boldsymbol{e}}_2)\left(\sqrt{\kappa\nu} + \chi\right) D^{\mathrm{I}} \tag{2.298}$$

式中，$\kappa_\pm = \kappa \pm \chi\sqrt{\kappa/\nu}$。类似地，对于 Ⅱ 型波，波矢量为

$$\boldsymbol{k}_k^{\mathrm{II}} = \hat{\boldsymbol{e}}_3 k^{\mathrm{II}} = \hat{\boldsymbol{e}}_3 \frac{\omega}{\sqrt{\kappa\nu} - \chi} \tag{2.299}$$

当 $\kappa\nu > \chi^2$ 时，k_k^{II} 为正值；当 $\kappa\nu < \chi^2$ 时，k_k^{II} 为负值。相应的场分量为

$$\boldsymbol{D}_k^{\mathrm{II}} = (\mathrm{i}\hat{\boldsymbol{e}}_1 + \hat{\boldsymbol{e}}_2)D^{\mathrm{II}} \tag{2.300}$$

$$\boldsymbol{B}_k^{\mathrm{II}} = \begin{cases} (-\hat{\boldsymbol{e}}_1 + \mathrm{i}\hat{\boldsymbol{e}}_2)\sqrt{\kappa/\nu}D^{\mathrm{II}}, & \kappa > 0, \nu > 0 \\ (\hat{\boldsymbol{e}}_1 - \mathrm{i}\hat{\boldsymbol{e}}_2)\sqrt{\kappa/\nu}D^{\mathrm{II}}, & \kappa < 0, \nu < 0 \end{cases} \tag{2.301}$$

$$\boldsymbol{E}_k^{\mathrm{II}} = \begin{cases} (\mathrm{i}\hat{\boldsymbol{e}}_1 + \hat{\boldsymbol{e}}_2)\kappa_- D^{\mathrm{II}}, & \kappa > 0, \nu > 0 \\ (\mathrm{i}\hat{\boldsymbol{e}}_1 + \hat{\boldsymbol{e}}_2)\,\kappa_+ D^{\mathrm{II}}, & \kappa < 0, \nu < 0 \end{cases} \tag{2.302}$$

$$\boldsymbol{H}_k^{\mathrm{II}} = (-\hat{\boldsymbol{e}}_1 + \mathrm{i}\hat{\boldsymbol{e}}_2)\left(\sqrt{\kappa\nu} - \chi\right) D^{\mathrm{II}} \tag{2.303}$$

kDB 坐标系中坡印亭矢量的时均值由下式计算得到

$$\langle \boldsymbol{S}_k \rangle = \frac{1}{2}\mathrm{Re}\left(\boldsymbol{E}_k \times \boldsymbol{H}_k^*\right) \tag{2.304}$$

对于 I 型波，有

$$\left\langle \boldsymbol{S}_k^{\mathrm{I}} \right\rangle = \begin{cases} \hat{\boldsymbol{e}}_3\sqrt{\kappa/\nu}\left(\sqrt{\kappa\nu} + \chi\right)^2 \left|D^{\mathrm{I}}\right|^2, & \kappa > 0, \nu > 0 \\ -\hat{\boldsymbol{e}}_3\sqrt{\kappa/\nu}\left(\sqrt{\kappa\nu} + \chi\right)^2 \left|D^{\mathrm{I}}\right|^2, & \kappa < 0, \nu < 0 \end{cases} \tag{2.305}$$

对于 Ⅱ 型波，有

$$\left\langle \boldsymbol{S}_k^{\mathrm{II}} \right\rangle = \begin{cases} \hat{\boldsymbol{e}}_3\sqrt{\kappa/\nu}\left(\sqrt{\kappa\nu} - \chi\right)^2 \left|D^{\mathrm{II}}\right|^2, & \kappa > 0, \nu > 0 \\ -\hat{\boldsymbol{e}}_3\sqrt{\kappa/\nu}\left(\sqrt{\kappa\nu} - \chi\right)^2 \left|D^{\mathrm{II}}\right|^2, & \kappa < 0, \nu < 0 \end{cases} \tag{2.306}$$

因此，对于任何类型的波，都有两组场分量，分别对应于 $\kappa > 0, \nu > 0$ 和 $\kappa < 0, \nu < 0$。定义 $\kappa > 0, \nu > 0$ 的介质为常规介质，$\kappa < 0, \nu < 0$ 的介质为异向介质（或称为各向同性手征异向介质）。I 型波和 II 型波构成双各向同性手征介质中的一组本征态，任何电磁波都可以使用这组本征态展开。

将场分量从 kDB 坐标系变换到 xyz 坐标系，对于常规介质的 I 型波，有

$$\begin{aligned}\boldsymbol{D}^{\mathrm{I}} =& \hat{\boldsymbol{x}}(\sin\phi + \mathrm{i}\cos\theta\cos\phi)D^{\mathrm{I}} \\ &+ \hat{\boldsymbol{y}}(-\cos\phi + \mathrm{i}\cos\theta\sin\phi)D^{\mathrm{I}} - \hat{\boldsymbol{z}}\mathrm{i}\sin\theta D^{\mathrm{I}}\end{aligned} \tag{2.307}$$

$$\begin{aligned}\boldsymbol{E}^{\mathrm{I}} =& \hat{\boldsymbol{x}}(\sin\phi + \mathrm{i}\cos\theta\cos\phi)\kappa_+ D^{\mathrm{I}} \\ &+ \hat{\boldsymbol{y}}(-\cos\phi + \mathrm{i}\cos\theta\sin\phi)\kappa_+ D^{\mathrm{I}} - \hat{\boldsymbol{z}}\mathrm{i}\sin\theta\kappa_+ D^{\mathrm{I}}\end{aligned} \tag{2.308}$$

$$\begin{aligned}\boldsymbol{B}^{\mathrm{I}} =& \hat{\boldsymbol{x}}(-\mathrm{i}\sin\phi + \cos\theta\cos\phi)\sqrt{\kappa/\nu}D^{\mathrm{I}} \\ &+ \hat{\boldsymbol{y}}\left(\mathrm{i}\cos\phi + \cos\theta\sin\phi\right)\sqrt{\kappa/\nu}D^{\mathrm{I}} - \hat{\boldsymbol{z}}\sin\theta\sqrt{\kappa/\nu}D^{\mathrm{I}}\end{aligned} \tag{2.309}$$

$$\begin{aligned}\boldsymbol{H}^{\mathrm{I}} =& \hat{\boldsymbol{x}}(-\mathrm{i}\sin\phi + \cos\theta\cos\phi)\left(\sqrt{\kappa\nu} + \chi\right)D^{\mathrm{I}} \\ &+ \hat{\boldsymbol{y}}\left(\mathrm{i}\cos\phi + \cos\theta\sin\phi\right)\left(\sqrt{\kappa\nu} + \chi\right)D^{\mathrm{I}} - \hat{\boldsymbol{z}}\sin\theta\left(\sqrt{\kappa\nu} + \chi\right)D^{\mathrm{I}}\end{aligned} \tag{2.310}$$

对于异向介质的 I 型波，有

$$\begin{aligned}\boldsymbol{D}^{\mathrm{I}} =& \hat{\boldsymbol{x}}(\sin\phi + \mathrm{i}\cos\theta\cos\phi)D^{\mathrm{I}} \\ &+ \hat{\boldsymbol{y}}(-\cos\phi + \mathrm{i}\cos\theta\sin\phi)D^{\mathrm{I}} - \hat{\boldsymbol{z}}\mathrm{i}\sin\theta D^{\mathrm{I}}\end{aligned} \tag{2.311}$$

$$\begin{aligned}\boldsymbol{E}^{\mathrm{I}} =& \hat{\boldsymbol{x}}(\sin\phi + \mathrm{i}\cos\theta\cos\phi)\kappa_- D^{\mathrm{I}} \\ &+ \hat{\boldsymbol{y}}(-\cos\phi + \mathrm{i}\cos\theta\sin\phi)\kappa_- D^{\mathrm{I}} - \hat{\boldsymbol{z}}\mathrm{i}\sin\theta\kappa_- D^{\mathrm{I}}\end{aligned} \tag{2.312}$$

$$\begin{aligned}\boldsymbol{B}^{\mathrm{I}} =& \hat{\boldsymbol{x}}(\mathrm{i}\sin\phi - \cos\theta\cos\phi)\sqrt{\kappa/\nu}D^{\mathrm{I}} \\ &- \hat{\boldsymbol{y}}\left(\mathrm{i}\cos\phi + \cos\theta\sin\phi\right)\sqrt{\kappa/\nu}D^{\mathrm{I}} + \hat{\boldsymbol{z}}\sin\theta\sqrt{\kappa/\nu}D^{\mathrm{I}}\end{aligned} \tag{2.313}$$

$$\begin{aligned}\boldsymbol{H}^{\mathrm{I}} =& \hat{\boldsymbol{x}}(-\mathrm{i}\sin\phi + \cos\theta\cos\phi)\left(\sqrt{\kappa\nu} + \chi\right)D^{\mathrm{I}} \\ &+ \hat{\boldsymbol{y}}\left(\mathrm{i}\cos\phi + \cos\theta\sin\phi\right)\left(\sqrt{\kappa\nu} + \chi\right)D^{\mathrm{I}} - \hat{\boldsymbol{z}}\sin\theta\left(\sqrt{\kappa\nu} + \chi\right)D^{\mathrm{I}}\end{aligned} \tag{2.314}$$

对于常规介质的 II 型波，有

$$\boldsymbol{D}^{\mathrm{II}} = \hat{\boldsymbol{x}}(\mathrm{i}\sin\phi + \cos\theta\cos\phi)D^{\mathrm{II}}$$

$$+\hat{\boldsymbol{y}}(-\mathrm{i}\cos\phi+\cos\theta\sin\phi)D^{\mathrm{II}}-\hat{\boldsymbol{z}}\sin\theta D^{\mathrm{II}} \tag{2.315}$$

$$\begin{aligned}\boldsymbol{E}^{\mathrm{II}}=&\hat{\boldsymbol{x}}(\mathrm{i}\sin\phi+\cos\theta\cos\phi)\kappa_-D^{\mathrm{II}}\\&+\hat{\boldsymbol{y}}(-\mathrm{i}\cos\phi+\cos\theta\sin\phi)\kappa_-D^{\mathrm{II}}-\hat{\boldsymbol{z}}\sin\theta\kappa_-D^{\mathrm{II}}\end{aligned} \tag{2.316}$$

$$\begin{aligned}\boldsymbol{B}^{\mathrm{II}}=&\hat{\boldsymbol{x}}(-\sin\phi+\mathrm{i}\cos\theta\cos\phi)\sqrt{\kappa/\nu}D^{\mathrm{II}}\\&+\hat{\boldsymbol{y}}(\cos\phi+\mathrm{i}\cos\theta\sin\phi)\sqrt{\kappa/\nu}D^{\mathrm{II}}-\hat{\boldsymbol{z}}\mathrm{i}\sin\theta\sqrt{\kappa/\nu}D^{\mathrm{II}}\end{aligned} \tag{2.317}$$

$$\begin{aligned}\boldsymbol{H}^{\mathrm{II}}=&\hat{\boldsymbol{x}}\left(-\sin\phi+\mathrm{i}\cos\theta\cos\phi\right)\left(\sqrt{\kappa\nu}-\chi\right)D^{\mathrm{II}}\\&+\hat{\boldsymbol{y}}\left(\cos\phi+\mathrm{i}\cos\theta\sin\phi\right)\left(\sqrt{\kappa\nu}-\chi\right)D^{\mathrm{II}}-\hat{\boldsymbol{z}}\mathrm{i}\sin\theta\left(\sqrt{\kappa\nu}-\chi\right)D^{\mathrm{II}}\end{aligned} \tag{2.318}$$

对于异向介质的 II 型波，有

$$\begin{aligned}\boldsymbol{D}^{\mathrm{II}}=&\hat{\boldsymbol{x}}(\mathrm{i}\sin\phi+\cos\theta\cos\phi)D^{\mathrm{II}}\\&+\hat{\boldsymbol{y}}(-\mathrm{i}\cos\phi+\cos\theta\sin\phi)D^{\mathrm{II}}-\hat{\boldsymbol{z}}\sin\theta D^{\mathrm{II}}\end{aligned} \tag{2.319}$$

$$\begin{aligned}\boldsymbol{E}^{\mathrm{II}}=&\hat{\boldsymbol{x}}(\mathrm{i}\sin\phi+\cos\theta\cos\phi)\kappa_+D^{\mathrm{II}}\\&+\hat{\boldsymbol{y}}(-\mathrm{i}\cos\phi+\cos\theta\sin\phi)\kappa_+D^{\mathrm{II}}-\hat{\boldsymbol{z}}\sin\theta\kappa_+D^{\mathrm{II}}\end{aligned} \tag{2.320}$$

$$\begin{aligned}\boldsymbol{B}^{\mathrm{II}}=&\hat{\boldsymbol{x}}(\sin\phi-\mathrm{i}\cos\theta\cos\phi)\sqrt{\kappa/\nu}D^{\mathrm{II}}\\&-\hat{\boldsymbol{y}}(\cos\phi+\mathrm{i}\cos\theta\sin\phi)\sqrt{\kappa/\nu}D^{\mathrm{II}}+\hat{\boldsymbol{z}}\mathrm{i}\sin\theta\sqrt{\kappa/\nu}D^{\mathrm{II}}\end{aligned} \tag{2.321}$$

$$\begin{aligned}\boldsymbol{H}^{\mathrm{II}}=&\hat{\boldsymbol{x}}\left(-\sin\phi+\mathrm{i}\cos\theta\cos\phi\right)\left(\sqrt{\kappa\nu}-\chi\right)D^{\mathrm{II}}\\&+\hat{\boldsymbol{y}}\left(\cos\phi+\mathrm{i}\cos\theta\sin\phi\right)\left(\sqrt{\kappa\nu}-\chi\right)D^{\mathrm{II}}-\hat{\boldsymbol{z}}\mathrm{i}\sin\theta\left(\sqrt{\kappa\nu}-\chi\right)D^{\mathrm{II}}\end{aligned} \tag{2.322}$$

将 $\boldsymbol{DB}$ 表示变换为 $\boldsymbol{EH}$ 表示，可以得到当 $\varepsilon\mu>\xi^2$ 时，色散关系为

$$k^{\mathrm{I}}=\omega\left(\sqrt{\varepsilon\mu}+\xi\right) \tag{2.323}$$

$$k^{\mathrm{II}}=\omega\left(\sqrt{\varepsilon\mu}-\xi\right) \tag{2.324}$$

当 $\varepsilon\mu<\xi^2$ 时，色散关系为

$$k^{\mathrm{I}}=-\omega\left(\sqrt{\varepsilon\mu}-\xi\right) \tag{2.325}$$

$$k^{\mathrm{II}}=-\omega\left(\sqrt{\varepsilon\mu}+\xi\right) \tag{2.326}$$

根据 ε、μ、ξ 取值的不同，有以下四种情况：

① $\varepsilon > 0, \mu > 0$ 且 $\varepsilon\mu > \xi^2$；

② $\varepsilon > 0, \mu > 0$ 且 $\varepsilon\mu < \xi^2$；

③ $\varepsilon < 0, \mu < 0$ 且 $\varepsilon\mu > \xi^2$；

④ $\varepsilon < 0, \mu < 0$ 且 $\varepsilon\mu < \xi^2$。

对于 I 型波，波矢为

$$k^{\mathrm{I}} = \begin{cases} \omega\left(\sqrt{\varepsilon\mu} + \xi\right), & \varepsilon\mu > \xi^2 \\ -\omega\left(\sqrt{\varepsilon\mu} - \xi\right), & \varepsilon\mu < \xi^2 \end{cases} \tag{2.327}$$

该结果总为正值。根据 $\boldsymbol{k} = \hat{\boldsymbol{e}}_3 k = \hat{\boldsymbol{x}} k \sin\theta\cos\phi + \hat{\boldsymbol{y}} k \sin\theta\sin\phi + \hat{\boldsymbol{z}} k\cos\theta$ 以及 $\boldsymbol{r} = \hat{\boldsymbol{x}}x + \hat{\boldsymbol{y}}y + \hat{\boldsymbol{z}}z$，场分量包含一个相位因子，其中

$$D^{\mathrm{I}} = D_0^{\mathrm{I}} \mathrm{e}^{\mathrm{i}\boldsymbol{k}^{\mathrm{I}}\cdot\boldsymbol{r}} = D_0^{\mathrm{I}} \mathrm{e}^{\mathrm{i}k^{\mathrm{I}}(x\sin\theta\cos\phi + y\sin\theta\sin\phi + z\cos\theta)} \tag{2.328}$$

其他场量也可由此得出。类似地，对于 Ⅱ 型波，波矢为

$$k^{\mathrm{II}} = \begin{cases} \omega\left(\sqrt{\varepsilon\mu} - \xi\right), & \varepsilon\mu > \xi^2 \\ -\omega\left(\sqrt{\varepsilon\mu} + \xi\right), & \varepsilon\mu < \xi^2 \end{cases} \tag{2.329}$$

考虑 $\xi < 0, \varepsilon\mu > \xi^2$ 和 $\xi > 0, \varepsilon\mu < \xi^2$ 两种情况，当 $\varepsilon\mu > \xi^2$ 时，$k^{\mathrm{II}} > 0$；当 $\varepsilon\mu < \xi^2$ 时，$k^{\mathrm{II}} < 0$。场分量包含一个相位因子，其中

$$D^{\mathrm{II}} = D_0^{\mathrm{II}} \mathrm{e}^{\mathrm{i}\boldsymbol{k}^{\mathrm{II}}\cdot\boldsymbol{r}} = D_0^{\mathrm{II}} \mathrm{e}^{\mathrm{i}k^{\mathrm{II}}(x\sin\theta\cos\phi + y\sin\theta\sin\phi + z\cos\theta)} \tag{2.330}$$

其他场量也可由此得出。对于 I 型波，坡印亭矢量的时均值为

$$\langle \boldsymbol{S}^{\mathrm{I}} \rangle = \begin{cases} \hat{\boldsymbol{e}}_3 \dfrac{\eta}{\left(\sqrt{\varepsilon\mu} + \xi\right)^2} D_0^{\mathrm{I}2}, & \varepsilon > 0, \mu > 0, \varepsilon\mu > \xi^2 \\ \hat{\boldsymbol{e}}_3 \dfrac{\eta}{\left(\sqrt{\varepsilon\mu} - \xi\right)^2} D_0^{\mathrm{I}2}, & \varepsilon < 0, \mu < 0, \varepsilon\mu < \xi^2 \\ -\hat{\boldsymbol{e}}_3 \dfrac{\eta}{\left(\sqrt{\varepsilon\mu} - \xi\right)^2} D_0^{\mathrm{I}2}, & \varepsilon > 0, \mu > 0, \varepsilon\mu < \xi^2 \\ -\hat{\boldsymbol{e}}_3 \dfrac{\eta}{\left(\sqrt{\varepsilon\mu} + \xi\right)^2} D_0^{\mathrm{I}2}, & \varepsilon < 0, \mu < 0, \varepsilon\mu > \xi^2 \end{cases} \tag{2.331}$$

式中，$\hat{\boldsymbol{e}}_3 = \hat{\boldsymbol{x}}\sin\theta\cos\phi + \hat{\boldsymbol{y}}\sin\theta\sin\phi + \hat{\boldsymbol{z}}\cos\theta$。对于 Ⅱ 型波，坡印亭矢量的时均值为

$$\langle \boldsymbol{S}^{\mathrm{II}} \rangle = \begin{cases} \hat{\boldsymbol{e}}_3 \dfrac{\eta}{\left(\sqrt{\varepsilon\mu}-\xi\right)^2} D_0^{\mathrm{II}2}, & \varepsilon > 0, \mu > 0, \varepsilon\mu > \xi^2 \\ \hat{\boldsymbol{e}}_3 \dfrac{\eta}{\left(\sqrt{\varepsilon\mu}+\xi\right)^2} D_0^{\mathrm{II}2}, & \varepsilon < 0, \mu < 0, \varepsilon\mu < \xi^2 \\ -\hat{\boldsymbol{e}}_3 \dfrac{\eta}{\left(\sqrt{\varepsilon\mu}+\xi\right)^2} D_0^{\mathrm{II}2}, & \varepsilon > 0, \mu > 0, \varepsilon\mu < \xi^2 \\ -\hat{\boldsymbol{e}}_3 \dfrac{\eta}{\left(\sqrt{\varepsilon\mu}-\xi\right)^2} D_0^{\mathrm{II}2}, & \varepsilon < 0, \mu < 0, \varepsilon\mu > \xi^2 \end{cases} \tag{2.332}$$

式中，$\hat{\boldsymbol{e}}_3 = \hat{\boldsymbol{x}} \sin\theta \cos\phi + \hat{\boldsymbol{y}} \sin\theta \sin\phi + \hat{\boldsymbol{z}} \cos\theta$。表 2.5 和表 2.6 分别总结了手征介质中 I 型波和 II 型波的主要特性。

表 2.5 手征介质中 I 型波的主要特性

I 型波	$\boldsymbol{k}^{\mathrm{I}}$ 方向	$\langle \boldsymbol{S}^{\mathrm{I}} \rangle$ 方向
情况①：$\varepsilon > 0, \mu > 0, \varepsilon\mu > \xi^2$	$\hat{\boldsymbol{e}}_3$	$\hat{\boldsymbol{e}}_3$
情况②：$\varepsilon > 0, \mu > 0, \varepsilon\mu < \xi^2$	$\hat{\boldsymbol{e}}_3$	$-\hat{\boldsymbol{e}}_3$
情况③：$\varepsilon < 0, \mu < 0, \varepsilon\mu > \xi^2$	$\hat{\boldsymbol{e}}_3$	$-\hat{\boldsymbol{e}}_3$
情况④：$\varepsilon < 0, \mu < 0, \varepsilon\mu < \xi^2$	$\hat{\boldsymbol{e}}_3$	$\hat{\boldsymbol{e}}_3$

表 2.6 手征介质中 II 型波的主要特性

II 型波	$\boldsymbol{k}^{\mathrm{II}}$ 方向	$\langle \boldsymbol{S}^{\mathrm{II}} \rangle$ 方向
情况①：$\varepsilon > 0, \mu > 0, \varepsilon\mu > \xi^2$	$\hat{\boldsymbol{e}}_3$	$\hat{\boldsymbol{e}}_3$
情况②：$\varepsilon > 0, \mu > 0, \varepsilon\mu < \xi^2$	$-\hat{\boldsymbol{e}}_3$	$-\hat{\boldsymbol{e}}_3$
情况③：$\varepsilon < 0, \mu < 0, \varepsilon\mu > \xi^2$	$\hat{\boldsymbol{e}}_3$	$-\hat{\boldsymbol{e}}_3$
情况④：$\varepsilon < 0, \mu < 0, \varepsilon\mu < \xi^2$	$-\hat{\boldsymbol{e}}_3$	$\hat{\boldsymbol{e}}_3$

2.4.2 手征异向介质中的负折射

手征介质的反射和透射情况如图 2.4.1 所示，所有角度均为正值。考虑电磁波从情况①的手征介质入射到情况③的手征介质，场分量和坡印亭矢量已在上节给出。对于入射波，$\theta = \pi/2 - \theta_{\mathrm{i}}^{\mathrm{I}}$，$\phi = 0$，入射场分量为

$$\boldsymbol{D}_{\mathrm{i}}^{\mathrm{I}} = \left(\hat{\boldsymbol{x}} \mathrm{i} \sin\theta_{\mathrm{i}}^{\mathrm{I}} - \hat{\boldsymbol{y}} - \hat{\boldsymbol{z}} \mathrm{i} \cos\theta_{\mathrm{i}}^{\mathrm{I}}\right) D_{\mathrm{i}}^{\mathrm{I}} \mathrm{e}^{\mathrm{i}k_1^{\mathrm{I}}\left(x\cos\theta_{\mathrm{i}}^{\mathrm{I}} + z\sin\theta_{\mathrm{i}}^{\mathrm{I}}\right)} \tag{2.333}$$

$$\boldsymbol{E}_{\mathrm{i}}^{\mathrm{I}} = \left(\hat{\boldsymbol{x}} \mathrm{i} \sin\theta_{\mathrm{i}}^{\mathrm{I}} - \hat{\boldsymbol{y}} - \hat{\boldsymbol{z}} \mathrm{i} \cos\theta_{\mathrm{i}}^{\mathrm{I}}\right) \frac{\eta_1 D_{\mathrm{i}}^{\mathrm{I}}}{\xi_{1+}} \mathrm{e}^{\mathrm{i}k_1^{\mathrm{I}}\left(x\cos\theta_{\mathrm{i}}^{\mathrm{I}} + z\sin\theta_{\mathrm{i}}^{\mathrm{I}}\right)} \tag{2.334}$$

$$\boldsymbol{B}_{\mathrm{i}}^{\mathrm{I}} = \left(\hat{\boldsymbol{x}} \sin\theta_{\mathrm{i}}^{\mathrm{I}} + \hat{\boldsymbol{y}} \mathrm{i} - \hat{\boldsymbol{z}} \cos\theta_{\mathrm{i}}^{\mathrm{I}}\right) \eta_1 D_{\mathrm{i}}^{\mathrm{I}} \mathrm{e}^{\mathrm{i}k_1^{\mathrm{I}}\left(x\cos\theta_{\mathrm{i}}^{\mathrm{I}} + z\sin\theta_{\mathrm{i}}^{\mathrm{I}}\right)} \tag{2.335}$$

$$\boldsymbol{H}_{\mathrm{i}}^{\mathrm{I}} = \left(\hat{\boldsymbol{x}} \sin\theta_{\mathrm{i}}^{\mathrm{I}} + \hat{\boldsymbol{y}} \mathrm{i} - \hat{\boldsymbol{z}} \cos\theta_{\mathrm{i}}^{\mathrm{I}}\right) \frac{D_{\mathrm{i}}^{\mathrm{I}}}{\xi_{1+}} \mathrm{e}^{\mathrm{i}k_1^{\mathrm{I}}\left(x\cos\theta_{\mathrm{i}}^{\mathrm{I}} + z\sin\theta_{\mathrm{i}}^{\mathrm{I}}\right)} \tag{2.336}$$

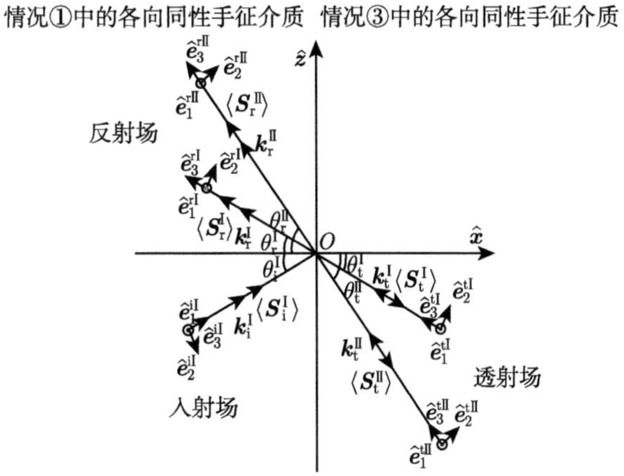

图 2.4.1 手征介质的反射和透射

坡印亭矢量的时均值为

$$\left\langle \boldsymbol{S}_{\rm i}^{\rm I}\right\rangle = \left(\hat{\boldsymbol{x}}\cos\theta_{\rm i}^{\rm I} + \hat{\boldsymbol{z}}\sin\theta_{\rm i}^{\rm I}\right)\frac{\eta_1}{\xi_{1+}^2}D_{\rm i}^{\rm I2} \tag{2.337}$$

式中，$\eta_1=\sqrt{\mu_1/\varepsilon_1}$，$k_1^{\rm I}=\omega\left(\sqrt{\mu_1\varepsilon_1}+\xi_1\right)$ 为正值，$\xi_{1+}=\sqrt{\mu_1\varepsilon_1}+\xi_1$。对于 I 型波，$\theta=\pi/2-\theta_{\rm r}^{\rm I}$，$\phi=\pi$，反射波的场分量为

$$\boldsymbol{D}_{\rm r}^{\rm I} = \left(-\hat{\boldsymbol{x}}{\rm i}\sin\theta_{\rm r}^{\rm I} + \hat{\boldsymbol{y}} - \hat{\boldsymbol{z}}{\rm i}\cos\theta_{\rm r}^{\rm I}\right)D_{\rm r}^{\rm I}{\rm e}^{{\rm i}k_1^{\rm I}\left(-x\cos\theta_{\rm r}^{\rm I}+z\sin\theta_{\rm r}^{\rm I}\right)} \tag{2.338}$$

$$\boldsymbol{E}_{\rm r}^{\rm I} = \left(-\hat{\boldsymbol{x}}{\rm i}\sin\theta_{\rm r}^{\rm I} + \hat{\boldsymbol{y}} - \hat{\boldsymbol{z}}{\rm i}\cos\theta_{\rm r}^{\rm I}\right)\frac{\eta_1 D_{\rm r}^{\rm I}}{\xi_{1+}}{\rm e}^{{\rm i}k_1^{\rm I}\left(-x\cos\theta_{\rm r}^{\rm I}+z\sin\theta_{\rm r}^{\rm I}\right)} \tag{2.339}$$

$$\boldsymbol{B}_{\rm r}^{\rm I} = \left(-\hat{\boldsymbol{x}}\sin\theta_{\rm r}^{\rm I} - \hat{\boldsymbol{y}}{\rm i} - \hat{\boldsymbol{z}}\cos\theta_{\rm r}^{\rm I}\right)\eta_1 D_{\rm r}^{\rm I}{\rm e}^{{\rm i}k_1^{\rm I}\left(-x\cos\theta_{\rm r}^{\rm I}+z\sin\theta_{\rm r}^{\rm I}\right)} \tag{2.340}$$

$$\boldsymbol{H}_{\rm r}^{\rm I} = \left(-\hat{\boldsymbol{x}}\sin\theta_{\rm r}^{\rm I} - \hat{\boldsymbol{y}}{\rm i} - \hat{\boldsymbol{z}}\cos\theta_{\rm r}^{\rm I}\right)\frac{D_{\rm r}^{\rm I}}{\xi_{1+}}{\rm e}^{{\rm i}k_1^{\rm I}\left(-x\cos\theta_{\rm r}^{\rm I}+z\sin\theta_{\rm r}^{\rm I}\right)} \tag{2.341}$$

坡印亭矢量的时均值为

$$\left\langle \boldsymbol{S}_{\rm r}^{\rm I}\right\rangle = \left(-\hat{\boldsymbol{x}}\cos\theta_{\rm r}^{\rm I} + \hat{\boldsymbol{z}}\sin\theta_{\rm r}^{\rm I}\right)\frac{\eta_1}{\xi_{1+}^2}D_{\rm r}^{\rm I2} \tag{2.342}$$

对于 II 型波，$\theta=\pi/2-\theta_{\rm r}^{\rm II}$，$\phi=\pi$，反射波的场分量为

$$\boldsymbol{D}_{\rm r}^{\rm II} = \left(-\hat{\boldsymbol{x}}\sin\theta_{\rm r}^{\rm II} + \hat{\boldsymbol{y}}{\rm i} - \hat{\boldsymbol{z}}\cos\theta_{\rm r}^{\rm II}\right)D_{\rm r}^{\rm II}{\rm e}^{{\rm i}k_1^{\rm II}\left(-x\cos\theta_{\rm r}^{\rm II}+z\sin\theta_{\rm r}^{\rm II}\right)} \tag{2.343}$$

$$\boldsymbol{E}_{\rm r}^{\rm II} = \left(-\hat{\boldsymbol{x}}\sin\theta_{\rm r}^{\rm II} + \hat{\boldsymbol{y}}{\rm i} - \hat{\boldsymbol{z}}\cos\theta_{\rm r}^{\rm II}\right)\frac{\eta_1 D_{\rm r}^{\rm II}}{\xi_{1-}}{\rm e}^{{\rm i}k_1^{\rm II}\left(-x\cos\theta_{\rm r}^{\rm II}+z\sin\theta_{\rm r}^{\rm II}\right)} \tag{2.344}$$

$$\boldsymbol{B}_{\mathrm{r}}^{\mathrm{II}} = \left(-\hat{\boldsymbol{x}}\mathrm{i}\sin\theta_{\mathrm{r}}^{\mathrm{II}} - \hat{\boldsymbol{y}} - \hat{\boldsymbol{z}}\mathrm{i}\cos\theta_{\mathrm{r}}^{\mathrm{II}}\right)\eta_1 D_{\mathrm{r}}^{\mathrm{II}}\mathrm{e}^{\mathrm{i}k_1^{\mathrm{II}}\left(-x\cos\theta_{\mathrm{r}}^{\mathrm{II}}+z\sin\theta_{\mathrm{r}}^{\mathrm{II}}\right)} \tag{2.345}$$

$$\boldsymbol{H}_{\mathrm{r}}^{\mathrm{II}} = \left(-\hat{\boldsymbol{x}}\mathrm{i}\sin\theta_{\mathrm{r}}^{\mathrm{II}} - \hat{\boldsymbol{y}} - \hat{\boldsymbol{z}}\mathrm{i}\cos\theta_{\mathrm{r}}^{\mathrm{II}}\right)\frac{D_{\mathrm{r}}^{\mathrm{II}}}{\xi_{1-}}\mathrm{e}^{\mathrm{i}k_1^{\mathrm{II}}\left(-x\cos\theta_{\mathrm{r}}^{\mathrm{II}}+z\sin\theta_{\mathrm{r}}^{\mathrm{II}}\right)} \tag{2.346}$$

坡印亭矢量的时均值为

$$\left\langle\boldsymbol{S}_{\mathrm{r}}^{\mathrm{II}}\right\rangle = \left(-\hat{\boldsymbol{x}}\cos\theta_{\mathrm{r}}^{\mathrm{II}} + \hat{\boldsymbol{z}}\sin\theta_{\mathrm{r}}^{\mathrm{II}}\right)\frac{\eta_1}{\xi_{1-}^2}D_{\mathrm{r}}^{\mathrm{II}2} \tag{2.347}$$

式中，$k_1^{\mathrm{II}} = \omega\left(\sqrt{\mu_1\varepsilon_1} - \xi_1\right)$ 为正值，$\xi_{1-} = \sqrt{\mu_1\varepsilon_1} - \xi_1$。对于 I 型波，$\theta = \pi/2 - \theta_{\mathrm{t}}^{\mathrm{I}}$，$\phi = \pi$，透射波的场分量为

$$\boldsymbol{D}_{\mathrm{t}}^{\mathrm{I}} = \left(-\hat{\boldsymbol{x}}\mathrm{i}\sin\theta_{\mathrm{t}}^{\mathrm{I}} + \hat{\boldsymbol{y}} - \hat{\boldsymbol{z}}\mathrm{i}\cos\theta_{\mathrm{t}}^{\mathrm{I}}\right)D_{\mathrm{t}}^{\mathrm{I}}\mathrm{e}^{\mathrm{i}k_2^{\mathrm{I}}\left(-x\cos\theta_{\mathrm{t}}^{\mathrm{I}}+z\sin\theta_{\mathrm{t}}^{\mathrm{I}}\right)} \tag{2.348}$$

$$\boldsymbol{E}_{\mathrm{t}}^{\mathrm{I}} = \left(\hat{\boldsymbol{x}}\mathrm{i}\sin\theta_{\mathrm{t}}^{\mathrm{I}} - \hat{\boldsymbol{y}} + \hat{\boldsymbol{z}}\mathrm{i}\cos\theta_{\mathrm{t}}^{\mathrm{I}}\right)\frac{\eta_2 D_{\mathrm{t}}^{\mathrm{I}}}{\xi_{2+}}\mathrm{e}^{\mathrm{i}k_2^{\mathrm{I}}\left(-x\cos\theta_{\mathrm{t}}^{\mathrm{I}}+z\sin\theta_{\mathrm{t}}^{\mathrm{I}}\right)} \tag{2.349}$$

$$\boldsymbol{B}_{\mathrm{t}}^{\mathrm{I}} = \left(\hat{\boldsymbol{x}}\sin\theta_{\mathrm{t}}^{\mathrm{I}} + \hat{\boldsymbol{y}}\mathrm{i} + \hat{\boldsymbol{z}}\cos\theta_{\mathrm{t}}^{\mathrm{I}}\right)\eta_2 D_{\mathrm{t}}^{\mathrm{I}}\mathrm{e}^{\mathrm{i}k_2^{\mathrm{I}}\left(-x\cos\theta_{\mathrm{t}}^{\mathrm{I}}+z\sin\theta_{\mathrm{t}}^{\mathrm{I}}\right)} \tag{2.350}$$

$$\boldsymbol{H}_{\mathrm{t}}^{\mathrm{I}} = \left(-\hat{\boldsymbol{x}}\sin\theta_{\mathrm{t}}^{\mathrm{I}} - \hat{\boldsymbol{y}}\mathrm{i} - \hat{\boldsymbol{z}}\cos\theta_{\mathrm{t}}^{\mathrm{I}}\right)\frac{D_{\mathrm{t}}^{\mathrm{I}}}{\xi_{2+}}\mathrm{e}^{\mathrm{i}k_2^{\mathrm{I}}\left(-x\cos\theta_{\mathrm{t}}^{\mathrm{I}}+z\sin\theta_{\mathrm{t}}^{\mathrm{I}}\right)} \tag{2.351}$$

坡印亭矢量的时均值为

$$\left\langle\boldsymbol{S}_{\mathrm{t}}^{\mathrm{I}}\right\rangle = \left(\hat{\boldsymbol{x}}\cos\theta_{\mathrm{t}}^{\mathrm{I}} - \hat{\boldsymbol{z}}\sin\theta_{\mathrm{t}}^{\mathrm{I}}\right)\frac{\eta_2}{\xi_{2+}^2}D_{\mathrm{t}}^{\mathrm{I}2} \tag{2.352}$$

式中，$\eta_2 = \sqrt{\mu_2/\varepsilon_2}$，$k_2^{\mathrm{I}} = \omega\left(\sqrt{\mu_2\varepsilon_2} + \xi_2\right)$ 为正值，$\xi_{2+} = \sqrt{\mu_2\varepsilon_2} + \xi_2$。对于 II 型波，$\theta = \pi/2 - \theta_{\mathrm{t}}^{\mathrm{II}}$，$\phi = \pi$，透射波的场分量为

$$\boldsymbol{D}_{\mathrm{t}}^{\mathrm{II}} = \left(-\hat{\boldsymbol{x}}\sin\theta_{\mathrm{t}}^{\mathrm{II}} + \hat{\boldsymbol{y}}\mathrm{i} - \hat{\boldsymbol{z}}\cos\theta_{\mathrm{t}}^{\mathrm{II}}\right)D_{\mathrm{t}}^{\mathrm{II}}\mathrm{e}^{\mathrm{i}k_2^{\mathrm{II}}(-x\cos\theta_{\mathrm{t}}^{\mathrm{II}}+z\sin\theta_{\mathrm{t}}^{\mathrm{II}})} \tag{2.353}$$

$$\boldsymbol{E}_{\mathrm{t}}^{\mathrm{II}} = \left(\hat{\boldsymbol{x}}\sin\theta_{\mathrm{t}}^{\mathrm{II}} - \hat{\boldsymbol{y}}\mathrm{i} + \hat{\boldsymbol{z}}\cos\theta_{\mathrm{t}}^{\mathrm{II}}\right)\frac{\eta_2 D_{\mathrm{t}}^{\mathrm{II}}}{\xi_{2-}}\mathrm{e}^{\mathrm{i}k_2^{\mathrm{II}}(-x\cos\theta_{\mathrm{t}}^{\mathrm{II}}+z\sin\theta_{\mathrm{t}}^{\mathrm{II}})} \tag{2.354}$$

$$\boldsymbol{B}_{\mathrm{t}}^{\mathrm{II}} = \left(\hat{\boldsymbol{x}}\mathrm{i}\sin\theta_{\mathrm{t}}^{\mathrm{II}} + \hat{\boldsymbol{y}} + \hat{\boldsymbol{z}}\mathrm{i}\cos\theta_{\mathrm{t}}^{\mathrm{II}}\right)\eta_2 D_{\mathrm{t}}^{\mathrm{II}}\mathrm{e}^{\mathrm{i}k_2^{\mathrm{II}}(-x\cos\theta_{\mathrm{t}}^{\mathrm{II}}+z\sin\theta_{\mathrm{t}}^{\mathrm{II}})} \tag{2.355}$$

$$\boldsymbol{H}_{\mathrm{t}}^{\mathrm{II}} = \left(-\hat{\boldsymbol{x}}\mathrm{i}\sin\theta_{\mathrm{t}}^{\mathrm{II}} - \hat{\boldsymbol{y}} - \hat{\boldsymbol{z}}\mathrm{i}\cos\theta_{\mathrm{t}}^{\mathrm{II}}\right)\frac{D_{\mathrm{t}}^{\mathrm{II}}}{\xi_{2-}}\mathrm{e}^{\mathrm{i}k_2^{\mathrm{II}}(-x\cos\theta_{\mathrm{t}}^{\mathrm{II}}+z\sin\theta_{\mathrm{t}}^{\mathrm{II}})} \tag{2.356}$$

坡印亭矢量的时均值为

$$\left\langle\boldsymbol{S}_{\mathrm{t}}^{\mathrm{II}}\right\rangle = \left(\hat{\boldsymbol{x}}\cos\theta_{\mathrm{t}}^{\mathrm{II}} - \hat{\boldsymbol{z}}\sin\theta_{\mathrm{t}}^{\mathrm{II}}\right)\frac{\eta_2}{\xi_{2-}^2}D_{\mathrm{t}}^{\mathrm{II}2} \tag{2.357}$$

式中，$k_2^{\mathrm{II}} = \omega\left(\sqrt{\mu_2\varepsilon_2} - \xi_2\right)$ 为正值，$\xi_{2-} = \sqrt{\mu_2\varepsilon_2} - \xi_2$。需要注意，功率流的方向始终是从分界面指向无穷远处。

根据电场和磁场的连续性条件，得到

$$-\frac{\eta_1}{\xi_{1+}}D_{\mathrm{i}}^{\mathrm{I}}+\frac{\eta_1}{\xi_{1+}}D_{\mathrm{r}}^{\mathrm{I}}+\mathrm{i}\frac{\eta_1}{\xi_{1-}}D_{\mathrm{r}}^{\mathrm{II}}=-\frac{\eta_2}{\xi_{2+}}D_{\mathrm{t}}^{\mathrm{I}}-\mathrm{i}\frac{\eta_2}{\xi_{2-}}D_{\mathrm{t}}^{\mathrm{II}} \tag{2.358}$$

$$-\mathrm{i}\frac{\cos\theta_{\mathrm{i}}^{\mathrm{I}}\eta_1}{\xi_{1+}}D_{\mathrm{i}}^{\mathrm{I}}-\mathrm{i}\frac{\cos\theta_{\mathrm{r}}^{\mathrm{I}}\eta_1}{\xi_{1+}}D_{\mathrm{r}}^{\mathrm{I}}-\frac{\cos\theta_{\mathrm{r}}^{\mathrm{II}}\eta_1}{\xi_{1-}}D_{\mathrm{r}}^{\mathrm{II}}=\mathrm{i}\frac{\cos\theta_{\mathrm{t}}^{\mathrm{I}}\eta_2}{\xi_{2+}}D_{\mathrm{t}}^{\mathrm{I}}+\frac{\cos\theta_{\mathrm{t}}^{\mathrm{II}}\eta_2}{\xi_{2-}}D_{\mathrm{t}}^{\mathrm{II}} \tag{2.359}$$

$$\mathrm{i}\frac{1}{\xi_{1+}}D_{\mathrm{t}}^{\mathrm{I}}-\mathrm{i}\frac{1}{\xi_{1+}}D_{\mathrm{r}}^{\mathrm{I}}-\frac{1}{\xi_{1-}}D_{\mathrm{r}}^{\mathrm{II}}=-\mathrm{i}\frac{1}{\xi_{2+}}D_{\mathrm{t}}^{\mathrm{I}}-\frac{1}{\xi_{2-}}D_{\mathrm{t}}^{\mathrm{II}} \tag{2.360}$$

$$-\frac{\cos\theta_{\mathrm{i}}^{\mathrm{I}}}{\xi_{1+}}D_{\mathrm{i}}^{\mathrm{I}}-\frac{\cos\theta_{\mathrm{r}}^{\mathrm{I}}}{\xi_{1+}}D_{\mathrm{r}}^{\mathrm{I}}-\mathrm{i}\frac{\cos\theta_{\mathrm{r}}^{\mathrm{II}}}{\xi_{1-}}D_{\mathrm{r}}^{\mathrm{II}}=-\frac{\cos\theta_{\mathrm{t}}^{\mathrm{I}}}{\xi_{2-}}D_{\mathrm{t}}^{\mathrm{I}}-\mathrm{i}\frac{\cos\theta_{\mathrm{t}}^{\mathrm{II}}}{\xi_{2-}}D_{\mathrm{t}}^{\mathrm{II}} \tag{2.361}$$

相位匹配条件为

$$k_1^{\mathrm{I}}\sin\theta_{\mathrm{i}}^{\mathrm{I}}=k_1^{\mathrm{I}}\sin\theta_{\mathrm{r}}^{\mathrm{I}}=k_1^{\mathrm{II}}\sin\theta_{\mathrm{r}}^{\mathrm{II}}=k_2^{\mathrm{I}}\sin\theta_{\mathrm{t}}^{\mathrm{I}}=k_2^{\mathrm{II}}\sin\theta_{\mathrm{t}}^{\mathrm{II}} \tag{2.362}$$

相应的系数解为

$$\boldsymbol{D}_o=\overline{\overline{\boldsymbol{C}}}^{-1}\boldsymbol{D}_{\mathrm{i}} \tag{2.363}$$

式中

$$\boldsymbol{D}_o=\begin{pmatrix} D_{\mathrm{r}}^{\mathrm{I}} \\ D_{\mathrm{r}}^{\mathrm{II}} \\ D_{\mathrm{t}}^{\mathrm{I}} \\ D_{\mathrm{t}}^{\mathrm{II}} \end{pmatrix} \tag{2.364}$$

$$\overline{\overline{\boldsymbol{C}}}=\begin{pmatrix} \dfrac{\eta_1}{\xi_{1+}} & \dfrac{\mathrm{i}\eta_1}{\xi_{1-}} & \dfrac{\eta_2}{\xi_{2+}} & \dfrac{\mathrm{i}\eta_2}{\xi_{2-}} \\ \dfrac{-\mathrm{i}\cos\theta_{\mathrm{r}}^{\mathrm{I}}\eta_1}{\xi_{1+}} & \dfrac{-\cos\theta_{\mathrm{r}}^{\mathrm{II}}\eta_1}{\xi_{1-}} & \dfrac{-\mathrm{i}\cos\theta_{\mathrm{t}}^{\mathrm{I}}\eta_2}{\xi_{2+}} & \dfrac{-\cos\theta_{\mathrm{t}}^{\mathrm{II}}\eta_2}{\xi_{2-}} \\ \dfrac{-\mathrm{i}}{\xi_{1+}} & \dfrac{-1}{\xi_{1-}} & \dfrac{\mathrm{i}}{\xi_{2+}} & \dfrac{1}{\xi_{2-}} \\ \dfrac{-\cos\theta_{\mathrm{r}}^{\mathrm{I}}}{\xi_{1+}} & \dfrac{-\mathrm{i}\cos\theta_{\mathrm{r}}^{\mathrm{II}}}{\xi_{1-}} & \dfrac{\cos\theta_{\mathrm{t}}^{\mathrm{I}}}{\xi_{2+}} & \dfrac{\mathrm{i}\cos\theta_{\mathrm{t}}^{\mathrm{II}}}{\xi_{2-}} \end{pmatrix} \tag{2.365}$$

$$\boldsymbol{D}_{\mathrm{i}}=\begin{pmatrix} \dfrac{\eta_1}{\xi_{1+}} \\ \dfrac{\mathrm{i}\cos\theta_{\mathrm{i}}^{\mathrm{I}}\eta_1}{\xi_{1+}} \\ \dfrac{-\mathrm{i}}{\xi_{1+}} \\ \dfrac{\cos\theta_{\mathrm{i}}^{\mathrm{I}}}{\xi_{1+}} \end{pmatrix} D_{\mathrm{i}}^{\mathrm{I}} \tag{2.366}$$

在情况①的介质中，有 $\varepsilon>0,\mu>0$ 和 $\varepsilon\mu>\xi^2$，反射波中存在 I 型波和 II 型波。在情况③的介质中，有 $\varepsilon<0,\mu<0$ 和 $\varepsilon\mu>\xi^2$，透射波中存在 I 型波和 II 型波。由于手征参数的不同，两个反射角不同，两个透射角也不同。这些与各向同性和各向异性介质中的波形成鲜明对比。此外，由于 k_2^{I} 和 k_2^{II} 均为正值，I 型波和 II 型波均发生负折射，透射角 $\theta_{\mathrm{t}}^{\mathrm{I}}$ 和 $\theta_{\mathrm{t}}^{\mathrm{II}}$ 满足

$$(\sqrt{\varepsilon_1\mu_1}+\xi_1)\sin\theta_{\mathrm{i}}^{\mathrm{I}}=(\sqrt{\varepsilon_2\mu_2}+\xi_2)\sin\theta_{\mathrm{i}}^{\mathrm{I}}=(\sqrt{\varepsilon_2\mu_2}-\xi_2)\sin\theta_{\mathrm{t}}^{\mathrm{II}} \tag{2.367}$$

解的存在验证了双各向同性异向介质中的负折射 [18−20]。

考虑 I 型波从自由空间入射到手征介质的负折射现象，入射平面为 x-z 平面，自由空间与介质的分界面为 y-z 平面。手征介质的色散关系有两种情况，对于 $\varepsilon\mu>\xi^2$ 的 I 型波和 $\varepsilon\mu<\xi^2$ 的 II 型波，有

$$\frac{k_x^2}{\left(\sqrt{\varepsilon\mu}+\xi\right)^2}+\frac{k_z^2}{\left(\sqrt{\varepsilon\mu}+\xi\right)^2}=\omega^2 \tag{2.368}$$

对于 $\varepsilon\mu<\xi^2$ 的 I 型波和 $\varepsilon\mu>\xi^2$ 的 II 型波，有

$$\frac{k_x^2}{\left(\sqrt{\varepsilon\mu}-\xi\right)^2}+\frac{k_z^2}{\left(\sqrt{\varepsilon\mu}-\xi\right)^2}=\omega^2 \tag{2.369}$$

可以看出，自由空间和手征介质的 k 表面都是圆。对于情况②的手征介质，满足 $\varepsilon>0$，$\mu>0$ 和 $\varepsilon\mu<\xi^2$，仅 I 型波会发生负折射。根据相位匹配条件，$k_{\mathrm{t}}^{\mathrm{I}}$ 必须在第二象限而 $k_{\mathrm{t}}^{\mathrm{II}}$ 在第一象限，这样坡印亭矢量就会背离界面，如图 2.4.2（a）所示；对于情况③的手征介质，满足 $\varepsilon<0$，$\mu<0$ 和 $\varepsilon\mu>\xi^2$，I 型波和 II 型波都可以发生负折射。根据相位匹配条件，$k_{\mathrm{t}}^{\mathrm{I}}$ 和 $k_{\mathrm{t}}^{\mathrm{II}}$ 都在第二象限，这样坡印亭矢量就会背离界面，如图 2.4.2（b）所示；对于情况④的手征介质，满足 $\varepsilon<0$，$\mu<0$ 和 $\varepsilon\mu<\xi^2$，仅 II 型波发生负折射。根据相位匹配条件，$k_{\mathrm{t}}^{\mathrm{I}}$ 必须在第一象限而 $k_{\mathrm{t}}^{\mathrm{II}}$ 在第二象限，坡印亭矢量将沿着离开分界面的方向，如图 2.4.2（c）所示。

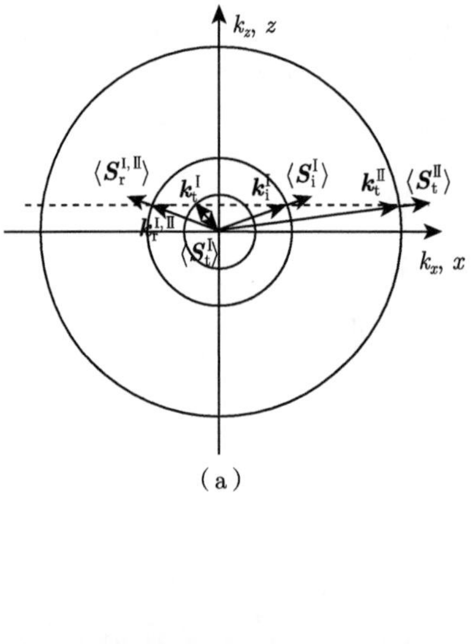

（a）

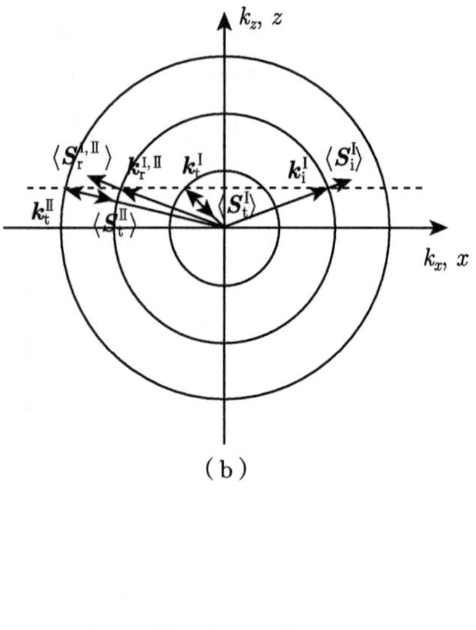

（b）

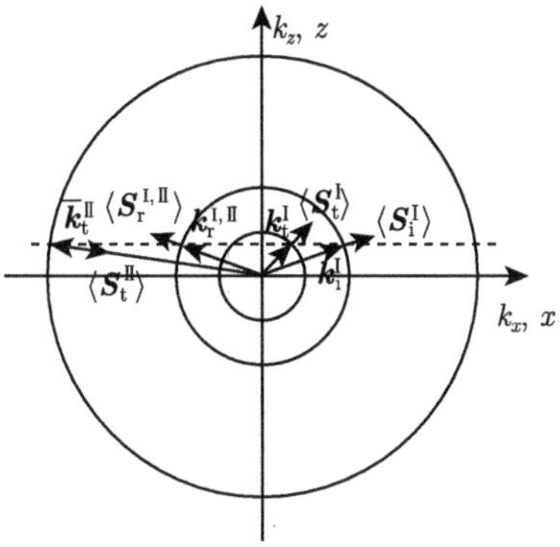

(c)

图 2.4.2 (a) 自由空间和情况②的手征介质的 k 表面；(b) 自由空间和情况③的手征介质的 k 表面；(c) 自由空间和情况④的手征介质的 k 表面

参 考 文 献

[1] Veselago V G. The electrodynamics of substances with simultaneously negative values of ε and μ [J]. Soviet Physics Uspekhi, 1968, 10(4): 509-514.

[2] Pendry J B, Holden A J, Stewart W J, et al. Extremely low frequency plasmons in metallic mesostructures [J]. Physical Review Letters, 1996, 76(25): 4773-4776.

[3] Pendry J B, Holden A J, Robbins D J, et al. Magnetism from conductors and enhanced nonlinear phenomena [J]. IEEE Transactions on Microwave Theory and Techniques, 1999, 47(11): 2075-2084.

[4] Engheta N, Ziolkowski R W. Metamaterials: Physics and Engineering Explorations [M]. Hoboken: Wiley-Interscience, 2006.

[5] Kong J A. Electromagnetic Wave Theory [M]. 2nd ed. New York: Wiley, 1990.

[6] Smith D R, Padilla W J, Vier D C, et al. Composite medium with simultaneously negative permeability and permittivity [J]. Physical Review Letters, 2000, 84(18): 4184-4187.

[7] Shelby R A, Smith D R, Schultz S. Experimental verification of a negative index of refraction [J]. Science, 2001, 292(5514): 77-79.

[8] Pacheco J, Grzegorczyk T M, Wu B, et al. Power propagation in homogeneous isotropic frequency-dispersive left-handed media [J]. Physical Review Letters, 2002, 89(25): 257401.

[9] Kussow A G, Akyurtlu A, Angkawisittpan N. Optically isotropic negative index of refraction metamaterial [J]. Physica Status Solidi (b), 2008, 245(5): 992-997.

[10] Grbic A, Eleftheriades G V. An isotropic three-dimensional negative-refractive-index transmission-line metamaterial [J]. Journal of Applied Physics, 2005, 98(4) : 043106.

[11] Menzel C, Rockstuhl C, Iliew R, et al. High symmetry versus optical isotropy of a negative-index metamaterial [J]. Physical Review B, 2010, 81(19): 195123.

[12] Fang A, Koschny T, Soukoulis C M. Optical anisotropic metamaterials: Negative refraction and focusing [J]. Physical Review B, 2009, 79(24): 245127.

[13] Argyropoulos C, Estakhri N M, Monticone F, et al. Negative refraction, gain and nonlinear effects in hyperbolic metamaterials [J]. Optics Express, 2013, 21(12): 15037-15047.

[14] Wang B, Zhou J, Koschny T, et al. Chiral metamaterials: simulations and experiments [J]. Journal of Optics A: Pure and Applied Optics, 2009, 11(11): 114003.

[15] Lininger A , Palermo G, Guglielmelli A, et al. Chirality in light-matter interaction [J]. Advanced Materials, 2023, 35(34): 2107325.

[16] Wang Z, Cheng F, Winsor T, et al. Optical chiral metamaterials: A review of the fundamentals, fabrication methods and applications [J]. Nanotechnology, 2016, 27(41): 412001.

[17] Valev V K, Baumberg J J, Sibilia C, et al. Chirality and chiroptical effects in plasmonic nanostructures: Fundamentals, recent progress, and outlook [J]. Advanced Materials, 2013, 25(18): 2517-2534.

[18] Pendry J B. A chiral route to negative refraction [J]. Science, 2004, 306(5700): 1353-1355.

[19] Plum E, Zhou J, Dong J, et al. Metamaterial with negative index due to chirality [J]. Physical Review B, 2009, 79(3): 035407.

[20] Cheng Q, Cui T J. Negative refractions in uniaxially anisotropic chiral media [J]. Physical Review B, 2006, 73(11): 113104.

第 3 章　异向介质的电磁散射

3.1　异向介质柱体散射

异向介质柱体的散射研究旨在探讨电磁波与异向介质柱体结构的相互作用过程 [1,2]。通过精心设计异向介质柱体的结构，可以在特定频段内实现波前操控和散射抑制。本节将分析平面波入射条件下的柱体散射现象，包括导体圆柱、介质圆柱以及分层介质圆柱的散射行为。这方面的研究将在天线、隐身、散射以及吸波等领域 [3−8] 有着广泛应用。

3.1.1　导体圆柱散射

假设半径为 a、轴线与 z 轴重合的导体圆柱放置于介电常数为 ε 和磁导率为 μ 的均匀介质中。平面波垂直入射到该圆柱表面（图 3.1.1）。由于任意垂直入射到圆柱上的平面波可以分解为电场仅有 z 分量的 TE 波和磁场仅有 z 分量的 TM 波的叠加，因此在求解过程中，只需要考虑这两种平面波入射的情况。

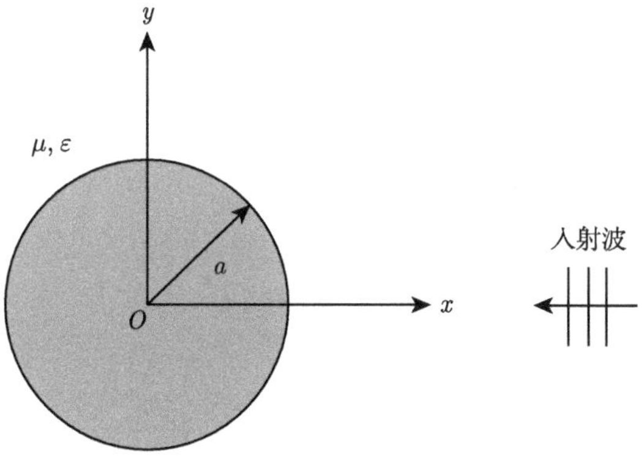

图 3.1.1　导体圆柱对平面波的散射

对于 TE 极化的入射波，电场可以表示为

$$\boldsymbol{E}^{\text{inc}} = \hat{\boldsymbol{z}}E_z^{\text{inc}} = \hat{\boldsymbol{z}}E_0\mathrm{e}^{-\mathrm{i}kx} \tag{3.1}$$

式中，E_0 为常数。将入射波表示成柱面波展开形式，有

$$E_z^{\text{inc}} = E_0\sum_{n=-\infty}^{\infty}\mathrm{i}^{-n}\mathrm{J}_n(k\rho)\mathrm{e}^{\mathrm{i}n\theta} \tag{3.2}$$

考虑柱坐标系中 E_z 和 H_z 的波动方程

$$\left[\frac{1}{\rho}\frac{\partial}{\partial\rho}\left(\rho\frac{\partial}{\partial\rho}\right)+\frac{1}{\rho^2}\frac{\partial^2}{\partial\theta^2}+k_\rho^2\right]\begin{pmatrix}E_z\\H_z\end{pmatrix}=0 \tag{3.3}$$

式中，$k_\rho^2=\omega^2\mu\varepsilon-k_z^2$。柱坐标系中波动方程的解是贝塞尔函数与正弦函数的乘积。正弦函数可以是 $\sin(n\theta)$ 和 $\cos(n\theta)$，或者 $\mathrm{e}^{\pm \mathrm{i}n\theta}$。将上述函数代入方程 (3.3)，并进行变量代换 $\xi=k_\rho\rho$，可以得到贝塞尔方程

$$\left[\frac{1}{\xi}\frac{\mathrm{d}}{\mathrm{d}\xi}\left(\xi\frac{\mathrm{d}}{\mathrm{d}\xi}\right)+\left(1-\frac{n^2}{\xi^2}\right)\right]B(\xi)=0 \tag{3.4}$$

该方程的解的形式为贝塞尔函数 $\mathrm{J}_n(\xi)$，诺依曼函数 $\mathrm{N}_n(\xi)$，以及第一类或第二类汉克尔函数 $\mathrm{H}_n^{(1)}(\xi)$ 和 $\mathrm{H}_n^{(2)}(\xi)$。

当平面波入射到导体圆柱上时，圆柱表面会产生感应电流，并产生次级辐射。这种次级辐射所对应的场称为散射场。由于散射场离开圆柱向远处传播，因此可以用第一类汉克尔函数表示，其公式如下

$$E_z^{\mathrm{sc}}=E_0\sum_{n=-\infty}^{\infty}a_n\mathrm{H}_n^{(1)}(k\rho)\mathrm{e}^{\mathrm{i}n\theta} \tag{3.5}$$

式中，$k=k_\rho$，a_n 为待定的系数。导体圆柱外的总场为入射场与散射场的叠加，$E_z=E_z^{\mathrm{inc}}+E_z^{\mathrm{sc}}$，导体圆柱内部场为零。根据 $\rho=a$ 处切向电场连续的边界条件，可以得到

$$a_n=-\mathrm{i}^{-n}\frac{\mathrm{J}_n(ka)}{\mathrm{H}_n^{(1)}(ka)} \tag{3.6}$$

因此，散射场为

$$E_z^{\mathrm{sc}}=-E_0\sum_{n=-\infty}^{\infty}\mathrm{i}^{-n}\frac{\mathrm{J}_n(ka)}{\mathrm{H}_n^{(1)}(ka)}\mathrm{H}_n^{(1)}(k\rho)\mathrm{e}^{\mathrm{i}n\theta} \tag{3.7}$$

图 3.1.2 表示 TE 波入射到导体圆柱时的电场分布。

对于 TM 极化的入射波，根据对偶原理，散射场为

$$H_z^{\mathrm{sc}}=-H_0\sum_{n=-\infty}^{\infty}\mathrm{i}^{-n}\frac{\mathrm{J'}_n(ka)}{\mathrm{H}_n^{(1)\prime}(ka)}\mathrm{H}_n^{(1)}(k\rho)\mathrm{e}^{\mathrm{i}n\theta} \tag{3.8}$$

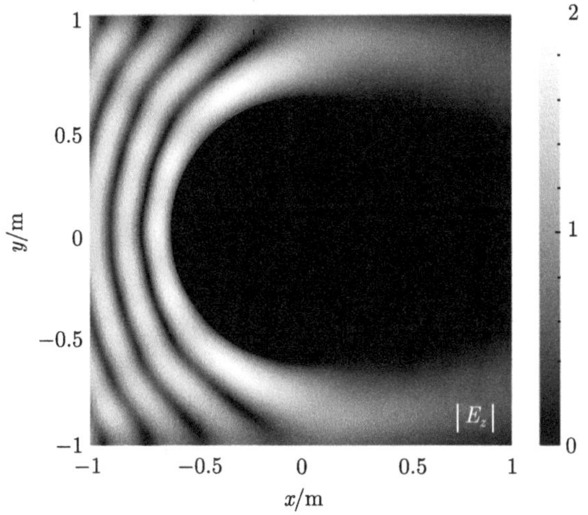

图 3.1.2 TE 波入射到导体圆柱时的电场分布

3.1.2 介质圆柱散射

介质散射与导体散射不同的是，场可以透射到介质圆柱内部，因此除了散射场以外，还存在内部场。考虑介电常数为 ε_d 和磁导率为 μ_d 的介质圆柱，其半径为 a，圆柱外是介电常数为 ε 和磁导率为 μ 的背景介质（图 3.1.3)。

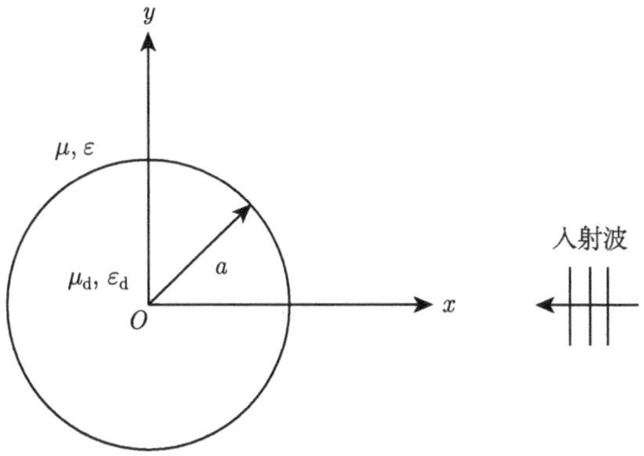

图 3.1.3 介质圆柱对平面波的散射

对于 TE 极化的入射波，圆柱内部电场可以表示为

$$E_z^{\mathrm{int}} = E_0 \sum_{n=-\infty}^{\infty} c_n \mathrm{J}_n(k_\mathrm{d}\rho)\mathrm{e}^{\mathrm{i}n\theta} \tag{3.9}$$

式中，$k_\mathrm{d} = \omega\sqrt{\mu_\mathrm{d}\varepsilon_\mathrm{d}}$。由于场在 z 轴上为有限值，因此式 (3.9) 中使用第一类贝塞尔函数。圆柱外的总场仍然可以展开为

$$E_z = E_z^{\text{inc}} + E_z^{\text{sc}} = E_0 \sum_{n=-\infty}^{\infty} [\mathrm{i}^{-n}\mathrm{J}_n(k\rho) + a_n \mathrm{H}_n^{(1)}(k\rho)]\mathrm{e}^{\mathrm{i}n\theta} \tag{3.10}$$

根据 $\rho = a$ 处切向电场连续的边界条件，有

$$\mathrm{i}^{-n}\mathrm{J}_n(ka) + a_n \mathrm{H}_n^{(1)}(ka) = c_n \mathrm{J}_n(k_{\mathrm{d}}a) \tag{3.11}$$

根据麦克斯韦方程 $\nabla \times \boldsymbol{E} = \mathrm{i}\omega\mu\boldsymbol{H}$，可以得到介质圆柱内外磁场的表达式

$$H_\theta = H_\theta^{\text{inc}} + H_\theta^{\text{sc}} = \frac{\mathrm{i}E_0}{\eta} \sum_{n=-\infty}^{\infty} [\mathrm{i}^{-n}\mathrm{J'}_n(k\rho) + a_n \mathrm{H}_n^{(1)\prime}(k\rho)]\mathrm{e}^{\mathrm{i}n\theta} \tag{3.12}$$

$$H_\theta^{\text{int}} = \frac{\mathrm{i}E_0}{\eta_{\mathrm{d}}} \sum_{n=-\infty}^{\infty} c_n \mathrm{J'}_n(k_{\mathrm{d}}\rho)\mathrm{e}^{\mathrm{i}n\theta} \tag{3.13}$$

式中，$\eta_{\mathrm{d}} = \sqrt{\mu_{\mathrm{d}}/\varepsilon_{\mathrm{d}}}$。根据 $\rho = a$ 处切向磁场连续的边界条件，有

$$\frac{\mathrm{i}^{-n}\mathrm{J'}_n(ka) + a_n \mathrm{H}_n^{(1)\prime}(ka)}{\eta} = \frac{c_n \mathrm{J'}_n(k_{\mathrm{d}}a)}{\eta_{\mathrm{d}}} \tag{3.14}$$

联立方程 (3.11) 和方程 (3.14)，并求解 a_n 和 c_n 的二元一次方程，可以得到

$$a_n = -\mathrm{i}^{-n} \frac{\sqrt{\mu_{\mathrm{d}}/\mu}\mathrm{J'}_n(ka)\mathrm{J}_n(k_{\mathrm{d}}a) - \sqrt{\varepsilon_{\mathrm{d}}/\varepsilon}\mathrm{J}_n(ka)\mathrm{J'}_n(k_{\mathrm{d}}a)}{\sqrt{\mu_{\mathrm{d}}/\mu}\mathrm{H}_n^{(1)\prime}(ka)\mathrm{J}_n(k_{\mathrm{d}}a) - \sqrt{\varepsilon_{\mathrm{d}}/\varepsilon}\mathrm{H}_n^{(1)}(ka)\mathrm{J'}_n(k_{\mathrm{d}}a)} \tag{3.15}$$

$$c_n = \mathrm{i}^{-n} \frac{\sqrt{\mu_{\mathrm{d}}/\mu}[\mathrm{J}_n(ka)\mathrm{H}_n^{(1)\prime}(ka) - \mathrm{J'}_n(ka)\mathrm{H}_n^{(1)}(ka)]}{\sqrt{\mu_{\mathrm{d}}/\mu}\mathrm{J}_n(k_{\mathrm{d}}a)\mathrm{H}_n^{(1)\prime}(ka) - \sqrt{\varepsilon_{\mathrm{d}}/\varepsilon}\mathrm{J'}_n(k_{\mathrm{d}}a)\mathrm{H}_n^{(1)}(ka)} \tag{3.16}$$

应用贝塞尔函数的朗斯基关系式 $\mathrm{J}_n(ka)\mathrm{H}_n^{(1)\prime}(ka) - \mathrm{J'}_n(ka)\mathrm{H}_n^{(1)}(z) = \dfrac{\mathrm{i}2}{\pi ka}$，$c_n$ 可进一步表示为

$$c_n = \frac{\mathrm{i}^{-(n-1)}}{\pi ka} \frac{2\sqrt{\mu_{\mathrm{d}}/\mu}}{\sqrt{\mu_{\mathrm{d}}/\mu}\mathrm{J}_n(k_{\mathrm{d}}a)\mathrm{H}_n^{(1)\prime}(ka) - \sqrt{\varepsilon_{\mathrm{d}}/\varepsilon}\mathrm{J'}_n(k_{\mathrm{d}}a)\mathrm{H}_n^{(1)}(ka)} \tag{3.17}$$

对于 TM 极化的入射波，圆柱内部磁场可以展开为

$$H_z^{\text{int}} = H_0 \sum_{n=-\infty}^{\infty} d_n \mathrm{J}_n(k_{\mathrm{d}}\rho)\mathrm{e}^{\mathrm{i}n\theta} \tag{3.18}$$

圆柱外磁场可以展开为

$$H_z = H_z^{\text{inc}} + H_z^{\text{sc}} = H_0 \sum_{n=-\infty}^{\infty} [\mathrm{i}^{-n}\mathrm{J}_n(k\rho) + b_n \mathrm{H}_n^{(1)}(k\rho)]\mathrm{e}^{\mathrm{i}n\theta} \tag{3.19}$$

同样地，根据 $\rho = a$ 处切向电场和磁场连续的边界条件，可以求解 b_n 和 d_n

$$b_n = -\mathrm{i}^{-n}\frac{\sqrt{\varepsilon_\mathrm{d}/\varepsilon}\mathrm{J'}_n(ka)\mathrm{J}_n(k_\mathrm{d}a) - \sqrt{\mu_\mathrm{d}/\mu}\mathrm{J}_n(ka)\mathrm{J'}_n(k_\mathrm{d}a)}{\sqrt{\varepsilon_\mathrm{d}/\varepsilon}\mathrm{H}_n^{(1)\prime}(ka)\mathrm{J}_n(k_\mathrm{d}a) - \sqrt{\mu_\mathrm{d}/\mu}\mathrm{H}_n^{(1)}(ka)\mathrm{J'}_n(k_\mathrm{d}a)} \tag{3.20}$$

$$d_n = \frac{\mathrm{i}^{-(n-1)}}{\pi ka}\frac{2\sqrt{\varepsilon_\mathrm{d}/\varepsilon}}{\sqrt{\varepsilon_\mathrm{d}/\varepsilon}\mathrm{J}_n(k_\mathrm{d}a)\mathrm{H}_n^{(1)\prime}(ka) - \sqrt{\mu_\mathrm{d}/\mu}\mathrm{J'}_n(k_\mathrm{d}a)\mathrm{H}_n^{(1)}(ka)} \tag{3.21}$$

这组解也可以根据对偶原理从 TE 极化入射波的结果直接得到。图 3.1.4 和图 3.1.5 分别表示 TE 波入射到各向同性介质圆柱和各向同性异向介质圆柱时的电场分布。

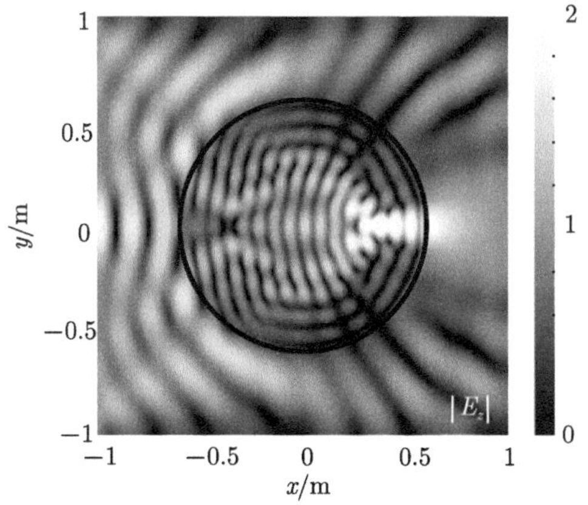

图 3.1.4 TE 波入射到各向同性介质（$\varepsilon_\mathrm{d} = 4.3\varepsilon_0$、$\mu_\mathrm{d} = \mu_0$）圆柱时的电场分布

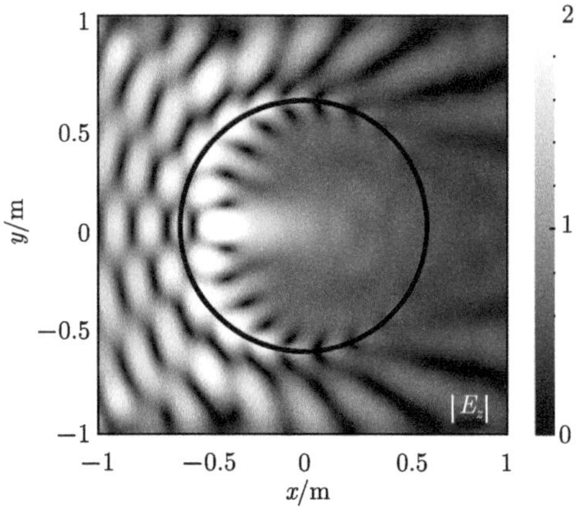

图 3.1.5 TE 波入射到各向同性异向介质（$\varepsilon_\mathrm{d} = -\varepsilon_0$、$\mu_\mathrm{d} = -\mu_0$）圆柱时的电场分布

若介质圆柱的电导率为 σ，介电常数 $\varepsilon_{\rm d}$ 是一个复数，$\varepsilon_{\rm d}=\varepsilon_{\rm dR}+{\rm i}\varepsilon_{\rm dI}$，其中 $\varepsilon_{\rm dI}=\sigma/\omega$。当 $\sigma\to\infty$ 时，介质等同于完美电导体，式 (3.15)、式 (3.20)、式 (3.17) 及式 (3.21) 简化为

$$a_n=-{\rm i}^{-n}\frac{{\rm J}_n(ka)}{{\rm H}_n^{(1)}(ka)} \tag{3.22}$$

$$b_n=-{\rm i}^{-n}\frac{{\rm J'}_n(ka)}{{\rm H}_n^{(1)\prime}(ka)} \tag{3.23}$$

$$c_n=0 \tag{3.24}$$

$$d_n=0 \tag{3.25}$$

这组解与导体圆柱散射问题的解一致。

3.1.3　分层介质圆柱散射

考虑一个由 N 层介质构成的分层介质圆柱，各层的半径为 a_l，介电常数为 ε_l，磁导率为 μ_l，其中 l 表示对应的介质层，有 $l\in[1,N]$（图 3.1.6）。

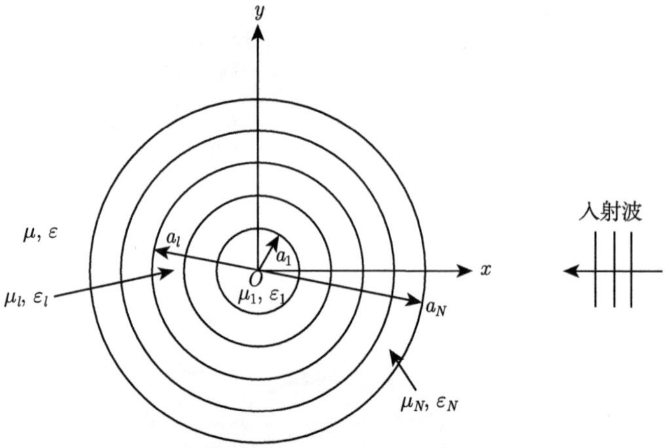

图 3.1.6　分层介质圆柱对平面波的散射

对于 TE 极化的入射波，电场可以表示为

$$E_z^{\rm inc}=E_0\sum_{n=-\infty}^{\infty}{\rm i}^{-n}{\rm J}_n(k\rho){\rm e}^{{\rm i}n\theta} \tag{3.26}$$

散射场可以展开为柱面波线性叠加的形式，有

$$E_z^{\rm sc}=E_0\sum_{n=-\infty}^{\infty}a_n{\rm H}_n^{(1)}(k\rho){\rm e}^{{\rm i}n\theta} \tag{3.27}$$

分层介质圆柱外的总电场可以表示为

$$E_z = E_z^{\mathrm{inc}} + E_z^{\mathrm{sc}} = E_0 \sum_{n=-\infty}^{\infty} \left[\mathrm{i}^{-n} \mathrm{J}_n(k\rho) + a_n \mathrm{H}_n^{(1)}(k\rho) \right] \mathrm{e}^{\mathrm{i}n\theta} \tag{3.28}$$

根据麦克斯韦方程 $\nabla \times \boldsymbol{E} = \mathrm{i}\omega\mu\boldsymbol{H}$，可以得到对应的磁场为

$$H_\theta = H_\theta^{\mathrm{inc}} + H_\theta^{\mathrm{sc}} = \frac{\mathrm{i}E_0}{\eta} \sum_{n=-\infty}^{\infty} \left[\mathrm{i}^{-n} \mathrm{J'}_n(k\rho) + a_n \mathrm{H}_n^{(1)\prime}(k\rho) \right] \mathrm{e}^{\mathrm{i}n\theta} \tag{3.29}$$

第 N 层介质中的电场可以表示为

$$E_{Nz} = E_0 \sum_{n=-\infty}^{\infty} \left[c_{Nn} \mathrm{H}_n^{(1)}(k_N\rho) + d_{Nn} \mathrm{H}_n^{(2)}(k_N\rho) \right] \mathrm{e}^{\mathrm{i}n\theta} \tag{3.30}$$

与 $\mathrm{H}_n^{(1)}(k\rho)$ 对应，$\mathrm{H}_n^{(2)}(k_N\rho)$ 表示向内传播的柱面波。相应地，第 N 层介质中的磁场可以表示为

$$H_{N\theta} = \frac{\mathrm{i}E_0}{\eta_N} \sum_{n=-\infty}^{\infty} \left[c_{Nn} \mathrm{H}_n^{(1)\prime}(k_N\rho) + d_{Nn} \mathrm{H}_n^{(2)\prime}(k_N\rho) \right] \mathrm{e}^{\mathrm{i}n\theta} \tag{3.31}$$

式中，$\eta_N = \sqrt{\mu_N/\varepsilon_N}$。根据 $\rho = a_N$ 处切向电场和磁场连续的边界条件，有

$$\mathrm{i}^{-n} \mathrm{J}_n(ka_N) + a_n \mathrm{H}_{0n}^{(1)}(ka_N) = c_{Nn} \mathrm{H}_n^{(1)}(k_N a_N) + d_{Nn} \mathrm{H}_n^{(2)}(k_N a_N) \tag{3.32}$$

$$\sqrt{\frac{\varepsilon}{\mu}} \left[\mathrm{i}^{-n} \mathrm{J'}_n(ka_N) + a_n \mathrm{H}_n^{(1)\prime}(ka_N) \right] = \sqrt{\frac{\varepsilon_N}{\mu_N}} \left[c_{Nn} \mathrm{H}_n^{(1)\prime}(k_N a_N) + d_{Nn} \mathrm{H}_n^{(2)\prime}(k_N a_N) \right] \tag{3.33}$$

从这两个公式可以求得

$$a_n = -\mathrm{i}^{-n} \frac{\mathrm{J}_n(ka_N) - R_{N\mathrm{E}} \mathrm{J}_n'(ka_N)}{\mathrm{H}_n^{(1)}(ka_N) - R_{N\mathrm{E}} \mathrm{H}_n^{(1)\prime}(ka_N)} \tag{3.34}$$

式中

$$R_{N\mathrm{E}} = \sqrt{\frac{\varepsilon\mu_N}{\mu\varepsilon_N}} \frac{\dfrac{c_{Nn}}{d_{Nn}} \mathrm{H}_n^{(1)}(k_N a_N) + \mathrm{H}_n^{(2)}(k_N a_N)}{\dfrac{c_{Nn}}{d_{Nn}} \mathrm{H}_n^{(1)\prime}(k_N a_N) + \mathrm{H}_n^{(2)\prime}(k_N a_N)} \tag{3.35}$$

因此，计算分层介质圆柱的散射场等价于求解 c_{Nn}/d_{Nn}。为此，考虑第 l 层的场，有

$$\boldsymbol{E}_l = \hat{\boldsymbol{z}}E_{lz} = E_0 \sum_{n=-\infty}^{\infty} \left[c_{ln}\mathrm{H}_n^{(1)}(k_l\rho) + d_{ln}\mathrm{H}_n^{(2)}(k_l\rho)\right]\mathrm{e}^{\mathrm{i}n\theta} \tag{3.36}$$

$$\boldsymbol{H}_l = \hat{\boldsymbol{\theta}}H_{l\theta} = \frac{\mathrm{i}E_0}{\eta_1} \sum_{n=-\infty}^{\infty} \left[c_{ln}\mathrm{H}_n^{(1)\prime}(k_l\rho) + d_{ln}\mathrm{H}_n^{(2)\prime}(k_l\rho)\right]\mathrm{e}^{\mathrm{i}n\theta} \tag{3.37}$$

应用 $\rho = a_l$（$l \in [1, N-1]$）处切向场连续的边界条件，可以得到

$$c_{ln}\mathrm{H}_n^{(1)}(k_la_l) + d_{ln}\mathrm{H}_n^{(2)}(k_la_l) = c_{(l+1)n}\mathrm{H}_n^{(1)}(k_{l+1}a_l) + d_{(l+1)n}\mathrm{H}_n^{(2)}(k_{l+1}a_l) \tag{3.38}$$

$$\sqrt{\frac{\varepsilon_l}{\mu_l}}\left[c_{ln}\mathrm{H}_n^{(1)\prime}(k_la_l) + d_{ln}\mathrm{H}_n^{(2)\prime}(k_la_l)\right] = \sqrt{\frac{\varepsilon_{l+1}}{\mu_{l+1}}}\left[c_{(l+1)n}\mathrm{H}_n^{(1)\prime}(k_{l+1}a_l) + d_{(l+1)n}\mathrm{H}_n^{(2)\prime}(k_{l+1}a_l)\right] \tag{3.39}$$

从这两个公式可以求得

$$\frac{c_{(l+1)n}}{d_{(l+1)n}} = -\frac{\mathrm{H}_n^{(2)}(k_{l+1}a_l) - R_{l\mathrm{E}}\mathrm{H}_n^{(2)\prime}(k_{l+1}a_l)}{\mathrm{H}_n^{(1)}(k_{l+1}a_l) - R_{l\mathrm{E}}\mathrm{H}_n^{(1)\prime}(k_{l+1}a_l)} \tag{3.40}$$

式中

$$R_{l\mathrm{E}} = \sqrt{\frac{\varepsilon_{l+1}\mu_l}{\mu_{l+1}\varepsilon_l}}\frac{\dfrac{c_{ln}}{d_n^l}\mathrm{H}_n^{(1)}(k_la_l) + \mathrm{H}_n^{(2)}(k_la_l)}{\dfrac{c_{ln}}{d_{ln}}\mathrm{H}_n^{(1)\prime}(k_la_l) + \mathrm{H}_n^{(2)\prime}(k_la_l)} \tag{3.41}$$

需要注意的是，令分层介质圆柱外区域为第 $N+1$ 层，即 $\varepsilon_{N+1} = \varepsilon$、$\mu_{N+1} = \mu$ 及 $k_{N+1} = k$，式 (3.35) 也可以写成式 (3.41) 的形式，因此式 (3.41) 对 $l \in [1, N]$ 均成立。

式 (3.40) 和式 (3.41) 提供了一种计算 c_{ln}/d_{ln} 和 $R_{l\mathrm{E}}$ 的递推算法。一旦求出 c_{1n}/d_{1n}，就有 $c_{1n}/d_{1n} \to R_{1\mathrm{E}} \to c_{2n}/d_{2n} \to R_{2\mathrm{E}} \to \cdots \to c_{Nn}/d_{Nn} \to R_{N\mathrm{E}}$，而一旦求出 $R_{N\mathrm{E}}$，就可以由式 (3.34) 求出散射场的系数 a_n。若第 1 层是均匀的（图 3.1.6），则在原点处的场值是有限的，这就要求 $c_{1n} = d_{1n}$，有 $c_{1n}/d_{1n} = 1$。

对于 TM 极化的入射波，散射问题可以依据对偶原理求解。散射场可以展开为

$$H_z^{\mathrm{sc}} = H_0 \sum_{n=-\infty}^{\infty} b_n\mathrm{H}_n^{(1)}(k\rho)\mathrm{e}^{\mathrm{i}n\theta} \tag{3.42}$$

式中，展开系数 b_n 为

$$b_n = -\mathrm{i}^{-n}\frac{\mathrm{J}_n(ka_N) - R_{N\mathrm{H}}\mathrm{J}_n'(ka_N)}{\mathrm{H}_n^{(1)}(ka_N) - R_{N\mathrm{H}}\mathrm{H}_n^{(1)\prime}(ka_N)} \tag{3.43}$$

式中，$R_{N\mathrm{H}}$ 可以用以下递推公式计算

$$R_{l\mathrm{H}} = \sqrt{\frac{\mu_{l+1}\varepsilon_l}{\varepsilon_{l+1}\mu_l}} \frac{\dfrac{c_{ln}}{d_{ln}}\mathrm{H}_n^{(1)}(k_l a_l) + \mathrm{H}_n^{(2)}(k_l a_l)}{\dfrac{c_{ln}}{d_{ln}}\mathrm{H}_n^{(1)\prime}(k_l a_l) + \mathrm{H}_n^{(2)\prime}(k_l a_l)} \tag{3.44}$$

$$\frac{c_{ln}}{d_{ln}} = -\frac{\mathrm{H}_n^{(2)}(k_l a_{l-1}) - R_{(l-1)\mathrm{H}}\mathrm{H}_n^{(2)\prime}(k_l a_{l-1})}{\mathrm{H}_n^{(1)}(k_l a_{l-1}) - R_{(l-1)\mathrm{H}}\mathrm{H}_n^{(1)\prime}(k_l a_{l-1})} \tag{3.45}$$

同样地，当第 1 层为均匀介质时，由于在原点处的场值有限，因此有 $c_{1n}/d_{1n} = 1$。需要注意的是，无论对于哪种入射情况，如果希望得到介质内部的场，都可以从第 N 层出发，利用在递推过程中求出的 a_n 或 b_n 及 c_{ln}/d_{ln} 的值，计算出每一层的展开系数 c_{ln} 和 d_{ln}。图 3.1.7 表示 TE 波入射到三层介质圆柱时的电场分布。

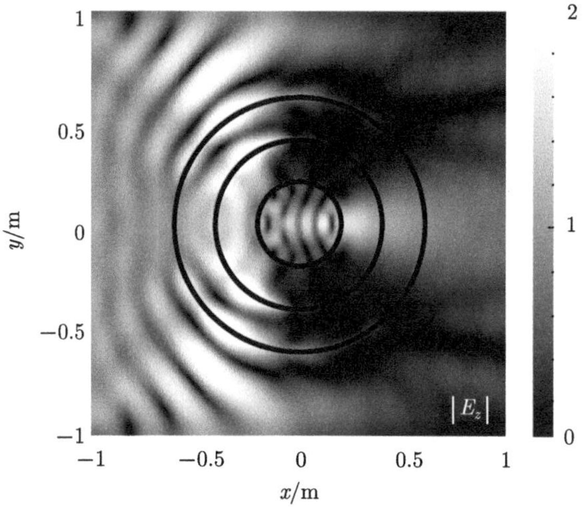

图 3.1.7　TE 波入射到三层介质（$\varepsilon_1 = 4.3\varepsilon_0$、$\mu_1 = \mu_0$，$\varepsilon_2 = \varepsilon_0$、$\mu_2 = \mu_0$，$\varepsilon_3 = -\varepsilon_0$、$\mu_3 = -\mu_0$）圆柱时的电场分布

3.2 异向介质球体散射

异向介质球体散射是研究电磁波与异向介质球体结构相互作用的过程 [9−13]。通过精心设计异向介质球体的结构，可以在特定频段内实现波前操控和散射抑制。本节将研究平面波入射下的球体散射，包括瑞利散射、米氏散射和分层介质球体散射。与异向介质柱体散射相同，相关研究将在天线、隐身、散射以及吸波等领域 [14−18] 具有广泛应用。

3.2.1　瑞利散射

瑞利散射描述了尺寸远小于波长的粒子对电磁波的散射。考虑介电常数为 ε_{s} 和磁导率为 μ_{s} 的介质球粒子，球心位于坐标系原点，半径为 a（图 3.2.1）。假设入射波为 $\hat{\boldsymbol{z}}$ 方向极化，其电场可表示为 $\boldsymbol{E}^{\mathrm{inc}}=\hat{\boldsymbol{z}}E_0\mathrm{e}^{\mathrm{i}kx}$。由于粒子非常小，散射场本质上是由点源产生。$\hat{\boldsymbol{z}}$ 方向的电场将在粒子上感应出偶极矩，并作为偶极子天线产生次级辐射。相应的散射场为

$$\boldsymbol{E}^{\mathrm{sc}}=\frac{-\mathrm{i}\omega\mu Il\mathrm{e}^{\mathrm{i}kr}}{4\pi r}\left\{\hat{\boldsymbol{r}}\left[\frac{\mathrm{i}}{kr}+\left(\frac{\mathrm{i}}{kr}\right)^2\right]2\cos\theta+\hat{\boldsymbol{\theta}}\left[1+\frac{\mathrm{i}}{kr}+\left(\frac{\mathrm{i}}{kr}\right)^2\right]\sin\theta\right\} \tag{3.46}$$

$$\boldsymbol{H}^{\mathrm{sc}}=\hat{\boldsymbol{\phi}}\frac{-\mathrm{i}kIl\mathrm{e}^{\mathrm{i}kr}}{4\pi r}\left(1+\frac{\mathrm{i}}{kr}\right)\sin\theta \tag{3.47}$$

偶极矩 Il 由入射波的幅度 E_0 及介质球的介电常数 ε_{s} 决定。

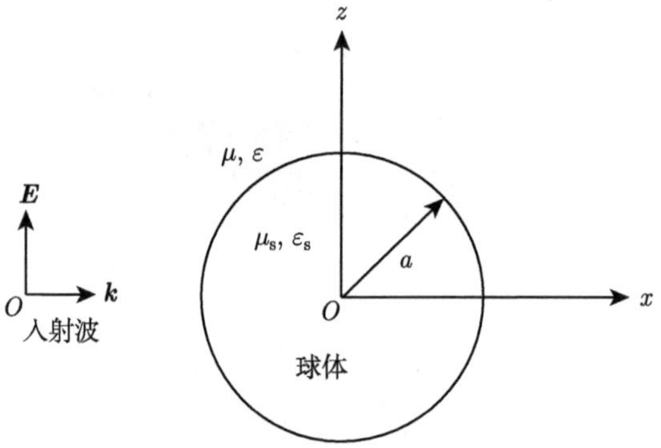

图 3.2.1　介质球粒子的瑞利散射

在非常靠近原点的区域，$kr\ll 1$，由于 $k=\omega/c$，因此这个关系与频率很低时的静态极限情况一致。当 Il 正比于 ω 时，有 $|\boldsymbol{H}^{\mathrm{sc}}|\sim Il$，$|\boldsymbol{E}^{\mathrm{sc}}|\sim Il/k$。在静态极限时，散射电场将远大于散射磁场，因此偶极子的解在本质上是电场。静态极限时的电场可以表示为

$$\boldsymbol{E}^{\mathrm{sc}}\approx\frac{\mathrm{i}\omega\mu Il}{4\pi r}\frac{1}{(kr)^2}(\hat{\boldsymbol{r}}2\cos\theta+\hat{\boldsymbol{\theta}}\sin\theta)=(\hat{\boldsymbol{r}}2\cos\theta+\hat{\boldsymbol{\theta}}\sin\theta)\left(\frac{a}{r}\right)^3E^{\mathrm{sc}} \tag{3.48}$$

式中

$$E^{\mathrm{sc}}=\frac{\mathrm{i}\eta Il}{4\pi ka^3} \tag{3.49}$$

且 $\eta=\sqrt{\mu/\varepsilon}$。这个解满足静态场的麦克斯韦方程组，即 $\nabla\times\boldsymbol{E}=\boldsymbol{0}$ 和 $\nabla\cdot\boldsymbol{E}=0$。

假设球体内部的场是均匀的，并且与入射场方向相同。介质球内部的场可以表示为

$$\boldsymbol{E}^{\mathrm{int}} = \hat{\boldsymbol{z}}E^{\mathrm{int}} = (\hat{\boldsymbol{r}}\cos\theta - \hat{\boldsymbol{\theta}}\sin\theta)E^{\mathrm{int}}, \quad r \leqslant a \tag{3.50}$$

这个解同样满足静态场的麦克斯韦方程组。在边界 $r = a$ 处，边界条件要求切向 $\boldsymbol{E}$ 和法向 $\boldsymbol{D}$ 连续，故有

$$-E_0 + E^{\mathrm{sc}} = -E^{\mathrm{int}} \tag{3.51}$$

$$\varepsilon E_0 + 2\varepsilon E^{\mathrm{sc}} = \varepsilon_{\mathrm{s}}E^{\mathrm{int}} \tag{3.52}$$

如果用入射场幅度 E_0 表示，可以将以上两式写为

$$E^{\mathrm{sc}} = \frac{\varepsilon_{\mathrm{s}} - \varepsilon}{\varepsilon_{\mathrm{s}} + 2\varepsilon}E_0 \tag{3.53}$$

$$E^{\mathrm{int}} = \frac{3\varepsilon}{\varepsilon_{\mathrm{s}} + 2\varepsilon}E_0 \tag{3.54}$$

根据式 (3.49) 和式 (3.53)，可以求得偶极矩为

$$Il = -\mathrm{i}4\pi ka^3\sqrt{\frac{\varepsilon}{\mu}}\left(\frac{\varepsilon_{\mathrm{s}} - \varepsilon}{\varepsilon_{\mathrm{s}} + 2\varepsilon}\right)E_0 \tag{3.55}$$

将式 (3.55) 代入式 (3.46) 和式 (3.47)，就可以得到瑞利散射的电磁场。

对于 $kr \gg 1$ 区域的散射场，根据式 (3.46) 和式 (3.47)，有

$$E_{\theta}^{\mathrm{sc}} = -\left(\frac{\varepsilon_{\mathrm{s}} - \varepsilon}{\varepsilon_{\mathrm{s}} + 2\varepsilon}\right)k^2a^2E_0\frac{a}{r}\mathrm{e}^{\mathrm{i}kr}\sin\theta \tag{3.56}$$

$$H_{\phi}^{\mathrm{sc}} = \sqrt{\frac{\varepsilon}{\mu}}E_{\theta}^{\mathrm{sc}} \tag{3.57}$$

介质球总的散射功率为

$$P^{\mathrm{sc}} = \frac{1}{2}\int_0^{\pi}\mathrm{d}\theta r^2\sin\theta\int_0^{2\pi}\mathrm{d}\phi E_{\theta}^{\mathrm{sc}}H_{\phi}^{\mathrm{sc}^*} = \frac{4\pi}{3}\sqrt{\frac{\varepsilon}{\mu}}\left(\frac{\varepsilon_{\mathrm{s}} - \varepsilon}{\varepsilon_{\mathrm{s}} + 2\varepsilon}k^2a^3E_0\right)^2 \tag{3.58}$$

在散射分析中，描述物体散射特性的一个重要参数为散射截面，用 C^{sc} 表示。对于 $kr \gg 1$ 区域的散射场，可以用以下公式计算散射截面

$$C^{\mathrm{sc}} = \lim_{r\to\infty}4\pi r^2\frac{|E^{\mathrm{sc}}|^2}{|E^{\mathrm{inc}}|^2} \tag{3.59}$$

在散射截面的表达式中，可以发现散射截面和面积具有相同的量纲。这个值相当于一个各向同性散射体在观察方向上的截面积，而这个各向同性散射体的散射场功率密度与原散射体相同。各向同性散射体截获的入射波功率等于散射截面乘以入射波的功率密度，并将这个功率均匀地向各个方向散射。因此，根据介质球总的散射功率 [式 (3.58)]，散射截面也可以表示为

$$C^{\mathrm{sc}}=\frac{P^{\mathrm{sc}}}{\dfrac{1}{2}\sqrt{\dfrac{\varepsilon}{\mu}}|E_0|^2}=\frac{8\pi}{3}\left(\frac{\varepsilon_{\mathrm{s}}-\varepsilon}{\varepsilon_{\mathrm{s}}+2\varepsilon}\right)^2k^4a^6 \tag{3.60}$$

从式 (3.60) 可以发现，总的散射功率与 k^4 成正比，也与 a^6 成正比，且高频波比低频波具有更强的散射。

若小球为完美导体球，则其内部场量为零（$\boldsymbol{E}^{\mathrm{int}}=\mathbf{0}$）。在 $r=a$ 的边界处，切向电场连续，有

$$E^{\mathrm{sc}}=E_0 \tag{3.61}$$

根据式 (3.49) 和式 (3.51)，可以得到

$$Il=-\mathrm{i}4\pi ka^3\sqrt{\frac{\varepsilon}{\mu}}E_0 \tag{3.62}$$

与 $\boldsymbol{D}$ 对应的边界条件 [式 (3.52)] 可用于求解表面电荷密度 ρ_{s}。需要注意的是，如果令式 (3.55) 中 $\varepsilon_{\mathrm{s}}\to\infty$，同样可以得到式 (3.62)。由于存在表面电荷，因此它们随时间的变化将引起表面电流，从而产生磁偶极子。磁偶极子附近的磁场与电偶极子附近的电场 [式 (3.48)] 对偶，有

$$\boldsymbol{H}^{\mathrm{sc}}\sim\frac{\mathrm{i}kKl}{4\pi r}\sqrt{\frac{\varepsilon}{\mu}}\frac{1}{(kr)^2}\left(\hat{\boldsymbol{r}}2\cos\theta_y+\hat{\boldsymbol{\theta}}_y\sin\theta_y\right) \tag{3.63}$$

式中，Kl 是偶极子的磁偶极矩。需要注意的是，对于 $\hat{\boldsymbol{y}}$ 方向的入射场 $\boldsymbol{H}$，θ_y 指的是与 y 轴的夹角，此处的 y 轴对应电偶极子中的 z 轴。边界条件要求法向 $\boldsymbol{B}$ 为零，切向 $\boldsymbol{H}$ 的不连续性将引起表面电流密度 $\boldsymbol{J}_{\mathrm{s}}$。通过计算，可以得到

$$Kl=-\mathrm{i}2\pi ka^3\sqrt{\frac{\varepsilon}{\mu}}H_0 \tag{3.64}$$

式中，H_0 表示入射场的幅度。因此，散射场对应于沿 y 轴的磁偶极子。需要注意的是，上述对瑞利散射的分析只有在球的半径非常小的情况下才有效。

3.2.2 米氏散射

球体的平面波散射问题可以通过匹配边界条件进行严格求解。为了便于求解，引入德拜势 π_{e} 和 π_{m}，将球面波分解为 r 分量的 TM 波和 TE 波，记为 $\mathrm{TM_r}$ 波和 $\mathrm{TE_r}$ 波。对于 $\mathrm{TM_r}$ 波，磁场仅有相对于径向的横向分量，故可以表示为

$$\boldsymbol{A} = \hat{\boldsymbol{r}}\pi_{\mathrm{e}} \tag{3.65}$$

$$\boldsymbol{H} = \nabla\times\boldsymbol{A} = \hat{\boldsymbol{\theta}}\frac{1}{\sin\theta}\frac{\partial}{\partial\phi}\pi_{\mathrm{e}} - \hat{\boldsymbol{\phi}}\frac{\partial}{\partial\theta}\pi_{\mathrm{e}} \tag{3.66}$$

对于 $\mathrm{TE_r}$ 波，电场仅有相对于径向的横向分量，故可以表示为

$$\boldsymbol{Z} = \hat{\boldsymbol{r}}\pi_{\mathrm{m}} \tag{3.67}$$

$$\boldsymbol{E} = \nabla\times\boldsymbol{Z} = \hat{\boldsymbol{\theta}}\frac{1}{\sin\theta}\frac{\partial}{\partial\phi}\pi_{\mathrm{m}} - \hat{\boldsymbol{\phi}}\frac{\partial}{\partial\theta}\pi_{\mathrm{m}} \tag{3.68}$$

在球坐标系下，德拜势 π_{e} 和 π_{m} 满足亥姆霍兹方程，有

$$(\nabla^2 + k^2)\left\{\begin{array}{c}\pi_{\mathrm{e}}\\ \pi_{\mathrm{m}}\end{array}\right\} = 0 \tag{3.69}$$

式中

$$\nabla^2 = \frac{1}{r}\frac{\partial^2}{\partial r^2}r + \frac{1}{r^2}\frac{1}{\sin\theta}\frac{\partial}{\partial\theta}\sin\theta\frac{\partial}{\partial\theta} + \frac{1}{r^2}\frac{1}{\sin^2\theta}\frac{\partial^2}{\partial\phi^2} \tag{3.70}$$

这个方程的解由球贝塞尔函数、勒让德多项式和正弦函数叠加组成。利用麦克斯韦方程组和方程 (3.69)，球坐标系下的场分量可以表示为

$$E_r = \frac{\mathrm{i}}{\omega\varepsilon}\left(\frac{\partial^2}{\partial r^2}r\pi_{\mathrm{e}} + k^2 r\pi_{\mathrm{e}}\right) \tag{3.71}$$

$$E_\theta = \frac{\mathrm{i}}{\omega\varepsilon}\frac{1}{r}\frac{\partial^2}{\partial r\partial\theta}r\pi_{\mathrm{e}} + \frac{1}{\sin\theta}\frac{\partial}{\partial\phi}\pi_{\mathrm{m}} \tag{3.72}$$

$$E_\phi = \frac{\mathrm{i}}{\omega\varepsilon}\frac{1}{r\sin\theta}\frac{\partial^2}{\partial r\partial\phi}r\pi_{\mathrm{e}} - \frac{\partial}{\partial\theta}\pi_{\mathrm{m}} \tag{3.73}$$

$$H_r = \frac{-\mathrm{i}}{\omega\mu}\left(\frac{\partial^2}{\partial r^2}r\pi_{\mathrm{m}} + k^2 r\pi_{\mathrm{m}}\right) \tag{3.74}$$

$$H_\theta = \frac{-\mathrm{i}}{\omega\mu}\frac{1}{r}\frac{\partial^2}{\partial r\partial\theta}r\pi_{\mathrm{m}} + \frac{1}{\sin\theta}\frac{\partial}{\partial\phi}\pi_{\mathrm{e}} \tag{3.75}$$

$$H_\phi = \frac{-\mathrm{i}}{\omega\mu}\frac{1}{r\sin\theta}\frac{\partial^2}{\partial r\partial\phi}r\pi_{\mathrm{m}} - \frac{\partial}{\partial\theta}\pi_{\mathrm{e}} \tag{3.76}$$

考虑一个球心位于坐标系原点的介质球，半径为 a，介电常数为 ε_{s}，磁导率为 μ_{s}（图 3.2.2）。假设一平面波入射到球体，电场和磁场为

$$\boldsymbol{E}^{\mathrm{inc}} = \hat{\boldsymbol{x}}E_0\mathrm{e}^{\mathrm{i}kz} = \hat{\boldsymbol{x}}E_0\mathrm{e}^{\mathrm{i}kr\cos\theta} \tag{3.77}$$

$$\boldsymbol{H}^{\mathrm{inc}} = \hat{\boldsymbol{y}}\sqrt{\frac{\varepsilon}{\mu}}E_0\mathrm{e}^{\mathrm{i}kr\cos\theta} \tag{3.78}$$

需要注意的是，平面波沿 $\hat{\boldsymbol{z}}$ 方向传播。该坐标系与分析瑞利散射时的坐标系不同。在分析瑞利散射时，z 轴是线极化电场的方向。

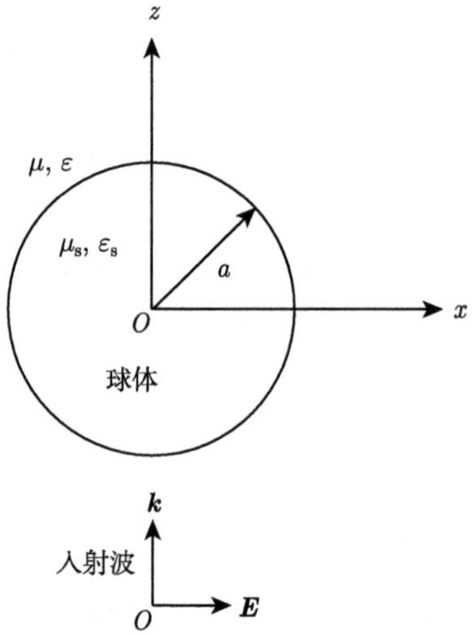

图 3.2.2　米氏散射

为了匹配球体表面的边界条件，利用波变换将入射波展开为球面波函数

$$\mathrm{e}^{\mathrm{i}kr\cos\theta} = \sum_{n=0}^{\infty}(-\mathrm{i})^{-n}(2n+1)\mathrm{j}_n(kr)\mathrm{P}_n(\cos\theta) \tag{3.79}$$

为了求解入射波的德拜势，将电场的 r 分量写成里卡蒂–贝塞尔函数的形式

$$\begin{aligned} E_r^{\mathrm{inc}} &= E_0\sin\theta\cos\phi\mathrm{e}^{\mathrm{i}kr\cos\theta} \\ &= \frac{-\mathrm{i}E_0\cos\phi}{(kr)^2}\sum_{n=1}^{\infty}(-\mathrm{i})^{-n}(2n+1)\hat{\mathrm{J}}_n(kr)\mathrm{P}_n^1(\cos\theta) \end{aligned} \tag{3.80}$$

式中

$$\hat{\mathrm{J}}_n(kr) = kr\mathrm{j}_n(kr) \tag{3.81}$$

由于 $\mathrm{P}_0^1(\cos\theta)=0$，因此式 (3.80) 从 $n=1$ 开始求和。德拜势 π_e 满足式 (3.71)~式 (3.73)，可以表示为

$$\pi_\mathrm{e} = \frac{-E_0\cos\phi}{\omega\mu r}\sum_{n=1}^{\infty}\frac{(-\mathrm{i})^{-n}(2n+1)}{n(n+1)}\hat{\mathrm{J}}_n(kr)\mathrm{P}_n^1(\cos\theta) \tag{3.82}$$

依据对偶原理，可以得到德拜势 π_m 的表达式

$$\pi_\mathrm{m} = \frac{E_0\sin\phi}{kr}\sum_{n=1}^{\infty}\frac{(-\mathrm{i})^{-n}(2n+1)}{n(n+1)}\hat{\mathrm{J}}_n(kr)\mathrm{P}_n^1(\cos\theta) \tag{3.83}$$

散射场可以用德拜势表示，有

$$\pi_\mathrm{e}^\mathrm{sc} = \frac{-E_0\cos\phi}{\omega\mu r}\sum_{n=1}^{\infty}a_n\hat{\mathrm{H}}_n^{(1)}(kr)\mathrm{P}_n^1(\cos\theta) \tag{3.84}$$

$$\pi_\mathrm{m}^\mathrm{sc} = \frac{E_0\sin\phi}{kr}\sum_{n=1}^{\infty}b_n\hat{\mathrm{H}}_n^{(1)}(kr)\mathrm{P}_n^1(\cos\theta) \tag{3.85}$$

式中，$\hat{\mathrm{H}}_n^{(1)}(kr)=kr\,\mathrm{h}_n^{(1)}(kr)$。球体外的总场为入射场和散射场的叠加。球体内的场也可以用德拜势表示

$$\pi_\mathrm{e}^\mathrm{int} = \frac{-E_0\cos\phi}{\omega\mu_\mathrm{s} r}\sum_{n=1}^{\infty}c_n\hat{\mathrm{J}}_n\left(k_\mathrm{s}r\right)\mathrm{P}_n^1(\cos\theta) \tag{3.86}$$

$$\pi_\mathrm{m}^\mathrm{int} = \frac{E_0\sin\phi}{k_\mathrm{s} r}\sum_{n=1}^{\infty}d_n\hat{\mathrm{J}}_n\left(k_\mathrm{s}r\right)\mathrm{P}_n^1(\cos\theta) \tag{3.87}$$

式中，$k_\mathrm{s}=\omega(\mu_\mathrm{s}\varepsilon_\mathrm{s})^{1/2}$。根据 $r=a$ 处切向场 E_θ、E_ϕ、H_θ 和 H_ϕ 连续的边界条件，可以得到关于 a_n、b_n、c_n 和 d_n 的四个方程。根据式 (3.71)~ 式 (3.76)，求解该四元一次方程组，最终可以确定这四个系数的表达式

$$a_n = \frac{(-\mathrm{i})^{-n}(2n+1)}{n(n+1)}\cdot\frac{-\sqrt{\mu\varepsilon_\mathrm{s}}\hat{\mathrm{J}}_n'(ka)\hat{\mathrm{J}}_n\left(k_\mathrm{s}a\right)+\sqrt{\mu_\mathrm{s}\varepsilon}\hat{\mathrm{J}}_n(ka)\hat{\mathrm{J}}_n'\left(k_\mathrm{s}a\right)}{\sqrt{\mu\varepsilon_\mathrm{s}}\hat{\mathrm{H}}_n^{(1)\prime}(ka)\hat{\mathrm{J}}_n\left(k_\mathrm{s}a\right)-\sqrt{\mu_\mathrm{s}\varepsilon}\hat{\mathrm{H}}_n^{(1)}(ka)\hat{\mathrm{J}}_n'\left(k_\mathrm{s}a\right)} \tag{3.88}$$

$$b_n = \frac{(-\mathrm{i})^{-n}(2n+1)}{n(n+1)}\cdot\frac{-\sqrt{\mu\varepsilon_\mathrm{s}}\hat{\mathrm{J}}_n(ka)\hat{\mathrm{J}}_n'\left(k_\mathrm{s}a\right)+\sqrt{\mu_\mathrm{s}\varepsilon}\hat{\mathrm{J}}_n'(ka)\hat{\mathrm{J}}_n\left(k_\mathrm{s}a\right)}{\sqrt{\mu\varepsilon_\mathrm{s}}\hat{\mathrm{H}}_n^{(1)}(ka)\hat{\mathrm{J}}_n'\left(k_\mathrm{s}a\right)-\sqrt{\mu_\mathrm{s}\varepsilon}\hat{\mathrm{H}}_n^{(1)\prime}(ka)\hat{\mathrm{J}}_n\left(k_\mathrm{s}a\right)} \tag{3.89}$$

$$c_n = \frac{(-\mathrm{i})^{-n}(2n+1)}{n(n+1)} \cdot \frac{\mathrm{i}\sqrt{\mu\varepsilon_\mathrm{s}}}{\sqrt{\mu\varepsilon_\mathrm{s}}\hat{\mathrm{H}}_n^{(1)\prime}(ka)\hat{\mathrm{J}}_n(k_\mathrm{s}a) - \sqrt{\mu_\mathrm{s}\varepsilon}\hat{\mathrm{H}}_n^{(1)}(ka)\hat{\mathrm{J}}_n'(k_\mathrm{s}a)} \tag{3.90}$$

$$d_n = \frac{(-\mathrm{i})^{-n}(2n+1)}{n(n+1)} \cdot \frac{-\mathrm{i}\sqrt{\mu_\mathrm{s}\varepsilon}}{\sqrt{\mu\varepsilon_\mathrm{s}}\hat{\mathrm{H}}_n^{(1)}(ka)\hat{\mathrm{J}}_n'(k_\mathrm{s}a) - \sqrt{\mu_\mathrm{s}\varepsilon}\hat{\mathrm{H}}_n^{(1)\prime}(ka)\hat{\mathrm{J}}_n(k_\mathrm{s}a)} \tag{3.91}$$

图 3.2.3 和图 3.2.4 分别表示 TE 波入射到各向同性介质球体和各向同性异向介质球体时的电场分布。

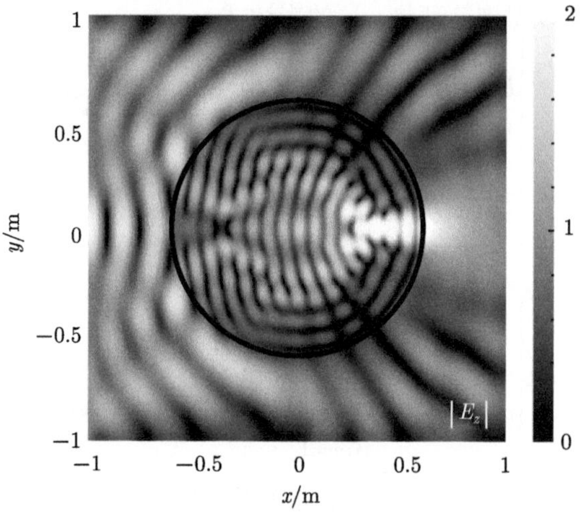

图 3.2.3　TE 波入射到各向同性介质（$\varepsilon_\mathrm{s} = 4.3\varepsilon_0$、$\mu_\mathrm{s} = \mu_0$）球体时的电场分布

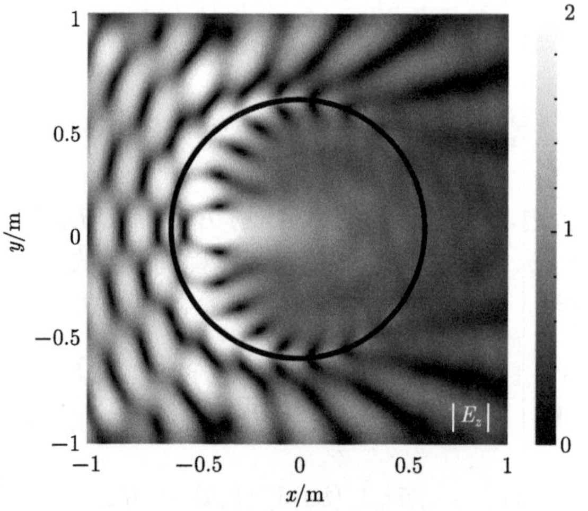

图 3.2.4　TE 波入射到各向同性异向介质（$\varepsilon_\mathrm{s} = -\varepsilon_0$、$\mu_\mathrm{s} = -\mu_0$）球体时的电场分布

当球体半径很小，即 $ka \ll 1$、$k_{\mathrm{s}}a \ll 1$ 时，散射场将由 $n=1$ 这一项主导，此时 $a_n \to -(ka)^3(\varepsilon_{\mathrm{s}}-\varepsilon)/(\varepsilon_{\mathrm{s}}+2\varepsilon)$，$b_n \to -(ka)^3(\mu_{\mathrm{s}}-\mu)/(\mu_{\mathrm{s}}+2\mu)$。该结果与瑞利散射的求解结果相同。对于有限半径球体对电磁波的散射，当不满足瑞利散射的限制条件 $ka \ll 1$ 时，发生的散射现象称为米氏散射。

上述结果也可简化为导体球的情况。对于完美电导体有 $\varepsilon_{\mathrm{s}} \to \infty$，导体球内部的电场为 $E^{\mathrm{int}}=0$。根据无源条件的安培定律 $\nabla \times \boldsymbol{H} = -\mathrm{i}\omega\varepsilon_{\mathrm{s}}\boldsymbol{E}$，将得到有限的 $\boldsymbol{H}$。根据法拉第定律 $\nabla \times \boldsymbol{E} = \mathrm{i}\omega\boldsymbol{B}$，有限磁场 $\boldsymbol{B}$ 可以产生有限电场 $\boldsymbol{E}$，这与完美电导体内部电场为零的要求相矛盾，因此 $\boldsymbol{B}$ 必须为零。但是，数学上没有明确要求 $\boldsymbol{H}$ 必须为零。如果令完美电导体的磁导率为 μ_{s}，根据本构关系 $\boldsymbol{B} = \mu_{\mathrm{s}}\boldsymbol{H}$，当 $\boldsymbol{H}$ 为有限值时，若 $\mu_{\mathrm{s}}=0$，则 $\boldsymbol{B}$ 为零。因此完美电导体内部电场为零在数学上可转化为对导体介电常数和磁导率的要求，即 $\varepsilon_{\mathrm{s}} \to \infty$、$\mu_{\mathrm{s}}=0$。将 $\varepsilon_{\mathrm{s}} \to \infty$、$\mu_{\mathrm{s}}=0$ 代入式 (3.88) 和式 (3.89)，可以求解平面波入射到完美电导体的散射问题。根据对偶原理，完美磁导体需要满足内部磁场为零，在数学上可以转化为 $\mu_{\mathrm{s}} \to \infty$、$\varepsilon_{\mathrm{s}}=0$。

3.2.3 分层介质球体散射

考虑一个由 N 层介质构成的分层介质球，每一层的半径为 a_l，介电常数为 ε_l，磁导率为 μ_l，其中 l 表示对应的介质层，有 $l \in [1, N]$（图 3.2.5）。将米氏散射的求解进一步推广到分层介质球的情形。散射场可以用德拜势表示为

$$\pi_{\mathrm{e}}^{\mathrm{sc}} = \frac{-E_0\cos\phi}{\omega\mu r}\sum_{n=1}^{\infty} a_n \hat{\mathrm{H}}_n^{(1)}(kr)\mathrm{P}_n^1(\cos\theta) \tag{3.92}$$

$$\pi_{\mathrm{m}}^{\mathrm{sc}} = \frac{E_0\sin\phi}{kr}\sum_{n=1}^{\infty} b_n \hat{\mathrm{H}}_n^{(1)}(kr)\mathrm{P}_n^1(\cos\theta) \tag{3.93}$$

第 l 层中场的德拜势为

$$\pi_{l\mathrm{e}} = \frac{-E_0\cos\phi}{\omega\mu_l r}\sum_{n=1}^{\infty}\left[c_{ln}\hat{\mathrm{H}}_n^{(1)}(k_l r) + d_{ln}\hat{\mathrm{H}}_n^{(2)}(k_l r)\right]\mathrm{P}_n^1(\cos\theta) \tag{3.94}$$

$$\pi_{l\mathrm{m}} = \frac{E_0\sin\phi}{k_l r}\sum_{n=1}^{\infty}\left[\tilde{c}_{ln}\hat{\mathrm{H}}_n^{(1)}(k_l r) + \tilde{d}_{ln}\hat{H}_n^{(2)}(k_l r)\right]\mathrm{P}_n^1(\cos\theta) \tag{3.95}$$

式中，$k_l = \omega\sqrt{\mu_l\varepsilon_l}$，$\eta_l = \sqrt{\mu_l/\varepsilon_l}$。

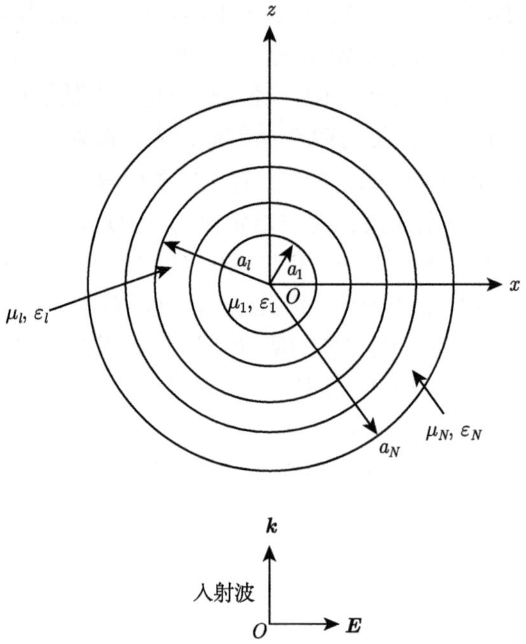

图 3.2.5　分层介质球对平面波的散射

应用 $r = a_l$ 处切向场连续的边界条件，有

$$\begin{aligned}&\frac{1}{\mu_l}\left[c_{ln}\hat{\mathrm{H}}_n^{(1)}(k_l a_l) + d_{ln}\hat{\mathrm{H}}_n^{(2)}(k_l a_l)\right]\\&= \frac{1}{\mu_{l+1}}\left[c_{(l+1)n}\hat{\mathrm{H}}_n^{(1)}(k_{l+1}a_l) + d_{(l+1)n}\hat{\mathrm{H}}_n^{(2)}(k_{l+1}a_l)\right]\end{aligned} \tag{3.96}$$

$$\begin{aligned}&\frac{1}{k_l}\left[c_{ln}\hat{\mathrm{H}}_n^{(1)\prime}(k_l a_l) + d_{ln}\hat{\mathrm{H}}_n^{(2)\prime}(k_l a_l)\right]\\&= \frac{1}{k_{l+1}}\left[c_{(l+1)n}\hat{\mathrm{H}}_n^{(1)\prime}(k_{l+1}a_l) + d_{(l+1)n}\hat{\mathrm{H}}_n^{(2)\prime}(k_{l+1}a_l)\right]\end{aligned} \tag{3.97}$$

$$\begin{aligned}&\frac{1}{k_l}\left[\tilde{c}_{ln}\hat{\mathrm{H}}_n^{(1)}(k_l a_l) + \tilde{d}_{ln}\hat{\mathrm{H}}_n^{(2)}(k_l a_l)\right]\\&= \frac{1}{k_{l+1}}\left[\tilde{c}_{(l+1)n}\hat{\mathrm{H}}_n^{(1)}(k_{l+1}a_l) + \tilde{d}_{(l+1)n}\hat{\mathrm{H}}_n^{(2)}(k_{l+1}a_l)\right]\end{aligned} \tag{3.98}$$

$$\frac{1}{\mu_l}\left[\tilde{c}_{ln}\hat{\mathrm{H}}_n^{(1)\prime}(k_l a_l) + \tilde{d}_{ln}\hat{\mathrm{H}}_n^{(2)\prime}(k_l a_l)\right]$$

$$= \frac{1}{\mu_{l+1}} \left[\tilde{c}_{(l+1)n} \hat{\mathrm{H}}_n^{(1)\prime} (k_{l+1} a_l) + \tilde{d}_{(l+1)n} \hat{\mathrm{H}}_n^{(2)\prime} (k_{l+1} a_l) \right] \tag{3.99}$$

求解上述方程组，可以得到递推公式

$$\hat{R}_{l\mathrm{H}} = \sqrt{\frac{\mu_{l+1}\varepsilon_l}{\varepsilon_{l+1}\mu_l}} \frac{\dfrac{c_{ln}}{d_{ln}} \hat{\mathrm{H}}_n^{(1)} (k_l a_l) + \hat{\mathrm{H}}_n^{(2)} (k_l a_l)}{\dfrac{c_{ln}}{d_{ln}} \hat{\mathrm{H}}_n^{(1)\prime} (k_l a_l) + \hat{\mathrm{H}}_n^{(2)\prime} (k_l a_l)} \tag{3.100}$$

$$\hat{R}_{l\mathrm{E}} = \sqrt{\frac{\varepsilon_{l+1}\mu_l}{\mu_{l+1}\varepsilon_l}} \frac{\dfrac{\tilde{c}_{ln}}{\tilde{d}_{ln}} \hat{\mathrm{H}}_n^{(1)} (k_l a_l) + \hat{\mathrm{H}}_n^{(2)} (k_l a_l)}{\dfrac{\tilde{c}_{ln}}{\tilde{d}_{ln}} \hat{\mathrm{H}}_n^{(1)\prime} (k_l a_l) + \hat{\mathrm{H}}_n^{(2)\prime} (k_l a_l)} \tag{3.101}$$

式中，$\varepsilon_{N+1} = \varepsilon$，$\mu_{N+1} = \mu$，以上两式对所有 $l \in [1, N]$ 均成立。此外

$$\frac{c_{ln}}{d_{ln}} = -\frac{\hat{\mathrm{H}}_n^{(2)} (k_l a_{l-1}) - \hat{R}_{(l-1)\mathrm{H}} \hat{\mathrm{H}}_n^{(2)\prime} (k_l a_{l-1})}{\hat{\mathrm{H}}_n^{(1)} (k_l a_{l-1}) - \hat{R}_{(l-1)\mathrm{H}} \hat{\mathrm{H}}_n^{(1)\prime} (k_l a_{l-1})}, \quad l \in [2, N] \tag{3.102}$$

$$\frac{\tilde{c}_{ln}}{\tilde{d}_{ln}} = -\frac{\hat{\mathrm{H}}_n^{(2)} (k_l a_{l-1}) - \hat{R}_{\mathrm{E}}^{l-1} \hat{\mathrm{H}}_n^{(2)\prime} (k_l a_{l-1})}{\hat{\mathrm{H}}_n^{(1)} (k_l a_{l-1}) - \hat{R}_{\mathrm{E}}^{l-1} \hat{\mathrm{H}}_n^{(1)\prime} (k_l a_{l-1})}, \quad l \in [2, N] \tag{3.103}$$

该递推算法的起始值为 c_{1n}/d_{1n} 和 $\tilde{c}_{1n}/\tilde{d}_{1n}$，它们的值由最内层的介质球决定。若最内层是均匀的（图 3.2.5），为保证场值在中心处有限且连续，有 $c_{1n}/d_{1n} = 1$，$\tilde{c}_{1n}/\tilde{d}_{1n} = 1$。

通过递推算法求得 $\hat{R}_{N\mathrm{H}}$ 和 $\hat{R}_{N\mathrm{E}}$，并应用 $r = a_N$ 处切向场连续的边界条件，可以得到

$$(-\mathrm{i})^{-n} \frac{2n+1}{n(n+1)} \hat{\mathrm{J}}_n (k a_N) + a_n \hat{\mathrm{H}}_n^{(1)} (k a_N) = \frac{\mu}{\mu_N} \left[c_{Nn} \hat{\mathrm{H}}_n^{(1)} (k_N a_N) + d_{Nn} \hat{\mathrm{H}}_n^{(2)} (k_N a_N) \right] \tag{3.104}$$

$$(-\mathrm{i})^{-n} \frac{2n+1}{n(n+1)} \hat{\mathrm{J}}_n' (k a_N) + a_n \hat{\mathrm{H}}_n^{(1)\prime} (k a_N) = \frac{k}{k_N} \left[c_{Nn} \hat{\mathrm{H}}_n^{(1)\prime} (k_N a_N) + d_{Nn} \hat{\mathrm{H}}_n^{(2)\prime} (k_N a_N) \right] \tag{3.105}$$

$$(-\mathrm{i})^{-n} \frac{2n+1}{n(n+1)} \hat{\mathrm{J}}_n (k a_N) + b_n \hat{\mathrm{H}}_n^{(1)} (k a_N) = \frac{k}{k_N} \left[\tilde{c}_{Nn} \hat{\mathrm{H}}_n^{(1)} (k_N a_N) + \tilde{d}_{N_n} \hat{\mathrm{H}}_n^{(2)} (k_N a_N) \right] \tag{3.106}$$

$$(-\mathrm{i})^{-n} \frac{2n+1}{n(n+1)} \hat{\mathrm{J}}_n' (k a_N) + b_n \hat{\mathrm{H}}_n^{(1)\prime} (k a_N) = \frac{\mu}{\mu_N} \left[\tilde{c}_{Nn} \hat{\mathrm{H}}_n^{(1)\prime} (k_N a_N) + \tilde{d}_{Nn} \hat{\mathrm{H}}_n^{(2)\prime} (k_N a_N) \right] \tag{3.107}$$

最终可以解得

$$a_n = (-\mathrm{i})^{-n} \frac{2n+1}{n(n+1)} \frac{\hat{\mathrm{J}}_n(ka_N) - \hat{R}_{N\mathrm{H}} \hat{\mathrm{J}}'_n(ka_N)}{\hat{\mathrm{H}}_n^{(1)}(ka_N) - \hat{R}_{N\mathrm{H}} \hat{\mathrm{H}}_n^{(1)\prime}(ka_N)} \tag{3.108}$$

$$b_n = (-\mathrm{i})^{-n} \frac{2n+1}{n(n+1)} \frac{\hat{\mathrm{J}}_n(ka_N) - \hat{R}_{N\mathrm{E}} \hat{\mathrm{J}}'_n(ka_N)}{\hat{\mathrm{H}}_n^{(1)}(ka_N) - \hat{R}_{N\mathrm{E}} \hat{\mathrm{H}}_n^{(1)\prime}(ka_N)} \tag{3.109}$$

求出 a_n 和 b_n 之后，就可以根据式 (3.92) 和式 (3.93) 计算散射场。对于介质球内部的场，则可以从第 N 层出发，利用在递推过程中求得的 a_n 和 b_n 的值，以及比值 c_{ln}/d_{ln} 和 $\tilde{c}_{ln}/\tilde{d}_{ln}$ 计算出每一层的系数 c_{ln}、d_{ln}、$\tilde{c}_{ln}$ 和 $\tilde{d}_{ln}$。图 3.2.6 表示 TE 波入射到三层介质球体时的电场分布。

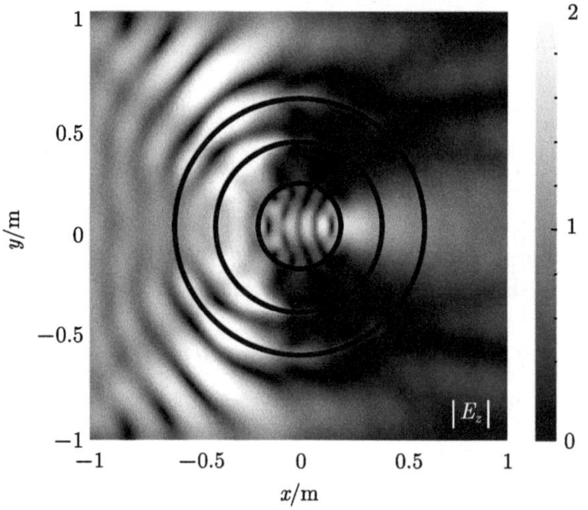

图 3.2.6 TE 波入射到三层介质（$\varepsilon_1 = 4.3\varepsilon_0$、$\mu_1 = \mu_0$，$\varepsilon_2 = \varepsilon_0$、$\mu_2 = \mu_0$，$\varepsilon_3 = -\varepsilon_0$、$\mu_3 = -\mu_0$）球体时的电场分布

3.3 柱体超散射

超散射是一种通过增强物体散射截面，使其呈现出更大尺寸相关特征的方法。该现象在生物传感、能量收集、荧光成像和无线电力传输等领域 [19–22] 有广泛的应用前景。目前，主要有三种实现超散射的方法：

(1) 通过变换光学引入补偿介质的概念，从而放大物体以实现超散射 [23]。

(2) 利用金属介质柱体结构中的表面等离激元模式，打破单通道散射极限，实现超散射 [24]。这种方法只能在谐振条件下实现有限阶数的放大，并且介质的损耗对散射增强效果有较大影响。

(3) 利用零折射率异向介质来增强物体的散射 [25]。这种方法往往需要构造复杂的零折射率背景，对制备工艺和兼容性提出了更高的挑战。

3.3.1 各向同性异向介质圆柱超散射

1. 经典散射计算理论

为了简单起见，仅讨论在 $\hat{z}$ 方向上均匀的二维情况，但该概念可以直接推广到三维情况。假设半径为 a、轴线与 z 轴重合的介质圆柱放置于介电常数为 ε_0 和磁导率为 μ_0 的自由空间中。对于 TM 极化的入射波，圆柱外的磁场可以展开为

$$H = H_0 \sum_{n=-\infty}^{\infty} \left[h_n^+ \mathrm{H}_n^{(2)}(k\rho) + h_n^- \mathrm{H}_n^{(1)}(k\rho)\right] \mathrm{e}^{in\theta} \tag{3.110}$$

式中，$\mathrm{H}_n^{(1)}$ $\left(\mathrm{H}_n^{(2)}\right)$ 是第一 (第二) 类汉克尔函数。当 $\rho \to \infty$ 时，$\mathrm{H}_1^{(1,2)}(k\rho) \to (2/\pi k)^{1/2}\,\mathrm{e}^{\mathrm{i}[(l\pi/2)+(\pi/4)]}\mathrm{e}^{(+,-)\mathrm{i}k\rho}/\rho^{1/2}$，$h_n^+$ 和 h_n^- 分别定义为入射波和出射波的幅度。入射波（或出射波）携带的功率可以表示为

$$P_n^{\pm} = \frac{2}{\omega\varepsilon_0}\left|H_0\right|^2\left|h_n^{\pm}\right|^2 \tag{3.111}$$

需要注意的是，在二维情况中，功率单位为 W/m。通过选择磁场的归一化参数

$$H_0 = 1\sqrt{\frac{W}{m}\frac{\omega\varepsilon_0}{2}} \tag{3.112}$$

即可得到 $\left|h_n^+\right|^2$ 和 $\left|h_n^-\right|^2$，它们分别表示第 n 阶角动量通道中入射波和出射波的功率。

在介质圆柱尺寸远小于入射波长，或者整个散射体系具有柱对称性时，第 n 阶入射波仅激发相同阶的出射波。因此，可以定义反射系数

$$R_n \equiv \frac{h_n^-}{h_n^+} \tag{3.113}$$

反射系数 R_n 将每个通道中的入射波和出射波联系起来。若介质圆柱没有损耗，则出射波的功率等于入射波的功率，因此有

$$R_n = \mathrm{e}^{\mathrm{i}\phi_n} \tag{3.114}$$

式中，ϕ_n 表示相位因子。

接下来计算介质圆柱的散射、吸收和消光截面。假设平面波垂直入射到介质圆柱，散射（吸收）截面定义为总散射功率（吸收）除以入射场的强度。对于二维散射体系，截面的单位是长度。圆柱外的磁场可以表示为

$$H=H_0\left[\mathrm{e}^{\mathrm{i}\boldsymbol{k}\cdot\boldsymbol{r}}+\sum_{n=-\infty}^{\infty}\mathrm{i}^nS_nH_n^{(1)}(k\rho)\,\mathrm{e}^{\mathrm{i}n\theta}\right]\tag{3.115}$$

式中，$H_0\mathrm{e}^{\mathrm{i}\boldsymbol{k}\cdot\boldsymbol{r}}$ 表示入射磁场，$H_0\sum\limits_{n=-\infty}^{\infty}\mathrm{i}^nS_nH_n^{(1)}(k\rho)\,\mathrm{e}^{\mathrm{i}n\theta}$ 表示散射磁场，S_n 称为散射系数。需要注意 S_n 与式 (3.19) 中 b_n 的不同。为了与式 (3.110) 相联系，可以将平面波展开为

$$\mathrm{e}^{\mathrm{i}\boldsymbol{k}\cdot\boldsymbol{r}}=\sum_{n=-\infty}^{\infty}\mathrm{i}^n\frac{1}{2}\left[H_n^{(1)}(k\rho)+H_n^{(2)}(k\rho)\right]\mathrm{e}^{\mathrm{i}n\theta}\tag{3.116}$$

结合式 (3.115) 和式 (3.116)，并与式 (3.110) 进行比较，有

$$S_n=\frac{R_n-1}{2}\tag{3.117}$$

在第 n 阶角动量通道中，散射功率 P^{sc} 和吸收功率 P^{abs} 分别为

$$P^{\mathrm{sc}}=\frac{2}{\omega\varepsilon_0}|S_n|^2|H_0|^2\tag{3.118}$$

$$P^{\mathrm{abs}}=\frac{1}{\omega\varepsilon_0}\left(1-|R_n|^2\right)|H_0|^2=\frac{2}{\omega\varepsilon_0}\left(-\mathrm{Re}\{S_n\}-|S_n|^2\right)|H_0|^2\tag{3.119}$$

根据散射截面的定义，第 n 阶角动量通道所引起的散射截面可以表示为

$$C_n^{\mathrm{sc}}=\frac{\dfrac{2}{\omega\varepsilon_0}|S_n|^2|H_0|^2}{\dfrac{1}{2}\sqrt{\dfrac{\mu_0}{\varepsilon_0}}|H_0|^2}=\frac{2\lambda}{\pi}|S_n|^2\tag{3.120}$$

总的散射截面表示为

$$C^{\mathrm{sc}}=\frac{2\lambda}{\pi}\sum_{n=-\infty}^{\infty}|S_n|^2\tag{3.121}$$

式中，λ 是自由空间中的波长。同样，总的吸收截面表示为

$$C^{\mathrm{abs}}=-\frac{2\lambda}{\pi}\sum_{n=-\infty}^{\infty}\left(\mathrm{Re}\{S_n\}+|S_n|^2\right)\tag{3.122}$$

总的消光截面可以表示为散射截面和吸收截面之和，有

$$C^{\mathrm{ext}}=-\frac{2\lambda}{\pi}\sum_{n=-\infty}^{\infty}\mathrm{Re}\{S_n\}\tag{3.123}$$

2. 时域耦合模式理论

接下来考虑介质圆柱支持第 n 阶角动量通道的情况。在此情形下，入射波作为背景场，与介质圆柱激发的散射波产生谐振，这种现象称为法诺谐振。根据时域耦合模式理论 [26–29]，谐振幅度 c 的动态方程可以写为

$$\frac{\mathrm{d}c}{\mathrm{d}t} = (-\mathrm{i}\omega_0 - \gamma_0 - \gamma)\,c + \kappa h^+ \tag{3.124}$$

$$h^- = Bh^+ + \eta c \tag{3.125}$$

式中，ω_0 表示谐振频率，γ_0 是介质本身对电磁波的吸收或内部散射等机制导致的能量损耗率，γ 描述的是谐振过程中能量通过耦合到外部出射波而泄漏的速率，B 表示背景反射或背景噪声，κ 和 η 分别对应谐振过程中与入射波或出射波之间的耦合常数。由于仅考虑第 n 阶通道，为了简化记号，在方程 (3.124) 和方程 (3.125) 中的所有变量中省略了下标 n。此处，幅度 c 被归一化，使得 $|c|^2$ 对应于谐振系统的功率。需要注意的是，这种耦合模式的形式仅在 $\gamma_0 + \gamma \ll \omega_0$ 时有效。

耦合常数 κ 和 η 通过能量守恒定律和时间反演对称性相关联。在无损耗情况下（$\gamma_0 = 0$），若入射波不存在（$h^+ = 0$），根据方程 (3.124) 和方程 (3.125) 可以得到

$$c = A\exp\left(-\mathrm{i}\omega_0 t - \gamma t\right) \tag{3.126}$$

$$h^- = A\eta\exp\left(-\mathrm{i}\omega_0 t - \gamma t\right) \tag{3.127}$$

式中，A 是任意常数。根据能量守恒定律，能量泄漏的速率必须等于出射波的功率，即

$$\frac{\mathrm{d}\left|c\right|^2}{\mathrm{d}t} = -2\gamma\left|c\right|^2 = -\left|h^-\right|^2 = -\eta\eta^*\left|c\right|^2 \tag{3.128}$$

这要求

$$\eta\eta^* = 2\gamma \tag{3.129}$$

接下来对由方程 (3.126) 和方程 (3.127) 描述的指数衰减过程进行时间反演变换。时间反演情况意味着在谐振系统中馈入指数增长，且幅度为 $\left(h^-(-t)\right)^*$ 的电磁波。这会导致谐振振幅 $\left(c(-t)\right)^*$ 呈指数增长，同时不会产生出射波。该时间反演过程可以用方程 (3.124) 和方程 (3.125) 表示，可以得到

$$\kappa\eta^* = 2\gamma \tag{3.130}$$

$$B\eta^* + \eta = 0 \tag{3.131}$$

比较方程 (3.130) 与方程 (3.129)，可以得到

$$\kappa = \eta \tag{3.132}$$

方程 (3.129)~方程 (3.132) 是上述法诺谐振的主要结果。若散射体系是无损耗的，背景反射系数 $B = \mathrm{e}^{\mathrm{i}\theta}$，可以确定 κ 和 η

$$\kappa = \eta = \sqrt{2\gamma}\mathrm{e}^{\mathrm{i}\left(\frac{\theta}{2}+\frac{\pi}{2}-n\pi\right)} \tag{3.133}$$

式中，n 是任意整数。若散射系统存在损耗，可以在方程 (3.124) 和方程 (3.125) 中引入一个非零的固有损耗率 γ_0，同时仍然将散射近似为一个无损耗过程。

假设入射波的频率为 ω，反射系数 R 可以通过方程 (3.124) 和方程 (3.125) 以及方程 (3.133) 得到，有

$$R = \frac{h^-}{h^+} = \mathrm{e}^{\mathrm{i}\theta} + \frac{-2\gamma\mathrm{e}^{\mathrm{i}\theta}}{\mathrm{i}\left(\omega_0-\omega\right)+\gamma_0+\gamma} = \frac{\mathrm{i}\left(\omega_0-\omega\right)+\gamma_0-\gamma}{\mathrm{i}\left(\omega_0-\omega\right)+\gamma_0+\gamma}\mathrm{e}^{\mathrm{i}\theta} \tag{3.134}$$

显然，在无损耗（$\gamma_0 = 0$）的情况下，反射系数 R 的幅度为 1。根据方程 (3.117)，可以得到散射系数为

$$S = \frac{1}{2}\left(R-1\right) = \frac{1}{2}\frac{\left(\mathrm{i}\left(\omega_0-\omega\right)+\gamma_0\right)\left(\mathrm{e}^{\mathrm{i}\theta}-1\right)-\gamma\left(1+\mathrm{e}^{\mathrm{i}\theta}\right)}{\mathrm{i}\left(\omega_0-\omega\right)+\gamma_0+\gamma} \tag{3.135}$$

将方程 (3.135) 代入方程 (3.121) 和方程 (3.122)，可以得到散射截面和吸收截面分别为

$$C^{\mathrm{sc}} = \frac{2\lambda}{\pi}\left|\frac{1}{2}\frac{\left(\mathrm{i}\left(\omega_0-\omega\right)+\gamma_0\right)\left(\mathrm{e}^{\mathrm{i}\theta}-1\right)-\gamma\left(1+\mathrm{e}^{\mathrm{i}\theta}\right)}{\mathrm{i}\left(\omega_0-\omega\right)+\gamma_0+\gamma}\right|^2 \tag{3.136}$$

$$C^{\mathrm{abs}} = \frac{2\lambda}{\pi}\frac{\gamma_0\gamma}{\left(\omega-\omega_0\right)^2+\left(\gamma_0+\gamma\right)^2} \tag{3.137}$$

当 TM 平面波从空气入射到分层金属介质异向介质圆柱时，其总散射截面和单通道散射截面如图 3.3.1（a）所示。在 $\omega = 0.2542\omega_{\mathrm{p}}$ 处，$n = \pm1, \pm2, \pm3, \pm4$ 通道的散射截面峰值相互重叠，总散射截面高达 $7.94(2\lambda/\pi)$，远超过单通道散射极限。为了明晰超散射的工作原理，将金属介质柱体结构展开成平板波导形式，如图 3.3.1（b）所示。若二维柱体支持第 n 阶谐振，它需要满足 $\beta 2\pi r_0 = 2\pi n$，其中 r_0 为表面等离激元的有效半径。由于表面等离激元是高度束缚在表面，在圆形曲面上，表面等离激元的传播常数可以近似等于对应平板波导中的传播常数 β。图 3.3.1（b）显示，在超散射结构的工作频率附近，色散曲线非常平坦，能够同时支

持第 $n=\pm1,\pm2,\pm3,\pm4$ 阶的表面等离激元。若将平板波导转换为二维柱体，则这些表面等离激元模式会发生谐振，形成超散射现象。

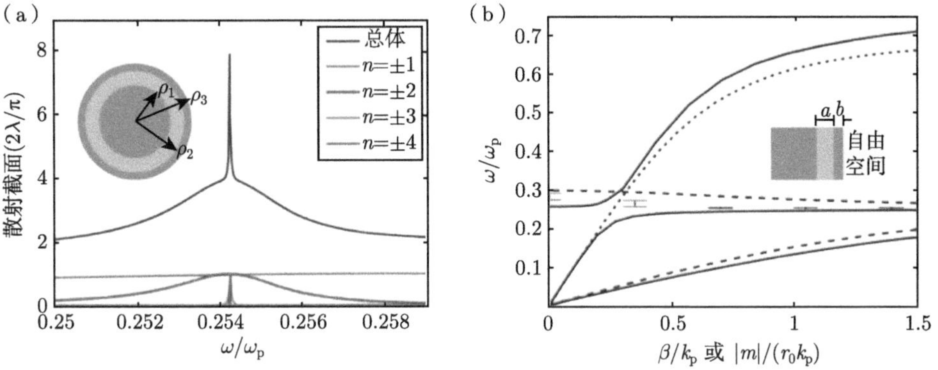

图 3.3.1 分层金属介质异向介质圆柱的散射截面和一维平板波导的色散曲线

图 3.3.2（a）展示了在 TM 极化平面波入射情况下，分层金属介质异向介质圆柱激发的磁场和功率分布。异向介质圆柱背后形成了一个远大于圆柱本身的阴影。相对而言，图 3.3.2（b）展示了同等尺寸的均匀金属圆柱的仿真结果，平面波入射到金属圆柱后波形保持平整，与异向介质圆柱形成鲜明对比。若考虑介质损耗，异向介质圆柱的总散射截面将受到一定抑制，但它仍高于单通道的散射极限，并高于同等尺寸的均匀导体圆柱。

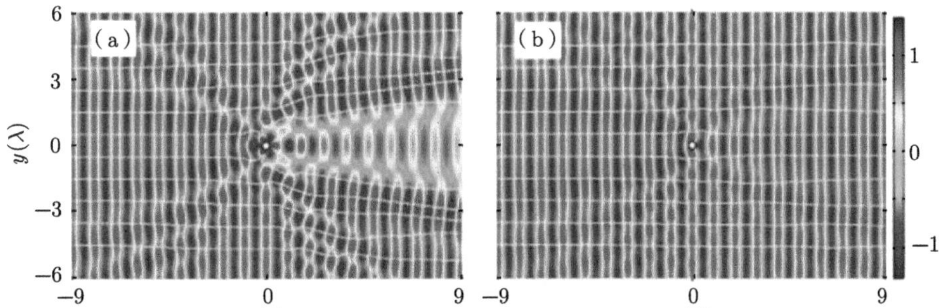

图 3.3.2 分层金属介质异向介质圆柱的仿真结果

3.3.2 各向异性异向介质圆柱超散射

图 3.3.3 展示了 TM 极化平面波从自由空间入射到二维分层介质圆柱的情况，其中外层为各向异性异向介质，内层为常规介质。在柱坐标系下，各向异性异向介质的相对介电常数可以表示为 $\bar{\bar{\varepsilon}}=\operatorname{diag}(\varepsilon_\rho,\varepsilon_\theta,\varepsilon_z)$，且 $\varepsilon_\rho=\varepsilon_\perp$ 和 $\varepsilon_\theta=\varepsilon_z=\varepsilon_\parallel$。

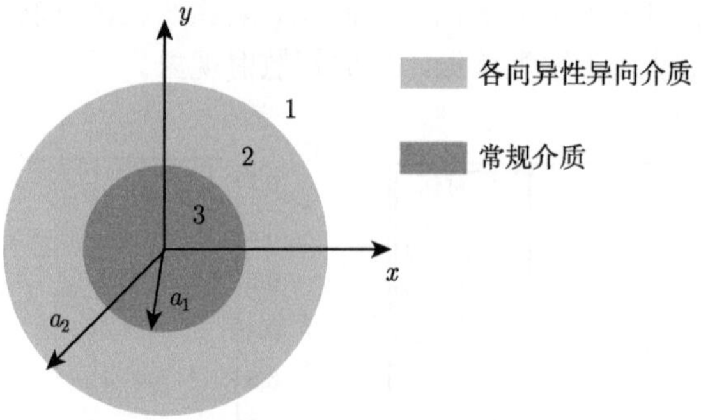

图 3.3.3　各向异性异向介质圆柱超散射

根据经典散射计算理论 [30]，每个区域的电场和磁场满足如下关系

$$E_\rho = \frac{-1}{\mathrm{i}\omega\varepsilon_0\varepsilon_\rho\rho}\frac{\partial H_z}{\partial\theta} \tag{3.138}$$

$$E_\theta = \frac{1}{\mathrm{i}\omega\varepsilon_0\varepsilon_\theta}\frac{\partial H_z}{\partial\rho} \tag{3.139}$$

$$\frac{1}{\rho}\left(\frac{\partial}{\partial\rho}(\rho E_\theta) - \frac{\partial E_\rho}{\partial\theta}\right) = \mathrm{i}\omega\mu_0 H_z \tag{3.140}$$

将式 (3.138) 和式 (3.139) 代入式 (3.140) 中，可以得到

$$\rho^2\frac{\partial^2 H_z}{\partial\rho^2} + \rho\frac{\partial H_z}{\partial\rho} + \left(k^2\rho^2 - \widetilde{n}^2\right)H_z = 0 \tag{3.141}$$

式中，$k^2 = \omega^2\varepsilon_0\varepsilon_\theta\mu_0$，$\widetilde{n} = n\sqrt{\varepsilon_\theta/\varepsilon_\rho}$，$n$ 是整数。方程 (3.141) 的通解为

$$H_z = Q_1\mathrm{J}_{\widetilde{n}}(k\rho) + Q_2\mathrm{H}_{\widetilde{n}}^{(1)}(k\rho) \tag{3.142}$$

式中，$\mathrm{J}_{\widetilde{n}}$ 和 $\mathrm{H}_{\widetilde{n}}^{(1)}$ 分别是阶数为 $\widetilde{n}$ 的贝塞尔函数和第一类汉克尔函数。对于常规介质，$\varepsilon_\theta = \varepsilon_\rho$，$\widetilde{n} = n$ 是整数；对于各向异性异向介质，$\varepsilon_\theta \neq \varepsilon_\rho$，$\widetilde{n} \neq n$，$\widetilde{n}$ 可能是包含虚部的复数。在自由空间区域，总磁场等于入射磁场和散射磁场的相加，将入射平面波展开成柱面波形式，得到

$$H = H_0\sum_{n=-\infty}^{\infty}\left[\mathrm{i}^n\mathrm{J}_n(k\rho)\,\mathrm{e}^{\mathrm{i}n\theta} + \mathrm{i}^n S_n\mathrm{H}_n^{(1)}(k\rho)\,\mathrm{e}^{\mathrm{i}n\theta}\right] \tag{3.143}$$

式中，S_n 是 n 阶角动量通道的散射系数。根据 $\rho = a_1$ 和 $\rho = a_2$ 处切向场连续的边界条件，求得散射系数

$$S_n = -\frac{B_2G_2 - C_2F_2 + B_2H_2 - D_2F_2}{A_2G_2 - C_2E_2 + A_2H_2 - D_2E_2} \tag{3.144}$$

式中，$A_2 = \mathrm{H}_n^{(1)}(k_1 a_2)$，$B_2 = \mathrm{J}_n(k_1 a_2)$，$C_2 = \mathrm{H}_{\tilde{n}}^{(1)}(k_2 a_2) R_{23}$，$D_2 = \mathrm{J}_{\tilde{n}}(k_2 a_2)$，$E_2 = \dfrac{1}{\varepsilon_0 \varepsilon_{\mathrm{r1}}} \dfrac{\partial \mathrm{H}_n^{(1)}(k_1 a_2)}{\partial \rho}$，$F_2 = \dfrac{1}{\varepsilon_0 \varepsilon_{\mathrm{r1}}} \dfrac{\partial \mathrm{J}_n(k_1 a_2)}{\partial \rho}$，$G_2 = \dfrac{1}{\varepsilon_0 \varepsilon_\theta} \dfrac{\partial \mathrm{H}_{\tilde{n}}^{(1)}(k_2 a_2)}{\partial \rho} K$，$H_2 = \dfrac{1}{\varepsilon_0 \varepsilon_\theta} \dfrac{\partial \mathrm{J}_{\tilde{m}}(k_2 a_2)}{\partial \rho}$，$k_1^2 = \omega^2 \varepsilon_0 \varepsilon_{\mathrm{r1}} \mu_0$，$k_2^2 = \omega^2 \varepsilon_0 \varepsilon_\theta \mu_0$，$R_{23} = -\dfrac{B_1 G_1 - C_1 F_1}{A_1 G_1 - C_1 E_1}$，$A_1 = \mathrm{H}_{\tilde{n}}^{(1)}(k_2 a_1)$，$B_1 = \mathrm{J}_{\tilde{n}}(k_2 a_1)$，$C_1 = \mathrm{J}_n(k_3 a_1)$，$E_1 = \dfrac{1}{\varepsilon_0 \varepsilon_\theta} \dfrac{\partial \mathrm{H}_{\tilde{n}}^{(1)}(k_2 a_1)}{\partial \rho}$，$F_1 = \dfrac{1}{\varepsilon_0 \varepsilon_\theta} \dfrac{\partial \mathrm{J}_{\tilde{n}}(k_2 a_1)}{\partial \rho}$，$G_1 = \dfrac{1}{\varepsilon_0 \varepsilon_{\mathrm{r3}}} \dfrac{\partial \mathrm{J}_n(k_3 a_1)}{\partial \rho}$，$k_3^2 = \omega^2 \varepsilon_0 \varepsilon_{\mathrm{r3}} \mu_0$。$\varepsilon_{\mathrm{r1}}$ 和 $\varepsilon_{\mathrm{r3}}$ 分别是自由空间和常规介质的相对介电常数。入射波幅度为 $H_0 = \sqrt{\dfrac{W}{m} \dfrac{\omega \varepsilon_0}{2}}$，入射波的功率密度为 $P_0 = \dfrac{\pi}{2\lambda} \dfrac{W}{m}$。异向介质圆柱的散射截面可以表示为

$$C^{\mathrm{sc}} = P^{\mathrm{sc}}/P_0 = \sum_{n=-\infty}^{\infty} |S_n|^2 \Big/ P_0 = \sum_{n=-\infty}^{\infty} \frac{2\lambda}{\pi} |S_n|^2 \tag{3.145}$$

每个角动量通道的散射截面满足 $|S_n| \leqslant 1$，即单通道散射极限 [31,32]。

为了实现各向异性异向介质圆柱的超散射，令各向异性异向介质层为氮化硼 [33,34]，常规介质层为二氧化硅。超散射的实现就是通过设计各向异性异向介质圆柱的几何参数，使多个角动量通道发生谐振。简单来说，就是利用散射计算理论和模拟退火优化算法 [35]，对分层介质圆柱的结构进行优化，进而实现总散射截面的最大化。最终得到的一组具有超散射现象的各向异性异向介质圆柱参数为 $a_1 = 0.12\ \mu\mathrm{m}$，$a_2 = 2.06\ \mu\mathrm{m}$，工作频率为 22.37 THz 和 47.54 THz。

图 3.3.4（a）绘制了无损耗情况下各向异性异向介质圆柱超散射的归一化总散射截面和单通道散射截面。在两个工作频率点，角动量通道 $n = \pm 1, \pm 2$ 的散射截面峰值相互重合，总散射截面为单通道散射极限的 3.99 倍，其中 $n = 1$ 与 $n = -1$，$n = 2$ 与 $n = -2$ 相互简并。对于尺寸小于波长的圆柱，其高阶角动量通道的散射截面一般比较小。因此，尽管图 3.3.4（a）中红线只是角动量通道 $n = \pm 1, \pm 2$ 散射截面的叠加，但它几乎和总散射截面相等，即所有角动量通道散射截面的累加。图 3.3.4（b）、（e）和（c）、（f）分别绘制了角动量通道 $n = \pm 1$ 和 $n = \pm 2$ 的散射场，散射场在前向是同相位，在后向是异相位。因此，当角动量通道 $n = \pm 1$ 和 $n = \pm 2$ 的散射场叠加起来时，各向异性异向介质圆柱表现为前向散射（相长干涉）明显大于后向散射（相消干涉），如图 3.3.4（d）和（g）所示。

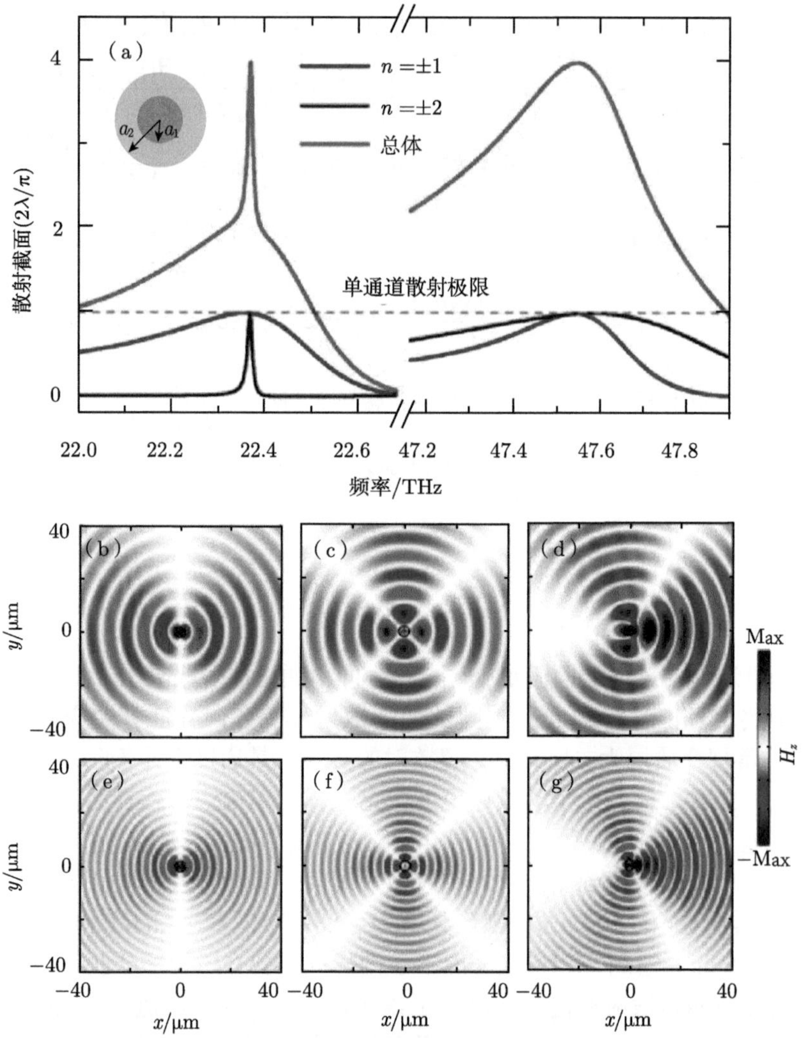

图 3.3.4　无损耗情况下各向异性异向介质圆柱超散射的归一化散射截面和场分布

在考虑损耗的情况下，如图 3.3.5（a）所示，各向异性异向介质圆柱的散射截面将受到抑制，特别是高阶角动量通道的散射截面。但是，总散射截面仍然超过了单通道散射极限，分别是单通道散射的 1.61 倍（22.37 THz）和 2.19 倍（47.54 THz）。在图 3.3.5（b）和（c）中，TM 极化平面波从左侧入射，经过各向异性异向介质圆柱后波形发生了明显扭曲，并在其后方留下了一个大于自身尺寸的阴影，与图 3.3.4（d）和（g）的分析完全一致。为便于比较，仿真了一个尺寸相同的二氧化硅圆柱。如图 3.3.5（d）和（e）所示，平面波穿过二氧化硅圆柱时波形几乎没有受到影响，与各向异性异向介质圆柱超散射形成鲜明对比。

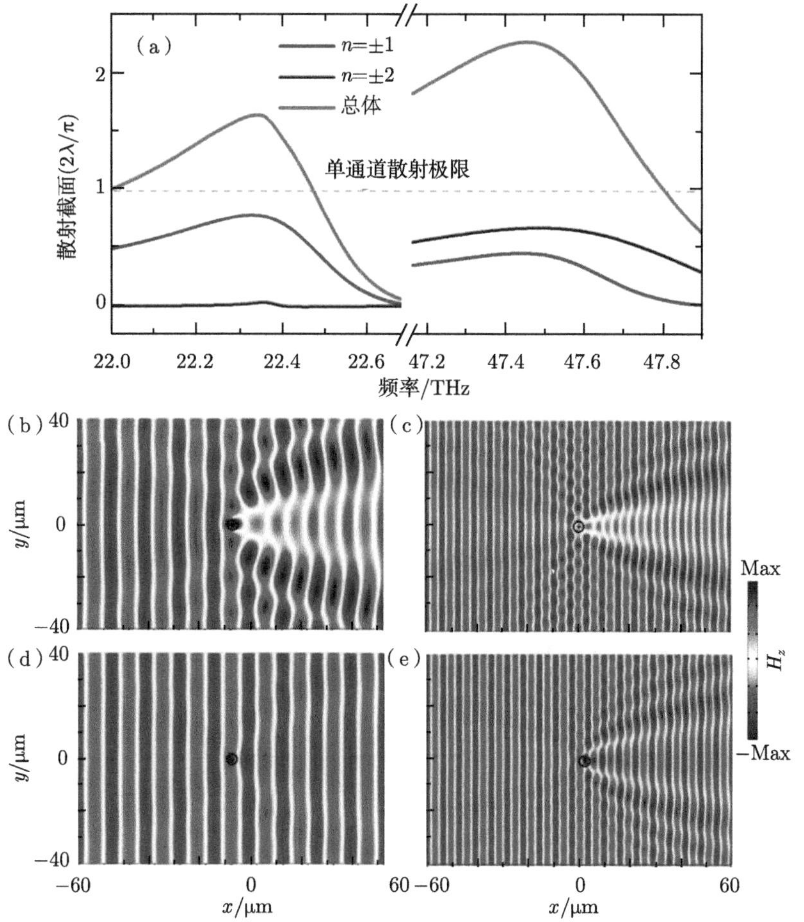

图 3.3.5 损耗情况下各向异性异向介质圆柱超散射的归一化散射截面和场分布

3.3.3 增益异向介质圆柱超散射

考虑一个二维圆柱散射体系，由介质和超构表面组成，如图 3.3.6 所示。超构表面可以通过表面阻抗 Z_S 描述。假设 TE 极化平面波入射到该散射体系上，根据柱坐标系中的米氏散射理论 [36]，在介质和自由空间区域中的场分量 E_z 和 H_θ 可以表示为

$$\begin{cases} E_{z1} = \sum\limits_{n=-\infty}^{\infty} \mathrm{i}^n \mathrm{J}_n(k_1\rho)\, \mathrm{e}^{\mathrm{i}n\theta} T_{21,n} \\ H_{\theta 1} = \sum\limits_{n=-\infty}^{\infty} \dfrac{-k_1}{\mathrm{i}\omega\mu_0} \mathrm{i}^n \dfrac{\partial \mathrm{J}_n(k_1\rho)}{\partial\rho} \mathrm{e}^{\mathrm{i}n\theta} T_{21,n} \end{cases} \tag{3.146}$$

$$\left\{\begin{aligned} E_{z2} &= \sum_{n=-\infty}^{\infty} \mathrm{i}^n \mathrm{H}_n^{(1)}(k_2\rho)\,\mathrm{e}^{\mathrm{i}n\theta} R_{21,n} + \mathrm{i}^n \mathrm{J}_n(k_2\rho)\,\mathrm{e}^{\mathrm{i}n\theta} \\ H_{\theta 2} &= \sum_{n=-\infty}^{\infty} \frac{-k_2}{\mathrm{i}\omega\mu_0}\left(\mathrm{i}^n \frac{\partial \mathrm{H}_n^{(1)}(k_2\rho)}{\partial\rho}\mathrm{e}^{\mathrm{i}n\theta} R_{21,n} + \mathrm{i}^n \frac{\partial \mathrm{J}_n(k_2\rho)}{\partial\rho}\mathrm{e}^{\mathrm{i}n\theta}\right) \end{aligned}\right. \tag{3.147}$$

式中，J_n 和 $\mathrm{H}_n^{(1)}$ 分别是第一类 n 阶贝塞尔函数和汉克尔函数，$k_1 = \dfrac{\omega}{c}\sqrt{\varepsilon_{\mathrm{r}1}}$，$k_2 = \dfrac{\omega}{c}\sqrt{\varepsilon_{\mathrm{r}2}}$，$\varepsilon_{\mathrm{r}1}$ 和 $\varepsilon_{\mathrm{r}2}$分别是区域 1（介质）和区域 2（自由空间）的相对介电常数。在式 (3.147) 中，汉克尔分量代表散射波，贝塞尔分量代表入射波。通过在 $\rho = a_1$ 处施加边界条件

$$E_{z1} = E_{z2}, \quad (H_{\theta 2} - H_{\theta 1}) = \frac{E_{z2}}{Z_{\mathrm{S}}} \tag{3.148}$$

可以得到

$$\left\{\begin{aligned} &\mathrm{J}_n(k_1\rho)\,T_{21,n} = \mathrm{H}_n^{(1)}(k_2\rho)\,R_{21,n} + \mathrm{J}_n(k_2\rho) \\ &\frac{k_2}{\omega\mu_2}\left(\frac{\partial \mathrm{H}_n^{(1)}(k_2\rho)}{\partial\rho}R_{21,n} + \frac{\partial \mathrm{J}_n(k_2\rho)}{\partial\rho}\right) - \frac{k_1}{\omega\mu_1}\frac{\partial \mathrm{J}_n(k_1\rho)}{\partial\rho}\cdot T_{21,n} \\ &= \frac{\left(\mathrm{H}_n^{(1)}(k_2\rho)\,R_{21} + \mathrm{J}_n(k_2\rho)\right)}{\mathrm{i}Z_{\mathrm{S}}} \end{aligned}\right. \tag{3.149}$$

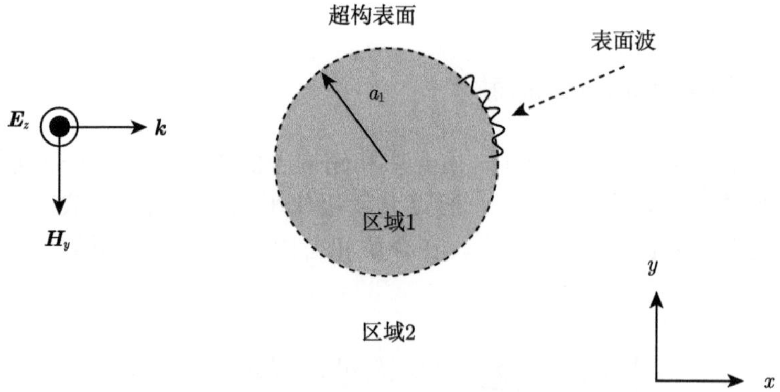

图 3.3.6　由介质和超构表面组成的二维圆柱散射体系

通过解上面这两个线性公式，可以确定两个未知因子 $R_{21,n}$ 和 $T_{21,n}$。$R_{21,n}$

（记为 S_n）是第 n 阶角动量通道的散射系数。通过选择 $H_0=\sqrt{\frac{W}{m}\frac{\omega\varepsilon_0}{2}}$，总散射截面可以简化为 $C^{\mathrm{sc}}=\sum\limits_{n=-\infty}^{\infty}C_n^{\mathrm{sc}}$，其中 $C_n^{\mathrm{sc}}=\frac{2\lambda}{\pi}|S_n|^2$。通常在被动系统中，$|S_n|\leqslant 1$（称为单通道散射极限）[36−38]，因此在二维情况下，总有 $C_n^{\mathrm{sc}}\leqslant\frac{2\lambda}{\pi}$。

除了总的散射截面，还可以利用任意方位角的横截面作为方位角 θ 的函数，对远场辐射方向图进行表征。对于一个二维物体，该散射参数也称为散射宽度或以长度为单位的雷达散射截面，其形式如下

$$C^{\mathrm{rcs}}=\lim_{\rho\to\infty}2\pi\rho\frac{|E_z^{\mathrm{s}}|^2}{|E_z^{\mathrm{i}}|^2}=\frac{2\lambda}{\pi}\left|\sum_{n=0}^{n=\infty}\varepsilon_n S_n\cos(n\theta)\right|^2 \quad 和 \quad \varepsilon_n=\begin{cases}1, & n=0\\ 2, & n\neq 0\end{cases} \tag{3.150}$$

散射截面与散射宽度之间的关系可以表示为

$$C^{\mathrm{sc}}=\frac{1}{2\pi}\int_0^{2\pi}C^{\mathrm{rcs}}\mathrm{d}\theta \tag{3.151}$$

这个公式有助于分析二维分层介质圆柱的散射。

根据时域耦合模式理论，第 n 阶角动量通道的散射系数可以表示为 $|S_n|=|\gamma_{\mathrm{leak}}^n/[\mathrm{i}(\omega_0-\omega)+\gamma_{\mathrm{loss}}^n+\gamma_{\mathrm{leak}}^n]|$，其中 ω_0 为谐振频率，γ_{loss}^n 和 γ_{leak}^n 分别为本征损耗率和外泄漏率，分别代表焦耳热产生和耦合到远场的能量耗散方式。当 $\gamma_{\mathrm{loss}}^n<0$ 时，散射系数会显著增加。原则上，在 $\gamma_{\mathrm{loss}}^n=-\gamma_{\mathrm{leak}}^n$ 处可以预测到一个无穷大的谐振（即 $\omega=\omega_0$）散射截面。因此，在增益体系中，散射极限将会失效，可以无限增大散射截面。在视觉效果上，有望构建比物体本身尺寸大得多的“像”。

第 n 阶角动量通道的散射截面为 $\gamma_{\mathrm{loss}}^n/\gamma_{\mathrm{leak}}^n$ 的函数。传统的散射增强工作主要集中在图 3.3.7 (a) 的绿色区域（$\gamma_{\mathrm{loss}}^n>0$）。该区域受限于单通道散射极限，即 $|S_n|<1$。在实际应用中，考虑到介质的损耗，散射增强效果可能会大大减弱，甚至消失。因此，通过使用增益异向介质（$\gamma_{\mathrm{loss}}^n<0$，图 3.3.7 (a) 的红色区域)，可以克服单通道散射的限制。如图 3.3.7 (b) 所示，仅通过一个角动量通道就能显著增强总的散射效果。这种增益辅助散射增强方法被称为单通道超散射，与多通道超散射形成鲜明的对比（图 3.3.7 (c)）。

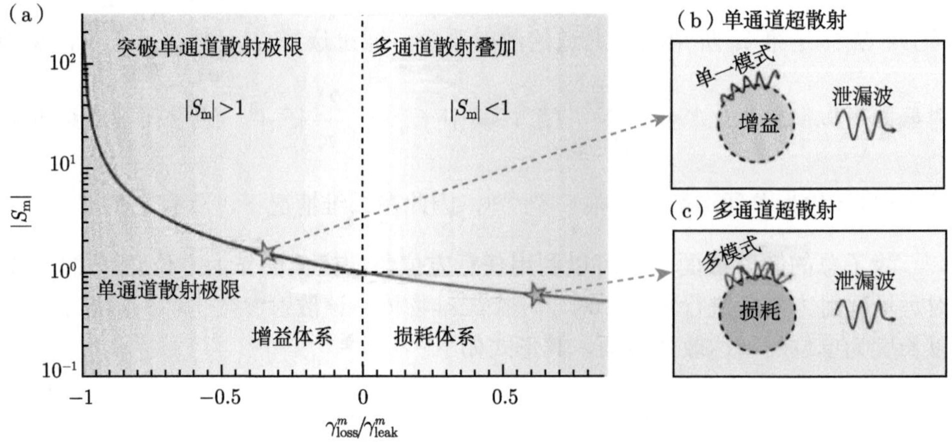

图 3.3.7　增益异向介质（$\gamma_{\text{loss}}^m < 0$）超散射原理示意图

3.4　球体超散射

考虑自由空间中的球体粒子，球心位于坐标系原点 [39]。为了描述球体粒子的电磁散射过程，将球体外的电磁场展开为由 (l,n,σ) 标记的不同角动量通道，其中 l 表示总的角动量，n 对应于沿 $\hat{\boldsymbol{z}}$ 方向的角动量分量，并且满足条件 $-1 \leqslant n \leqslant l$，$\sigma$ 表示极化。在任意角动量 (l,n) 下，有两个正交极化：TM 极化和 TE 极化。对于 TM（TE）极化，磁场（电场）可以写为

$$\boldsymbol{H}_{\text{TM}} = \sqrt[4]{\frac{\varepsilon_0}{\mu_0}}\nabla \times \hat{\boldsymbol{r}}\varPhi_{\text{TM}} \left(\boldsymbol{E}_{\text{TE}} = \sqrt[4]{\frac{\mu_0}{\varepsilon_0}}\nabla \times \hat{\boldsymbol{r}}\varPhi_{\text{TE}}\right) \tag{3.152}$$

式中，$\varPhi_{\text{TM}}\,(\varPhi_{\text{TE}})$ 与电场（磁场）的标量势成正比，并满足球坐标系中的波动方程。根据上述展开形式，自由空间中的标量势可以写为

$$\varPhi_\sigma = \sum_{l=1}^{\infty}\sum_{n=-l}^{l} A_{l,n}\left(a_{l,n,\sigma}^{+}\text{h}_l^{(2)}(kr) + a_{l,n,\sigma}^{-}\text{h}_l^{(1)}(kr)\right) \times \text{P}_l^{|n|}(\cos\theta)\exp(\text{i}n\phi) \tag{3.153}$$

式中，$A_{l,n}$ 是归一化常数，(r,θ,ϕ) 是以球体粒子中心为坐标系原点的球坐标，$\text{h}_l^{(1)}\left(\text{h}_l^{(2)}\right)$ 是第一（第二）类 l 阶球汉克尔函数，P_l^n 是连带勒让德多项式。求和项排除了 $r=0$ 项，这是因为其仅是 r 的函数，因此不会对电磁场产生贡献。由于 $\text{h}_l^{(1,2)}(kr) \to \text{e}^{\text{i}(l\pi/2+\pi/4)}\text{e}^{(+,-)\text{i}kr}/kr$，可以将 $a_{l,n,\sigma}^{+}$ 和 $a_{l,n,\sigma}^{-}$ 分别定义为入射波和出射波的幅度。通过对 $r=\infty$ 封闭球面上的坡印亭矢量进行积分，可以得到每

个通道中入射波或出射波携带的功率

$$P_{l,n,\sigma}^{\pm}=\frac{2\pi}{k^2}\frac{l(l+1)}{(2l+1)}\frac{(l+|n|)!}{(l-|n|)!}|A_{l,n}|^2\left|a_{l,n,\sigma}^{\pm}\right|^2 \tag{3.154}$$

因此，通过选择归一化常数

$$A_{l,n}=k\sqrt{\frac{1}{2\pi}\frac{(2l+1)}{l(l+1)}\frac{(l-|n|)!}{(l+|n|)!}} \tag{3.155}$$

可以得到 $\left|a_{l,n,\sigma}^{+}\right|^2$ 和 $\left|a_{l,n,\sigma}^{-}\right|^2$ 分别表示 (l,n,σ) 散射通道中入射波和出射波的功率。

对于具有球对称性的散射体，不同通道不会相互叠加。因此，对于每个通道，可以定义反射系数

$$R_{l,\sigma}\equiv\frac{a_{l,n,\sigma}^{-}}{a_{l,n,\sigma}^{+}} \tag{3.156}$$

需要注意的是，由于球对称性，$R_{l,\sigma}$ 是 σ 和 l 的函数，但不是 n 的函数。此外，根据能量守恒定律，有

$$|R_{l,\sigma}|\leqslant 1 \tag{3.157}$$

接下来计算球体的散射截面和吸收截面。考虑沿着 $\hat{\boldsymbol{z}}$ 方向传播，极化方向沿 $\hat{\boldsymbol{x}}$ 方向的平面波，即 $\boldsymbol{E}^{\rm inc}=\hat{\boldsymbol{e}}_x\exp({\rm i}kz)$。入射场可以用电场和磁场的标量势描述 [30]

$$\varPhi_\sigma^{\rm inc}=\sum_{l=1}^{\infty}\sum_{n=-1,1}B_\sigma\sqrt[4]{\frac{\varepsilon_0}{\mu_0}}\frac{{\rm i}^l}{2}\frac{(2l+1)}{l(l+1)}{\rm j}_l(kr)\,{\rm P}_l^{|n|}(\cos\theta)\,{\rm e}^{{\rm i}n\phi} \tag{3.158}$$

式中，$B_\sigma=1$ 和 i 分别对应 TM 极化和 TE 极化。类似地，球体外散射场的标量势为

$$\varPhi_\sigma^{\rm sc}=\sum_{l=1}^{\infty}\sum_{n=-1,1}B_\sigma\sqrt[4]{\frac{\varepsilon_0}{\mu_0}}\frac{i^l}{2}\frac{(2l+1)}{l(l+1)}S_{l,\sigma}{\rm h}_l^{(1)}(kr)\times{\rm P}_l^{|n|}(\cos\theta)\,{\rm e}^{in\phi} \tag{3.159}$$

式中，$S_{l,\sigma}$ 是 (l,n,σ) 散射通道的散射系数。

注意到 $\varPhi_\sigma=\varPhi_\sigma^{\rm inc}+\varPhi_\sigma^{\rm sc}$，并将 $\varPhi_\sigma$ 与式 (3.153) 进行比较，有

$$S_{l,\sigma}=\frac{R_{l,\sigma}-1}{2} \tag{3.160}$$

此外，$(l,n=\pm1,\sigma)$ 散射通道中的散射功率为

$$P_{l,n,\sigma}^{\mathrm{sc}} = \left| B_l \sqrt[4]{\frac{\varepsilon_0}{\mu_0}} \frac{i^l}{2} \frac{(2l+1)}{l(l+1)} S_{l,\sigma} \right|^2 / |A_{l,n}|^2 = \frac{\pi}{2k^2} \sqrt{\frac{\varepsilon_0}{\mu_0}} (2l+1) |S_{l,\sigma}|^2 \tag{3.161}$$

因此，总的散射截面为

$$C^{\mathrm{sc}} = \sum_{\sigma} \sum_{l=1}^{\infty} \frac{\lambda^2}{2\pi} (2l+1) |S_{l,\sigma}|^2 = \sum_{\sigma} \sum_{l=1}^{\infty} \frac{\lambda^2}{2\pi} (2l+1) \times \left| \frac{R_{l,\sigma} - 1}{2} \right|^2 \tag{3.162}$$

总的吸收截面为

$$C^{\mathrm{abs}} = \sum_{\sigma} \sum_{l=1}^{\infty} \frac{\lambda^2}{8\pi} (2l+1) \left[1 - |R_{l,\sigma}|^2 \right] \tag{3.163}$$

根据式 (3.157) 可以得到，对于给定的极化，所有具有角动量 l 的通道的散射截面之和不超过 $(2l+1)\lambda^2/2\pi$，吸收截面不超过 $(2l+1)\lambda^2/8\pi$。当 $R_{l,\sigma} = -1$ 时，将出现散射峰值，当 $R_{l,\sigma} = 0$ 时，将产生吸收峰值。

对于尺寸远小于波长的亚波长球体粒子，通常只有支持谐振的通道才对总截面有显著影响。当 (l, n, σ) 的散射通道中存在谐振时，散射过程可以通过时域耦合模式理论计算。因此，反射系数的一般公式可以表示为 [26,27]

$$R_{l,\sigma} = \frac{\mathrm{i}(\omega_0 - \omega) + \gamma_0 - \gamma}{\mathrm{i}(\omega_0 - \omega) + \gamma_0 + \gamma} \tag{3.164}$$

式中，ω 表示入射波的频率，ω_0 表示谐振频率，γ_0 表示由于介质吸收引起的固有损耗率，γ 描述的是谐振过程中能量通过耦合到外部出射波而泄漏的速率。所有这些谐振的参数都依赖于 l 和 σ。因此，利用式 (3.161)，并对 $n = \pm 1$ 的通道求和，所有具有角动量 l 的通道的散射截面之和为

$$C_{l,\sigma}^{\mathrm{sc}} = (2l+1) \frac{\lambda^2}{2\pi} \frac{\gamma^2}{(\omega - \omega_0)^2 + (\gamma_0 + \gamma)^2} \tag{3.165}$$

在其他角动量通道中，若不存在谐振，总的散射截面呈现洛伦兹谱线形状，在谐振频率 ω_0 处，峰值为 $(2l+1)\dfrac{\lambda^2}{2\pi}\dfrac{\gamma^2}{(\gamma_0+\gamma)^2}$。在强耦合区域，即 $\gamma \gg \gamma_0$，总的散射截面的最大值为 $(2l+1)\lambda^2/2\pi$。因此，可以将总的散射截面超过 $(2l_{\max}+1)\lambda^2/2\pi$ 的亚波长颗粒称为超散射，其中 $l_{\max}$ 是总角动量的最大值。

为了得到各向同性异向介质球体超散射，以分层球体结构模型为例，如图 3.4.1 (a) 中插图所示。内、外层为金属，由 Drude 模型描述，$\varepsilon_n = 1 - \omega_{\mathrm{p}}^2/(\omega^2 + \mathrm{i}\gamma_{\mathrm{d}}\omega)$，中间层为常规介质。需要注意的是，类似的分层结构已经被应用于设计柱体超散射 [24]。图 3.4.1 表示无损耗情况下各向同性异向介质球体超散射的归一化散射截

面和场分布。从图 3.4.1（a）中可以发现，当频率为 $0.2932\omega_\mathrm{p}$ 时，总的散射截面峰值为 $15.2(\lambda^2/2\pi)$ 或 $2.42\lambda^2$。与式 (3.165) 一致，不同角动量 l 都呈现洛伦兹谱线形状，在频率约为 $0.2932\omega_\mathrm{p}$ 附近，峰值为 $(2l+1)\lambda^2/2\pi$。图 3.4.1（b）表示频率为 $0.2932\omega_\mathrm{p}$ 的平面波从左侧入射到球体粒子时，E_x 场的分布情况。球体粒子背后留下了显著的阴影。图中所描述的坡印亭矢量的“流线”展示了球体粒子周围功率流的重新分配。

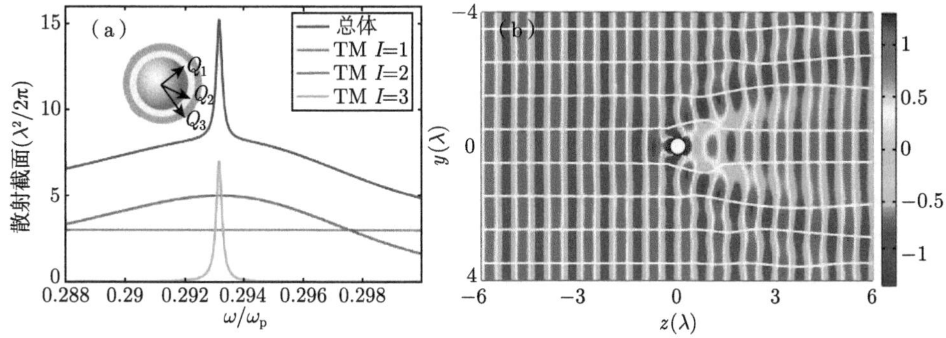

图 3.4.1 无损耗情况下各向同性异向介质球体超散射的归一化散射截面和场分布

对于有损耗的情况，可以通过设置 $\gamma_\mathrm{d}=\gamma_\mathrm{bulk}+A\times V_\mathrm{F}/l_\mathrm{r}$，考虑电子的散射效应。$\gamma_\mathrm{bulk}=0.002\omega_\mathrm{p}$ 适用于室温下的银，$A\approx 1$，$V_\mathrm{F}=7.37\times 10^{-4}\lambda_\mathrm{p}\omega_\mathrm{p}$ 是银的费米速度，l_r 是电子的平均自由程。在所设计的结构模型中，内层金属满足 $l_\mathrm{r}=\rho_1$，外层金属满足 $l_\mathrm{r}=\rho_3-\rho_2$。在频率为 $0.2932\omega_\mathrm{p}$ 时，总的散射截面峰值将降至 $6.1\lambda^2/2\pi$，如图 3.4.2 所示。由于散射主要来自 $l=1,2$ 通道，因此该峰

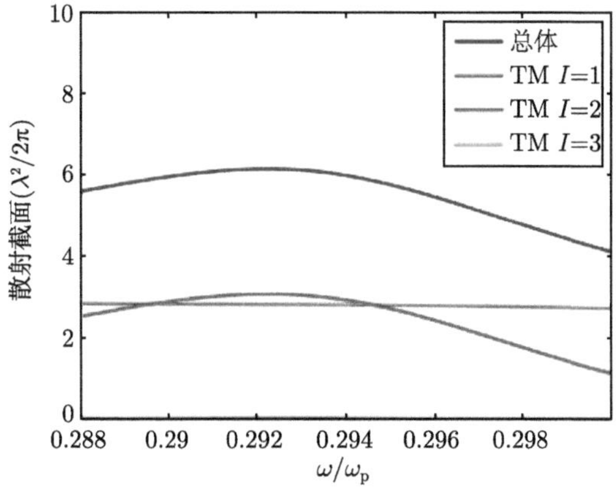

图 3.4.2 损耗情况下各向同性异向介质球体超散射的归一化散射截面

值仍超过了 $(2l_{\max}+1)\lambda^2/2\pi$。需要注意的是，$l=3$ 通道的谐振将不会影响总的散射截面，这是因为它们不处于耦合区域。

参考文献

[1] Richmond J. Scattering by a dielectric cylinder of arbitrary cross section shape [J]. IEEE Transactions on Antennas and Propagation, 1965, 13(3): 334-341.

[2] Videen G, Ngo D. Light scattering from a cylinder near a plane interface: Theory and comparison with experimental data [J]. Journal of the Optical Society of America A, 1997, 14(1): 70-78.

[3] Soric J C, Fleury R, Monti A, et al. Controlling scattering and absorption with metamaterial covers [J]. IEEE Transactions on Antennas and Propagation, 2014, 62(8): 4220-4229.

[4] Kundtz N, Gaultney D, Smith D R. Scattering cross-section of a transformation optics-based metamaterial cloak [J]. New Journal of Physics, 2010, 12(4): 043039.

[5] Maccaferri N, Zhao Y, Isoniemi T, et al. Hyperbolic meta-antennas enable full control of scattering and absorption of light [J]. Nano Letters, 2019, 19(3): 1851-1859.

[6] Bowen P T, Baron A, Smith D R. Theory of patch-antenna metamaterial perfect absorbers [J]. Physical Review A, 2016, 93(6): 063849.

[7] Liu Y, Jia Y, Zhang W, et al. An integrated radiation and scattering performance design method of low-RCS patch antenna array with different antenna elements [J]. IEEE Transactions on Antennas and Propagation, 2019, 67(9): 6199-6204.

[8] Chen P Y, Soric J, Alù A. Invisibility and cloaking based on scattering cancellation [J]. Advanced Materials, 2012, 24(44): OP281-OP304.

[9] Bruning J, Lo Y. Multiple scattering of EM waves by spheres part I-Multipole expansion and ray-optical solutions [J]. IEEE Transactions on Antennas and Propagation, 1971, 19(3): 378-390.

[10] Bruning J, Lo Y. Multiple scattering of EM waves by spheres part II–Numerical and experimental results [J]. IEEE Transactions on Antennas and Propagation, 1971, 19(3): 391-400.

[11] Videen G. Light scattering from a sphere on or near a surface [J]. Journal of the Optical Society of America A, 1991, 8(3): 483-489.

[12] Tzarouchis D, Sihvola A. Light scattering by a dielectric sphere: Perspectives on the Mie resonances [J]. Applied Sciences, 2018, 8(2): 184.

[13] Kahn W, Kurss H. Minimum-scattering antennas [J]. IEEE Transactions on Antennas and Propagation, 1965, 13(5): 671-675.

[14] Sanford J R. Scattering by spherically stratified microwave lens antennas [J]. IEEE Transactions on Antennas and Propagation, 1994, 42(5): 690-698.

[15] Wong K L, Chen H T. Electromagnetic scattering by a uniaxially anisotropic sphere [C]. IEE Proceedings H, 1992, 139(4): 314-318.

[16] Geng Y L, Wu X B, Li L W. Characterization of electromagnetic scattering by a plasma anisotropic spherical shell [J]. IEEE Antennas and Wireless Propagation Letters, 2004, 3: 100-103.

[17] Alù A. Mantle cloak: Invisibility induced by a surface [J]. Physical Review B—Condensed Matter and Materials Physics, 2009, 80(24): 245115.

[18] Chen H, Wu B O, Zhang B, et al. Electromagnetic wave interactions with a metamaterial cloak [J]. Physical Review Letters, 2007, 99(6): 063903.

[19] Qian C, Chen H. A perspective on the next generation of invisibility cloaks—intelligent cloaks [J]. Applied Physics Letters, 2021, 118(18): 180501.

[20] Kuznetsov A I, Miroshnichenko A E, Brongersma M L, et al. Optically resonant dielectric nanostructures [J]. Science, 2016, 354(6314): 2472.

[21] Atwater H A, Polman A. Plasmonics for improved photovoltaic devices [J]. Nature Materials, 2010, 9(3): 205-213.

[22] Hsu C W, Zhen B, Qiu W, et al. Transparent displays enabled by resonant nanoparticle scattering [J]. Nature Communications, 2014, 5(1): 3152.

[23] Yang T, Chen H, Luo X, et al. Superscatterer: enhancement of scattering with complementary media [J]. Optics Express, 2008, 16(22): 18545-18550.

[24] Ruan Z, Fan S. Superscattering of light from subwavelength nanostructures [J]. Physical Review Letters, 2010, 105(1): 013901.

[25] Zhou M, Shi L, Zi J, et al. Extraordinarily large optical cross section for localized single nanoresonator [J]. Physical Review Letters, 2015, 115(2): 023903.

[26] Hamam R E, Karalis A, Joannopoulos J D, et al. Coupled-mode theory for general free-space resonant scattering of waves [J]. Physical Review A, 2007, 75(5): 053801.

[27] Ruan Z, Fan S. Temporal coupled-mode theory for fano resonance in light scattering by a single obstacle [J]. The Journal of Physical Chemistry C, 2010, 114(16): 7324-7329.

[28] Fan S, Suh W, Joannopoulos J. Temporal coupled-mode theory for the fano resonance in optical resonators [J]. Journal of the Optical Society of America A, 2003, 20(3): 569-572.

[29] Haus H A. Waves and Fields in Optoelectronics [M]. Englewood Cliffs, NJ: Prentice-Hall, 1984.

[30] Chew W C. Waves and Fields in Inhomogeneous Media [M]. New York: Springer, 1990.

[31] Aizpurua J, Hanarp P, Sutherland D S, et al. Optical properties of gold nanorings [J]. Physical Review Letters, 2003, 90(5): 057401.

[32] Tribelsky M I, Luk'yanchuk B S. Anomalous light scattering by small particles [J]. Physical Review Letters, 2006, 97(26): 263902.

[33] Xu X G, Ghamsari B G, Jiang J H, et al. One-dimensional surface phonon polaritons in boron nitride nanotubes [J]. Nature Communications, 2014, 5(1):4782.

[34] Bechelany M, Bernard S, Brioude A, et al. Synthesis of boron nitride nanotubes by a template-assisted polymer thermolysis process [J]. The Journal of Physical Chemistry C, 2007, 111(36): 13378-13384.

[35] Kirkpatrick S, Gelatt C D, Vecchi M P. Optimization by simulated annealing [J]. Science, 1983, 220(4598): 671-680.

[36] Bohren C F, Huffman D R. Absorption and Scattering of Light by Small Particles [M]. New York: John Wiley & Sons, 2008.

[37] Liu W. Superscattering pattern shaping for radially anisotropic nanowires [J]. Physical Review A, 2017, 96(2): 023854.

[38] Qian C, Lin X, Yang Y, et al. Experimental observation of superscattering [J]. Physical Review Letters, 2019, 122(6): 063901.

[39] Ruan Z, Fan S. Design of subwavelength superscattering nanospheres [J]. Applied Physics Letters, 2011, 98(4): 043101.

第 4 章　异向介质的电磁隐身

4.1　电磁隐身简介

隐身是人类长期以来的梦想，或许可以追溯到人类文明的起源。一直以来，关于“看不见”和“无法探测”这些概念，也多次出现在神话、传奇故事、民间传说以及科幻小说、电影、电视剧和电子游戏中。例如，在希腊神话中，珀尔修斯（宙斯之子）通过佩戴隐身头盔杀死了美杜莎；在古希腊，柏拉图在《理想国》中描述了可以按照人们意愿实现隐身的裘格斯戒指；在罗琳的《哈利・波特》系列中，主角哈利拥有一件隐身斗篷；在科幻电影《铁血战士》中，外星生物铁血战士拥有包括隐身在内的先进科技；许多科幻小说中的星际飞船也具备隐身能力。然而，这些只是虚构的故事，无法影响现实生活。

4.1.1　电磁隐身的基本概念

为了更好地理解电磁隐身，首先需要明确“隐身（invisibility）”的含义。按照字面意思，隐身是指肉眼无法看到观察范围内的物体。在现实世界中，隐身可以分为几种不同类型。例如，当物体的颜色与背景相同时，它会变得难以识别，这通常被称为伪装。该现象普遍存在于自然界中，比如某些动物具有与生存环境相似的颜色，从而达到迷惑天敌或寻找食物的目的。另一类实现“无法探测”的方法是阻止物体的信息到达探测装置（例如雷达），这通常可以用特定几何结构和吸收表面来实现。此外，还有一种隐身类型是使物体既不反射光，也不吸收任何能量，也就是使物体的散射性能与周围环境保持一致。

依据实时适应性，伪装技术可以分为两类：静态伪装和动态伪装。静态伪装广泛存在于自然界，是变异和进化的结果。许多动物具有和背景相似的颜色和形态，能够躲避捕食者并提高捕猎的成功率。科学家借鉴了动物的静态伪装，发明了迷彩服，使目标物体的反射光与周围环境相似，从而在一定程度上迷惑观察者，降低被发现的概率。动态伪装则能使物体根据环境自适应地变化，从而实时隐藏。自然界中最著名的例子就是变色龙，它们能够通过改变皮肤颜色实现伪装、通信以及体温调节的功能。科学家利用摄像机和投影设备实现了人工动态伪装技术。该伪装系统将摄像机放置于物体背面拍下背景图像，通过计算机处理之后，用投影机将背景图像投射到被隐蔽物体的正面。在这种情况下，观察者将会看到物体背面的背景图像，产生物体透明的错觉。

隐形技术，也称为低可侦测性技术，是通过各种手段改变目标物体的可探测信息特征，从而降低甚至阻止探测系统获取该信息，实现对目标物体的保护。隐形技术是伪装技术的延伸和应用。一般而言，任何能够减少目标物体可见度的技术都可以被称为隐形技术。由于雷达是目前探测军用飞机的主要手段，隐形技术通常用于降低飞机的雷达信号反射。为实现这一目标，科学家采用了多种方法，例如使用吸波介质减少雷达信号的反射，或通过平整表面和锐角边缘改变雷达信号的反射方向，使其远离探测器。

从上述介绍可以发现，无论是伪装技术还是隐形技术都无法得到理想的隐身效果，具有一定的局限性。完美的隐身器件应该具有与周围环境相同的电磁散射特性。换句话说，隐身器件以及隐身物体所组成的系统，不会反射任何电磁波，也不会产生任何阴影。无论是通过计算机调控的自适应伪装技术还是减小雷达的探测截面的隐形技术都不能认为是真正意义上的隐身器件。幸运的是，坐标变换和异向介质的出现，为调控电磁波传播并设计电磁隐身器件带来了更多的可能性，为人类古老的隐身梦想指引了方向。坐标变换，包括变换光学和保角变换，能够实现宏观物体的隐身，且设计的结构与隐身物体之间不存在相互作用，一经提出就引起了科学界的广泛关注。换句话说，基于坐标变换的隐身器件具有类似神话中的隐身功能：构造出一个封闭曲面容纳任意物体并使之隐身。

一般情况下，当电磁波入射到物体时，会发生散射，通过散射可以感知物体的存在 [图 4.1.1 (a)]。散射定义为电磁波与物体相互作用后减去无物体背景场的总场。因此，散射包括反射和吸收损耗。隐身器件的作用是抑制物体的散射，引导电磁波绕过物体，使其看起来就像不存在一样 [图 4.1.1 (b)]。理想的隐身器件应具备以下特性：零散射、全方向性、全极化、宽频带、相位幅度保持一致，且工作不受被隐身物体和周围环境影响等。然而，真正意义上的隐身器件长期以来被认为是不可能实现的。直到 21 世纪初，随着异向介质以及坐标变换等的出现，研究人员才提出了一系列设计方法，致力于实现具有应用价值的隐身器件。

在科技不断发展的过程中，电磁隐身技术已从简单的视觉欺骗手段逐渐演变为精密化、系统化的现代技术体系。采用合理设计的电磁参数，电磁隐身技术可以灵活地操控电磁波的传播与散射，有效地降低物体被探测的可能性。随着异向介质的引入，电磁隐身技术展现了更多的潜力。异向介质能够改变电磁波的传播特性，有效调控其反射、透射和吸收等行为，有望进一步增强隐身效果。同时，异向介质的应用为电磁隐身技术的发展带来了新的机遇，赋予其在军事和民用等领域更广阔的应用前景。

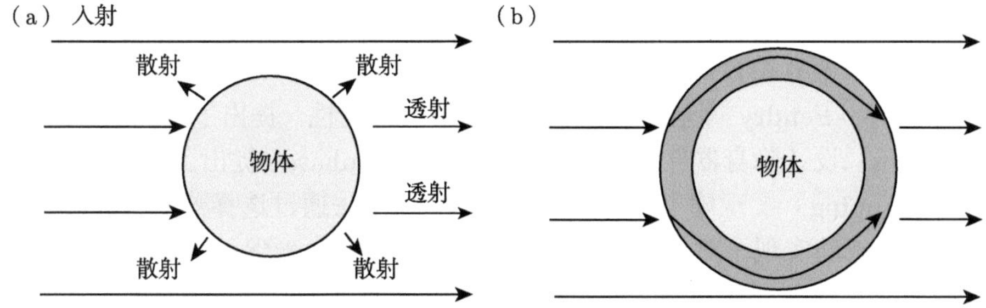

图 4.1.1 电磁隐身的基本概念

4.1.2 电磁隐身的发展历程

1975 年，Kerker 推导了描述包含内部椭球区域和外部同焦椭球壳的小型非吸收化合物椭球体对电磁辐射散射的表达式。他发现，某些介电常数的组合可以使散射为零，从而使该物体不可见 [1]。1978 年，Devaney 研究了逆散射问题，发现无论是精确散射理论还是一阶玻恩近似，任何单一实验产生的数据都不足以唯一确定散射势函数 [2]。换句话说，在任意有限多的角度下测量物体散射无法唯一确定物体。1993 年，Wolf 等发现在一阶玻恩近似范围内，不存在对所有入射方向都不可见的物体，即既没有确定的非散射散射体，也没有随机的非散射散射体，因此无限多角度散射测量可以唯一确定物体，物体无法隐身 [3]。研究人员也进一步通过数学证明了物体无法实现理想隐身 [4,5]。然而，上述结论都是基于自然界中存在的常规介质，并没有考虑异向介质的情况。

另一方面，1994 年，Nicorovici 等发现在准静态极限下，负介电常数外壳可以使正介电常数的核心对外部场不可见 [6]。这种效应可用于在外壳外一定距离范围内实现离散偶极子的隐身 [7]。2005 年，Alù 等发现一个小颗粒的散射截面可以通过一个负介电常数外壳减小，这是一种近似的电磁波隐身形式 [8]。2003 年，Greenleaf 等发现推前映射可用于设计各向异性电导率，使区域对电阻抗断层成像检测不可见 [9,10]。这实际上是在准静态极限下的一种隐身装置。

事实上，早在 1961 年，Dolin 就注意到了坐标变换与介质电磁参数之间的对应关系 [11]

$$\varepsilon'^{i'j'} = \left|\det\left(\Lambda_i^{i'}\right)\right|^{-1} \Lambda_i^{i'} \Lambda_j^{j'}, \quad \mu'^{i'j'} = \left|\det\left(\Lambda_i^{i'}\right)\right|^{-1} \Lambda_i^{i'} \Lambda_j^{j'} \mu'^{i'j'} \tag{4.1}$$

式中，$\Lambda_\alpha^{\alpha'} = \partial x'^{\alpha'} / \partial x^\alpha$ 表示虚空间与实空间坐标变换前后的雅可比矩阵 [12]。然而，这种对应关系在 2006 年之前通常被视为一种数学技巧，而不是物理研究的主题。从式 (4.1) 可以明显看出，由于雅可比矩阵是一个数学对象，因此变换后的介电常数和磁导率张量可以取任何值，不受物理约束。与物理学和工程学的密切联系始于异向介质的出现，它不仅将介电常数和磁导率的可能取值范围扩展到负值，还延伸了两者结合在负折射率方面的现象。

2006 年，Pendry 等基于麦克斯韦方程组的协变性，提出了变换光学（transform optics）设计隐身器件的方法 [13]；同年，Leonhardt 提出了保角变换（conformal mapping）实现隐身器件的构想 [14]，该方法通过选择黎曼叶和支路的位置和大小，成功实现了对大部分光线的隐身效果。变换光学之所以引起广泛关注，主要是因为它改变了人们的认知，将之前被认为是纯粹数学的概念转化为实际应用。其中一个最突出的例子是推前映射：即某一坐标系中的点或线被变换为另一坐标系中的球体或圆柱体。由于点或线是最小或最薄的数学实体，因此没有任何事物可以进入到其中。在变换后的坐标系中，变换光学迫使电磁波在局部跟随被扭曲的坐标系，导致电磁波无法进入球体或圆柱体的区域（图 4.1.2）。因此，球体或圆柱体内的任何物体都将变得不可见。变换光学提供了用于实现隐身器件所需的介质电磁参数的空间分布，其符合式 (4.1)。由于推前映射仅影响空间的一个紧凑区域，因此所需的介质也是有限的。

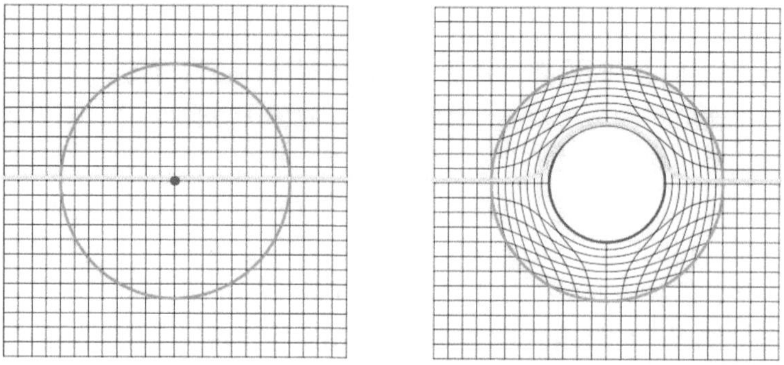

图 4.1.2 变换光学隐身原理

自变换光学理论发表以来，国内外众多大学与研究所在隐身器件设计和实验方面作了探索。在设计方面：杜克大学 Cummer 等利用数值仿真方法对圆柱隐身器件进行了全波电磁分析 [15]；斯坦福大学 Miller 提出了通过人为施加表面源实现物体隐身的方法 [16]；普渡大学 Shalaev 等提出了利用高阶坐标变换实现边界阻抗匹配，减少隐身器件散射的设计方法 [17]，并在同一年提出了一种无磁化光频段圆柱隐身器件的设计方法 [18]；Pendry 等提出了宽频地毯式隐身器件的设计方法 [19]；Leonhardt 等提出了非欧几里得空间中宽频隐身器件的设计方法 [20]；浙江大学孔金瓯等针对隐身器件电磁参数随空间连续变化的问题，提出了均匀坐标变换的设计方法等 [21]。在实验方面：杜克大学 Smith 等设计并实验验证了首个基于变换光学的电磁波隐身器件 [22]，并在微波频段实验验证了宽频地毯式隐身

器件 [23]；加州大学伯克利分校张翔等在光频段实现了基于介质的宽频地毯式隐身器件 [24]；康奈尔大学 Lipson 等利用硅纳米结构同样实现了宽频地毯式隐身器件 [25]；德国卡尔斯鲁厄大学 Wegener 等将二维地毯式隐身器件拓展到三维情况，并在光频段进行了实验验证 [26]；同年，东南大学崔铁军等也在微波频段实现了三维地毯式隐身器件 [27]。针对隐身器件电磁参数的空间非均匀性和各向异性问题，Smith 和陈红胜等分别在均匀坐标变换的基础上，设计并实现了一维全参数隐身器件以及可见光频段柱体隐身器件等 [28−31]。此外，针对宽频地毯式隐身器件会引发横向偏移的问题 [32]，丹麦科技大学 Mortensen 等在红外频段成功利用硅实现了各向异性的地毯式隐身器件 [33]；南京大学冯一军等成功验证了微波频段的各向异性电磁隐身器件 [34]；新加坡南洋理工大学张柏乐等和英国伯明翰大学张霜等分别设计和实现了基于方解石的可见光地毯式隐身器件 [35,36]。

当然，还有许多大学和研究机构在隐身器件领域做出了杰出的贡献 [37−50]，在这里不再一一列举。从上述例子中可以看出，隐身器件研究领域的一个发展趋势：工作频段从微波频段扩展到光频段，结构从二维演变到三维，材料制备从复杂到简单等。隐身研究曾多次被《科学》杂志评为十大科技突破和科技进展。2021 年，《科学》杂志将“我们可以制作出真人大小的隐身斗篷？”列为全球最前沿的 125 个重大科学问题之一，再次将电磁隐身研究推到了科研前沿。这也是本书单独设立电磁隐身章节的主要原因之一，期待未来能够实现真正意义上的“隐身斗篷”。

4.2 坐标变换理论模型

坐标变换用于描述空间实体的位置变化，即将一种坐标系变换为另一坐标系。新坐标系可以与原坐标系是同类型的（通过坐标轴的平移或旋转等获得）；也可以是不同类型的（例如由直角坐标系变为极坐标系）。根据麦克斯韦方程组的协变性，麦克斯韦方程组的形式在任意坐标系下保持不变，因此在坐标变换过程中，仅有电场、磁场及其相应的电磁参数发生变化。本节将研究坐标变换下电磁参数的变化规律，并探讨在此基础上的应用拓展。

4.2.1 变换光学

1. 变换光学基本概念

尽管斯涅尔定律并不考虑电磁波的波动性，也不会给出电磁波的电场或磁场分量，但它仍是分析电磁波传播行为的一种重要近似方法。假设有一个透镜，能够改变光线的传播路径，相当于在光线传播过程中，改变空间部分区域的折射率，从而改变了光线的传播轨迹。这种变化符合斯涅尔定律。相对而言，麦克斯韦方程组能够准确地描述电磁波的传播行为，却无法提供光线传播的直观图像。变换光学的提出解决了这种进退两难的局面。首先，摒弃光线的概念，转而考虑麦克斯韦方程组中的重要参量：电场和磁场。在这个过程中，需要认识到：尽管摒弃了光线的概念，但仍然可以通过电力线和磁力线得到与光线类似的物理图像。由于电磁场处于三维空间，根据爱因斯坦的观点，若要改变三维空间中的电磁场，可以认为是空间发生了弯曲，其中的电力线和磁力线随空间弯曲而改变，如图 4.2.1 所示。随着空间弯曲，场力线（红色箭头）从最初的直线路径传播变为弯曲路径传播。图 4.2.1（a）和图 4.2.1（b）标注的坐标系分别描述了对应空间弯曲的情况，两个空间之间可以用坐标变换相互联系。爱因斯坦给出了弯曲空间的度量公式。从麦克斯韦方程组可以知道，改变光的传播路径并不需要真正的弯曲空间，只需要改变所处空间的电磁参数。折射率 n、介电常数 ε 和磁导率 μ 之间的关系可以表示为

$$n=\sqrt{\varepsilon\mu} \tag{4.2}$$

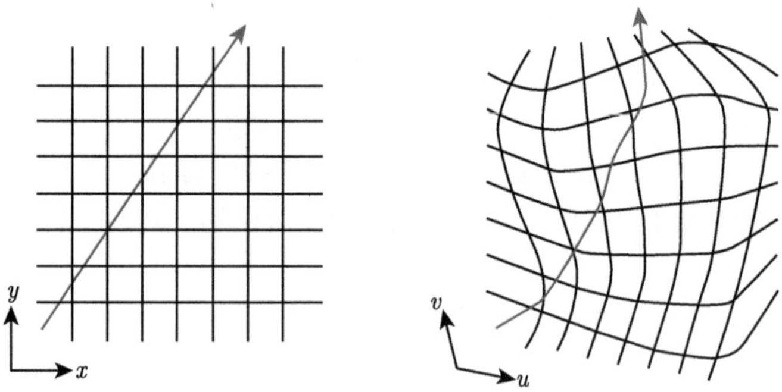

（a）变换前的坐标系　　（b）变换后的坐标系

图 4.2.1　变换光学原理

根据唯一性定理，电磁波传播路径与所处空间的电磁参数存在一一对应关系。如果将初始坐标系变换到新的坐标系，由于麦克斯韦方程组的协变性，可以设计出一组与新坐标系对应的电磁参数。从电磁波的角度来看，变换前后的坐标系是等效的。基于该原理，Pendry 等提出了变换光学方法 [13]，通过坐标系的变换，可以自由控制电磁波的传播轨迹。变换前的空间称为虚空间，而变换后的空间则称为实空间或物理空间。麦克斯韦方程组在虚、实空间保持形式不变，仅仅电磁参数、电场和磁场发生变化。在虚空间，麦克斯韦方程组为

$$\nabla\times\boldsymbol{H}=\varepsilon\frac{\partial\boldsymbol{E}}{\partial t}+\boldsymbol{J} \tag{4.3}$$

$$\nabla\times\boldsymbol{E}=-\mu\frac{\partial}{\partial t}\boldsymbol{H} \tag{4.4}$$

$$\nabla \cdot (\varepsilon \boldsymbol{E}) = \rho \tag{4.5}$$

$$\nabla \cdot (\mu \boldsymbol{H}) = 0 \tag{4.6}$$

为了简化讨论，这里避免用电位移 $\boldsymbol{D}$ 和磁通密度 $\boldsymbol{B}$。电流密度 $\boldsymbol{J}$ 和电荷密度 ρ 表示整个系统的源，介电常数 ε 和磁导率 μ 也可以用 3×3 的矩阵形式表示。

对于初始笛卡儿坐标 x 的任意变换 x'，坐标变换可以用雅可比矩阵 $\overline{\overline{\boldsymbol{\Lambda}}}$ 表示，雅可比矩阵包括所有一阶偏导数 $\Lambda_j^i = \partial x'^i / \partial x^j$。根据麦克斯韦方程组的协变性：麦克斯韦方程组的形式在新的坐标体系下仍然保持不变，因此可以得到坐标变换后的电磁参数

$$\varepsilon' = \frac{\overline{\overline{\boldsymbol{\Lambda}}}\varepsilon\overline{\overline{\boldsymbol{\Lambda}}}^{\mathrm{T}}}{|\overline{\overline{\boldsymbol{\Lambda}}}|} \tag{4.7}$$

$$\mu' = \frac{\overline{\overline{\boldsymbol{\Lambda}}}\mu\overline{\overline{\boldsymbol{\Lambda}}}^{\mathrm{T}}}{|\overline{\overline{\boldsymbol{\Lambda}}}|} \tag{4.8}$$

此时，电场和磁场分别变成

$$\boldsymbol{E}' = (\overline{\overline{\boldsymbol{\Lambda}}}^{\mathrm{T}})^{-1}\boldsymbol{E} \tag{4.9}$$

$$\boldsymbol{H}' = (\overline{\overline{\boldsymbol{\Lambda}}}^{\mathrm{T}})^{-1}\boldsymbol{H} \tag{4.10}$$

电流密度 $\boldsymbol{J}$ 和电荷密度 ρ 分别变成

$$\boldsymbol{J}' = \frac{\overline{\overline{\boldsymbol{\Lambda}}}\boldsymbol{J}}{\left|\overline{\overline{\boldsymbol{\Lambda}}}\right|} \tag{4.11}$$

$$\rho' = \frac{\rho}{\left|\overline{\overline{\boldsymbol{\Lambda}}}\right|} \tag{4.12}$$

式中，$\overline{\overline{\boldsymbol{\Lambda}}}^{\mathrm{T}}$ 和 $\left|\overline{\overline{\boldsymbol{\Lambda}}}\right|$ 分别表示雅可比矩阵的转置矩阵和行列式。随着所有这些变量的变换并将微分算符 ∇ 变成 ∇'，麦克斯韦方程组在坐标系 x' 中具有和初始笛卡儿坐标系 x 中相同的形式。

2. 变换光学电磁隐身

依据变换光学的设计思路，可以认为创造了一个具有拓扑特性的假想空间——基于广义相对论的弯曲时空。由于麦克斯韦方程组的协变性，可以采用目标导向的策略设计相应的光学器件，其设计思路如下：首先，利用麦克斯韦方程组的协变性，将实空间变换成一个具有特定功能的虚空间；其次，根据坐标变换，设计满足实际空间弯曲的介电常数和磁导率张量，通常情况下，电磁参数是非均匀和各向异性的；最后，设计和制备满足约束条件的异向介质，对实际异向介质的单元结构进行优化，并分析器件的性能。

为了更好地理解变换光学，引入一个简单的例子，并逐步展示如何得到器件所需的电磁参数。在柱坐标系 (ρ',θ',z') 中，考虑一个圆柱 $\rho'\leqslant b$，尝试将圆柱中心轴 $\rho'=0$ 变成新柱坐标系 (ρ,θ,z) 中的一个中空区域 $\rho<a$，如图 4.2.2 所示。也就是说，将初始柱坐标系 (ρ',θ',z') 的 $\rho'\leqslant b$ 区域压缩成新柱坐标系 (ρ,θ,z) 的圆柱壳 $a\leqslant\rho\leqslant b$。需要注意的是，角分符号表示初始坐标系。实现上述变换的最简单方法就是用以下线性坐标变换

$$\rho=(1-a/b)\,\rho'+a \tag{4.13}$$

其中，坐标 (θ,z) 保持不变。利用变换公式 (4.13)，可以计算得到相应的变换系数

$$g_{ij}=\sum_l\left(\partial x_l/\partial q_l\right)\left(\partial x_l/\partial q_j\right) \tag{4.14}$$

其中，$x'=\rho'\cos\theta', y'=\rho'\sin\theta', z'=z$。变换系数矩阵的各个分量可以分别表示为

$$\begin{aligned}h_\rho=\sqrt{g_{\rho\rho}}&=\left[\left(\frac{\partial x'}{\partial\rho}\right)^2+\left(\frac{\partial y'}{\partial\rho}\right)^2\right]^{1/2}\\&=\left[\left(\frac{\partial x'}{\partial\rho'}\frac{\partial\rho'}{\partial\rho}\right)^2+\left(\frac{\partial y'}{\partial\rho'}\frac{\partial\rho'}{\partial\rho}\right)^2\right]^{1/2}=\frac{b}{b-a}\end{aligned} \tag{4.15}$$

$$\begin{aligned}h_\theta=\sqrt{g_{\theta\theta}}&=\left[\left(\frac{\partial x'}{\rho\partial\theta}\right)^2+\left(\frac{\partial y'}{\rho\partial\theta}\right)^2\right]^{1/2}\\&=\frac{1}{\rho}\left[\left(\frac{\partial x'}{\partial\theta'}\right)^2+\left(\frac{\partial y'}{\partial\theta'}\right)^2\right]^{1/2}=\frac{b}{b-a}\cdot\frac{\rho-a}{\rho}\end{aligned} \tag{4.16}$$

$$h_z=\sqrt{g_{zz}}=\left[\left(\frac{\partial z'}{\partial z}\right)^2\right]^{1/2}=1 \tag{4.17}$$

根据式 (4.15)～ 式 (4.17)，可以得到新柱坐标系 $(\rho,\ \theta,\ z)$ 中圆柱壳 $a\leqslant\rho\leqslant b$ 的相对介电常数和磁导率分量

$$\varepsilon_\rho=\mu_\rho=\frac{h_\theta h_\rho}{h_\rho}=\frac{\rho-a}{\rho} \tag{4.18}$$

$$\varepsilon_\theta=\mu_\theta=\frac{h_\rho h_z}{h_\theta}=\frac{\rho}{\rho-a} \tag{4.19}$$

$$\varepsilon_z = \mu_z = \frac{h_\rho h_\theta}{h_z} = \left(\frac{b}{b-a}\right)^2 \cdot \frac{\rho - a}{\rho} \tag{4.20}$$

从上述公式可以发现，经过坐标变换后，圆柱壳 $a \leqslant \rho \leqslant b$ 的介电常数和磁导率分量变成半径 ρ 的函数。

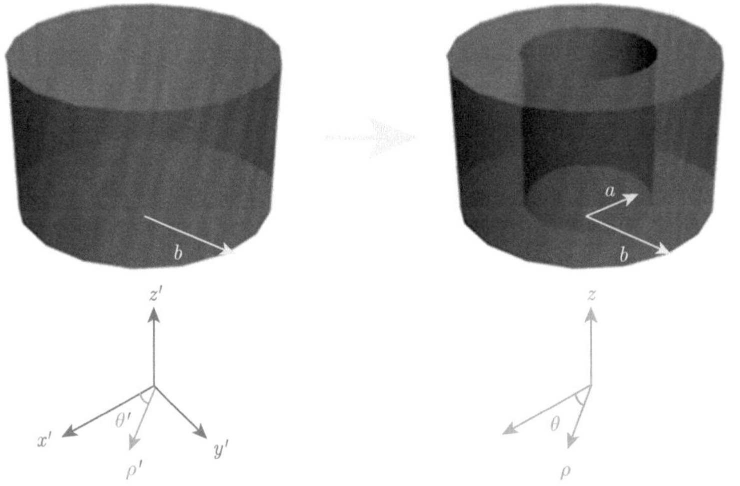

图 4.2.2 变换光学圆柱隐身

在数值仿真和实验实现的过程中，往往需要笛卡儿坐标系的电磁参数。笛卡儿坐标系 (x, y, z) 中的介电常数分量与柱坐标系 (ρ, θ, z) 中的介电常数分量满足如下关系

$$\varepsilon_{xx} = \varepsilon_\rho \cos^2\theta + \varepsilon_\theta \sin^2\theta \tag{4.21}$$

$$\varepsilon_{xy} = \varepsilon_{yx} = (\varepsilon_\rho - \varepsilon_\theta)\cos\theta\sin\theta \tag{4.22}$$

$$\varepsilon_{yy} = \varepsilon_\theta \cos^2\theta + \varepsilon_\rho \sin^2\theta \tag{4.23}$$

磁导率也满足相应的关系。对于变换后的坐标系中的电磁参数，需要强调以下几点：第一，初始坐标系为自由空间，那么新坐标系中的电磁参数张量只与坐标变换的雅可比矩阵有关；第二，正如式 (4.7) 和式 (4.8) 描述的那样，新坐标系中的介电常数和磁导率张量是相互独立的，也就是说，如果初始坐标系中包含介电常数为 ε_{b} 的背景介质，那么在新坐标系中，所有介电常数分量可以通过乘以 ε_{b} 得到。尽管初始空间是一个简单的自由空间，但变换后的电磁参数既不是均匀的也不是各向同性的。按照上述分析可以发现，介电常数和磁导率的分量与半径 ρ 有关，并且 ε_θ 和 μ_θ 会在边界 $\rho = a$ 出现无穷大。通过变换光学所得到的非均匀和

各向异性电磁参数再次强调了异向介质的重要性。上述提到的简单例子，正是所要讨论的变换光学隐身器件。新坐标系 (ρ,θ,z) 中的圆柱区域 $\rho<a$ 是初始坐标系 (ρ',θ',z') 中的中心轴 $\rho'=0$ 线性变换而来的，因此光或者电磁波无法入射到该圆柱区域 $\rho<a$，也就是说，外部的观察者将无法通过光或电磁波探测到任何隐藏在这个区域内的物体。

圆柱隐身器件的设计思路同样适用于球体隐身器件。通过坐标变换，可以在球体 $r\leqslant b$ 内得到一个 $r<a$ 的区域。与圆柱的情况类似，可以用线性变换 $r=(1-a/b)\,r'+a$ 构造出 $r<a$ 的区域，并且保持 (θ,ϕ) 不变。球壳 $a\leqslant r\leqslant b$ 的相对介电常数和磁导率分量分别为

$$\varepsilon_r=\mu_r=\frac{b}{b-a}\left(\frac{r-a}{r}\right)^2 \tag{4.24}$$

$$\varepsilon_\theta=\mu_\theta=\frac{b}{b-a} \tag{4.25}$$

$$\varepsilon_\phi=\mu_\phi=\frac{b}{b-a} \tag{4.26}$$

其中，球体隐身器件的光线路径如图 4.2.3 所示。对于圆柱和球体隐身器件，外部的电磁参数仍然和初始坐标系的电磁参数一样。在隐身区域 $r<a(\rho<a)$，介电常数和磁导率可以假定为任意值。

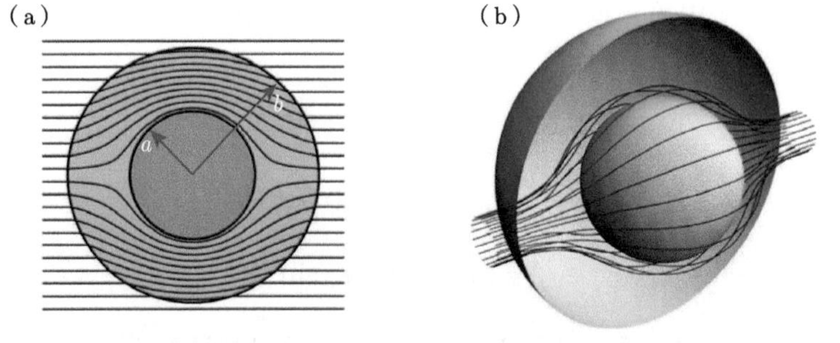

图 4.2.3　变换光学球体隐身

3. 高阶变换光学

对于圆柱对称结构中的变换光学，也可以通过标量亥姆霍兹波方程进行分析。以 TM 极化的入射电磁波为例，磁场可以展开为 m 阶傅里叶模式，$h(\rho,\theta)=\sum h_m(\rho)\exp(\mathrm{i}m\theta)$，$m$ 阶模式的亥姆霍兹方程可以简化为

$$\varepsilon_\rho\rho^{-1}\left(\rho\varepsilon_\theta^{-1}h_m'\right)'+\left[k^2\varepsilon_\rho\mu_z-(m/\rho)^2\right]h_m=0 \tag{4.27}$$

这里，笛卡儿坐标系 (x, y, z) 可以用柱坐标系 (ρ, θ, z) 定义：$x = \rho\cos\theta$，$y = \rho\sin\theta$ 和 $z = z$；角分符号对应径向导数 $\partial/\partial\rho$；ε_ρ 和 ε_θ 是各向异性介电常数张量的对角分量，k 是自由空间的波矢。由于圆柱隐身区域的变换是从区域 $r \leqslant b$ 到区域 $a \leqslant \rho \leqslant b$，此处用 r 代替 ρ' 是为了区分导数和虚空间。根据 $f' = r'f^{(r)}$ 和 $f^{(r)} = \partial f/\partial r$，方程 (4.27) 变成如下形式

$$\left(\varepsilon_\rho \frac{\rho r'}{r}\right) r^{-1} \left(\varepsilon_\theta^{-1} \frac{\rho r'}{r} r h_m^{(r)}\right)^{(r)} + \left[k^2 \left[\varepsilon_\rho \mu_z \left(\frac{\rho}{r}\right)^2\right] - (m/r)^2\right] h_m = 0 \quad (4.28)$$

区域 $a \leqslant r \leqslant b$ 内自由空间的亥姆霍兹方程为

$$r^{-1}\left(r h_m^{(r)}\right)^{(r)} + \left[k^2 - (m/r)^2\right] h_m = 0 \quad (4.29)$$

为了使得方程 (4.28) 与方程 (4.29) 形式一致，可以得到以下简单的关系

$$\varepsilon_\theta = \rho r'/r \quad (4.30)$$

$$\varepsilon_\rho = 1/\varepsilon_\theta = r/(\rho r') \quad (4.31)$$

$$\mu_z = r r'/\rho \quad (4.32)$$

需要注意的是，任何利用同心圆柱坐标变换设计的电磁器件，电磁参数都满足式 (4.30)~ 式 (4.32)。

众所周知，利用异向介质实现磁响应仍然非常具有挑战性，因此设计实现无磁化电磁隐身器件将是一个切实可行的选择 [17]。为了实现无磁化的情况，将方程 (4.28) 的各项重新组合，得到

$$\tilde{\varepsilon}_\theta = \varepsilon_\theta \mu_z \quad (4.33)$$

$$\tilde{\varepsilon}_\rho = \varepsilon_\rho \mu_z \quad (4.34)$$

方程 (4.28) 变为

$$\left(\tilde{\varepsilon}_\rho \left(\frac{\rho}{r}\right)^2\right) r^{-1} \left(\tilde{\varepsilon}_\theta^{-1} (r')^2 r h_m^{(r)}\right)^{(r)} + \left[k^2 \left[\tilde{\varepsilon}_\rho \tilde{\mu}_z \left(\frac{\rho}{r}\right)^2\right] - (m/r)^2\right] h_m = 0 \quad (4.35)$$

同样地，为了使得方程 (4.35) 与方程 (4.29) 形式一致，可以得到以下关系

$$\tilde{\varepsilon}_\theta = (r')^2 \quad (4.36)$$

$$\tilde{\varepsilon}_\rho = (r/\rho)^2 \quad (4.37)$$

$$\tilde{\mu}_z = 1 \tag{4.38}$$

为了减小反射损耗进而提高电磁隐身的性能，阻抗匹配对于外边界显得尤为重要。根据式 (4.36)～ 式 (4.38)，外边界阻抗匹配的条件可以表示为

$$Z|_{\rho=\rho_a} = \sqrt{\tilde{\mu}_z/\tilde{\varepsilon}_\theta}\Big|_{\rho=b} = 1 \tag{4.39}$$

为了满足式 (4.39) 外边界阻抗匹配的条件，引入高阶坐标变换

$$r(\rho) = \alpha\rho^2 + \beta\rho + \chi \tag{4.40}$$

相应的系数可以通过边界处的阻抗匹配得到。因此，式 (4.40) 所示的坐标变换能够同时满足几何边界和边界阻抗匹配。基于该坐标变换实现的圆柱隐身器件仅需要无磁化的电磁参数 [式 (4.36)～ 式 (4.38)]。

4.2.2 保角变换

1. 保角变换基本概念

保角变换是指在局部保持任意两条曲线交角不变的函数，但并不要求在变换过程中欧几里得距离保持不变。换句话说，任意两条曲线的交角与其映射后的图像交角相等。在二维空间中，复解析函数是一类重要的保角变换。复解析函数 $w = f(z)$ 定义为从定义域（用复平面 $z = x + \mathrm{i}y$ 表示，z 空间）到值域（用复平面 $w = u + \mathrm{i}v$ 表示，w 空间）之间的函数关系，因此它们需要满足柯西–黎曼条件 [51]，即

$$\frac{\partial u}{\partial x} = \frac{\partial v}{\partial y}, \quad \frac{\partial u}{\partial y} = -\frac{\partial v}{\partial x} \tag{4.41}$$

考虑到保角变换 $w = f(z)$ 能够联系两个二维复坐标系，即 z 空间和 w 空间。依据变换光学，可以将 z 空间看作实空间，相应的 w 空间就是虚空间。将实空间和虚空间中的折射率分布分别记为 $n_z(x, y)$ 和 $n_w(u, v)$。费马原理 [52] 指出，光沿着光程取极值的方向传播。实空间中沿某条路径的光程可以表示为

$$\int n_z(x, y)\sqrt{\mathrm{d}x^2 + \mathrm{d}y^2} \tag{4.42}$$

而虚空间中，对应的光程则表示为

$$\begin{aligned}&\int n_w(u, v)\sqrt{\mathrm{d}u^2 + \mathrm{d}v^2}\\ &= \int n_w(u, v)\sqrt{((\partial u/\partial x)\,\mathrm{d}x + (\partial u/\partial y)\,\mathrm{d}y)^2 + ((\partial v/\partial x)\,\mathrm{d}x + (\partial v/\partial y)\,\mathrm{d}y)^2}\end{aligned}$$

$$= \int n_w(u,v)\left[\left((\partial u/\partial x)^2 + (\partial v/\partial x)^2\right)\mathrm{d}x^2 + \left((\partial u/\partial y)^2 + (\partial v/\partial y)^2\right)\mathrm{d}y^2 \right.$$
$$\left. + 2\left((\partial u/\partial x)(\partial u/\partial y) + (\partial v/\partial x)(\partial v/\partial y)\right)\mathrm{d}x\mathrm{d}y\right]^{1/2} \tag{4.43}$$

将柯西–黎曼条件 [式 (4.41)] 代入上式后，式中 $\mathrm{d}x^2$ 和 $\mathrm{d}y^2$ 的系数相同，$\mathrm{d}x\mathrm{d}y$ 的系数消失，有

$$\int n_w(u,v)\sqrt{\mathrm{d}u^2+\mathrm{d}v^2} = \int n_w(u,v)\sqrt{(\partial u/\partial x)^2 + (\partial v/\partial x)^2}\sqrt{\mathrm{d}u^2+\mathrm{d}v^2} \tag{4.44}$$

假设 $n_z(x,y)$ 和 $n_w(u,v)$ 在保角变换 $w=f(z)$ 下满足

$$n_z(x,y) = n_w(u,v)\sqrt{(\partial u/\partial x)^2 + (\partial v/\partial x)^2} = n_w(u,v)\left|\mathrm{d}w/\mathrm{d}z\right| \tag{4.45}$$

则在保角变换 $w=f(z)$ 下，虚空间和实空间的光程保持不变，即

$$\int n_z(x,y)\sqrt{\mathrm{d}x^2+\mathrm{d}y^2} = \int n_w(u,v)\sqrt{\mathrm{d}u^2+\mathrm{d}v^2} \tag{4.46}$$

从保持光程不变的角度出发，可以得到基于保角变换的折射率分布，如式 (4.46) 所表示的。它与 4.2.1 节中的式 (4.7) 和式 (4.8) 的含义是一样的，即通过坐标变换设计电磁器件。不同于 4.2.1 节是考虑任意的坐标变换且不限制维度，此处主要考虑二维且满足柯西–黎曼条件的坐标变换。因此，在实际器件设计中，只需要考虑非均匀各向同性的折射率分布参数，而非复杂的介电常数张量和磁导率张量。

2. 保角变换电磁隐身

在 Pendry 提出变换光学的同时，Leonhardt 提出了保角变换隐身器件的设计方法 [14]。根据费马原理，光在介质中沿着最小光程传播，光程由折射率和路径的积分表示。当折射率随空间变化时，最小光程将不再是一条直线，而变成了曲线。如果存在一种介质，其折射率随空间分布，使得平行入射的光绕过隐身物体之后，仍然沿着初始路径传播，那么该折射率随空间分布的介质可以认为是一种隐身器件。运用复数 $z=x+\mathrm{i}y$ 来描述光线传播平面的空间坐标，相应的偏导数为 $\partial_x = \partial_z + \partial_z^*$ 和 $\partial_y = \mathrm{i}\partial_z - \mathrm{i}\partial_z^*$，其中 * 表示复数的共轭。在折射率随空间分布的情况下，光线传播满足如下亥姆霍兹方程

$$\left(4\partial_z * \partial_z + n^2k^2\right)\psi = 0 \tag{4.47}$$

式中，$\partial_x^2 + \partial_y^2 = 4\partial_z * \partial_z$。假设可以用一个与 z^* 无关的解析函数 $w(z)$ 来描述一个新的空间坐标 w。由于 $\partial_z * \partial_z = \left|\mathrm{d}w/\mathrm{d}z\right|^2 \partial_w * \partial_w$，根据亥姆霍兹方程，可以

得到 w 空间中的折射率分布 n' 与 z 空间中折射率分布 n 的关系为

$$n = n'\left|\frac{\mathrm{d}w}{\mathrm{d}z}\right| \tag{4.48}$$

如果介质的折射率 $n(z)$ 是一个解析函数 $g(z)$ 的模，$g(z)$ 的积分可以表示为变换 $w(z)$，根据式 (4.48)，变换后的折射率 n' 为 1，因此光在 w 空间中的传播情况与在自由空间中一致。考虑一个如图 4.2.4 所示的映射

$$w = z + \frac{a^2}{z} \tag{4.49}$$

$$z = \frac{1}{2}\left(w \pm \sqrt{w^2 - 4a^2}\right) \tag{4.50}$$

可以由折射率分布 $n = \left|1 - a^2/z^2\right|$ 实现。常数 a 表示介质的空间拓展性。式 (4.49) 和式 (4.50) 可以将 z 平面中半径为 a 的外部区域映射为空间坐标 w 的一个黎曼面，内部区域映射成空间坐标 w 的另一个黎曼面。在 w 空间传播的光线会从一个黎曼面分支跳跃到另一个黎曼面分支，因此任何隐藏在内部区域的物体，都无法被外部观察者发现。

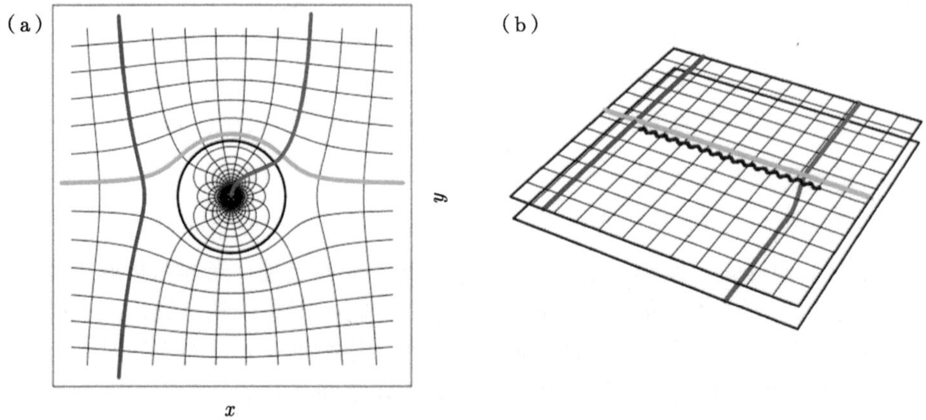

图 4.2.4　保角变换电磁隐身

Leonhardt 提出的保角变换也可以从 Pendry 提出的变换光学推导得到。考虑二维空间的变换 $(x, y) \to (x', y')$，背景介质的介电常数和磁导率分别为 ε 和 μ，雅可比矩阵变为

$$\overline{\overline{\boldsymbol{\Lambda}}} = \begin{pmatrix} \partial x'/\partial x & \partial x'/\partial y \\ \partial y'/\partial x & \partial y'/\partial y \end{pmatrix} \tag{4.51}$$

相应的电磁参数如下

$$\bar{\bar{\boldsymbol{\varepsilon}}}' = \frac{\varepsilon}{\left|\bar{\bar{\boldsymbol{\Lambda}}}\right|}\begin{pmatrix} \left(\dfrac{\partial x'}{\partial x}\right)^2 + \left(\dfrac{\partial x'}{\partial y}\right)^2 & \dfrac{\partial x'}{\partial x}\dfrac{\partial y'}{\partial x} + \dfrac{\partial x'}{\partial y}\dfrac{\partial y'}{\partial y} \\ \dfrac{\partial x'}{\partial x}\dfrac{\partial y'}{\partial x} + \dfrac{\partial x'}{\partial y}\dfrac{\partial y'}{\partial y} & \left(\dfrac{\partial y'}{\partial x}\right)^2 + \left(\dfrac{\partial y'}{\partial y}\right)^2 \end{pmatrix} \tag{4.52}$$

$$\bar{\bar{\boldsymbol{\mu}}}' = \frac{\mu}{\left|\bar{\bar{\boldsymbol{\Lambda}}}\right|}\begin{pmatrix} \left(\dfrac{\partial x'}{\partial x}\right)^2 + \left(\dfrac{\partial x'}{\partial y}\right)^2 & \dfrac{\partial x'}{\partial x}\dfrac{\partial y'}{\partial x} + \dfrac{\partial x'}{\partial y}\dfrac{\partial y'}{\partial y} \\ \dfrac{\partial x'}{\partial x}\dfrac{\partial y'}{\partial x} + \dfrac{\partial x'}{\partial y}\dfrac{\partial y'}{\partial y} & \left(\dfrac{\partial y'}{\partial x}\right)^2 + \left(\dfrac{\partial y'}{\partial y}\right)^2 \end{pmatrix} \tag{4.53}$$

假设 $(x,y) \to (x',y')$ 满足柯西–黎曼条件

$$\frac{\partial x'}{\partial x} = \frac{\partial y'}{\partial y} \tag{4.54}$$

$$\frac{\partial x'}{\partial y} = -\frac{\partial y'}{\partial x} \tag{4.55}$$

可以认为二维空间变换 $(x,y) \to (x',y')$ 是保角映射，从而得到以下关系

$$\left(\frac{\partial x'}{\partial x}\right)^2 + \left(\frac{\partial x'}{\partial y}\right)^2 = \left(\frac{\partial y'}{\partial x}\right)^2 + \left(\frac{\partial y'}{\partial y}\right)^2 \tag{4.56}$$

$$\frac{\partial x'}{\partial x}\frac{\partial y'}{\partial x} + \frac{\partial x'}{\partial y}\frac{\partial y'}{\partial y} = 0 \tag{4.57}$$

根据式 (4.56) 和式 (4.57)，式 (4.52) 和式 (4.53) 可以简化为

$$\bar{\bar{\boldsymbol{\varepsilon}}}' = \frac{\varepsilon}{\left|\bar{\bar{\boldsymbol{\Lambda}}}\right|}\begin{pmatrix} A & 0 \\ 0 & A \end{pmatrix} \tag{4.58}$$

$$\bar{\bar{\boldsymbol{\mu}}}' = \frac{\mu}{\left|\bar{\bar{\boldsymbol{\Lambda}}}\right|}\begin{pmatrix} A & 0 \\ 0 & A \end{pmatrix} \tag{4.59}$$

式中，$A = (\partial x'/\partial x)^2 + (\partial x'/\partial y)^2$。从式 (4.58) 和式 (4.59) 表示的电磁参数中可以发现，如果用 $A/\left|\bar{\bar{\boldsymbol{\Lambda}}}\right|$ 代替相应的电磁参数，介质的色散关系并不会发生变化。因此，当坐标变换满足柯西–黎曼条件时，介质的电磁参数可以用各向同性的折射率分布 $n = A/\left|\bar{\bar{\boldsymbol{\Lambda}}}\right|$ 表示。

4.2.3　均匀坐标变换

无论是 Pendry 提出的变换光学还是 Leonhardt 提出的保角变换，都需要设计具有随空间连续变化的电磁参数，对于异向介质单元结构设计，有巨大的挑战。2009 年，孔金瓯等提出均匀坐标变换的设计方法，由此得到的隐身器件具有均匀的电磁参数 [21]。如图 4.2.5 所示，该方法最早被用来设计一维方向隐身器件，将虚线所包含的菱形区域进行坐标变换，以第一象限为例，变换公式为

$$x' = x, \quad y' = \kappa y + \tau(a - x), \quad z' = z \tag{4.60}$$

式中，(x, y, z) 是虚空间坐标系，(x', y', z') 是实空间坐标系。α 和 β 分别是隐身器件和隐身区域突起的角度，且 $\kappa = (\tan\alpha - \tan\beta)/\tan\alpha, \tau = \tan\beta$。根据坐标变换，可以得到该隐身器件第一象限的电磁参数

$$\bar{\bar{\boldsymbol{\varepsilon}}}' = \bar{\bar{\boldsymbol{\mu}}}' = \begin{pmatrix} 1/\kappa & -\tau/\kappa & 0 \\ -\tau/\kappa & \kappa + \tau^2/\kappa & 0 \\ 0 & 0 & 1/\kappa \end{pmatrix} \tag{4.61}$$

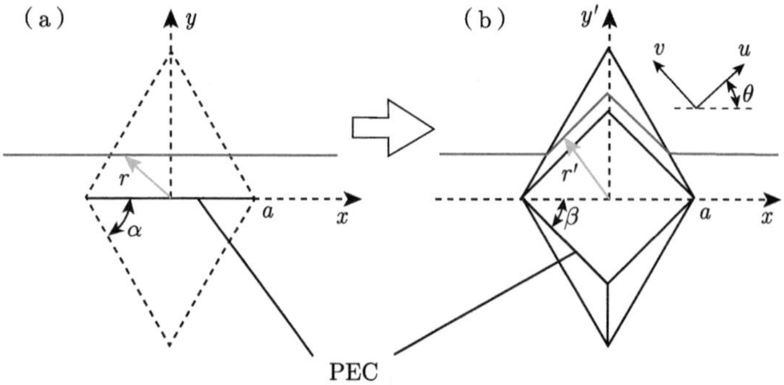

图 4.2.5　均匀坐标变换隐身器件

经过对其余象限进行类似的变换，可以得到整个一维方向隐身器件的电磁参数。如图 4.2.5 中红线所示，当虚空间中沿水平方向传播的电磁波，在实空间中将会在进入隐身器件时发生偏折，从而绕过中间被隐身的区域，并在出射后沿着原来的方向传播。

观察式 (4.61) 可以发现，虽然第一象限中的隐身器件电磁参数是各向异性的，但这些参数中并不包含空间分布变量，因此它们是均匀的。进一步地，通过在本征坐标系 (u, v, w) 中对式 (4.61) 的矩阵进行对角化处理，可以使除了对角线外的其他分量均为零，其本征坐标系与笛卡儿坐标系的夹角为 θ，如图 4.2.5（b）插

图所示。利用商业软件，对该一维方向隐身器件进行仿真。如图 4.2.6 所示为 TM 极化电磁波水平入射时垂直方向的磁场分布情况，从图中可以看出，电磁波能够很好地绕过中间隐身物体，并且在隐身器件外部恢复原状。

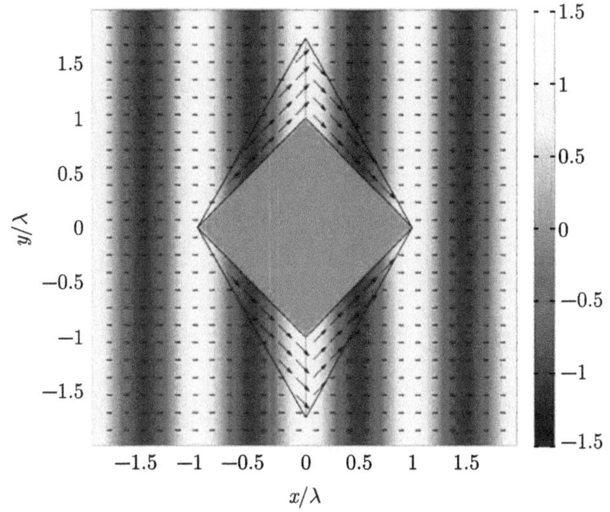

图 4.2.6 电磁波水平入射到一维方向隐身器件的磁场分布

均匀坐标变换的设计方法同样适用于设计圆柱隐身器件。与前文提到的圆柱隐身器件需要非均匀和各向异性的电磁参数不同，所提出的多边形柱体隐身器件的设计方法使得每个区域的电磁参数均为均匀且各向异性。为了更清晰地阐释这一设计方法，将其与之前提及的非均匀各向异性坐标变换进行对比，如图 4.2.7 所示。图 4.2.7（a）和（b）展示了最初的二维柱体隐身器件的设计方法。以 TM 极化波为例，背景介质的介电常数和磁导率分别为 ε 和 $\mu=1$。依据非均匀各向异性坐标变换，可以得到该柱体隐身器件的电磁参数

$$\varepsilon'_\rho=\varepsilon\frac{r'-r_1}{r'},\quad \varepsilon'_\theta=\varepsilon\frac{r'}{r'-r_1},\quad \mu'_z=\left(\frac{r_2}{r_2-r_1}\right)^2\frac{r'-r_1}{r'} \tag{4.62}$$

在这种变换下，有两个因素限制了宏观尺寸隐身器件的实际实现。第一个限制在于电磁参数在边界处呈现极值。极值产生的原因在于所采用的坐标变换将一个点变换为一个圆。要克服这个限制，可以采取一些方法，例如在允许少量散射的情况下，通过近似方法，进一步简化式 (4.62) 中的电磁参数。若在虚空间中将圆心的点改为有限小圆，并进行坐标变换，尽管存在一定散射，但只要圆足够小，对于肉眼难以分辨，该物体仍然是“不可见的”。第二个限制在于电磁参数在隐身器件呈现非均匀且各向异性。非均匀产生的原因在于坐标变换前后，隐身器件在

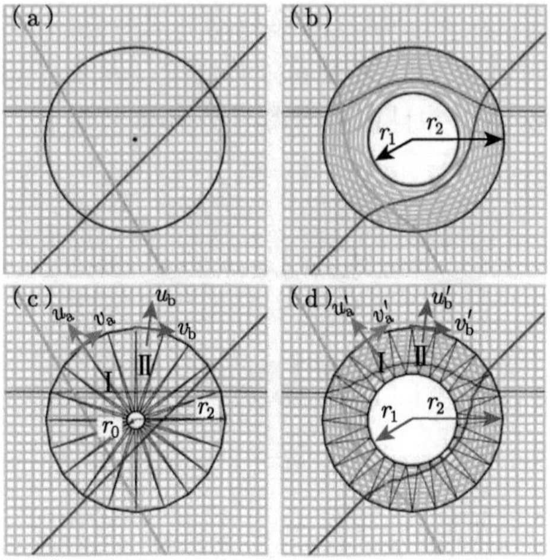

图 4.2.7　均匀坐标变换二维柱体隐身器件

柱坐标系中的角度要保持一致，即 $\theta' = \theta$。这些随空间变化的电磁参数很难实现。虽然可以通过微纳加工技术在微观尺度上简化电磁参数，但在宏观尺度上实现则面临更高的成本和技术挑战。

图 4.2.7（c）所示提出了一种基于均匀坐标变换的多边形柱体隐身器件设计方法 [29]。首先，将虚空间中的外圆变换为 m 边形，圆心处的有限小圆变换为 m 边形，两者绕中心相差了 π/m。内外两个 m 边形之间的区域，可以用三角形分隔成多个部分。根据形状的不同，这些三角形区域可以分为区域 I 和区域 II，每个区域的三角形都有各自对应的坐标系 (u_a, v_a, w_a) 和 (u_b, v_b, w_b)。

接下来分别对各个区域基于其各自的坐标系进行不同的均匀坐标变换。对于区域 I，变换公式为

$$u_a' = u_a/\kappa_u, \quad v_a' = \kappa_v v_a, \quad w_a' = w_a \tag{4.63}$$

对于区域 II，变换公式为

$$u_b' = u_b/\kappa, \quad v_b' = v_b, \quad w_b' = w_b \tag{4.64}$$

式中

$$\kappa = \left(r_2 \cos\frac{\pi}{m} - r_0\right) \Big/ \left(r_2 \cos\frac{\pi}{m} - r_1\right) \tag{4.65}$$

$$\kappa_u = \left(r_2 - r_0 \cos\frac{\pi}{m}\right) \Big/ \left(r_2 - r_1 \cos\frac{\pi}{m}\right) \tag{4.66}$$

$$\kappa_v = r_1/r_0 \tag{4.67}$$

分别为对应区域的空间压缩或拉伸比。如图 4.2.7（d）所示，虚空间中的区域 I 和区域 Ⅱ 的三角形都分别对应于实空间中区域 I 和区域 Ⅱ 的三角形。虚空间中内部半径为 r_0 的 m 边形则相应地变换成实空间中内部半径为 r_1 的 m 边形。若 r_0 足够小，则实空间中的隐身器件只会有极小的散射。此外，当多边形的边数足够多时（如图中 $m=20$），该多边形柱体隐身器件的效果将与最初的二维柱体隐身器件极为相似。

以 TM 极化波为例，根据式 (4.63) 和式 (4.64)，可以得到多边形柱体隐身器件各部分基于其坐标系的电磁参数。对于实空间中区域 I 的三角形区域，有

$$\varepsilon_u^{\mathrm{I}'}=\varepsilon/(\kappa_u\kappa_v),\quad \varepsilon_v^{\mathrm{I}'}=\varepsilon\kappa_u\kappa_v,\quad \mu_w^{\mathrm{I}'}=\kappa_u/\kappa_v \tag{4.68}$$

对于实空间中区域 Ⅱ 的三角形区域，有

$$\varepsilon_u^{\mathrm{II}'}=\varepsilon/\kappa,\quad \varepsilon_v^{\mathrm{II}'}=\varepsilon\kappa,\quad \mu_w^{\mathrm{II}'}=\kappa \tag{4.69}$$

通过观察式 (4.68) 和式 (4.69) 所得到的多边形柱体隐身器件各部分的电磁参数，可以看出该器件由多个三角形区域构成，每个三角形区域的电磁参数都是基于其坐标系均匀且各向异性的。此外，由于坐标变换是从虚空间一个足够小的多边形开始的，因此电磁参数没有极值。

与最初基于非均匀坐标变换的二维柱体隐身器件相比，多边形柱体隐身器件的电磁更易于实现。然而，式 (4.68) 和式 (4.69) 表示的电磁参数中的磁导率并不为 1。在微波频段，非 1 的磁导率可通过设计具有磁响应的异向介质来实现，而在光频段实现非 1 的磁导率相对困难。对该电磁参数进行无磁化处理，使磁导率变为 1 并相应改变介电常数，保持隐身器件折射率不变，仅改变隐身器件内部的阻抗分布。对于实空间中区域 I 的三角形区域的无磁化参数，有

$$\varepsilon_u^{\mathrm{I}'}=\varepsilon/\kappa_v^2,\quad \varepsilon_v^{\mathrm{I}'}=\varepsilon\kappa_u^2,\quad \mu_w^{\mathrm{I}'}=1 \tag{4.70}$$

对于实空间中区域 Ⅱ 的三角形区域的无磁化参数，有

$$\varepsilon_u^{\mathrm{II}'}=\varepsilon,\quad \varepsilon_v^{\mathrm{II}'}=\varepsilon\kappa^2,\quad \mu_w^{\mathrm{II}'}=1 \tag{4.71}$$

4.3 电磁隐身的散射模型

电磁波与隐身器件的相互作用可以通过米氏散射理论模型进行解析 [53–60]。由于 Pendry 的变换光学隐身器件具有各向异性和非均匀性 [13]，米氏散射理论被扩展以适用于这一特殊情况。研究表明，对于通过变换光学得到的电磁参数，隐身器件的总散射截面为零 [60]。

4.3.1　球体隐身器件的散射模型

考虑单位幅度的 E_x 极化平面波沿 $\hat{\boldsymbol{z}}$ 方向入射到球体隐身器件上，如图 4.3.1 所示。不失一般性，假设隐身区域（$r < R_1$）填充了介电常数和磁导率分别为 ε_1 和 μ_1 的各向同性介质，隐身器件（$R_1 < r < R_2$）是一种单轴介质，电磁参数满足

$$\bar{\bar{\boldsymbol{\varepsilon}}} = [\varepsilon_r(r) - \varepsilon_t]\hat{\boldsymbol{r}}\hat{\boldsymbol{r}} + \varepsilon_t\bar{\bar{\boldsymbol{I}}}, \quad \bar{\bar{\boldsymbol{\mu}}} = [\mu_r(r) - \mu_t]\hat{\boldsymbol{r}}\hat{\boldsymbol{r}} + \mu_t\bar{\bar{\boldsymbol{I}}} \tag{4.72}$$

式中，$\bar{\bar{\boldsymbol{I}}} = \hat{\boldsymbol{r}}\hat{\boldsymbol{r}} + \hat{\boldsymbol{\theta}}\hat{\boldsymbol{\theta}} + \hat{\boldsymbol{\phi}}\hat{\boldsymbol{\phi}}$，$\varepsilon_t$ 和 μ_t 分别为沿 $\hat{\boldsymbol{\theta}}$ 和 $\hat{\boldsymbol{\phi}}$ 方向的介电常数和磁导率，$\varepsilon_r(r)$ 和 $\mu_r(r)$ 分别为沿 $\hat{\boldsymbol{r}}$ 方向的介电常数和磁导率，二者是关于 r 的函数。

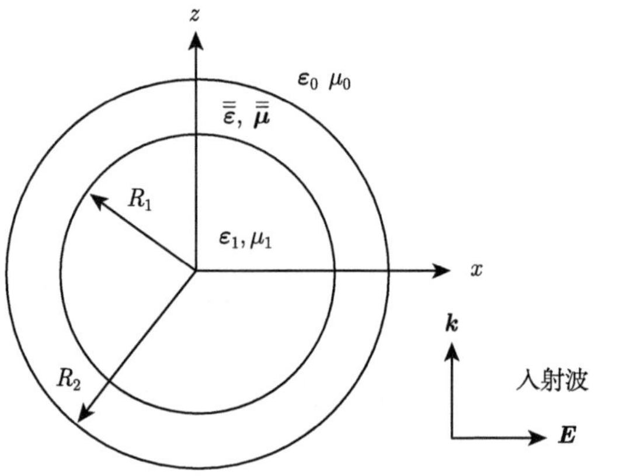

图 4.3.1　球体散射隐身器件示意图

首先研究电磁波在球体隐身器件内部传播的场表达式。对于无源情形，通过引入标量势（德拜势）将场分解为 TE 模式和 TM 模式 (沿 $\hat{\boldsymbol{r}}$ 方向)

$$B_{\rm TM} = \nabla \times (\hat{\boldsymbol{r}}\Phi_{\rm TM}) \tag{4.73}$$

$$D_{\rm TM} = \frac{1}{-{\rm i}\omega}\{\nabla \times [\bar{\bar{\boldsymbol{\mu}}}^{-1} \cdot \nabla \times (\hat{\boldsymbol{r}}\Phi_{\rm TM})]\} \tag{4.74}$$

$$B_{\rm TE} = \frac{1}{-{\rm i}\omega}\{\nabla \times [\bar{\bar{\boldsymbol{\varepsilon}}}^{-1} \cdot \nabla \times (\hat{\boldsymbol{r}}\Phi_{\rm TE})]\} \tag{4.75}$$

$$D_{\rm TE} = -\nabla \times (\hat{\boldsymbol{r}}\Phi_{\rm TE}) \tag{4.76}$$

结合式 (4.72) 和式 (4.73)～ 式 (4.76)，可以得到 $\Phi_{\rm TM}$ 和 $\Phi_{\rm TE}$ 的波动方程

$$\left\{\frac{1}{({\rm SR})}\frac{\partial^2}{\partial r^2} + \frac{1}{r^2\sin\theta}\frac{\partial}{\partial\theta}\left(\sin\theta\frac{\partial}{\partial\theta}\right) + \frac{1}{r^2\sin^2\theta}\frac{\partial^2}{\partial\phi^2} + \frac{1}{({\rm SR})}k_t^2\right\}\Phi = 0 \tag{4.77}$$

式中，$k_t=\omega\sqrt{\mu_t\varepsilon_t}$；(SR) 表示隐身器件的各向异性比，对于 TM 模式，$(\mathrm{SR})=\varepsilon_t/\varepsilon_r$；对于 TE 模式，$(\mathrm{SR})=\mu_t/\mu_r$。利用分离变量法，假设 $\varPhi=f(r)g(\theta)h(\phi)$，$h(\phi)$ 为调和函数：$h(\phi)=\mathrm{e}^{\pm \mathrm{i}m\phi}$，$g(\theta)$ 为连带勒让德多项式：$g(\theta)=\mathrm{P}_n^m(\cos\theta)$，$f(r)$ 为下面方程的解

$$\left\{\frac{\partial^2}{\partial r^2}+\left[k_t^2-(\mathrm{SR})\frac{n(n+1)}{r^2}\right]\right\}f(r)=0 \tag{4.78}$$

采用以下电磁参数：$\varepsilon_t=\varepsilon_0\dfrac{R_2}{R_2-R_1}$，$\varepsilon_r=\varepsilon_t\dfrac{(r-R_1)^2}{r^2}$，$\mu_t=\mu_0\dfrac{R_2}{R_2-R_1}$ 和 $\mu_r=\mu_t\dfrac{(r-R_1)^2}{r^2}$。对于 TE 模式和 TM 模式，可以得到 $(\mathrm{SR})=\dfrac{r^2}{(r-R_1)^2}$。因此，方程 (4.78) 的解为

$$f(r)=k_t(r-R_1)\mathrm{b}_n(k_t(r-R_1)) \tag{4.79}$$

式中，b_n 是球贝塞尔函数。从上述分析中可以发现方程 (4.77) 的解由贝塞尔函数、连带勒让德多项式和调和函数组成。

为了匹配球面边界条件，入射场以球面波函数的形式展开。对于隐身器件区域，通过求解方程 (4.77)，可以分别得到入射场 ($r>R_2$)、散射场 ($r>R_2$)、内部场 ($r<R_1$) 和隐身器件区域场 ($R_1<r<R_2$) 的标量势，其形式分别为

$$\begin{aligned}\varPhi_{\mathrm{TM}}^{\mathrm{i}}&=\frac{\cos\phi}{\omega}\sum_n a_n\psi_n(k_0r)\mathrm{P}_n^1(\cos\theta)\\ \varPhi_{\mathrm{TE}}^{\mathrm{i}}&=\frac{\sin\phi}{\omega\eta_0}\sum_n a_n\psi_n(k_0r)\mathrm{P}_n^1(\cos\theta)\end{aligned} \tag{4.80}$$

$$\begin{aligned}\varPhi_{\mathrm{TM}}^{\mathrm{sc}}&=\frac{\cos\phi}{\omega}\sum_n a_nT_n^{(M)}\zeta_n(k_0r)\mathrm{P}_n^1(\cos\theta)\\ \varPhi_{\mathrm{TE}}^{\mathrm{sc}}&=\frac{\sin\phi}{\omega\eta_0}\sum_n a_nT_n^{(N)}\zeta_n(k_0r)\mathrm{P}_n^1(\cos\theta)\end{aligned} \tag{4.81}$$

$$\begin{aligned}\varPhi_{\mathrm{TM}}^{\mathrm{int}}&=\frac{\cos\phi}{\omega}\sum_n c_n^{(M)}\psi_n(k_1r)\mathrm{P}_n^1(\cos\theta)\\ \varPhi_{\mathrm{TE}}^{\mathrm{int}}&=\frac{\sin\phi}{\omega\eta_0}\sum_n c_n^{(N)}\psi_n(k_1r)\mathrm{P}_n^1(\cos\theta)\end{aligned} \tag{4.82}$$

$$
\begin{aligned}
\Phi_{\mathrm{TM}}^{\mathrm{c}} &= \frac{\cos\phi}{\omega}\sum_n \{d_n^{(M)}\psi_n(k_t(r-R_1)) + f_n^{(M)}\chi_n(k_t(r-R_1))\}\mathrm{P}_n^1(\cos\theta) \\
\Phi_{\mathrm{TE}}^{\mathrm{c}} &= \frac{\sin\phi}{\omega\eta_0}\sum_n \{d_n^{(N)}\psi_n(k_t(r-R_1)) + f_n^{(N)}\chi_n(k_t(r-R_1))\}\mathrm{P}_n^1(\cos\theta)
\end{aligned}
\tag{4.83}
$$

式中，$a_n = \dfrac{(-\mathrm{i})^{-n}(2n+1)}{n(n+1)}, n = 1, 2, 3, \cdots$，$\eta_0 = \sqrt{\mu_0/\varepsilon_0}$，$k_0 = \omega\sqrt{\mu_0\varepsilon_0}$，$k_1 = \omega\sqrt{\mu_1\varepsilon_1}$。$T_n^{(M)}$、$T_n^{(N)}$、$d_n^{(M)}$、$d_n^{(N)}$、$f_n^{(M)}$ 和 $f_n^{(N)}$ 是未知展开系数。$\psi_n(\xi)$、$\chi_n(\xi)$ 和 $\zeta_n(\xi)$ 分别表示第一类、第二类和第三类里卡蒂–贝塞尔函数 [61]。利用式 (4.73)，三个区域的电磁场可以用相应的标量势展开 [62]。通过在曲面处应用边界条件，可以在 $r = R_1$ 和 $r = R_2$ 处分别得到四个公式。注意在 $r = R_1$ 处有两个公式，由下式给出

$$\frac{\varepsilon_t}{\varepsilon_1}c_n^{(N)}\psi_n(k_1R_1) = d_n^{(N)}\psi_n(0) + f_n^{(N)}\chi_n(0) \tag{4.84}$$

$$\frac{\mu_t}{\mu_1}c_n^{(M)}\psi_n(k_1R_1) = d_n^{(M)}\psi_n(0) + f_n^{(M)}\chi_n(0) \tag{4.85}$$

可以观察到当 $n \geqslant 1$ 时，$\psi_n(0) = 0$，$\chi_n(0) = \infty$。由于场在球体隐身区域内部是有限的，因此 $f_n^{(M)}$ 和 $f_n^{(N)}$ 必须保持为零。此时可以看到，隐身区域的场和其他区域的场是解耦的。根据 $r = R_2$ 处的四个公式，可以计算出以下系数

$$T_n^{(M)} = -\frac{\psi_n'(\xi_0)\psi_n(\xi_t) - (\eta_t/\eta_0)\psi_n(\xi_0)\psi_n'(\xi_t)}{\zeta_n'(\xi_0)\psi_n(\xi_t) - (\eta_t/\eta_0)\zeta_n(\xi_0)\psi_n'(\xi_t)} \tag{4.86}$$

$$T_n^{(N)} = -\frac{\psi_n(\xi_0)\psi_n'(\xi_t) - (\eta_t/\eta_0)\psi_n'(\xi_0)\psi_n(\xi_t)}{\zeta_n(\xi_0)\psi_n'(\xi_t) - (\eta_t/\eta_0)\zeta_n'(\xi_0)\psi_n(\xi_t)} \tag{4.87}$$

$$d_n^{(M)} = a_n\frac{\mathrm{i}\mu_t/\mu_0}{\zeta_n'(\xi_0)\psi_n(\xi_t) - (\eta_t/\eta_0)\zeta_n(\xi_0)\psi_n'(\xi_t)} \tag{4.88}$$

$$d_n^{(N)} = a_n\frac{\mathrm{i}\varepsilon_t/\varepsilon_0}{\zeta_n'(\xi_0)\psi_n(\xi_t) - (\eta_t/\eta_0)\zeta_n(\xi_0)\psi_n'(\xi_t)} \tag{4.89}$$

式中，$\xi_0 = k_0R_2$，$\xi_t = k_t(R_2 - R_1)$ 且 $\eta_t = \sqrt{\mu_t/\varepsilon_t}$。若 $\varepsilon_t = \varepsilon_0\dfrac{R_2}{R_2 - R_1}$，$\mu_t = \mu_0\dfrac{R_2}{R_2 - R_1}$，则 $\xi_t = \xi_0$，$\eta_t = \eta_0$。根据球坐标系下的朗斯基矩阵，可以将上述四个公式简化为

$$T_n^{(M)} = T_n^{(N)} = 0,\quad d_n^{(M)} = \frac{\varepsilon_t}{\varepsilon_0}a_n,\quad d_n^{(N)} = \frac{\mu_t}{\mu_0}a_n \tag{4.90}$$

散射系数 $T_n^{(M)}$ 和 $T_n^{(N)}$ 都等于零,表明理想隐身器件是无散射的。需要说明的是,该数学论证适用于任何波长。图 4.3.2 显示了 E_x 极化平面波入射到 $R_1 = 0.5\lambda_0$ 和 $R_2 = \lambda_0$ 的理想隐身器件产生的电场和坡印亭矢量（λ_0 为自由空间的波长）。从图中可以观察到,隐身区域中的物体完全不受电磁波的影响,证实了 Pendry 提出的隐身器件的有效性。由于随着电场深入隐身器件，坡印亭功率变为零，所以不存在近轴光线问题 [15]。

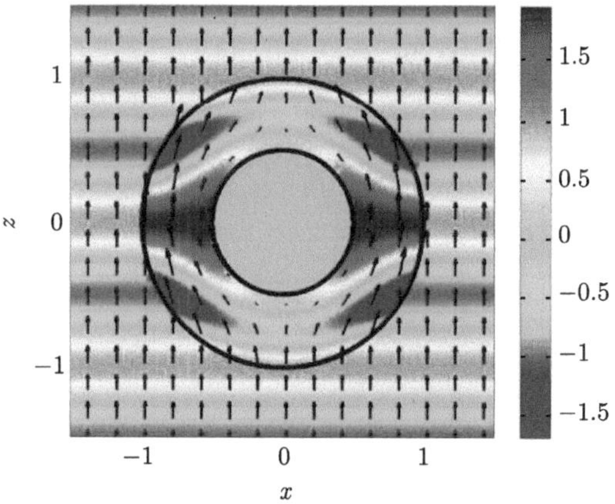

图 4.3.2 理想球体隐身器件的场分布和坡印亭矢量

当引入电损耗和磁损耗时，散射系 $T_n^{(M)}$ 和 $T_n^{(N)}$ 是非零的。图 4.3.3 绘制了损耗正切值分别为 0.01、0.1 和 1 时，双基站散射随散射角 θ 变化的关系情况。纵轴表示归一化的微分横截面：$\dfrac{|S_1(\theta)|^2}{k_0^2\pi R_2^2}$，$\dfrac{|S_2(\theta)|^2}{k_0^2\pi R_2^2}$，其中 $S_1(\theta)$ 和 $S_2(\theta)$ 由下式表示 [53]

$$S_1(\theta) = -\sum_n \frac{(2n+1)}{n(n+1)}[T_n^{(M)}\pi_n(\theta) + T_n^{(N)}\tau_n(\theta)] \tag{4.91}$$

$$S_2(\theta) = -\sum_n \frac{(2n+1)}{n(n+1)}[T_n^{(M)}\tau_n(\theta) + T_n^{(N)}\pi_n(\theta)] \tag{4.92}$$

上式中 $\pi_n(\theta)$ 和 $\tau_n(\theta)$ 与连带勒让德多项式有关，分别为 $\pi_n(\theta) = -\dfrac{\mathrm{P}_n^1(\cos\theta)}{\sin\theta}$ 和 $\tau_n(\theta) = -\dfrac{\mathrm{dP}_n^1(\cos\theta)}{\mathrm{d}\theta}$ [61]。对于如图 4.3.1 所示的结构，$S_1(\theta)$ 和 $S_2(\theta)$ 分别表示在 y-z 和 x-z 平面上的散射。由于 $T_n^{(M)} = T_n^{(N)}$，因此 $S_1(\theta)$ 和 $S_2(\theta)$ 两条曲线是重合的。从图 4.3.3 可以看出，散射功率随着损耗的增加而增加。一个更有趣的

现象是，后向散射的幅度总是为零（因为 $T_n^{(M)} = T_n^{(N)}$，$\pi_n(\theta) = -\tau_n(\theta)_{\theta=180^\circ}$），这与常规粒子的散射有很大的不同 [61]。

对于 $\tan\delta = 0.1$ 的球体隐身器件（图 4.3.3），计算得到的 x-z 平面场分布与具有相同损耗类型的圆柱隐身器件的仿真结果相似 [15]。然而，分析计算表明，在有损情况下，只有球体隐身器件表现出零后向散射。这种独特的特性表明，被隐身器件覆盖的物体仍然可以完全躲避单基站雷达的探测。

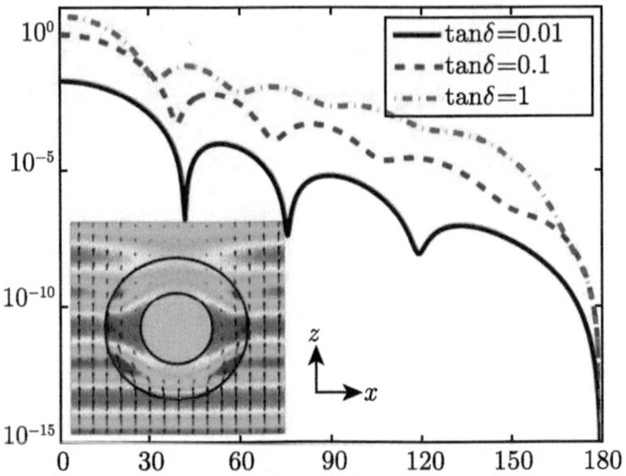

图 4.3.3　在介电常数和磁导率的每个分量中引入不同损耗正切的隐身器件 ($R_1 = 0.5\lambda_0$，$R_2 = \lambda_0$) 的归一化微分横截面。插图为 $\tan\delta = 0.1$ 时的 E_x 场分布

由于理想隐身器件的电磁参数难以实现，因此在实际实验中经常使用非理想电磁参数。因此，有必要研究非理想电磁参数如何定量地影响隐身器件的性能。接下来计算随 ε_t 变化的三种情况下的归一化散射截面 $Q_{\rm sca} = \dfrac{2}{(k_0R_2)^2}\sum\limits_n(2n+1)\left(\left|T_n^{(M)}\right|^2 + \left|T_n^{(N)}\right|^2\right)$。

情况 I：保持 $\mu_t = \mu_0\dfrac{R_2}{R_2 - R_1}$ 为常数；

情况 Ⅱ：保持阻抗 $\eta_t = \sqrt{\mu_t/\varepsilon_t} = \eta_0$ 为常数；

情况 Ⅲ：保持折射率 $n_t = \sqrt{\dfrac{\varepsilon_t\mu_t}{\varepsilon_0\mu_0}} = \dfrac{R_2}{R_2 - R_1}$ 为常数。

当 ε_t 为理想电磁参数时，在上述三种情况下，器件都能实现理想隐身。当 ε_t 偏离理想电磁参数时，相比于情况 Ⅲ，情况 I 和情况 Ⅱ 的归一化散射截面增加得更多。这是因为在情况 Ⅲ，折射率是常数，隐身器件内的坡印亭矢量方向更接近于理想情况，如图 4.3.4（b）所示。因此，可以得出以下结论：隐身器件双基站散射性能对 $\eta_t = \sqrt{\mu_t/\varepsilon_t}$ 比 $n_t = \sqrt{\mu_t\varepsilon_t}$ 更敏感。然而，应当注意的是，根据式 (4.86)、式 (4.87)、式 (4.91) 和式 (4.92)，情况 Ⅱ 中的隐身器件在单基站检测下仍是不可见的，因为阻抗匹配使得反向散射为零。

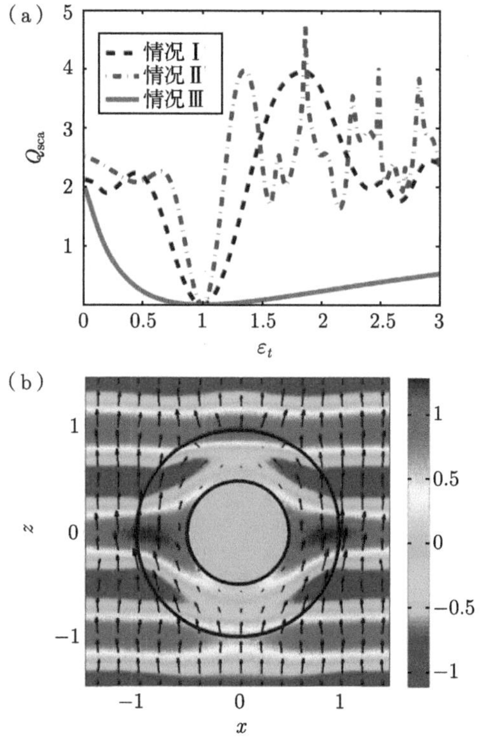

图 4.3.4 (a) 三种情况下隐身器件的归一化散射截面；(b) 当 $\varepsilon_t = 2\varepsilon_0 \dfrac{R_2}{R_2 - R_1}$ 和 $\mu_t = \dfrac{1}{2}\mu_0 \dfrac{R_2}{R_2 - R_1}$ 时的 E_x 电场分布和坡印亭矢量

值得注意的是，上述分析均不依赖隐身物体的电磁参数。即使当隐身器件的电磁参数不理想时，入射场仍然无法穿透到隐身物体中，散射的能量完全由隐身器件本身引入。这种现象是基于隐身器件在径向和横向轴上的电磁参数具有相同形式的假设：$\kappa_r = \kappa_t \dfrac{(r - R_1)^2}{r^2}$，其中 κ 表示 μ 或 ε。因此，式 (4.79)、式 (4.84)、式 (4.85) 恒成立，得到 $f_n^{(N)} = 0$ 和 $f_n^{(M)} = 0$，而隐身物体的电磁参数对外场没有贡献。如果在径向和横向轴电磁参数的关系中引入了一些扰动，则应重新考虑方程 (4.78)，不能忽略外场与隐身物体的相互作用。

4.3.2 圆柱隐身器件的散射模型

考虑平面波 $\boldsymbol{E}_\mathrm{i} = \left(\hat{\boldsymbol{v}}_\mathrm{i} + \hat{\boldsymbol{h}}_\mathrm{i} E_{hi}\right) \mathrm{e}^{\mathrm{i}\boldsymbol{k}\cdot\boldsymbol{r}}$ 斜入射到一个外半径为 R_2、内半径为 R_1 的圆柱隐身器件时的电磁波散射，如图 4.3.5 所示。其中 $\boldsymbol{k} = \hat{\boldsymbol{x}}k_\rho + \hat{\boldsymbol{z}}k_z$，

$\hat{\boldsymbol{h}}_{\mathrm{i}} = \hat{\boldsymbol{z}} \times \hat{\boldsymbol{k}} / \left| \hat{\boldsymbol{z}} \times \hat{\boldsymbol{k}} \right|$ 和 $\hat{\boldsymbol{v}}_{\mathrm{i}} = \hat{\boldsymbol{h}}_{\mathrm{i}} \times \hat{\boldsymbol{k}}$[53]。不失一般性，假设隐身区域（$r < R_1$）填充了介电常数 ε_2 和磁导率 μ_2 的各向同性介质。隐身器件（$R_1 < r < R_2$）电磁参数是各向异性和非均匀的，其介电常数和磁导率分量满足 $\varepsilon_\rho/\varepsilon_1 = \mu_\rho/\mu_1 = (\rho - R_1)/\rho$，$\varepsilon_\theta/\varepsilon_1 = \mu_\theta/\mu_1 = \rho/(\rho - R_1)$ 和 $\varepsilon_z/\varepsilon_1 = \mu_z/\mu_1 = \left[R_2/(R_2 - R_1)^2\right](\rho - R_1)/\rho$。当 $\varepsilon_1 = \varepsilon_0$ 和 $\mu_1 = \mu_0$ 时，该电磁参数与利用变换光学得到的电磁参数相同，因此隐身器件是理想的。

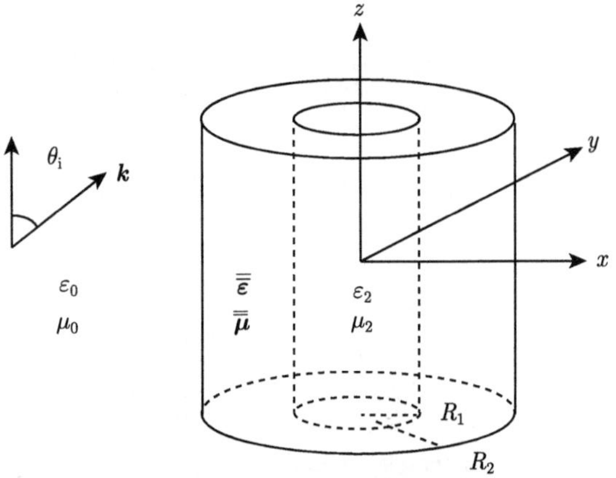

图 4.3.5 圆柱隐身器件的散射模型示意图

首先研究电磁波在圆柱隐身器件内部传播的场表达式。对于无源情形，通过引入标量势将场分解为 TM 模式和 TE 模式（沿 $\hat{\boldsymbol{z}}$ 方向）[63]

$$\boldsymbol{H}_{\mathrm{TM}} = \bar{\bar{\boldsymbol{\mu}}}^{-1} \cdot \nabla \times (\hat{\boldsymbol{z}}\psi_{\mathrm{TM}}) \tag{4.93}$$

$$\boldsymbol{E}_{\mathrm{TE}} = -\bar{\bar{\boldsymbol{\varepsilon}}}^{-1} \cdot \nabla \times (\hat{\boldsymbol{z}}\psi_{\mathrm{TE}}) \tag{4.94}$$

$$\boldsymbol{E}_{\mathrm{TM}} = \frac{1}{-\mathrm{i}\omega}\bar{\bar{\boldsymbol{\varepsilon}}}^{-1} \cdot \left[\bar{\bar{\boldsymbol{\mu}}}^{-1} \cdot \nabla \times (\hat{\boldsymbol{z}}\psi_{\mathrm{TM}})\right] \tag{4.95}$$

$$\boldsymbol{H}_{\mathrm{TE}} = \frac{1}{-\mathrm{i}\omega}\bar{\bar{\boldsymbol{\mu}}}^{-1} \cdot \left[\bar{\bar{\boldsymbol{\varepsilon}}}^{-1} \cdot \nabla \times (\hat{\boldsymbol{z}}\psi_{\mathrm{TE}})\right] \tag{4.96}$$

将式 (4.93)~ 式 (4.96) 代入麦克斯韦方程组，可以得到标量势的波动方程如下

$$\frac{1}{\rho - R_1}\frac{\partial}{\partial\rho}(\rho - R_1)\frac{\partial\psi}{\partial\rho} + \frac{1}{(\rho - R_1)^2}\frac{\partial^2\psi}{\partial\theta^2} + \frac{R_2^2}{(R_2 - R_1)^2}\left(\omega^2\mu_1\varepsilon_1\psi + \frac{\partial^2\psi}{\partial z^2}\right) = 0 \tag{4.97}$$

利用分离变量法，得到两个标量势的一般表达式为

$$\psi = B_n \left(R_2 k_{\rho 1} \frac{(\rho - R_1)}{(R_2 - R_1)} \right) \mathrm{e}^{\mathrm{i}n\theta + \mathrm{i}k_z z} \tag{4.98}$$

式中，B_n 为 n 阶贝塞尔方程的解，$k_{\rho 1} = \sqrt{\omega^2 \varepsilon_1 \mu_1 - k_z^2} = \sqrt{k_1^2 - k_z^2}$。对于隐身器件区域，通过求解方程（4.97），可以分别得到入射场（$\rho > R_2$）、散射场（$\rho > R_2$）、隐身器件区域场（$R_1 < \rho < R_2$）的标量势。通过匹配边界条件，就可以推导出这些标量势的所有展开系数。

以 TM 模式为例进行分析，E_z 极化平面波垂直入射到理想的圆柱隐身器件上，即 $k_z = 0$ 和 $E_{hi} = 0$ 以及 $\varepsilon_1 = \varepsilon_0$ 和 $\mu_1 = \mu_0$[22]。为了匹配边界条件，将隐身器件的内边界设为 $\rho = R_1 + \delta$ 而不是 $\rho = R_1$，然后在保持隐身器件电磁参数不变的情况下取极限 $\delta \to 0$[64]。因此，利用 E_z 和 H_θ 在内、外边界的连续性，可以列出四个公式

$$-\frac{\mathrm{i}^{n-1}}{\omega} E_{vi} \mathrm{J}_n(kR_2) + a_n^{(M)} \mathrm{H}_n(kR_2) = d_n^{(M)} \mathrm{J}_n(kR_2) + f_n^{(M)} \mathrm{N}_n(kR_2) \tag{4.99}$$

$$-\frac{\mathrm{i}^{n-1}}{\omega} E_{vi} \mathrm{J}'_n(kR_2) + a_n^{(M)} \mathrm{H}'_n(kR_2) = d_n^{(M)} \mathrm{J}'_n(kR_2) + f_n^{(M)} \mathrm{N}'_n(kR_2) \tag{4.100}$$

$$d_n^{(M)} \mathrm{J}_n \left(\frac{R_2}{R_2 - R_1} k\delta \right) + f_n^{(M)} \mathrm{N}_n \left(\frac{R_2}{R_2 - R_1} k\delta \right) = g_n^{(M)} \mathrm{J}_n \left(k_2 R_1 \right) \tag{4.101}$$

$$\frac{R_2 \delta}{(R_2 - R_1) R_1} \left[d_n^{(M)} \mathrm{J}'_n \left(\frac{R_2}{R_2 - R_1} k\delta \right) + f_n^{(M)} \mathrm{N}'_n \left(\frac{R_2}{R_2 - R_1} k\delta \right) \right] = \sqrt{\frac{\mu_0 \varepsilon_2}{\varepsilon_0 \mu_2}} g_n^{(M)} \mathrm{J}'_n(k_2 R_1) \tag{4.102}$$

式中，J_n、N_n、H_n 分别为 n 阶贝塞尔函数、第一类的诺依曼函数和汉克尔函数；$a_n^{(M)}$、$g_n^{(M)}$、$d_n^{(M)}$ 和 $f_n^{(M)}$ 分别为散射场、内部场和隐身器件区域场对应的未知系数。通过求解上述公式，可以得到 $a_n^{(M)} = g_n^{(M)} = f_n^{(M)} = 0$，这意味着内部场和散射场都为零。当 $n = 0$ 时，虽然 $f_n^{(M)} = 0$，但乘积 $f_n^{(M)} N_0 \{ [R_2/(R_2 - R_1)] k\delta \}$ 在取极限 $\delta \to 0$ 时，等于 $E_{vi}/\mathrm{i}\omega$。显然，式 (4.101) 中该乘积的值仅在内边界处为非零，可以将其表征为在隐身器件内边界处无限大的 μ_θ 导致的面磁流。由于隐身器件侧内边界处的切向电场为 E_{vi}，因此具有幅值 E_{vi} 的面磁流屏蔽了被隐身物体，使得内部的场恰好为零。

为了进一步揭示这种表面电流和磁流的性质，考虑如图 4.3.6 所示的简化情况，其中平面波 $E_i = E_0 \mathrm{e}^{\mathrm{i}kz}$ 垂直入射到具有 $\varepsilon_1 \to 0$、$\mu_1 \to \infty$ 但 $\mu_1 \varepsilon_1 = \mu_0 \varepsilon_0$ 的平板上。这种特殊介质与圆柱隐身器件的内边界具有相同的性质，其中 $\varepsilon_z = 0$、

$\mu_\theta = \infty$ 但 $\varepsilon_z\mu_\theta = \left[R_2/(R_2 - R_1)^2\right]$。通过计算可以得到 $R = 1$ 和 $T = 0$，且在 $z = 0$ 处的电场为 $2E_0$，$z = d$ 处的电场为零。同时，$\int_0^d \mathrm{i}\omega B\mathrm{d}z$ 正好等于 $2E_0$。因此，这个平板相当于一个完美磁导体（PMC），板内分布体位移电流。当板的厚度变得无穷小时，体位移电流变为表面位移电流。

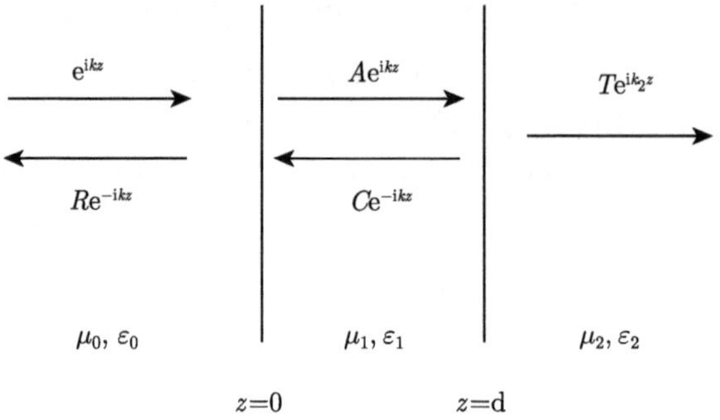

图 4.3.6　圆柱隐身器件内边界的表面电流

类似地，可以在 $\rho = R_0$（$R_0 < R_1$）处引入第三个边界，如图 4.3.7 所示。$R_0 < \rho < R_1$ 之间的区域与内边界 $\rho = R_1$ 处填充相同的介质，即区域 $R_0 < \rho < R_1$ 是均匀的，如图 4.3.6 中的平板。计算 E_z 极化平面波正入射时的电场和坡印亭功率，如图 4.3.7 所示，可以看出，在 $\rho < R_0$ 区域没有场，而在 $R_0 < \rho < R_1$ 区域具有非零的 E_z。积分 $\int_{R_0}^{R_1} \mathrm{i}\omega B_\theta \mathrm{d}\rho$ 为该区域的总磁流，其值为 E_z，等于前文提及的当 $\rho = R_0$ 和 $\rho = R_1$ 重叠时的面磁流。也就是说，之前在 $R_0 = R_1$ 的情况下，面磁流 M_s 集中在 $\rho = R_1$ 处，而分布在 $R_0 < \rho < R_1$ 区域。需要注意的是，随着内边界的扩展（即 $R_0 = R_1$），B_θ 在 $\rho = R_1$ 处是有限的，而当 $\rho = R_0$ 和 $\rho = R_1$ 重叠时（$R_0 = R_1$），B_θ 在 $\rho = R_1$ 处不收敛。因此，内边界 $\rho = R_1$ 处的场依赖于 $\rho < R_1$ 区域内的介质，这意味着它无法通过坐标变换方法确定。此外，在本例中，虽然场可以穿过边界 $\rho = R_1$，但由于 H_θ 在该区域始终为零，因此沿 $\hat{\boldsymbol{r}}$ 方向的坡印亭功率 P_r 始终为零，没有功率可以穿透到隐身区域。此外，球体隐身器件内边界处的切向坡印廷功率均为零，相比之下，圆柱隐身器件在 $\rho = R_1$ 处的切向坡印廷功率 P_θ 并非全部为零。

对于具有任意极化的斜入射平面波，可以用同样的方法推导出 TM 模式和 TE 模式的所有系数。图 4.3.8 显示了当右旋圆极化波在 $\theta_\mathrm{i} = 45°$ 入射时，E_x 分量和坡印亭功率在 x-y 和 x-z 平面上的分布。可以看出，对于斜入射波，仍然可以获得理想的隐身性能，这表明圆柱隐身器件并不局限于二维。因此，可以得出结论：为了完全隐身一个三维物体，圆柱隐身器件必须是无限长的。在实际操作中，只能依靠有限尺寸的圆柱隐身器件。显然，圆柱体越长，隐身性能越好。另外，值得一提的是，在 x-y 平面上，隐身器件内部的场相对于 x 轴不再对称，而功率流仍然是对称分布的。这种特殊的分布性质对于同时具有垂直和水平极化的斜入射波来说是独一无二的。此外，E_z 和 H_z 穿过内边界的不连续可以类似地归因于隐身器件内边界的面电流和面磁流。对于理想圆柱隐身器件（$\varepsilon_1 = \varepsilon_0$ 和 $\mu_1 = \mu_0$），不连续量为 $(E_{hi}/\eta_0)\sin\theta_i e^{ik_z z}$ 和 $E_{vi}\sin\theta_i e^{ik_z z}$，这正好是入射磁场和电磁的垂直分量。

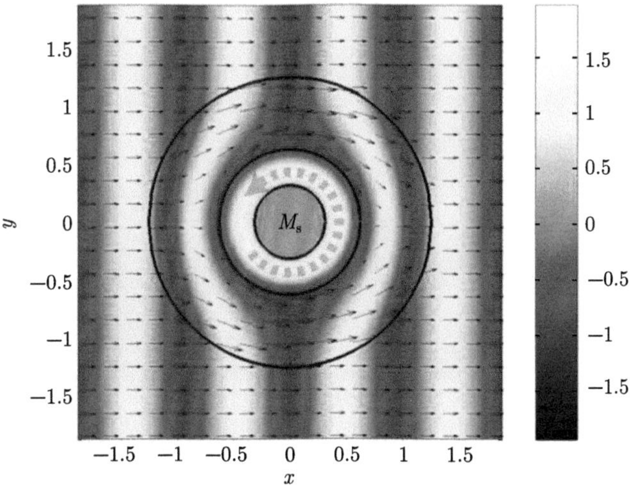

图 4.3.7 E_z 垂直入射到圆柱隐身器件上，但内边界向内延伸。三个同心圆的半径分别为 $R_2 = 1.33\lambda_0$，$R_1 = R_2/2$ 和 $R_0 = R_2/4$。箭头表示在 x-y 平面上的坡印亭矢量

这种现象产生于坐标变换过程。在球体隐身器件中，坐标变换将原点处的场矢量变换为内边界处的径向分量。然而，圆柱隐身器件中的这种变换只适用于 x-y 平面上的横向分量，而对垂直分量没有任何作用，因为 z 分量的变换系数 Q_z[13] 等于 1。因此，如果假设内部不存在场，则必须存在穿过内边界的不连续量，从而产生表面电流和磁流。这些表面电流和磁流在变换前不存在，在初始的笛卡儿坐标系中也没有对应量。

基于圆柱散射模型，可以相应地计算具有非理想电磁参数的圆柱隐身器件的远场散射系数 Q_{sca}，即几何截面归一化后的散射截面。当隐身器件的电磁参数的每个分量中都包含损耗时，散射场变为非零。图 4.3.9 分别绘制了损耗正切值为 0.001、0.01、0.1 和 1 时，归一化散射截面随散射角的变化曲线。一般情况下，随着损耗的增加，散射也随之增加，但后向散射（$\theta = 180°$）并非绝对为零，这与具有相同

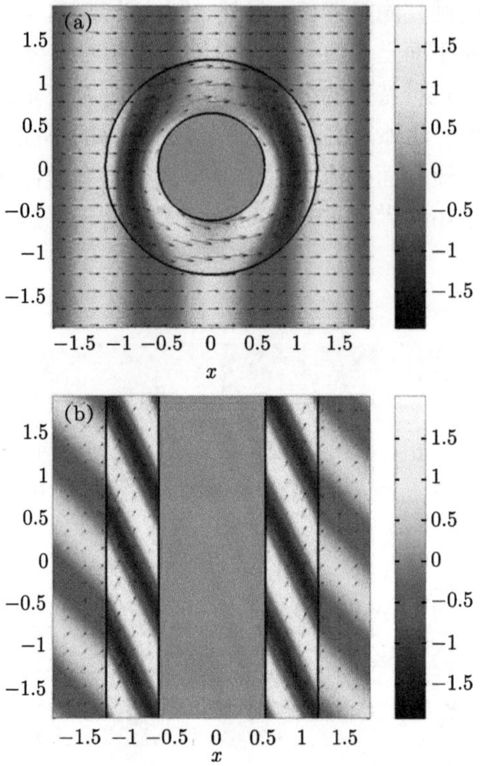

图 4.3.8　右旋圆极化入射时，E_x 的分布：(a) x-y 平面；(b) x-z 平面（入射角为 45°）。该隐身器件的尺寸为 $R_2 = 1.33\lambda_0$，$R_1 = R_2/2$。箭头表示坡印亭矢量的方向

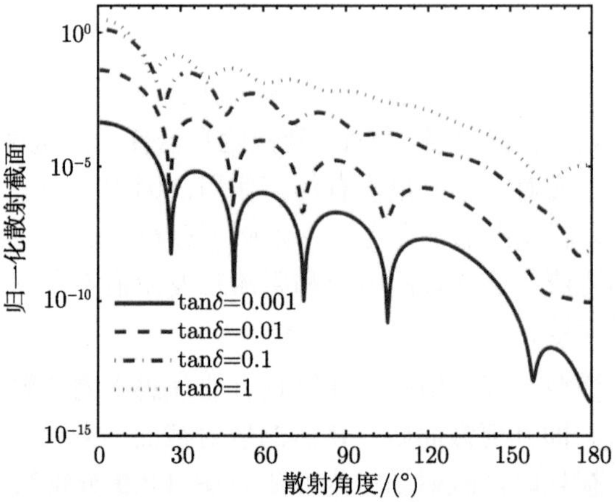

图 4.3.9　不同损耗正切值下，归一化散射截面随散射角的变化曲线

损耗的球体隐身器件不同。其次，随着损耗的增大，发生最小散射的散射角不再是 180°。

4.3.3 坐标变换和米氏散射结合

考虑三维情况（以下分析方法同样适用于二维圆柱情况）：两个球坐标系 (r',θ',ϕ') 和 (r,θ,ϕ) 之间的坐标变换

$$r' = f(r,\theta,\phi), \quad \theta' = g(r,\theta,\phi), \quad \phi' = h(r,\theta,\phi) \tag{4.103}$$

式中，$f(\cdot)$、$g(\cdot)$ 和 $h(\cdot)$ 可以是任意单调可微函数。根据变换光学 [13]，麦克斯韦方程组在新的坐标系 (r,θ,ϕ) 中保持形式不变性，但介电常数和磁导率将变成分布的或空间相关的张量

$$\overline{\overline{\boldsymbol{\varepsilon}}} = \varepsilon_0 \overline{\overline{\boldsymbol{\Lambda}}}^{-1}, \quad \overline{\overline{\boldsymbol{\mu}}} = \mu_0 \overline{\overline{\boldsymbol{\Lambda}}}^{-1} \tag{4.104}$$

式中，ε_0 和 μ_0 表示变换前自由空间的介电常数和磁导率，$\overline{\overline{\boldsymbol{\Lambda}}} = \partial(f,g,h)/\partial(r,\theta,\phi)$ 是雅可比矩阵。根据米氏散射理论，对于无源情况，可以通过在新空间中引入矢量势 $\boldsymbol{A}_{\mathrm{TM}}$ 和 $\boldsymbol{A}_{\mathrm{TE}}$ 将场分解为 TM 模式和 TE 模式，并将场表示为

$$B_{\mathrm{TM}} = \nabla \times (\boldsymbol{A}_{\mathrm{TM}}) \tag{4.105}$$

$$D_{\mathrm{TM}} = \frac{\mathrm{i}}{\omega}\left\{\nabla \times \left[\overline{\overline{\boldsymbol{\mu}}}^{-1} \cdot \nabla \times (\boldsymbol{A}_{\mathrm{TM}})\right]\right\} \tag{4.106}$$

$$D_{\mathrm{TE}} = -\nabla \times (\boldsymbol{A}_{\mathrm{TE}}) \tag{4.107}$$

$$B_{\mathrm{TE}} = \frac{\mathrm{i}}{\omega}\left\{\nabla \times \left[\overline{\overline{\boldsymbol{\varepsilon}}}^{-1} \cdot \nabla \times (\boldsymbol{A}_{\mathrm{TE}})\right]\right\} \tag{4.108}$$

式中，B 和 D 分别代表磁通密度和位移电流。由于 $\overline{\overline{\boldsymbol{\varepsilon}}}$ 和 $\overline{\overline{\boldsymbol{\mu}}}$ 描述的介质不再是各向同性的，因此 $\boldsymbol{A}_{\mathrm{TE}}$ 和 $\boldsymbol{A}_{\mathrm{TM}}$ 的方向将不再总是沿着 $\hat{\boldsymbol{r}}$ 方向。为了数学上的方便，令

$$\boldsymbol{A}_{\mathrm{TM}} = \left(\frac{\partial f}{\partial r}\hat{\boldsymbol{r}} + \frac{\partial f}{r\partial\theta}\hat{\boldsymbol{\theta}} + \frac{\partial f}{r\sin\theta\partial\phi}\hat{\boldsymbol{\phi}}\right)\varPhi_{\mathrm{TM}} \tag{4.109}$$

$$\boldsymbol{A}_{\mathrm{TE}} = \left(\frac{\partial f}{\partial r}\hat{\boldsymbol{r}} + \frac{\partial f}{r\partial\theta}\hat{\boldsymbol{\theta}} + \frac{\partial f}{r\sin\theta\partial\phi}\hat{\boldsymbol{\phi}}\right)\varPhi_{\mathrm{TE}} \tag{4.110}$$

式中，$\varPhi_{\mathrm{TM}}$ 和 $\varPhi_{\mathrm{TE}}$ 分别是 TM 模式和 TE 模式的标量势。注意，如果 $f(\cdot)$ 仅是 r 的函数，例如线性函数 $f(r) = [R_2/(R_2 - R_1)](r - R_1)$，则两个矢量势 $\boldsymbol{A}_{\mathrm{TE}}$ 和

$\boldsymbol{A}_{\mathrm{TM}}$ 将沿着 $\hat{\boldsymbol{r}}$ 方向。将式 (4.109) 和式 (4.110) 代入式 (4.105)~ 式 (4.108)，得到 $\varPhi_{\mathrm{TM}}$ 和 $\varPhi_{\mathrm{TE}}$ 的偏微分方程

$$\left[\frac{\partial^2}{\partial f^2}+\frac{1}{f^2\sin g}\frac{\partial}{\partial g}\left(\sin g\frac{\partial}{\partial g}\right)+\frac{1}{f^2\sin^2 g}\frac{\partial^2}{\partial h^2}+k_0^2\right]\varPhi=0 \tag{4.111}$$

其形式与亥姆霍兹方程相同，因此其特殊解之一是

$$\varPhi=\hat{B}_n\left(k_0 f\right)\mathrm{P}_n^m(\cos g)\left(A_m\cos mh+B_m\sin mh\right) \tag{4.112}$$

式中，$\hat{B}_n\left(\xi\right)$ 是里卡蒂–贝塞尔函数，P_n^m 是连带勒让德多项式，A_m 和 B_m 是待定系数。根据式 (4.109) 和式 (4.110)，可以得到矢量势 $\boldsymbol{A}_{\mathrm{TM}}$ 和 $\boldsymbol{A}_{\mathrm{TE}}$

$$\begin{aligned}\boldsymbol{A}_{\mathrm{TM}}=&\sum_{m,n}a_{m,n}^{\mathrm{TM}}\left(\frac{\partial f}{\partial r}\hat{\boldsymbol{r}}+\frac{\partial f}{r\partial\theta}\hat{\boldsymbol{\theta}}+\frac{\partial f}{r\sin\theta\partial\phi}\hat{\boldsymbol{\phi}}\right)\hat{B}_n\left(k_0 f\right)\mathrm{P}_n^m(\cos g)\\&\times\left(A_m\cos mh+B_m\sin mh\right)\end{aligned} \tag{4.113}$$

$$\begin{aligned}\boldsymbol{A}_{\mathrm{TE}}=&\sum_{m,n}a_{m,n}^{\mathrm{TE}}\left(\frac{\partial f}{\partial r}\hat{\boldsymbol{r}}+\frac{\partial f}{r\partial\theta}\hat{\boldsymbol{\theta}}+\frac{\partial f}{r\sin\theta\partial\phi}\hat{\boldsymbol{\phi}}\right)\hat{B}_n\left(k_0 f\right)\mathrm{P}_n^m(\cos g)\\&\times\left(A_m\cos mh+B_m\sin mh\right)\end{aligned} \tag{4.114}$$

式中，系数 $a_{m,n}^{\mathrm{TM}}$ 和 $a_{m,n}^{\mathrm{TE}}$ 可以通过应用相应的边界条件来确定。因此，将式 (4.113) 和式 (4.114) 代入式 (4.105)~ 式 (4.108) 即可得到总场的所有分量

$$\begin{aligned}E_r=&\frac{\mathrm{i}}{\omega\mu_0\varepsilon_0}\left[\frac{\partial f}{\partial r}\left(\frac{\partial^2}{\partial f^2}+k_0^2\right)+\frac{\partial g}{\partial r}\frac{\partial^2}{\partial f\partial g}+\frac{\partial h}{\partial r}\frac{\partial^2}{\partial f\partial h}\right]\varPhi_{\mathrm{TM}}\\&+\frac{1}{\varepsilon_0}\left(\sin g\frac{\partial h}{\partial r}\frac{\partial}{\partial g}-\frac{1}{\sin g}\frac{\partial g}{\partial r}\frac{\partial}{\partial h}\right)\varPhi_{\mathrm{TE}}\end{aligned} \tag{4.115}$$

$$\begin{aligned}E_\theta=&\frac{\mathrm{i}}{\omega\mu_0\varepsilon_0 r}\left[\frac{\partial f}{\partial\theta}\left(\frac{\partial^2}{\partial f^2}+k_0^2\right)+\frac{\partial g}{\partial\theta}\frac{\partial^2}{\partial f\partial g}+\frac{\partial h}{\partial\theta}\frac{\partial^2}{\partial f\partial h}\right]\varPhi_{\mathrm{TM}}\\&+\frac{1}{\varepsilon_0 r}\left(\sin g\frac{\partial h}{\partial\theta}\frac{\partial}{\partial g}-\frac{1}{\sin g}\frac{\partial g}{\partial\theta}\frac{\partial}{\partial h}\right)\varPhi_{\mathrm{TE}}\end{aligned} \tag{4.116}$$

$$\begin{aligned}E_\phi=&\frac{\mathrm{i}}{\omega\mu_0\varepsilon_0 r\sin\theta}\left[\frac{\partial f}{\partial\phi}\left(\frac{\partial^2}{\partial f^2}+k_0^2\right)+\frac{\partial g}{\partial\phi}\frac{\partial^2}{\partial f\partial g}+\frac{\partial h}{\partial\phi}\frac{\partial^2}{\partial f\partial h}\right]\varPhi_{\mathrm{TM}}\\&+\frac{1}{\varepsilon_0 r\sin\theta}\left(\sin g\frac{\partial h}{\partial\phi}\frac{\partial}{\partial g}-\frac{1}{\sin g}\frac{\partial g}{\partial\phi}\frac{\partial}{\partial h}\right)\varPhi_{\mathrm{TE}}\end{aligned} \tag{4.117}$$

$$
\begin{aligned}
H_{\mathrm{r}} = & \frac{1}{\mu_0}\left(\frac{1}{\sin g}\frac{\partial g}{\partial r}\frac{\partial}{\partial h} - \sin g\frac{\partial h}{\partial r}\frac{\partial}{\partial g}\right)\varPhi_{\mathrm{TM}} \\
& + \frac{\mathrm{i}}{\omega\mu_0\varepsilon_0}\left[\frac{\partial f}{\partial r}\left(\frac{\partial^2}{\partial f^2}+k_0^2\right) + \frac{\partial g}{\partial r}\frac{\partial^2}{\partial f\partial g} + \frac{\partial h}{\partial r}\frac{\partial^2}{\partial f\partial h}\right]\varPhi_{\mathrm{TE}}
\end{aligned} \tag{4.118}
$$

$$
\begin{aligned}
H_{\theta} = & \frac{1}{\mu_0 r}\left(\frac{1}{\sin g}\frac{\partial g}{\partial \theta}\frac{\partial}{\partial h} - \sin g\frac{\partial h}{\partial \theta}\frac{\partial}{\partial g}\right)\varPhi_{\mathrm{TM}} \\
& + \frac{\mathrm{i}}{\omega\mu_0\varepsilon_0 r}\left[\frac{\partial f}{\partial \theta}\left(\frac{\partial^2}{\partial f^2}+k_0^2\right) + \frac{\partial g}{\partial \theta}\frac{\partial^2}{\partial f\partial g} + \frac{\partial h}{\partial \theta}\frac{\partial^2}{\partial f\partial h}\right]\varPhi_{\mathrm{TE}}
\end{aligned} \tag{4.119}
$$

$$
\begin{aligned}
H_{\phi} = & \frac{1}{\mu_0 r\sin\theta}\left(\sin g\frac{\partial h}{\partial \phi}\frac{\partial}{\partial g} - \frac{1}{\sin g}\frac{\partial g}{\partial \phi}\frac{\partial}{\partial h}\right)\varPhi_{\mathrm{TM}} \\
& + \frac{\mathrm{i}}{\omega\mu_0\varepsilon_0 r\sin\theta}\left[\frac{\partial f}{\partial \phi}\left(\frac{\partial^2}{\partial f^2}+k_0^2\right) + \frac{\partial g}{\partial \phi}\frac{\partial^2}{\partial f\partial g} + \frac{\partial h}{\partial \phi}\frac{\partial^2}{\partial f\partial h}\right]\varPhi_{\mathrm{TE}}
\end{aligned} \tag{4.120}
$$

需要指出的是，当函数在某些点上是非单调或不可微的情况时，可以将定义域分解为多个单调且可微的域，在这些域中可以应用上述方法。对于这些子区域的边界点，可以通过边界条件进行处理。

将上述公式应用于球体隐身器件。任何连续函数 $f(\cdot)$、$g(\cdot)$ 和 $h(\cdot)$，满足 $f(R_2,\theta,\phi)=R_2$、$g(R_2,\theta,\phi)=\theta$、$h(R_2,\theta,\phi)=\phi+\phi_0$（其中 ϕ_0 是一个确定的常数），并且 $f(R_1,\theta,\phi)=0$（这些条件可以通过设置外边界处的散射系数 T_n^{TM} 和 T_n^{TE} 为零直接从偏微分方程获得）。具有这类特性的结构可用于实现理想的球体隐身器件。这里，只考虑一种简单的情况，即 $r'=f(r),\theta'=\theta,\phi'=\phi$。相应的介电常数和磁导率张量由下式给出

$$
\overline{\overline{\boldsymbol{\varepsilon}}} = \varepsilon_r(r)\hat{\boldsymbol{r}}\hat{\boldsymbol{r}} + \varepsilon_t(r)\hat{\boldsymbol{\theta}}\hat{\boldsymbol{\theta}} + \varepsilon_t(r)\hat{\boldsymbol{\phi}}\hat{\boldsymbol{\phi}} \tag{4.121}
$$

$$
\overline{\overline{\boldsymbol{\mu}}} = \mu_r(r)\hat{\boldsymbol{r}}\hat{\boldsymbol{r}} + \mu_t(r)\hat{\boldsymbol{\theta}}\hat{\boldsymbol{\theta}} + \mu_t(r)\hat{\boldsymbol{\phi}}\hat{\boldsymbol{\phi}} \tag{4.122}
$$

式中

$$
\varepsilon_t = \varepsilon_0 f'(r), \quad \varepsilon_r = \varepsilon_0\frac{f^2(r)}{r^2 f'(r)} \tag{4.123}
$$

$$
\mu_t = \mu_0 f'(r), \quad \mu_r = \mu_0\frac{f^2(r)}{r^2 f'(r)} \tag{4.124}
$$

对于任意可微的变换函数 $f(r)$，可以证明只需要满足 $f(R_2)=R_2$ 和 $f(R_1)=0$，所得到的电磁参数就能够实现理想的隐身性能。

假设单位幅度的 E_x 极化平面波沿 $\hat{\boldsymbol{z}}$ 方向入射到球体隐身器件。根据式 (4.109) 和式 (4.110)，入射场（$r > R_2$）、散射场（$r > R_2$）和隐身器件区域场（$R_1 < r < R_2$）的矢量势可以分别写成以下形式

$$\boldsymbol{A}_{\mathrm{TM}}^{\mathrm{i}} = \hat{\boldsymbol{r}}\frac{\cos\phi}{\omega}\sum_n a_n\psi_n\left(k_0 r\right)\mathrm{P}_n^1(\cos\theta) \tag{4.125}$$

$$\boldsymbol{A}_{\mathrm{TE}}^{\mathrm{i}} = \hat{\boldsymbol{r}}\frac{\sin\phi}{\omega\eta_0}\sum_n a_n\psi_n\left(k_0 r\right)\mathrm{P}_n^1(\cos\theta) \tag{4.126}$$

$$\boldsymbol{A}_{\mathrm{TM}}^{\mathrm{sc}} = \hat{\boldsymbol{r}}\frac{\cos\phi}{\omega}\sum_n a_n T_n^{\mathrm{TM}}\zeta_n\left(k_0 r\right)\mathrm{P}_n^1(\cos\theta) \tag{4.127}$$

$$\boldsymbol{A}_{\mathrm{TE}}^{\mathrm{sc}} = \hat{\boldsymbol{r}}\frac{\sin\phi}{\omega\eta_0}\sum_n a_n T_n^{\mathrm{TE}}\zeta_n\left(k_0 r\right)\mathrm{P}_n^1(\cos\theta) \tag{4.128}$$

$$\boldsymbol{A}_{\mathrm{TM}}^{\mathrm{c}} = \hat{\boldsymbol{r}}\frac{\cos\phi}{\omega}\sum_n f'(r)\left\{d_n^{\mathrm{TM}}\psi_n\left[k_0 f(r)\right] + f_n^{\mathrm{TM}}\chi_n\left[k_0 f(r)\right]\right\}\mathrm{P}_n^1(\cos\theta) \tag{4.129}$$

$$\boldsymbol{A}_{\mathrm{TE}}^{\mathrm{c}} = \hat{\boldsymbol{r}}\frac{\sin\phi}{\omega\eta_0}\sum_n f'(r)\left\{d_n^{\mathrm{TE}}\psi_n\left[k_0 f(r)\right] + f_n^{\mathrm{TE}}\chi_n\left[k_0 f(r)\right]\right\}\mathrm{P}_n^1(\cos\theta) \tag{4.130}$$

式中，$a_n = (-\mathrm{i})^{-n}(2n+1)/n(n+1), n = 1, 2, 3, \cdots$ 且 $\eta_0 = \sqrt{\mu_0/\varepsilon_0}$。$T_n^{\mathrm{TM}}$、$T_n^{\mathrm{TE}}$、$d_n^{\mathrm{TM}}$、$d_n^{\mathrm{TE}}$、$f_n^{\mathrm{TM}}$ 和 f_n^{TE} 为未知展开系数；$\psi_n(\xi)$、$\chi_n(\xi)$ 和 $\zeta_n(\xi)$ 分别代表第一类、第二类和第三类里卡蒂–贝塞尔函数 [61]。由于 $f(R_1) = 0$，$\chi_n(0)$ 是无穷大；内边界 R_1 处的场有限，要求 $f_n^{\mathrm{TM}} = f_n^{\mathrm{TE}} = 0$。通过在 $r = R_2$ 边界处应用边界条件，可以得到其他未知系数

$$T_n^{\mathrm{TM}} = T_n^{\mathrm{TE}} = -\frac{\psi_n'\left(k_0 R_2\right)\psi_n\left[k_0 f\left(R_2\right)\right] - \psi_n\left(k_0 R_2\right)\psi_n'\left[k_0 f\left(R_2\right)\right]}{\zeta_n'\left(k_0 R_2\right)\psi_n\left[k_0 f\left(R_2\right)\right] - \zeta_n\left(k_0 R_2\right)\psi_n'\left[k_0 f\left(R_2\right)\right]} \tag{4.131}$$

$$d_n^{\mathrm{TM}} = d_n^{\mathrm{TE}} = \frac{\mathrm{i}a_n}{\zeta_n'\left(k_0 R_2\right)\psi_n\left[k_0 f\left(R_2\right)\right] - \zeta_n\left(k_0 R_2\right)\psi_n'\left[k_0 f\left(R_2\right)\right]} \tag{4.132}$$

由于 $f\left(R_2\right) = R_2$，以上公式可以简化为

$$T_n^{\mathrm{TM}} = T_n^{\mathrm{TE}} = 0, \quad d_n^{\mathrm{TM}} = d_n^{\mathrm{TE}} = a_n \tag{4.133}$$

系数 T_n^{TM} 和 T_n^{TE} 恰好等于零，这一事实表明隐身器件是理想的，这与参考文献 [13] 的结论非常吻合。然而，这里可以使用一种更通用的方法，该方法也适用于一些非理想情况。例如，当边界不完全匹配时（$f\left(r\right)$ 在 R_2 处不连续），就会

出现全向非零散射场，散射截面仍可定量计算。将式 (4.125)~ 式 (4.130) 代入式 (4.115)~ 式 (4.120)，经过代数运算，求和 $\sum_n$ 可以写成封闭形式。因此，电场的所有分量都可以表示为（注意，自由空间的参数可以视为 $f(r)=r$）

$$E_r = f'(r)\sin\theta\cos\phi \mathrm{e}^{\mathrm{i}k_0 f(r)\cos\theta} \tag{4.134}$$

$$E_\theta = \frac{f(r)}{r}\cos\theta\cos\phi \mathrm{e}^{\mathrm{i}k_0 f(r)\cos\theta} \tag{4.135}$$

$$E_\phi = -\frac{f(r)}{r}\sin\phi \mathrm{e}^{\mathrm{i}k_0 f(r)\cos\theta} \tag{4.136}$$

因此，由式 (4.133) 和式 (4.134)~ 式 (4.136) 可得，只要 $f(R_2)=R_2$ 且 $f(R_1)=0$，任何具有式 (4.123) 和式 (4.124) 电磁参数的球壳都可以实现理想的隐身效果 [65]。$R_2>r>R_1$ 区域中的 $f(r)$ 不同，只会导致隐身器件区域内场分布不同，但不会干扰外部场。

球体隐身器件区域 $R_2>r>R_1$ 中场的分布以及隐身器件对边界扰动的敏感度由变换函数 $f(r)$ 决定。此处探讨了通过 4 种不同的变换函数构造的隐身器件：（情况 1）$f_1(r)=[R_2/(R_2-R_1)](r-R_1)$，（情况 2）$f_2(r)=\left[R_2/(R_2-R_1)^2\right]\cdot(r-R_1)^2$，其中 $f_2'(R_1)=0$，（情况 3）$f_3(r)=-\left[R_2/(R_2-R_1)^2\right](r-R_1)^2+R_2$，其中 $f_3'(R_2)=0$，（情况 4）$f_4(r)$，其中 $f_4'(R_1)=0$ 且 $f_4'(R_2)=0$。图 4.3.10（a）给出了 4 个变换函数的曲线。图 4.3.10（b）表示根据式 (4.123) 和式 (4.124) 得到的 4 种不同隐身器件的切向和径向的 ε 和 μ 分量。图 4.3.10（c）~ 图 4.3.10（f）描述了 E_x 极化平面波入射到这 4 种不同的隐身器件时 E_x 场分布和坡印亭矢量。

通过不同的变换，隐身器件内部的场分布不同，而在隐身器件外部区域传播的波则保持不变。在图 4.3.10（c）中，场在隐身器件几乎均匀分布，在 R_2 和 R_1 之间线性函数为 $f_1(r)=[R_2/(R_2-R_1)](r-R_1)$。从结果中可以发现，这种隐身器件可以称为线性变换隐身器件，对内边界 R_1 和外边界 R_2 处的扰动都很敏感。图 4.3.10（d）中，场主要分布在隐身器件外边界附近，凸变换函数为 $f_2(r)$。这种所谓的凸变换隐身器件对内边界的扰动不敏感，但对外边界的扰动十分敏感；在图 4.3.10（e）中，场主要分布在隐身器件内边界附近，具有凹变换函数 $f_3(r)$。这种所谓的凹变换隐身器件对外边界的扰动不敏感，但对内边界的微小扰动敏感。总之，函数 $f(r)$ 的微分越大的位置，隐身器件内部的场就越大。因此，通过选择一个函数，例如 $f_4(r)$，其在 R_1 和 R_2 处的微分都为零，可以得到一种隐身器件，其中场主要分布在隐身器件的中心区域附近，并且在所有边界处接近于零。事实上，如果选择满足 $f'(R_1)=0$ 和 $f'(R_2)=1$ 的变换函数 $f(r)$，隐身器件将对外边界和内边界的扰动都不敏感；然而，它会对隐身器件中央区域的扰动敏感。

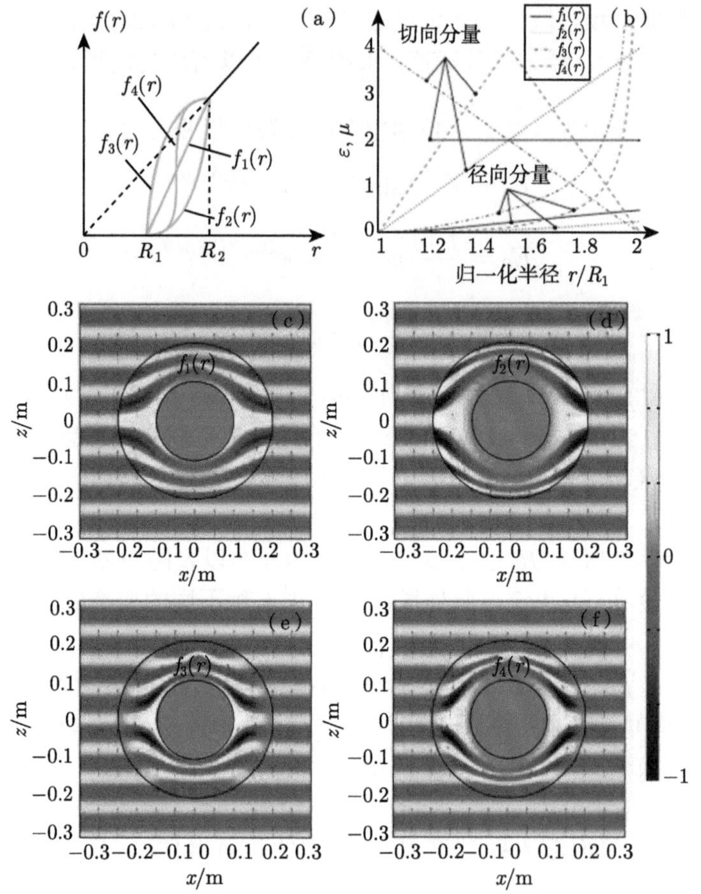

图 4.3.10　（a）4 种不同的变换函数 $f(r)$ 的曲线示意图；（b）ε 和 μ 分量；（c）～（f）E_x 场分布和坡印亭矢量

4.3.4　隐身器件边界条件

图 4.3.11 展示了具有外半径 R_2 和内半径 R_1 的球体隐身器件。球体隐身器件是各向异性且非均匀的，其介电常数张量为 $\bar{\bar{\varepsilon}} = \varepsilon_r \hat{\boldsymbol{r}}\hat{\boldsymbol{r}} + \varepsilon_t \hat{\boldsymbol{\theta}}\hat{\boldsymbol{\theta}} + \varepsilon_t \hat{\boldsymbol{\phi}}\hat{\boldsymbol{\phi}}$，磁导率张量为 $\overline{\overline{\boldsymbol{\mu}}} = \mu_r \hat{\boldsymbol{r}}\hat{\boldsymbol{r}} + \mu_t \hat{\boldsymbol{\theta}}\hat{\boldsymbol{\theta}} + \mu_t \hat{\boldsymbol{\phi}}\hat{\boldsymbol{\phi}}$。根据参考文献 [13]，介电常数和磁导率满足 $\varepsilon_t/\varepsilon_0 = \mu_t/\mu_0 = R_2/(R_2 - R_1)$ 和 $\varepsilon_r/\varepsilon_t = \mu_r/\mu_t = (r - R_1)^2/r^2$。不失一般性，假设在 $r < R_1$ 区域的介电常数是 ε_1，磁导率是 μ_1。在该区域放置一个电偶极子。电偶极子激发的电磁波辐射及其与隐身器件的电磁响应可以分解为 TE 模式和 TM 模式，相对于 $\hat{\boldsymbol{r}}$ 方向，对应的 TM 模式和 TE 模式的标量势已在前文中推导得到。由于径向非均匀介质中 TM 模式和 TE 模式是解耦的，因此这两种模式的推导是相同的 [63]。

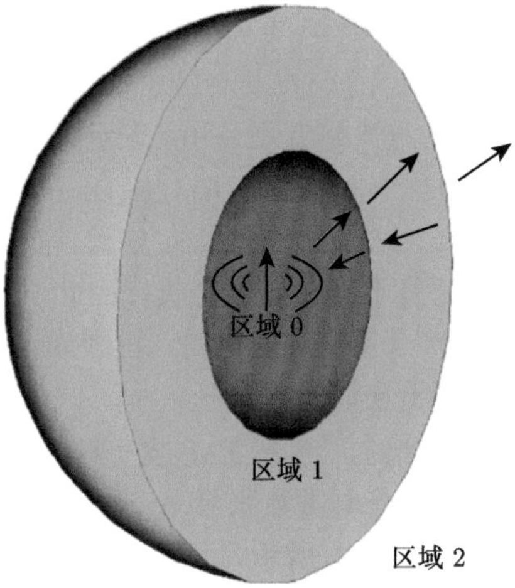

图 4.3.11 在球体隐身器件的被隐身区域内存在一个电偶极子时的电磁波反射和透射。区域 0：被隐身区域；区域 1：隐身器件区域；区域 2：自由空间

以电偶极子在隐身区域激发 TM 极化电磁波为例，电磁波在 $r < R_1$ 区域、$R_1 < r < R_2$ 区域和 $r > R_2$ 区域的传播情况如图 4.3.11 所示。因此，这三个区域中的标量势可以表示为

$$\Phi_{\mathrm{TM}}^{\mathrm{int}} = \left[\zeta_n(k_1 r) + R^{\mathrm{TM}}\psi_n(k_1 r)\right] \mathrm{P}_n^m(\cos\theta)\mathrm{e}^{\mathrm{i}m\phi} \tag{4.137}$$

$$\Phi_{\mathrm{TM}}^{\mathrm{c}} = \left[d_n^{\mathrm{M}}\psi_n(k_t(r-R_1)) + f_n^{\mathrm{M}}\chi_n(k_t(r-R_1))\right] \cdot \mathrm{P}_n^m(\cos\theta)\mathrm{e}^{\mathrm{i}m\phi} \tag{4.138}$$

$$\Phi_{\mathrm{TM}}^{\mathrm{out}} = T^{\mathrm{TM}}\zeta_n(k_0 r)\mathrm{P}_n^m(\cos\theta)\mathrm{e}^{\mathrm{i}m\phi} \tag{4.139}$$

式中，ψ_n、χ_n 和 ζ_n 分别是第一、第二和第三类里卡蒂–贝塞尔函数；R^{TM}、d_n^{M}、f_n^{M} 和 T^{TM} 是未知的展开系数。特别地，R^{TM} 和 T^{TM} 分别被称为广义反射系数和广义透射系数。

为了说明问题，隐身器件的内边界设置在 $r = R_1 + \delta$ 而非 $r = R_1$，然后取极限 $\delta \to 0$。利用内外边界处切向电场和磁场的连续性，可以列出以下四个公式

$$1/\sqrt{\mu_t\varepsilon_t}\left[d_n^{\mathrm{M}}\psi_n'(k_t(R_2-R_1)) + f_n^{\mathrm{M}}\chi_n'(k_t(R_2-R_1))\right] = 1/\sqrt{\mu_0\varepsilon_0}T^{\mathrm{TM}}\zeta_n'(k_0R_2) \tag{4.140}$$

$$1/\mu_t\left[d_n^{\mathrm{M}}\psi_n(k_t(R_2-R_1)) + f_n^{\mathrm{M}}\chi_n(k_t(R_2-R_1))\right] = 1/\mu_0 T^{\mathrm{TM}}\zeta_n(k_0R_2) \tag{4.141}$$

$$1/\sqrt{\mu_1\varepsilon_1}\left[\zeta_n'(k_1(R_1+\delta)) + R^{\mathrm{TM}}\psi_n'(k_1(R_1+\delta))\right] = 1/\sqrt{\mu_t\varepsilon_t}\left[d_n^{\mathrm{M}}\psi_n'(k_t\delta) + f_n^{\mathrm{M}}\chi_n'(k_t\delta)\right] \tag{4.142}$$

$$1/\mu_1\left[\zeta_n(k_1(R_1+\delta))+R^{\mathrm{TM}}\psi_n(k_1(R_1+\delta))\right]=1/\mu_t\left[d_n^{\mathrm{M}}\psi_n(k_t\delta)+f_n^{\mathrm{M}}\chi_n(k_t\delta)\right] \tag{4.143}$$

根据上述公式，可以得到 $d_n^{\mathrm{M}}=f_n^{\mathrm{M}}=T^{\mathrm{TM}}=0$，表示隐身器件区域以及外部区域没有场存在，同时可以得到 $R^{\mathrm{TM}}=-\zeta_n(k_1R_1)/\psi_n(k_1R_1)$。此外，在极限 $\delta\to 0$ 中，$f_n^{\mathrm{M}}\chi_n'(k_t\delta)$ 仍然不为零，这表示电场的切向分量具有不连续性。由于 ε 和 μ 的分量在任意位置都是有限的且不存在导电介质，因此引入表面电流来解释边界条件的不连续性是不合理的 [66]。值得注意的是，正因为这个原因，引入圆柱隐身器件中的位移面电流也不适用于当前情况。

为了理解边界条件的不连续性，考虑 TM 波（$\boldsymbol{H}_i=\hat{\boldsymbol{y}}\mathrm{e}^{\mathrm{i}k_{ix}x+\mathrm{i}k_zz}$）从自由空间斜入射（$k_z\neq 0$）到一个具有介电常数张量 $\varepsilon_x\hat{\boldsymbol{x}}\hat{\boldsymbol{x}}+\varepsilon_t\hat{\boldsymbol{y}}\hat{\boldsymbol{y}}+\varepsilon_t\hat{\boldsymbol{z}}\hat{\boldsymbol{z}}$ 和磁导率 μ_t 的各向异性介质上，如图 4.3.12（a）所示。介质的色散关系满足 $k_{tx}^2/\left(\omega^2\varepsilon_t\mu_t\right)+k_z^2/\left(\omega^2\varepsilon_x\mu_t\right)=1$。因此，当 ε_x 非常小时，k_{tx} 变为虚数，透射波将倏逝。在极限 $\varepsilon_x\to 0$ 时，可以发现透射波强烈倏逝，以至于 $x>0$ 的区域内不存在电场。更有趣的是，在极限 $\varepsilon_x\to 0$ 时，积分 $\displaystyle\int_0^\infty E_{tx}\mathrm{d}x$ 有一个有限值 $-\mathrm{i}2\eta_0\cos\theta\mathrm{e}^{\mathrm{i}k_zz}/k_z$。换句话说，$E_{tx}$ 在界面上的表述类似于一个 δ 函数。这个有限且非零值可以被称为电表面电压 V_E。当一个自由电荷 q 移动到界面时，这个电压将把它推到另一侧并向其传递能量 qV_E。这种电压不是由导电电荷引起的，而是由于界面上介质的无限极化；换句话说，它对应于界面上极化偶极矩的分布。此外，界面左侧的切向电场为 $E_{i_2}+E_{r_2}=-2\eta_0\cos\theta\mathrm{e}^{\mathrm{i}k_zz}$，而右侧为零，意味着 E 的切向分量在界面上是不连续的。然而，由于 $\left(E_{iz}+E_{rz}\right)\Delta z+V_E\left(z_2\right)-V_E\left(z_1\right)=0$，如图 4.3.12（a）所示，法拉第电磁感应定律仍然在此界面上成立。显然，利用这种各向异性介质，其大小与隐身器件内边界相同，E_x 变成一个 δ 函数并形成支持切向电场不连续性的电表面电压。同时，反射系数变为 -1，这意味着通过控制介质的电响应，该介质具有类似完美磁导体（PMC）的特性。

类似地，如果 μ_x 趋于零，TE 波的反射系数也是 -1。因此，当介电常数 ε_x 和磁导率 μ_x 同时趋于零时，对于 TM 波，该单轴介质表现出类似 PMC 的特性，这是由于电表面电压的作用；对于 TE 波，该单轴介质表现出类似完美电导体（PEC）的特性，这是由于磁表面电压的作用。这揭示了反射的另一个有趣现象。首先，从全反射的角度来看，界面表现得如同一面镜子。其次，这面特殊的镜子不仅保留了极化信息，还保留了反射波的相位信息。例如，当右旋圆极化波入射到该界面时，反射波保持其旋向。然而，对于一般的 PEC 或 PMC，反射波的旋向会变为左旋，如图 4.3.13 所示。这一特性类似于雷达和微波工程中使用的人工电磁软硬表面（SHS）边界 [67]。但对于具有固定导电矢量的 SHS，如果入射平面发生变化，反射波的相位也会改变。然而，在图 4.3.13（b）中，反射波的相位不受入射平面的影响，这意味着它只取决于光程。因此，这个镜子在任何入射平面上表现相同，源的信息包括极化和相位完全保留在反射波中。

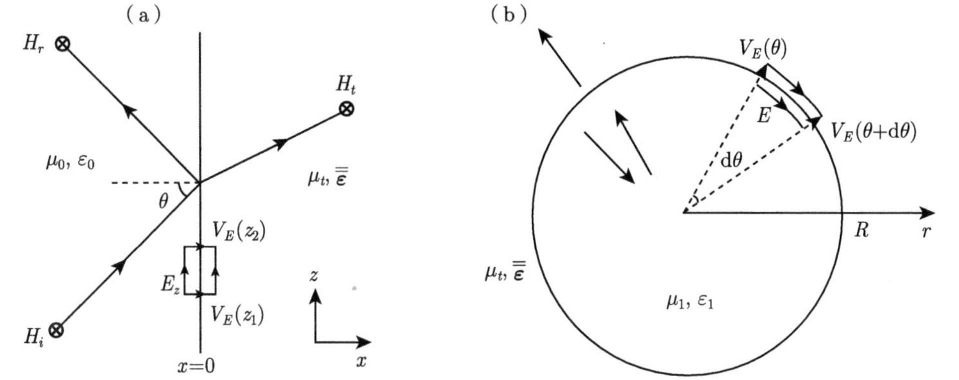

图 4.3.12 （a）在笛卡儿坐标系中，TM 波从自由空间入射到 ε_x 趋于零的单轴介质的反射和透射情况；（b）在球坐标系中，TM 波从均匀各向同性介质入射到径向介电常数趋于零的单轴介质的反射和透射情况

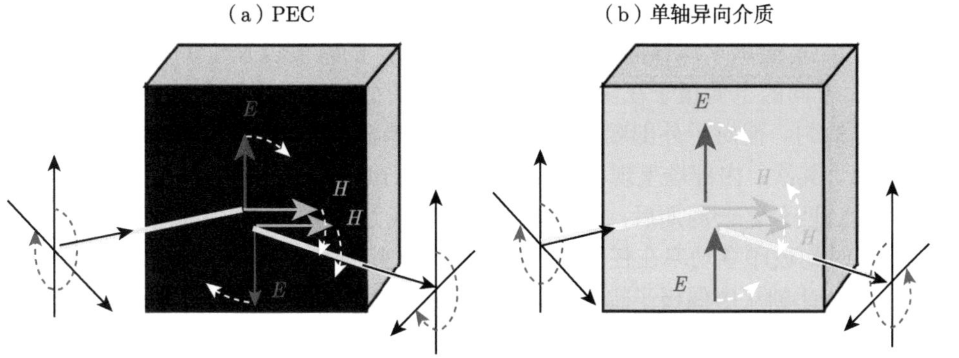

图 4.3.13 右旋圆极化波入射到（a）PEC 和（b）介电常数和磁导率同时趋于零的介质的反射。虚线箭头表示电场矢量旋转方向

通过笛卡儿坐标系中的讨论，可以看到表面电压是由界面法线方向的零介电常数和磁导率引起的，其造成了切向电磁场的不连续性。该结论在球坐标系中的球面界面同样适用。例如，如图 4.3.12（b）所示，介电常数 ε_1 和磁导率 μ_1 的球体处于介电张量 $\bar{\bar{\boldsymbol{\varepsilon}}} = \varepsilon_r\hat{\boldsymbol{r}}\hat{\boldsymbol{r}} + \varepsilon_t\hat{\boldsymbol{\theta}}\hat{\boldsymbol{\theta}} + \varepsilon_t\hat{\boldsymbol{\phi}}\hat{\boldsymbol{\phi}}$ 和磁导率 μ_t 的均匀背景介质中。类似于图 4.3.12（a）中的情况，对于 TM 波，当 $\varepsilon_r \to 0$ 时，在 $r > R_1$ 的区域内没有场存在，但在边界处会诱导电表面电压 V_E。由于 $E_\theta^{\text{int}} R_1 \mathrm{d}\theta + V_E(\theta + \mathrm{d}\theta) - V_E(\theta) = 0$，法拉第定律仍然适用于该界面。$E_\phi$ 分量的推导结果也类似。对于 TE 波，当 μ_r 趋近于零时也可以得到类似的推导。因此，球体隐身器件内边界只需满

足径向介电常数和磁导率为零的条件，即可通过诱导表面电压将电磁波完全反射回去。

基于上述讨论，可以推导出内部辐射区域内的电场和磁场表面电压以及电偶极矩 $\boldsymbol{p}$ 的分布。通过将偶极子辐射波展开为球面波，可以得到入射波的相应标量势 $\varPhi_{\text{TM}}^{i}$ 和 $\varPhi_{\text{TE}}^{i}$。由于已知 TM 波和 TE 波的反射系数都是 $-\zeta_n(k_1R_1)/\psi_n(k_1R_1)$，因此可以得到反射波的标量势 $\varPhi_{\text{TM}}^{r}$ 和 $\varPhi_{\text{TE}}^{r}$。球体隐身器件内边界诱导的电场和磁场表面电压分别为

$$V_E=\int_{R_1^-}^{R_1^+}E_r\mathrm{d}r=\frac{-\mathrm{i}}{\omega\mu_1\varepsilon_1}\frac{\partial}{\partial r}(\varPhi_{\text{TM}}^{i}+\varPhi_{\text{TM}}^{r})\bigg|_{r=R_1^-} \tag{4.144}$$

$$V_H=\int_{R_1^-}^{R_1^+}H_r\mathrm{d}r=\frac{-\mathrm{i}}{\omega\mu_1\varepsilon_1}\frac{\partial}{\partial r}(\varPhi_{\text{TE}}^{i}+\varPhi_{\text{TE}}^{r})\bigg|_{r=R_1^-} \tag{4.145}$$

根据式 (4.144) 和式 (4.145) 可以得到，在隐身区域存在电偶极子时，当 ω 趋近于零，V_H 变为零，而 V_E 仍存在。同样地，在隐身区域存在磁偶极子时，则 V_E 变为零，而 V_H 仍保留。

图 4.3.14 绘制了球体隐身器件内边界处 V_E 的幅度以及位于 $(R_1/2,\pi/4,\pi)$ 处指向 $\hat{\boldsymbol{z}}$ 方向的电偶极子在隐身区域的 H_y。首先，可以看到表面电压分布在表面上并非均匀。但对于外部观察者来说，该电偶极子是不可见的，因为没有波传播到外部。其次，内部场呈现驻波形式。图 4.3.14（b）表示磁场达到最大值时的情况。经过四分之一周期后，磁场变为零，电场达到最大值。由于 E 和 H 始终不同相，时均坡印亭功率在任何地方都是零，意味着没有时间平均功率进入内部。换句话说，此刻从电偶极子辐射的能量将在下一时刻回到电偶极子中。因此，内部总能量不会突然增加。

此外，表面电压的数值还可直接与另一个参数相关联。在参考文献 [60] 中推导标量势时，应用了条件 $\dfrac{\partial}{\partial r}\varPsi_{\text{TM}}=\mathrm{i}\omega\varepsilon\mu\phi_{\mathrm{e}}$，其中 ϕ_{e} 代表辅助标量电势。有趣的是，$V_E=\phi_{\mathrm{e}}|_{r=R_1^-}$，$V_H=\phi_{\mathrm{m}}|_{r=R_1^-}$。因此，这些最初作为数学工具引入的辅助标量势 ϕ_{e} 和 ϕ_{m}，在隐身器件的内部边界上具有直接的物理对应，即表面电压。

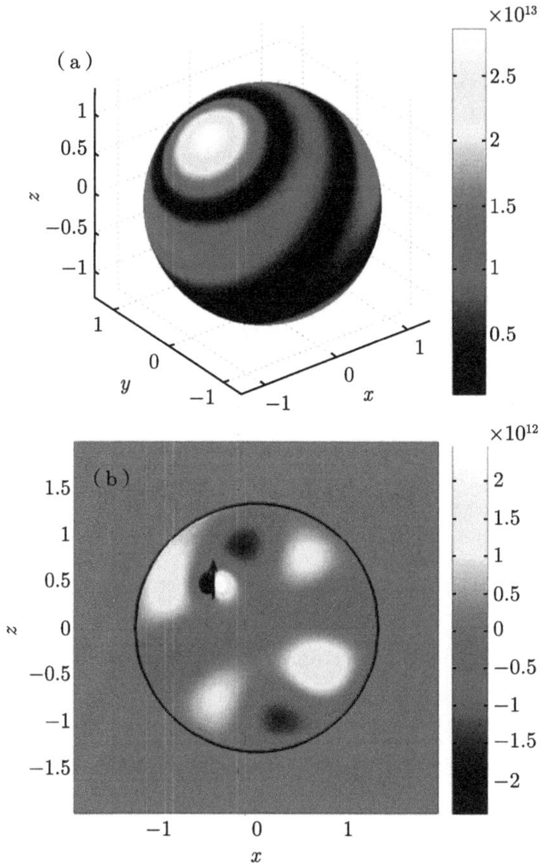

图 4.3.14 由定向于 $\hat{z}$ 方向并位于 $(R_1/2, \pi/4, \pi)$ 处的单位电偶极子引起的（a）内边界的 V_E 幅度分布和（b）由于在隐身区域 $r < R_1$ 中的 H_y 分布，$R_1 = 1.33\lambda_1$

参 考 文 献

[1] Kerker M. Invisible bodies [J]. Journal of the Optical Society of America, 1975, 65(4): 376-379.

[2] Devaney A J. Nonuniqueness in the inverse scattering problem [J]. Journal of Mathematical Physics, 1978, 19(7): 1526-1531.

[3] Wolf E, Habashy T. Invisible bodies and uniqueness of the inverse scattering problem [J]. Journal of Modern Optics, 1993, 40(5): 785-792.

[4] Sylvester J, Uhlmann G. A global uniqueness theorem for an inverse boundary value problem [J]. Annals of Mathematics, 1987, 125(1): 153-169.

[5] Nachman A I. Reconstructions from boundary measurements [J]. Annals of Mathematics, 1988, 128(3): 531-576.

[6] Nicorovici N, McPhedran R C, Milton G W. Optical and dielectric properties of partially resonant composites [J]. Physical Review B, 1994, 49(12): 8479.
[7] Milton G W, Nicorovici N A P. On the cloaking effects associated with anomalous localized resonance [J]. Proceedings of the Royal Society A: Mathematical, Physical and Engineering Sciences, 2006, 462(2074): 3027-3059.
[8] Alù A, Engheta N. Achieving transparency with plasmonic and metamaterial coatings [J]. Physical Review E, 2005, 72(1): 016623.
[9] Greenleaf A, Lassas M, Uhlmann G. On nonuniqueness for Calderón's inverse problem [J]. Mathematical Research Letters, 2003, 10: 685-693.
[10] Greenleaf A, Lassas M, Uhlmann G. Anisotropic conductivities that cannot be detected by EIT [J]. Physiological Measurement, 2003, 24(2): 413.
[11] Dolin L. To the possibility of comparison of three-dimensional electromagnetic systems with non-uniform anisotropic filling [J]. Izvestiya Vysshikh Uchebnykh Zavedenii. Radiofizika, 1961, 4(5): 964-967.
[12] Milton G W, Briane M, Willis J R. On cloaking for elasticity and physical equations with a transformation invariant form [J]. New Journal of Physics, 2006, 8(10): 248.
[13] Pendry J B, Schurig D, Smith D R. Controlling electromagnetic fields [J]. Science, 2006, 312(5781): 1780-1782.
[14] Leonhardt U. Optical conformal mapping [J]. Science, 2006, 312(5781): 1777-1780.
[15] Cummer S A, Popa B I, Schurig D, et al. Full-wave simulations of electromagnetic cloaking structures [J]. Physical Review E, 2006, 74(3): 036621.
[16] Miller D A B. On perfect cloaking [J]. Optics Express, 2006, 14(25): 12457-12466.
[17] Cai W, Chettiar U K, Kildishev A V, et al. Nonmagnetic cloak with minimized scattering [J]. Applied Physics Letters, 2007, 91(11): 111105.
[18] Cai W, Chettiar U K, Kildishev A V, et al. Optical cloaking with metamaterials [J]. Nature Photonics, 2007, 1(4): 224-227.
[19] Li J, Pendry J B. Hiding under the carpet: A new strategy for cloaking [J]. Physical Review Letters, 2008, 101(20): 203901.
[20] Leonhardt U, Tyc T. Broadband invisibility by non-euclidean cloaking [J]. Science, 2009, 323(5910): 110-112.
[21] Xi S, Chen H, Wu B, et al. One-directional perfect cloak created with homogeneous material [J]. IEEE Microwave and Wireless Components Letters, 2009, 19(3): 131-133.
[22] Schurig D, Mock J J, Justice B J, et al. Metamaterial electromagnetic cloak at microwave frequencies [J]. Science, 2006, 314(5801): 977-980.
[23] Liu R, Ji C, Mock J J, et al. Broadband ground-plane cloak [J]. Science, 2009, 323(5912): 366-369.
[24] Valentine J, Li J, Zentgraf T, et al. An optical cloak made of dielectrics [J]. Nature Materials, 2009, 8(7): 568-571.
[25] Gabrielli L H, Cardenas J, Poitras C B, et al. Silicon nanostructure cloak operating at optical frequencies [J]. Nature Photonics, 2009, 3(8): 461-463.

[26] Ergin T, Stenger N, Brenner P, et al. Three-dimensional invisibility cloak at optical wavelengths [J]. Science, 2010, 328(5976): 337-339.

[27] Ma H F, Cui T J. Three-dimensional broadband ground-plane cloak made of metamaterials [J]. Nature Communications, 2010, 1: 21.

[28] Landy N, Smith D R. A full-parameter unidirectional metamaterial cloak for microwaves [J]. Nature Materials, 2013, 12(1): 25-28.

[29] Chen H, Zheng B. Broadband polygonal invisibility cloak for visible light [J]. Scientific Reports, 2012, 2(1): 255.

[30] Chen H, Zheng B, Shen L, et al. Ray-optics cloaking devices for large objects in incoherent natural light [J]. Nature Communications, 2013, 4(1): 2652.

[31] Shen L, Zheng B, Liu Z, et al. Large-scale far-infrared invisibility cloak hiding object from thermal detection [J]. Advanced Optical Materials, 2015, 3(12): 1738-1742.

[32] Zhang B, Chan T, Wu B. Lateral shift makes a ground-plane cloak detectable [J]. Physical Review Letters, 2010, 104(23): 233903.

[33] Zhang J, Liu L, Luo Y, et al. Homogeneous optical cloak constructed with uniform layered structures [J]. Optics Express, 2011, 19(9): 8625-8631.

[34] Xu X, Feng Y, Xiong S, et al. Broad band invisibility cloak made of normal dielectric multilayer [J]. Applied Physics Letters, 2011, 99(15): 154104.

[35] Zhang B, Luo Y, Liu X, et al. Macroscopic invisibility cloak for visible light [J]. Physical Review Letters, 2011, 106(3): 033901.

[36] Chen X, Luo Y, Zhang J, et al. Macroscopic invisibility cloaking of visible light [J]. Nature Communications, 2011, 2(1): 176.

[37] Edwards B, Alù A, Silveirinha M G, et al. Experimental verification of plasmonic cloaking at microwave frequencies with metamaterials [J]. Physical Review Letters, 2009, 103(15): 153901.

[38] Chen P, Alù A. Mantle cloaking using thin patterned metasurfaces [J]. Physical Review B, 2011, 84(20): 205110.

[39] Alù A, Engheta N. Multifrequency optical invisibility cloak with layered plasmonic shells [J]. Physical Review Letters, 2008, 100(11): 113901.

[40] Selvanayagam M, Eleftheriades G V. Experimental demonstration of active electromagnetic cloaking [J]. Physical Review X, 2013, 3(4): 041011.

[41] Zhang J, Zhong L M, Zhang W R, et al. An ultrathin directional carpet cloak based on generalized Snell's law [J]. Applied Physics Letters, 2013, 103(15): 151115.

[42] Ni X, Wong Z J, Mrejen M, et al. An ultrathin invisibility skin cloak for visible light [J]. Science, 2015, 349(6254): 1310-1314.

[43] Orazbayev B, Mohammadi Estakhri N, Beruete M, et al. Terahertz carpet cloak based on a ring resonator metasurface [J]. Physical Review B, 2015, 91(19): 195444.

[44] Yang Y, Jing L, Zheng B, et al. Full-polarization 3D metasurface cloak with preserved amplitude and phase [J]. Advanced Materials, 2016, 28(32): 6866-6871.

[45] Shin D, Urzhumov Y, Jung Y, et al. Broadband electromagnetic cloaking with smart metamaterials [J]. Nature Communications, 2012, 3(1): 1213.

[46] Peng R, Xiao Z, Zhao Q, et al. Temperature-controlled chameleonlike cloak [J]. Physical Review X, 2017, 7(1): 011033.

[47] Huang C, Yang J, Wu X, et al. Reconfigurable metasurface cloak for dynamical electromagnetic illusions [J]. ACS Photonics, 2017, 5(5): 1718-1725.

[48] Xu S, Cheng X, Xi S, et al. Experimental demonstration of a free-space cylindrical cloak without superluminal propagation [J]. Physical Review Letters, 2012, 109(22): 223903.

[49] Qian C , Zheng B, Shen Y, et al. Deep-learning-enabled self-adaptive microwave cloak without human intervention [J]. Nature Photonics, 2020, 14(6): 383-390.

[50] Selvanayagam M, Eleftheriades G V. An active electromagnetic cloak using the equivalence principle [J]. IEEE Antennas and Wireless Propagation Letters, 2012, 11: 1226-1229.

[51] Riemann B. Grundlagen Für Eine Allgemeine Theorie der Functionen Einer Veränderlichen Complexen Grösse [M]. Adalbert Rente, 1867.

[52] Perlick V. Ray Optics, Fermat's Principle, and Applications to General Relativity [M]. New York: Springer-Verlag, 2000.

[53] Tsang L, Kong J A, Ding K H. Scattering of electromagnetic waves: Theories and applications [M]. New York: Wiley, 2010.

[54] Kong J A. Electromagnetic Wave Theory [M]. 2nd ed. New York: Wiley, 1990.

[55] Kemp B A, Grzegorczyk T M, Kong J A. Optical momentum transfer to absorbing Mie particles [J]. Physical Review Letters, 2006, 97(13): 133902.

[56] Luo Y, Chen H, Zhang J, et al. Design and analytical full-wave validation of the invisibility cloaks, concentrators, and field rotators created with a general class of transformations [J]. Physical Review B, 2008, 77(12): 125127.

[57] Zhang B, Chen H, Wu B, et al. Response of a cylindrical invisibility cloak to electromagnetic waves [J]. Physical Review B, 2007, 76(12): 121101.

[58] Zhang B, Chen H, Wu B, et al. Extraordinary surface voltage effect in the invisibility cloak with an active device inside [J]. Physical Review Letters, 2008, 100(6): 063904.

[59] Xi S, Chen H, Zhang B, et al. Route to low-scattering cylindrical cloaks with finite permittivity and permeability [J]. Physical Review B, 2009, 79(15): 155122.

[60] Chen H, Wu B, Zhang B, et al. Electromagnetic wave interactions with a metamaterial cloak [J]. Physical Review Letters, 2007 99(6): 063903.

[61] van de Hulst H C. Light Scattering by Small Particles [M]. Dover: Dover Publications, 1981.

[62] Roth J, Dignam M. Scattering and extinction cross sections for a spherical particle coated with an oriented molecular layer [J]. Journal of the Optical Society of America, 1973, 63(3): 308-311.

[63] Chew W. Waves and Fields in Inhomogeneous Media [M]. New York: Springer Netherlands, 1990.

[64] Ruan Z, Yan M, Neff C W, et al. Ideal cylindrical cloak: Perfect but sensitive to tiny perturbations [J]. Physical Review Letters, 2007, 99(11): 113903.

[65] Weder R. A rigorous analysis of high-order electromagnetic invisibility cloaks [J]. Journal of Physics A: Mathematical and Theoretical, 2008, 41(6): 065207.

[66] Greenleaf A, Kurylev Y, Lassas M, et al. Improvement of cylindrical cloaking with the SHS lining [J]. Optics Express, 2007, 15(20): 12717-12734.

[67] Lindell I V, Puska P P. Reflection dyadic for the soft and hard surface with application to the depolarising corner reflector [J]. IEE Proceedings-Microwaves, Antennas and Propagation, 1996, 143(5): 417-421.

第 5 章　异向介质的电磁辐射

5.1　基于分层介质的偶极子天线

偶极子天线是一种广泛应用于无线通信、雷达系统和天文学等领域的基本天线结构 [1]。它由一对对称放置的导体组成，导体的两端分别连接到馈电线。偶极子天线可以用于发射和接收特定频率的信号。在实际应用中，由于其处于不同环境中，辐射性能会显著变化。鉴于此，本节将详细探讨分层介质环境中的偶极子天线。

5.1.1　赫兹电偶极子和磁偶极子

位于原点并指向 $\hat{\boldsymbol{z}}$ 方向的赫兹电偶极子可用电流偶极矩 Il 或电流密度 $\boldsymbol{J}(\boldsymbol{r})$ 表示。电流偶极矩 Il 和电流密度 $\boldsymbol{J}(\boldsymbol{r})$ 的关系满足

$$\boldsymbol{J}(\boldsymbol{r}') = \hat{\boldsymbol{z}} Il\delta(\boldsymbol{r}') \tag{5.1}$$

电流密度为 $\boldsymbol{J}(\boldsymbol{r}') = \boldsymbol{I}l\delta(\boldsymbol{r}')$ 的赫兹电偶极子的电场矢量 $\boldsymbol{E}(\boldsymbol{r})$ 可表示为

$$\begin{aligned}
\boldsymbol{E}(\boldsymbol{r}) &= \mathrm{i}\omega\mu\left(\overline{\overline{\boldsymbol{I}}} + \frac{1}{k^2}\nabla\nabla\right)\cdot \boldsymbol{I}l\frac{\mathrm{e}^{\mathrm{i}kr}}{4\pi r} \\
&= \mathrm{i}\omega\mu\left[\boldsymbol{I}l + \frac{1}{k^2}(\boldsymbol{I}l\cdot\nabla)\nabla\right]\frac{\mathrm{e}^{\mathrm{i}kr}}{4\pi r} \\
&= \mathrm{i}\omega\mu\left\{\boldsymbol{I}l\frac{\mathrm{e}^{\mathrm{i}kr}}{4\pi r} + (\boldsymbol{I}l\cdot\nabla)\hat{\boldsymbol{r}}\left[\frac{\mathrm{i}}{kr} + \left(\frac{\mathrm{i}}{kr}\right)^2\right]\frac{\mathrm{e}^{\mathrm{i}kr}}{4\pi}\right\} \\
&= \mathrm{i}\omega\mu\left\{\boldsymbol{I}l\frac{\mathrm{e}^{\mathrm{i}kr}}{4\pi r} + \frac{1}{r}\left[\frac{\mathrm{i}}{kr} + \left(\frac{\mathrm{i}}{kr}\right)^2\right]\frac{\mathrm{e}^{\mathrm{i}kr}}{4\pi}(\boldsymbol{I}l\cdot\nabla)\hat{\boldsymbol{r}} + \hat{\boldsymbol{r}}(\boldsymbol{I}l\cdot\nabla)\frac{1}{r}\left[\frac{\mathrm{i}}{kr} + \left(\frac{\mathrm{i}}{kr}\right)^2\right]\frac{\mathrm{e}^{\mathrm{i}kr}}{4\pi}\right\} \\
&= \mathrm{i}\omega\mu\left\{\boldsymbol{I}l\left[1 + \frac{\mathrm{i}}{kr} + \left(\frac{\mathrm{i}}{kr}\right)^2\right] - \hat{\boldsymbol{r}}(\hat{\boldsymbol{r}}\cdot\boldsymbol{I}l)\left[1 + 3\frac{\mathrm{i}}{kr} + 3\left(\frac{\mathrm{i}}{kr}\right)^2\right]\right\}\frac{\mathrm{e}^{\mathrm{i}kr}}{4\pi r}
\end{aligned} \tag{5.2}$$

注意到 $g(r)=\mathrm{e}^{\mathrm{i}kr}/4\pi r$，$\partial g(r)/\partial z=(\mathrm{i}k-1/r)\cos\theta g(r)$。根据 $\hat{\boldsymbol{z}}=\hat{\boldsymbol{r}}\cos\theta-\hat{\boldsymbol{\theta}}\sin\theta$ 和 $z=r\cos\theta$，可以将式 (5.2) 转换到球坐标系，有

$$\begin{aligned}\boldsymbol{E}(\boldsymbol{r})&=\frac{\mathrm{i}\omega\mu\mathrm{e}^{\mathrm{i}kr}}{4\pi r}Il\left[\hat{\boldsymbol{z}}\left(1+\frac{\mathrm{i}}{kr}-\frac{1}{k^2r^2}\right)+\hat{\boldsymbol{r}}\frac{z}{r}\left(-1-\frac{\mathrm{i}3}{kr}+\frac{3}{k^2r^2}\right)\right]\\&=-\frac{\mathrm{i}\omega\mu\mathrm{e}^{\mathrm{i}kr}}{4\pi r}Il\left\{\hat{\boldsymbol{r}}\left[\frac{\mathrm{i}}{kr}+\left(\frac{\mathrm{i}}{kr}\right)^2\right]2\cos\theta+\hat{\boldsymbol{\theta}}\left[1+\frac{\mathrm{i}}{kr}+\left(\frac{\mathrm{i}}{kr}\right)^2\right]\sin\theta\right\}\end{aligned}\tag{5.3}$$

根据法拉第定律可以得到磁场矢量的表达式为

$$\boldsymbol{H}(\boldsymbol{r})=-\hat{\boldsymbol{\phi}}\mathrm{i}kIl\frac{\mathrm{e}^{\mathrm{i}kr}}{4\pi r}\left(1+\frac{\mathrm{i}}{kr}\right)\sin\theta\tag{5.4}$$

复坡印亭矢量为

$$\boldsymbol{S}=\boldsymbol{E}\times\boldsymbol{H}^*=\eta\left(\frac{kIl}{4\pi r}\right)^2\left\{\hat{\boldsymbol{r}}\left[1-\left(\frac{\mathrm{i}}{kr}\right)^3\right]\sin^2\theta-\hat{\boldsymbol{\theta}}\left[\left(\frac{\mathrm{i}}{kr}\right)-\left(\frac{\mathrm{i}}{kr}\right)^3\right]\sin(2\theta)\right\}\tag{5.5}$$

式中，$\eta=\sqrt{\mu/\varepsilon}$。坡印亭矢量时均值为

$$\langle\boldsymbol{S}\rangle=\frac{1}{2}\mathrm{Re}\{\boldsymbol{S}\}=\hat{\boldsymbol{r}}\frac{\eta}{2}\left(\frac{kIl}{4\pi r}\right)^2\sin^2\theta\tag{5.6}$$

考虑最一般的情况，将电流偶极矩表示为 $\boldsymbol{I}l=\hat{\boldsymbol{x}}I_xl+\hat{\boldsymbol{y}}I_yl+\hat{\boldsymbol{z}}I_zl$，根据式 (5.2)~ 式 (5.4) 可以得到

$$\boldsymbol{E}(\boldsymbol{r})=\frac{\mathrm{i}\omega\mu\mathrm{e}^{\mathrm{i}kr}}{4\pi r}\left\{\boldsymbol{I}l\left[1+\frac{\mathrm{i}}{kr}+\left(\frac{\mathrm{i}}{kr}\right)^2\right]-\hat{\boldsymbol{r}}(\hat{\boldsymbol{r}}\cdot\boldsymbol{I}l)\left[1+\frac{3\mathrm{i}}{kr}+3\left(\frac{\mathrm{i}}{kr}\right)^2\right]\right\}\tag{5.7}$$

$$\boldsymbol{H}(\boldsymbol{r})=\hat{\boldsymbol{r}}\times\boldsymbol{I}l\frac{\mathrm{i}k\mathrm{e}^{\mathrm{i}kr}}{4\pi r}\left(1+\frac{\mathrm{i}}{kr}\right)\tag{5.8}$$

注意到 $\hat{\boldsymbol{r}}=\hat{\boldsymbol{z}}z/r+\hat{\boldsymbol{\rho}}\rho/r=\hat{\boldsymbol{x}}x/r+\hat{\boldsymbol{y}}y/r+\hat{\boldsymbol{z}}z/r$，坡印亭矢量可表示为

$$\begin{aligned}\boldsymbol{S}=\boldsymbol{E}\times\boldsymbol{H}^*=\eta\left(\frac{k}{4\pi r}\right)^2\Bigg\{&\hat{\boldsymbol{r}}(Il)^2\left[1-\left(\frac{\mathrm{i}}{kr}\right)^3\right]-\hat{\boldsymbol{r}}(\hat{\boldsymbol{r}}\cdot\boldsymbol{I}l)^2\\&\cdot\left[1+\frac{2\mathrm{i}}{kr}-3\left(\frac{\mathrm{i}}{kr}\right)^3\right]+(\hat{\boldsymbol{r}}\cdot\boldsymbol{I}l)\boldsymbol{I}l\left[\frac{2\mathrm{i}}{kr}-2\left(\frac{\mathrm{i}}{kr}\right)^3\right]\Bigg\}\end{aligned}\tag{5.9}$$

坡印亭矢量时均值为

$$\langle \boldsymbol{S} \rangle = \frac{1}{2}\text{Re}\{\boldsymbol{S}\} = \hat{\boldsymbol{r}}\eta k^2 \frac{[(Il)^2 - (\hat{\boldsymbol{r}} \cdot \boldsymbol{I}l)^2]}{2(4\pi r)^2} \tag{5.10}$$

在负各向同性异向介质中，$k = -|k|$，辐射波的相速度指向偶极子方向，而坡印亭功率则沿 $\hat{\boldsymbol{r}}$ 增加的方向传播 [2−4]。

赫兹磁偶极子是通过类比赫兹电偶极子建立的物理模型。通常指由等值异号的两个点磁荷组成的系统，但由于尚未发现单独存在的磁单极子，磁偶极子的物理模型并非由两个磁单极子构成，而是由一段封闭的小电流环路形成。由于电偶极子与磁偶极子之间具有对偶关系，对于面积为 A、载流电流为 I 的小电流环路，若赫兹电偶极矩 Il 满足以下关系

$$(Il)_{\mathrm{e}} = (\mathrm{i}kIA)_{\mathrm{m}} \tag{5.11}$$

则可以对电偶极子和磁偶极子的对应关系进行量化。式中，下标 e 和 m 分别表示电偶极子和磁偶极子。令

$$\boldsymbol{E}_{\mathrm{m}} = \eta \boldsymbol{H}_{\mathrm{e}} \tag{5.12}$$

$$\boldsymbol{H}_{\mathrm{m}} = -\frac{\boldsymbol{E}_{\mathrm{e}}}{\eta} \tag{5.13}$$

因此，小电流环的解就可以通过电偶极子的解得到。

5.1.2　分层介质中的偶极子

如图 5.1.1 所示，偶极子位于坐标系的原点，它可以是 $\hat{\boldsymbol{z}}$ 方向的电偶极子 (zed) 或磁偶极子 (zmd)、$\hat{\boldsymbol{x}}$ 方向的电偶极子 (xed) 或磁偶极子 (xmd) 以及 $\hat{\boldsymbol{y}}$ 方向的电偶极子 (yed) 或磁偶极子 (ymd)。在 $z = d_1, d_2, \cdots, d_t$ 处有 t 层介质，在 $z = d_0, d_{-1}, \cdots, d_{-s+1}$ 处有 $s+1$ 层介质。假设每一层介质都是各向同性的。在区域 l 中，分别用 ε_l 和 μ_l 表示介电常数和磁导率。需要注意的是，在区域 0 的介电常数和磁导率分别用 ε 和 μ 表示，而自由空间介电常数和磁导率用 ε_0 和 μ_0 表示。

在柱坐标系中，横向分量 $\boldsymbol{E}_s = \hat{\boldsymbol{\rho}}E_\rho + \hat{\boldsymbol{\theta}}E_\theta$ 和 $\boldsymbol{H}_s = \hat{\boldsymbol{\rho}}H_\rho + \hat{\boldsymbol{\theta}}H_\theta$ 的被积函数是由纵向分量 E_z 和 H_z 的被积函数导出的。令

$$E_z = \int_{-\infty}^{\infty} \mathrm{d}k_\rho E_z(k_\rho) \tag{5.14}$$

$$H_z = \int_{-\infty}^{\infty} \mathrm{d}k_\rho H_z(k_\rho) \tag{5.15}$$

根据无源麦克斯韦方程组可以得到

$$\boldsymbol{E}_s(k_\rho) = \frac{1}{k_\rho^2}\left[\nabla_s \frac{\partial}{\partial z} E_z(k_\rho) + \mathrm{i}\omega\mu_l \nabla_s \times \boldsymbol{H}_z(k_\rho)\right] \tag{5.16}$$

$$\boldsymbol{H}_s(k_\rho) = \frac{1}{k_\rho^2}\left[\nabla_s \frac{\partial}{\partial z} H_z(k_\rho) - \mathrm{i}\omega\varepsilon_l \nabla_s \times \boldsymbol{E}_z(k_\rho)\right] \tag{5.17}$$

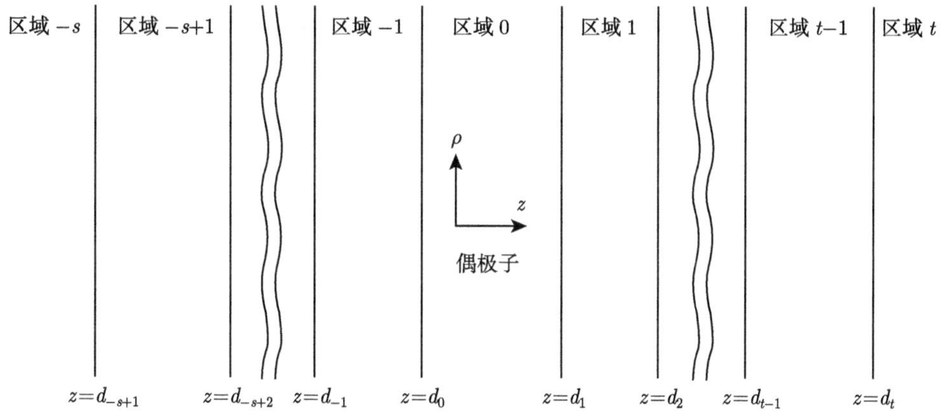

图 5.1.1 分层介质中的赫兹偶极子

处于介电常数 ε_0 和磁导率 μ_0 空间中的偶极子的辐射场，可以通过索末菲恒等式

$$\frac{\mathrm{e}^{\mathrm{i}k_0 r}}{r} = \frac{\mathrm{i}}{2}\int_{-\infty}^{\infty} \mathrm{d}k_\rho \frac{k_\rho}{k_{0z}} H_0^{(1)}(k_\rho\rho)\,\mathrm{e}^{\mathrm{i}k_{0z}|z|} \tag{5.18}$$

实现从球坐标系到柱坐标系的变换。

从 5.1.1 节中可以发现位于原点的赫兹电偶极子的辐射场为

$$\begin{aligned}\boldsymbol{E}(\boldsymbol{r}) &= \frac{\mathrm{i}\omega\mu}{4\pi}\left[\bar{\bar{\boldsymbol{I}}} + \frac{1}{k^2}\nabla\nabla\right]\cdot \boldsymbol{I}l\frac{\mathrm{e}^{\mathrm{i}kr}}{r} \\ &= \frac{-\omega\mu}{8\pi}\left[\bar{\bar{\boldsymbol{I}}} + \frac{1}{k^2}\nabla\nabla\right]\cdot \boldsymbol{I}l\int_{-\infty}^{\infty} \mathrm{d}k_\rho \frac{k_\rho}{k_{0z}} \mathrm{H}_0^{(1)}(k_\rho\rho)\mathrm{e}^{\mathrm{i}k_{0z}|z|}\end{aligned} \tag{5.19}$$

$$\boldsymbol{H}(\boldsymbol{r}) = \frac{1}{\mathrm{i}\omega\mu}\nabla\times\boldsymbol{E} = \frac{\mathrm{i}}{8\pi}\nabla\times\boldsymbol{I}l\int_{-\infty}^{\infty} \mathrm{d}k_\rho \frac{k_\rho}{k_{0z}} \mathrm{H}_0^{(1)}(k_\rho\rho)\mathrm{e}^{\mathrm{i}k_{0z}|z|} \tag{5.20}$$

注意到 $H_0^{(1)'}(k_\rho\rho) = -H_1^{(1)}(k_\rho\rho)$，可以得到

（a）$\hat{\boldsymbol{z}}$ 方向的电偶极子：$\boldsymbol{Il} = \hat{\boldsymbol{z}}Il$

$$H_z = 0; \quad E_z = \int_{-\infty}^{\infty} \mathrm{d}k_\rho E_{\text{zed}} \begin{Bmatrix} \mathrm{e}^{\mathrm{i}k_{0z}z} \\ \mathrm{e}^{-\mathrm{i}k_{0z}z} \end{Bmatrix} \mathrm{H}_0^{(1)}(k_\rho \rho), \quad \begin{matrix} z \geqslant 0 \\ z < 0 \end{matrix} \tag{5.21}$$

$$E_{\text{zed}} = -\frac{Ilk_\rho^3}{8\pi\omega\varepsilon_0 k_{0z}} \tag{5.22}$$

式中，Il 为电偶极矩。

（b）$\hat{\boldsymbol{x}}$ 方向的电偶极子：$\boldsymbol{Il} = \hat{\boldsymbol{x}}Il$

$$E_z = \int_{-\infty}^{\infty} \mathrm{d}k_\rho E_{\text{xed}} \begin{Bmatrix} \mathrm{e}^{\mathrm{i}k_{0z}z} \\ -\mathrm{e}^{-\mathrm{i}k_{0z}z} \end{Bmatrix} \mathrm{H}_1^{(1)}(k_\rho \rho)\cos\theta, \quad \begin{matrix} z \geqslant 0 \\ z < 0 \end{matrix} \tag{5.23}$$

$$H_z = \int_{-\infty}^{\infty} \mathrm{d}k_\rho H_{\text{xed}} \begin{Bmatrix} \mathrm{e}^{\mathrm{i}k_{0z}z} \\ \mathrm{e}^{-\mathrm{i}k_{0z}z} \end{Bmatrix} \mathrm{H}_1^{(1)}(k_\rho \rho)\sin\theta, \quad \begin{matrix} z \geqslant 0 \\ z < 0 \end{matrix} \tag{5.24}$$

$$E_{\text{xed}} = \mathrm{i}\frac{Ilk_\rho^2}{8\pi\omega\varepsilon_0}; \quad H_{\text{xed}} = \mathrm{i}\frac{Ilk_\rho^2}{8\pi k_{0z}} \tag{5.25}$$

（c）$\hat{\boldsymbol{y}}$ 方向的电偶极子：$\boldsymbol{Il} = \hat{\boldsymbol{y}}Il$

$$E_z = \int_{-\infty}^{\infty} \mathrm{d}k_\rho E_{\text{yed}} \begin{Bmatrix} \mathrm{e}^{\mathrm{i}k_{0z}z} \\ -\mathrm{e}^{-\mathrm{i}k_{0z}z} \end{Bmatrix} \mathrm{H}_1^{(1)}(k_\rho \rho)\sin\theta, \quad \begin{matrix} z \geqslant 0 \\ z < 0 \end{matrix} \tag{5.26}$$

$$H_z = -\int_{-\infty}^{\infty} \mathrm{d}k_\rho H_{\text{yed}} \begin{Bmatrix} \mathrm{e}^{\mathrm{i}k_{0z}z} \\ \mathrm{e}^{-\mathrm{i}k_{0z}z} \end{Bmatrix} \mathrm{H}_1^{(1)}(k_\rho \rho)\cos\theta, \quad \begin{matrix} z \geqslant 0 \\ z < 0 \end{matrix} \tag{5.27}$$

$$E_{\text{yed}} = E_{\text{xed}} = \mathrm{i}\frac{Ilk_\rho^2}{8\pi\omega\varepsilon_0}; \quad H_{\text{yed}} = H_{\text{xed}} = \mathrm{i}\frac{Ilk_\rho^2}{8\pi k_{0z}} \tag{5.28}$$

$\hat{\boldsymbol{y}}$ 方向的电偶极子的结果可以通过将 $\hat{\boldsymbol{x}}$ 方向的电偶极子结果中的 θ 替换为 $-\pi/2+\theta$ 得到。

需要注意的是，磁偶极子产生的场与相应的电偶极子产生的场是对偶的。磁偶极子 zmd、xmd 和 ymd 的结果可以通过替换 $\boldsymbol{E} \rightarrow \boldsymbol{H}$、$\boldsymbol{H} \rightarrow -\boldsymbol{E}$、$\mu_0 \rightleftarrows \varepsilon_0$ 和 $Il \rightarrow \mathrm{i}\omega\mu_0 IA$ 获得。特别注意，在 $z=0$ 时，以下场分量将会消失：

（a）$\hat{z}$ 方向的电偶极子

$$E_\rho = 0 \tag{5.29}$$

（b）$\hat{x}$ 方向的电偶极子

$$E_z = H_\rho = H_\theta = 0 \tag{5.30}$$

上述结果可以根据式 (5.16) 和式 (5.17) 得到，并利用式 (5.18) 中的结论

$$\frac{\partial}{\partial z}\frac{\mathrm{e}^{\mathrm{i}k_0 r}}{r} = 0, \quad z = 0 \tag{5.31}$$

接下来考虑放置在分层各向同性介质的区域 0 中的偶极子（图 5.1.1）。假设所有区域都包含各向同性介质，在区域 l 中，用 ε_l 和 μ_l 表示介电常数和磁导率。波动方程的解可以写成 TE 波和 TM 波分量的叠加。设 E_l^+ 和 E_l^- 表示 TM 波的幅度，H_l^+ 和 H_l^- 表示 TE 波的幅度，在区域 l 中的解为：

（a）$\hat{z}$ 方向的电偶极子：$\boldsymbol{I}l = \hat{\boldsymbol{z}}Il$

$$E_{lz} = \int_{-\infty}^{\infty} \mathrm{d}k_\rho \left[E_l^+ \mathrm{e}^{\mathrm{i}k_{lz}z} + E_l^- \mathrm{e}^{-\mathrm{i}k_{lz}z}\right] \mathrm{H}_0^{(1)}(k_\rho \rho) \tag{5.32}$$

$$E_{l\rho} = \int_{-\infty}^{\infty} \mathrm{d}k_\rho \frac{\mathrm{i}k_{lz}}{k_\rho} \left[E_l^+ \mathrm{e}^{\mathrm{i}k_{lz}z} - E_l^- \mathrm{e}^{-\mathrm{i}k_{lz}z}\right] \mathrm{H}_0^{(1)'}(k_\rho \rho) \tag{5.33}$$

$$H_{l\theta} = \int_{-\infty}^{\infty} \mathrm{d}k_\rho \frac{\mathrm{i}\omega\varepsilon_l}{k_\rho} \left[E_l^+ \mathrm{e}^{\mathrm{i}k_{lz}z} + E_l^- \mathrm{e}^{-\mathrm{i}k_{lz}z}\right] \mathrm{H}_0^{(1)'}(k_\rho \rho) \tag{5.34}$$

（b）$\hat{x}$ 方向的电偶极子：$\boldsymbol{I}l = \hat{\boldsymbol{x}}Il$

$$E_{lz} = \int_{-\infty}^{\infty} \mathrm{d}k_\rho \left[E_l^+ \mathrm{e}^{\mathrm{i}k_{lz}z} + E_l^- \mathrm{e}^{-\mathrm{i}k_{lz}z}\right] \mathrm{H}_1^{(1)}(k_\rho \rho)\cos\theta \tag{5.35}$$

$$\begin{aligned} E_{l\rho} = &\int_{-\infty}^{\infty} \mathrm{d}k_\rho \frac{\mathrm{i}k_{lz}}{k_\rho} \left[E_l^+ \mathrm{e}^{\mathrm{i}k_{lz}z} - E_l^- \mathrm{e}^{-\mathrm{i}k_{lz}z}\right] \mathrm{H}_1^{(1)'}(k_\rho \rho)\cos\theta \\ &+ \int_{-\infty}^{\infty} \mathrm{d}k_\rho \frac{\mathrm{i}\omega\mu_l}{k_\rho^2 \rho} \left[H_l^+ \mathrm{e}^{\mathrm{i}k_{lz}z} + H_l^- \mathrm{e}^{-\mathrm{i}k_{lz}z}\right] \mathrm{H}_1^{(1)}(k_\rho \rho)\cos\theta \end{aligned} \tag{5.36}$$

$$E_{l\theta} = \int_{-\infty}^{\infty} \mathrm{d}k_\rho \frac{\mathrm{i}k_{lz}}{k_\rho^2 \rho} \left[E_l^+ \mathrm{e}^{\mathrm{i}k_{lz}z} - E_l^- \mathrm{e}^{-\mathrm{i}k_{lz}z}\right] \mathrm{H}_1^{(1)}(k_\rho \rho)(-\sin\theta)$$

$$+\int_{-\infty}^{\infty} \mathrm{d}k_\rho \frac{-\mathrm{i}\omega\mu_l}{k_\rho}\left[H_l^+ \mathrm{e}^{\mathrm{i}k_{lz}z} + H_l^- \mathrm{e}^{-\mathrm{i}k_{lz}z}\right] \mathrm{H}_1^{(1)'}(k_\rho\rho)\sin\theta \tag{5.37}$$

$$H_{lz} = \int_{-\infty}^{\infty} \mathrm{d}k_\rho \left[H_l^+ \mathrm{e}^{\mathrm{i}k_{lz}z} + H_l^- \mathrm{e}^{-\mathrm{i}k_{lz}z}\right] \mathrm{H}_1^{(1)}(k_\rho\rho)\sin\theta \tag{5.38}$$

$$\begin{aligned}H_{l\rho} = &\int_{-\infty}^{\infty} \mathrm{d}k_\rho \frac{\mathrm{i}k_{lz}}{k_\rho}\left[H_l^+ \mathrm{e}^{\mathrm{i}k_{lz}z} - H_l^- \mathrm{e}^{-\mathrm{i}k_{lz}z}\right] \mathrm{H}_1^{(1)'}(k_\rho\rho)\sin\theta \\ &+\int_{-\infty}^{\infty} \mathrm{d}k_\rho \frac{-\mathrm{i}\omega\varepsilon_l}{k_\rho^2\rho}\left[E_l^+ \mathrm{e}^{\mathrm{i}k_{lz}z} + E_l^- \mathrm{e}^{-\mathrm{i}k_{lz}z}\right] H_1^{(1)}(k_\rho\rho)(-\sin\theta)\end{aligned} \tag{5.39}$$

$$\begin{aligned}H_{l\theta} = &\int_{-\infty}^{\infty} \mathrm{d}k_\rho \frac{\mathrm{i}k_{lz}}{k_\rho^2\rho}\left[H_l^+ \mathrm{e}^{\mathrm{i}k_{lz}z} - H_l^- \mathrm{e}^{-\mathrm{i}k_{lz}z}\right] \mathrm{H}_1^{(1)}(k_\rho\rho)\cos\theta \\ &+\int_{-\infty}^{\infty} \mathrm{d}k_\rho \frac{\mathrm{i}\omega\varepsilon_l}{k_\rho}\left[E_l^+ \mathrm{e}^{\mathrm{i}k_{lz}z} + E_l^- \mathrm{e}^{-\mathrm{i}k_{lz}z}\right] \mathrm{H}_1^{(1)'}(k_\rho\rho)\cos\theta\end{aligned} \tag{5.40}$$

式中，$\mathrm{H}_n^{(1)}(k_\rho\rho)$ 为第一类 n 阶汉克尔函数，$\mathrm{H}_n^{(1)'}(k_\rho\rho)$ 表示 $\mathrm{H}_n^{(1)}(\xi)$ 对其自变量 ξ 的导数。横向分量 $\boldsymbol{E}_s = \hat{\boldsymbol{\rho}}E_\rho + \hat{\boldsymbol{\theta}}E_\theta$ 和 $\boldsymbol{H}_s = \hat{\boldsymbol{\rho}}H_\rho + \hat{\boldsymbol{\theta}}H_\theta$ 的被积函数可以由纵向分量 E_z 和 H_z 导出。

在区域 0 中要区分 $z \geqslant 0$ 和 $z < 0$ 区域的场幅度。对于 $z \geqslant 0$，使用 E_{0+}^+、E_{0+}^-、H_{0+}^+ 和 H_{0+}^- 表示场量；对于 $z < 0$，使用 E_{0-}^+、E_{0-}^-、H_{0-}^+ 和 H_{0-}^- 表示场量。

（a）$\hat{\boldsymbol{z}}$ 方向的电偶极子

$$\left.\begin{array}{ll} E_{0-}^+ = E_0^{+z} & E_{0+}^+ = E_0^{+z} + E_{\mathrm{zed}} \\ E_{0-}^- = E_0^{-z} + E_{\mathrm{zed}} & E_{0+}^- = E_0^{-z} \\ H_{0-}^+ = H_{0-}^- = 0 & H_{0+}^+ = H_{0+}^- = 0 \end{array}\right\} \tag{5.41}$$

式中，E_0^{-z} 和 E_0^{+z} 是由分层介质引起的。令

$$R_{0+}^{\mathrm{TM}} = \frac{E_{0+}^-}{E_{0+}^+} = \frac{E_0^{-z}}{E_0^{+z} + E_{\mathrm{zed}}} \tag{5.42}$$

$$R_{0-}^{\mathrm{TM}} = \frac{E_{0-}^+}{E_{0-}^-} = \frac{E_0^{+z}}{E_0^{-z} + E_{\mathrm{zed}}} \tag{5.43}$$

可以发现

$$E_0^{+z} = \frac{R_{0-}^{\mathrm{TM}}(1 + R_{0+}^{\mathrm{TM}})}{1 - R_{0-}^{\mathrm{TM}} R_{0+}^{\mathrm{TM}}} E_{\mathrm{zed}} \tag{5.44}$$

$$E_0^{-z} = \frac{R_{0+}^{\mathrm{TM}}(1+R_{0-}^{\mathrm{TM}})}{1-R_{0-}^{\mathrm{TM}}R_{0+}^{\mathrm{TM}}}E_{\mathrm{zed}} \tag{5.45}$$

$$\left.\begin{aligned} E_{0-}^{+} &= \frac{R_{0-}^{\mathrm{TM}}(1+R_{0+}^{\mathrm{TM}})}{1-R_{0-}^{\mathrm{TM}}R_{0+}^{\mathrm{TM}}}E_{\mathrm{zed}} \quad & E_{0+}^{+} &= \frac{1+R_{0-}^{\mathrm{TM}}}{1-R_{0-}^{\mathrm{TM}}R_{0+}^{\mathrm{TM}}}E_{\mathrm{zed}} \\ E_{0-}^{-} &= \frac{1+R_{0+}^{\mathrm{TM}}}{1-R_{0-}^{\mathrm{TM}}R_{0+}^{\mathrm{TM}}}E_{\mathrm{zed}} \quad & E_{0+}^{-} &= \frac{R_{0+}^{\mathrm{TM}}(1+R_{0-}^{\mathrm{TM}})}{1-R_{0-}^{\mathrm{TM}}R_{0+}^{\mathrm{TM}}}E_{\mathrm{zed}} \\ H_{0-}^{+} &= H_{0-}^{-} = 0 \quad & H_{0+}^{+} &= H_{0+}^{-} = 0 \end{aligned}\right\} \tag{5.46}$$

（b）$\hat{\boldsymbol{x}}$ 方向的电偶极子

$$\left.\begin{aligned} E_{0-}^{+} &= E_0^{+x} \quad & E_{0+}^{+} &= E_0^{+x} + E_{\mathrm{xed}} \\ E_{0-}^{-} &= E_0^{-x} - E_{\mathrm{xed}} \quad & E_{0+}^{-} &= E_0^{-x} \\ H_{0-}^{+} &= H_0^{+x} \quad & H_{0+}^{+} &= H_0^{+x} + H_{\mathrm{xed}} \\ H_{0-}^{-} &= H_0^{-x} + H_{\mathrm{xed}} \quad & H_{0+}^{-} &= H_0^{-x} \end{aligned}\right\} \tag{5.47}$$

式中，E_0^{-x}、E_0^{+x}、H_0^{-x} 和 H_0^{+x} 是由分层介质引起的。令

$$R_{0+}^{\mathrm{TM}} = \frac{E_{0+}^{-}}{E_{0+}^{+}} = \frac{E_0^{-x}}{E_0^{+z} + E_{\mathrm{xed}}} \tag{5.48}$$

$$R_{0-}^{\mathrm{TM}} = \frac{E_{0-}^{+}}{E_{0-}^{-}} = \frac{E_0^{+x}}{E_0^{-x} - E_{\mathrm{xed}}} \tag{5.49}$$

$$R_{0+}^{\mathrm{TE}} = \frac{H_{0+}^{-}}{H_{0+}^{+}} = \frac{H_0^{-x}}{H_0^{+x} + H_{\mathrm{xed}}} \tag{5.50}$$

$$R_{0-}^{\mathrm{TE}} = \frac{H_{0-}^{+}}{H_{0-}^{-}} = \frac{H_0^{+x}}{H_0^{-x} + H_{\mathrm{xed}}} \tag{5.51}$$

可以发现

$$E_0^{+x} = -\frac{R_{0-}^{\mathrm{TM}}(1-R_{0+}^{\mathrm{TM}})}{1-R_{0-}^{\mathrm{TM}}R_{0+}^{\mathrm{TM}}}E_{\mathrm{xed}} \tag{5.52}$$

$$E_0^{-x} = \frac{R_{0+}^{\mathrm{TM}}(1-R_{0-}^{\mathrm{TM}})}{1-R_{0-}^{\mathrm{TM}}R_{0+}^{\mathrm{TM}}}E_{\mathrm{xed}} \tag{5.53}$$

$$H_0^{+x} = \frac{R_{0-}^{\mathrm{TE}}(1+R_{0+}^{\mathrm{TE}})}{1-R_{0-}^{\mathrm{TE}}R_{0+}^{\mathrm{TE}}}H_{\mathrm{xed}} \tag{5.54}$$

$$H_0^{-x} = \frac{R_{0+}^{\mathrm{TE}}(1 + R_{0-}^{\mathrm{TE}})}{1 - R_{0-}^{\mathrm{TE}} R_{0+}^{\mathrm{TE}}} H_{\mathrm{xed}} \tag{5.55}$$

$$\left.\begin{aligned}
E_{0-}^{+} &= -\frac{R_{0-}^{\mathrm{TM}}(1 - R_{0+}^{\mathrm{TM}})}{1 - R_{0-}^{\mathrm{TM}} R_{0+}^{\mathrm{TM}}} E_{\mathrm{xed}} & E_{0+}^{+} &= \frac{1 - R_{0-}^{\mathrm{TM}}}{1 - R_{0-}^{\mathrm{TM}} R_{0+}^{\mathrm{TM}}} E_{\mathrm{xed}} \\
E_{0-}^{-} &= -\frac{1 - R_{0+}^{\mathrm{TM}}}{1 - R_{0-}^{\mathrm{TM}} R_{0+}^{\mathrm{TM}}} E_{\mathrm{xed}} & E_{0+}^{-} &= \frac{R_{0+}^{\mathrm{TM}}(1 - R_{0-}^{\mathrm{TM}})}{1 - R_{0-}^{\mathrm{TM}} R_{0+}^{\mathrm{TM}}} E_{\mathrm{xed}} \\
H_{0-}^{+} &= \frac{R_{0-}^{\mathrm{TE}}(1 + R_{0+}^{\mathrm{TE}})}{1 - R_{0-}^{\mathrm{TE}} R_{0+}^{\mathrm{TE}}} H_{\mathrm{xed}} & H_{0+}^{+} &= \frac{1 + R_{0-}^{\mathrm{TE}}}{1 - R_{0-}^{\mathrm{TE}} R_{0+}^{\mathrm{TE}}} H_{\mathrm{xed}} \\
H_{0-}^{-} &= \frac{1 + R_{0+}^{\mathrm{TE}}}{1 - R_{0-}^{\mathrm{TE}} R_{0+}^{\mathrm{TE}}} H_{\mathrm{xed}} & H_{0+}^{-} &= \frac{R_{0+}^{\mathrm{TE}}(1 + R_{0-}^{\mathrm{TE}})}{1 - R_{0-}^{\mathrm{TE}} R_{0+}^{\mathrm{TE}}} H_{\mathrm{xed}}
\end{aligned}\right\} \tag{5.56}$$

边界条件要求切向电场和磁场分量对于所有 ρ 和 θ 都是连续的。在 $z = d_{l+1}$ 处，有

$$k_{lz}\left(E_l^{+}\mathrm{e}^{\mathrm{i}k_{lz}d_{l+1}} - E_l^{-}\mathrm{e}^{-\mathrm{i}k_{lz}d_{l+1}}\right) = k_{(l+1)z}\left(E_{l+1}^{+}\mathrm{e}^{\mathrm{i}k_{(l+1)z}d_{l+1}} - E_{l+1}^{-}\mathrm{e}^{-\mathrm{i}k_{(l+1)z}d_{l+1}}\right) \tag{5.57}$$

$$\varepsilon_l\left(E_l^{+}\mathrm{e}^{\mathrm{i}k_{lz}d_l} + E_l^{-}\mathrm{e}^{-\mathrm{i}k_{lz}d_{l+1}}\right) = \varepsilon_{(l+1)}\left(E_{l+1}^{+}\mathrm{e}^{\mathrm{i}k_{(l+1)z}d_{l+1}} + E_{l+1}^{-}\mathrm{e}^{-\mathrm{i}k_{(l+1)z}d_{l+1}}\right) \tag{5.58}$$

$$k_{lz}\left(H_l^{+}\mathrm{e}^{\mathrm{i}k_{lz}d_{l+1}} - H_l^{-}\mathrm{e}^{-\mathrm{i}k_{lz}d_{l+1}}\right) = k_{(l+1)z}\left(H_{l+1}^{+}\mathrm{e}^{\mathrm{i}k_{(l+1)z}d_{l+1}} - H_{l+1}^{-}\mathrm{e}^{-\mathrm{i}k_{(l+1)z}d_{l+1}}\right) \tag{5.59}$$

$$\mu_l\left(H_l^{+}\mathrm{e}^{\mathrm{i}k_{lz}d_{l+1}} + H_l^{-}\mathrm{e}^{-\mathrm{i}k_{lz}d_{l+1}}\right) = \mu_{(l+1)}\left(H_{l+1}^{+}\mathrm{e}^{\mathrm{i}k_{(l+1)z}d_{l+1}} + H_{l+1}^{-}\mathrm{e}^{-\mathrm{i}k_{(l+1)z}d_{l+1}}\right) \tag{5.60}$$

现在确定区域 l 中的场幅度。对于 TM 波，在式 (5.57) 和式 (5.58) 中用 E_{l+1}^{+} 和 E_{l+1}^{-} 表示 E_l^{+} 和 E_l^{-}，有

$$E_l^{+}\mathrm{e}^{\mathrm{i}k_{lz}d_{l+1}} = \frac{1}{2}\left(\frac{\varepsilon_{l+1}}{\varepsilon_l} + \frac{k_{(l+1)z}}{k_{lz}}\right)\left[E_{l+1}^{+}\mathrm{e}^{\mathrm{i}k_{(l+1)z}d_{l+1}} + R_{l(l+1)}^{\mathrm{TM}}E_{l+1}^{-}\mathrm{e}^{-\mathrm{i}k_{(l+1)z}d_{l+1}}\right] \tag{5.61}$$

$$E_l^{-}\mathrm{e}^{-\mathrm{i}k_{lz}d_{l+1}} = \frac{1}{2}\left(\frac{\varepsilon_{l+1}}{\varepsilon_l} + \frac{k_{(l+1)z}}{k_{lz}}\right)\left[R_{l(l+1)}^{\mathrm{TM}}E_{l+1}^{+}\mathrm{e}^{\mathrm{i}k_{(l+1)z}d_{l+1}} + E_{l+1}^{-}\mathrm{e}^{-\mathrm{i}k_{(l+1)z}d_{l+1}}\right] \tag{5.62}$$

在式 (5.57) 和式 (5.58) 中用 E_l^{+} 和 E_l^{-} 表示 E_{l+1}^{+} 和 E_{l+1}^{-}，有

$$E_{l+1}^{+}\mathrm{e}^{\mathrm{i}k_{(l+1)z}d_{l+1}} = \frac{1}{2}\left(\frac{\varepsilon_l}{\varepsilon_{l+1}} + \frac{k_{lz}}{k_{(l+1)z}}\right)\left[E_l^{+}\mathrm{e}^{\mathrm{i}k_{lz}d_{l+1}} + R_{(l+1)l}^{\mathrm{TM}}E_l^{-}\mathrm{e}^{-\mathrm{i}k_{lz}d_{l+1}}\right] \tag{5.63}$$

$$E_{l+1}^{-}\mathrm{e}^{-\mathrm{i}k_{(l+1)z}d_{l+1}} = \frac{1}{2}\left(\frac{\varepsilon_l}{\varepsilon_{l+1}} + \frac{k_{lz}}{k_{(l+1)z}}\right)\left[R_{(l+1)l}^{\mathrm{TM}}E_l^{+}\mathrm{e}^{\mathrm{i}k_{lz}d_{l+1}} + E_l^{-}\mathrm{e}^{-\mathrm{i}k_{lz}d_{l+1}}\right] \tag{5.64}$$

菲涅耳反射系数为

$$R_{(l+1)l}^{\mathrm{TM}} = \frac{1-\varepsilon_{l+1}k_{lz}/\varepsilon_l k_{(l+1)z}}{1+\varepsilon_{l+1}k_{lz}/\varepsilon_l k_{(l+1)z}} = -R_{l(l+1)}^{\mathrm{TM}} \tag{5.65}$$

用类似的方法也可以得到 TE 波的解，其结果是式 (5.61)~ 式 (5.64) 的对偶，其中 E^{+} 被 H^{+} 替换，E^{-} 被 H^{-} 替换，ε 被 μ 替换。

在图 5.1.1 中共有 $s+t$ 个边界，产生 $s+t$ 个方程，总共有 $s+t+1$ 个区域。在区域 t 和 $-s$ 中，有 $E_t^{-}=H_t^{-}=0$ 和 $E_{-s}^{+}=H_{-s}^{+}=0$，因为不存在来自无穷远的波。因此，需要从 $4(s+t)$ 个方程中求解 $4(s+t+1)-4=4(s+t)$ 个未知数。

对于 $z \geqslant 0$，有 $E_t^{-}=H_t^{-}=0$。令 $l=0$，可以得到连分式的反射系数 $R_{0+}^{\mathrm{TM}}=E_{0+}^{-}/E_{0+}^{+}$ 和 $R_{0+}^{\mathrm{TE}}=H_{0+}^{-}/H_{0+}^{+}$，有

$$R_{0+}^{\mathrm{TM}} = \frac{E_{0+}^{-}}{E_{0+}^{+}} = \frac{\mathrm{e}^{\mathrm{i}2k_{0z}d_1}}{R_{01}^{\mathrm{TM}}} + \frac{\left[1-\left(1/R_{01}^{\mathrm{TM}}\right)^2\right]\mathrm{e}^{\mathrm{i}2(k_{0z}+k_{1z})d_1}}{(1/R_{01}^{\mathrm{TM}})\mathrm{e}^{\mathrm{i}2k_{1z}d_1}+(E_1^{-}/E_1^{+})} \tag{5.66}$$

$$R_{0+}^{\mathrm{TE}} = \frac{H_{0+}^{-}}{H_{0+}^{+}} = \frac{\mathrm{e}^{\mathrm{i}2k_{0z}d_1}}{R_{01}^{\mathrm{TE}}} + \frac{\left[1-\left(1/R_{01}^{\mathrm{TE}}\right)^2\right]\mathrm{e}^{\mathrm{i}2(k_{0z}+k_{1z})d_1}}{(1/R_{01}^{\mathrm{TE}})\mathrm{e}^{\mathrm{i}2k_{1z}d_1}+(H_1^{-}/H_1^{+})} \tag{5.67}$$

式中，E_1^{-}/E_1^{+} 和 H_1^{-}/H_1^{+} 可以分别用 E_2^{-}/E_2^{+} 和 H_2^{-}/H_2^{+} 表示，直至区域 t 中 $E_t^{-}/E_t^{+}=H_t^{-}/H_t^{+}=0$。

对于 $z<0$，有 $E_{-s}^{+}=H_{-s}^{+}=0$。令 $l=0$，可以得到 $R_{0-}^{\mathrm{TM}}=E_{0-}^{+}/E_{0-}^{-}$ 和 $R_{0+}^{\mathrm{TE}}=H_{0-}^{+}/H_{0-}^{-}$，有

$$R_{0-}^{\mathrm{TM}} = \frac{E_{0-}^{+}}{E_{0-}^{-}} = \frac{\mathrm{e}^{-\mathrm{i}2k_{0z}d_0}}{R_{0(-1)}^{\mathrm{TM}}} + \frac{\left[1-\left(1/R_{0(-1)}^{\mathrm{TM}}\right)^2\right]\mathrm{e}^{-\mathrm{i}2(k_{0z}+k_{-1z})d_0}}{(1/R_{0(-1)}^{\mathrm{TM}})\mathrm{e}^{-\mathrm{i}2k_{-1z}d_0}+(E_{-1}^{+}/E_{-1}^{-})} \tag{5.68}$$

$$R_{0-}^{\mathrm{TE}} = \frac{H_{0-}^{+}}{H_{0-}^{-}} = \frac{\mathrm{e}^{-\mathrm{i}2k_{0z}d_0}}{R_{0(-1)}^{\mathrm{TE}}} + \frac{\left[1-\left(1/R_{0(-1)}^{\mathrm{TE}}\right)^2\right]\mathrm{e}^{-\mathrm{i}2(k_{0z}+k_{-1z})d_0}}{\left(1/R_{0(-1)}^{\mathrm{TE}}\right)\mathrm{e}^{-\mathrm{i}2k_{-1z}d_0}+(H_{-1}^{+}/H_{-1}^{-})} \tag{5.69}$$

式中，E_{-1}^{+}/E_{-1}^{-} 和 H_{-1}^{+}/H_{-1}^{-} 可以分别用 E_{-2}^{+}/E_{-2}^{-} 和 H_{-2}^{+}/H_{-2}^{-} 表示，直至区域 $-s$ 中 $E_{-s}^{+}/E_{-s}^{-}=H_{-s}^{+}/H_{-s}^{-}=0$。因此，一旦得到区域 0 中场的幅度，就可以通过传输矩阵以及一组 TE 波的对偶方程来确定其他区域中场的幅度。

负各向同性异向介质

对位于两个负各向同性异向介质平板之间 $\hat{z}$ 方向的电偶极子，如图 5.1.2 所示。令 $\mu_{-2}=\mu_0$，$\varepsilon_{-2}=\varepsilon_0$；$\mu_{-1}=-\mu_0$，$\varepsilon_{-1}=-\varepsilon_0$；$\mu_1=-\mu_0$，$\varepsilon_1=-\varepsilon_0$；$\mu_2=\mu_0$，$\varepsilon_2=\varepsilon_0$，可以发现 $k_{-2z}=k_{2z}=k_{0z}$，$k_{-1z}=k_{1z}=-k_{0z}$，$p_{(-2)(-1)}=p_{(-1)0}=p_{01}=p_{12}=1$，$R^{\mathrm{TM}}_{(-2)(-1)}=R^{\mathrm{TM}}_{(-1)0}=R^{\mathrm{TM}}_{01}=R^{\mathrm{TM}}_{12}=R^{\mathrm{TM}}_{0-}=R^{\mathrm{TM}}_{0+}=0$

$$\left.\begin{array}{ll} E^+_{0-}=0 & E^+_{0+}=E_{\mathrm{zed}} \\ E^-_{0-}=E_{\mathrm{zed}} & E^-_{0+}=0 \end{array}\right\} \tag{5.70}$$

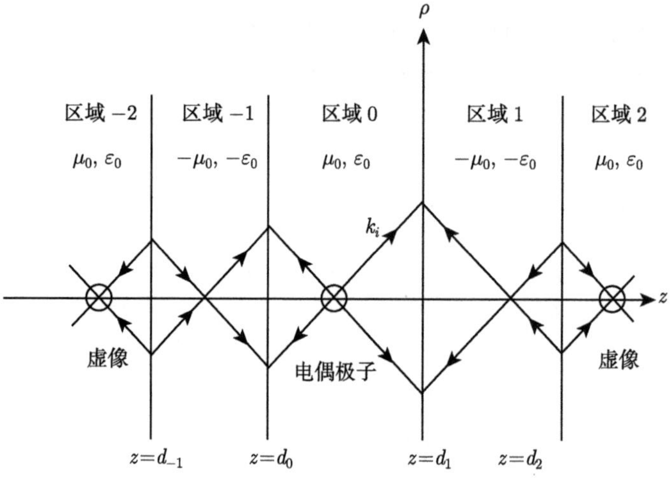

图 5.1.2 区域 0 中电偶极子的镜像

根据式 (5.61) 和式 (5.62)，可以发现

$$E^+_l=-E^+_{l+1}\mathrm{e}^{\mathrm{i}(k_{(l+1)z}-k_{lz})d_{l+1}} \tag{5.71}$$

$$E^-_l=-E^-_{l+1}\mathrm{e}^{-\mathrm{i}(k_{(l+1)z}-k_{lz})d_{l+1}} \tag{5.72}$$

由此得出

$$\left.\begin{array}{l} E^+_{-1}=0 \\ E^-_{-1}=-E_{\mathrm{zed}}\mathrm{e}^{-\mathrm{i}(k_{0z}-k_{-1z})d_0}=-E_{\mathrm{zed}}\mathrm{e}^{-\mathrm{i}2k_{0z}d_0} \end{array}\right\} \tag{5.73}$$

$$\left.\begin{array}{l} E^+_{-2}=0 \\ E^-_{-2}=E_{\mathrm{zed}}\mathrm{e}^{-\mathrm{i}(k_{-1z}-k_{-2z})d_{-1}}\mathrm{e}^{-\mathrm{i}2k_{0z}d_0}=E_{\mathrm{zed}}\mathrm{e}^{\mathrm{i}2k_{0z}(d_{-1}-d_0)} \end{array}\right\} \tag{5.74}$$

$$\left.\begin{array}{l} E^+_1=-E_{\mathrm{zed}}\mathrm{e}^{-\mathrm{i}(k_{1z}-k_{0z})d_1}=-E_{\mathrm{zed}}\mathrm{e}^{\mathrm{i}2k_{0z}d_1} \\ E^-_1=0 \end{array}\right\} \tag{5.75}$$

$$\left.\begin{aligned} E_2^+ &= E_{\text{zed}}\mathrm{e}^{-\mathrm{i}(k_{2z}-k_{1z})d_2}\mathrm{e}^{\mathrm{i}2k_{0z}d_1} = E_{\text{zed}}\mathrm{e}^{-\mathrm{i}2k_{0z}(d_2-d_1)} \\ E_2^- &= 0 \end{aligned}\right\} \tag{5.76}$$

区域 −2 中的场为

$$E_{-2z} = \int_{-\infty}^{\infty} \mathrm{d}k_\rho \left[E_{\text{zed}}\mathrm{e}^{-\mathrm{i}k_{0z}[z-2(d_{-1}-d_0)]}\right] \mathrm{H}_0^{(1)}(k_\rho \rho) \tag{5.77}$$

$$E_{-2\rho} = \int_{-\infty}^{\infty} \mathrm{d}k_\rho \frac{\mathrm{i}k_{-2z}}{k_\rho} \left[-E_{\text{zed}}\mathrm{e}^{-\mathrm{i}k_{0z}[z-2(d_{-1}-d_0)]}\right] \mathrm{H}_0^{(1)'}(k_\rho \rho) \tag{5.78}$$

$$H_{-2\theta} = \int_{-\infty}^{\infty} \mathrm{d}k_\rho \frac{\mathrm{i}\omega\varepsilon_{-2}}{k_\rho} \left[E_{\text{zed}}\mathrm{e}^{-\mathrm{i}k_{0z}[z-2(d_{-1}-d_0)]}\right] \mathrm{H}_0^{(1)'}(k_\rho \rho) \tag{5.79}$$

区域 −1 中的场为

$$E_{-1z} = \int_{-\infty}^{\infty} \mathrm{d}k_\rho \left[-E_{\text{zed}}\mathrm{e}^{\mathrm{i}k_{0z}[z-2d_0]}\right] \mathrm{H}_0^{(1)}(k_\rho \rho) \tag{5.80}$$

$$E_{-1\rho} = \int_{-\infty}^{\infty} \mathrm{d}k_\rho \frac{\mathrm{i}k_{-1z}}{k_\rho} \left[E_{\text{zed}}\mathrm{e}^{\mathrm{i}k_{0z}[z-2d_0]}\right] \mathrm{H}_0^{(1)'}(k_\rho \rho) \tag{5.81}$$

$$H_{-1\theta} = \int_{-\infty}^{\infty} \mathrm{d}k_\rho \frac{\mathrm{i}\omega\varepsilon_{-1}}{k_\rho} \left[-E_{\text{zed}}\mathrm{e}^{\mathrm{i}k_{0z}[z-2d_0]}\right] \mathrm{H}_0^{(1)'}(k_\rho \rho) \tag{5.82}$$

区域 0 中 $z < 0$ 的场为

$$E_{0z} = \int_{-\infty}^{\infty} \mathrm{d}k_\rho \left[E_{\text{zed}}\mathrm{e}^{-\mathrm{i}k_{0z}z}\right] \mathrm{H}_0^{(1)}(k_\rho \rho) \tag{5.83}$$

$$E_{0\rho} = \int_{-\infty}^{\infty} \mathrm{d}k_\rho \frac{\mathrm{i}k_{0z}}{k_\rho} \left[-E_{\text{zed}}\mathrm{e}^{-\mathrm{i}k_{0z}z}\right] \mathrm{H}_0^{(1)'}(k_\rho \rho) \tag{5.84}$$

$$H_{0\theta} = \int_{-\infty}^{\infty} \mathrm{d}k_\rho \frac{\mathrm{i}\omega\varepsilon_0}{k_\rho} \left[E_{\text{zed}}\mathrm{e}^{-\mathrm{i}k_{0z}z}\right] \mathrm{H}_0^{(1)'}(k_\rho \rho) \tag{5.85}$$

区域 0 中 $z \geqslant 0$ 的场为

$$E_{0z} = \int_{-\infty}^{\infty} \mathrm{d}k_\rho \left[E_{\text{zed}}\mathrm{e}^{\mathrm{i}k_{0z}z}\right] \mathrm{H}_0^{(1)}(k_\rho \rho) \tag{5.86}$$

$$E_{0\rho} = \int_{-\infty}^{\infty} \mathrm{d}k_\rho \frac{\mathrm{i}k_{0z}}{k_\rho} \left[E_{\text{zed}}\mathrm{e}^{\mathrm{i}k_{0z}z}\right] \mathrm{H}_0^{(1)'}(k_\rho \rho) \tag{5.87}$$

$$H_{0\theta}=\int_{-\infty}^{\infty}\mathrm{d}k_{\rho}\frac{\mathrm{i}\omega\varepsilon_{0}}{k_{\rho}}\left[E_{\mathrm{zed}}\mathrm{e}^{\mathrm{i}k_{0z}z}\right]\mathrm{H}_{0}^{(1)'}(k_{\rho}\rho) \tag{5.88}$$

区域 1 中的场为

$$E_{1z}=-\int_{-\infty}^{\infty}\mathrm{d}k_{\rho}\left[E_{\mathrm{zed}}\mathrm{e}^{-\mathrm{i}k_{0z}[z-2d_{1}]}\right]\mathrm{H}_{0}^{(1)}(k_{\rho}\rho) \tag{5.89}$$

$$E_{1\rho}=-\int_{-\infty}^{\infty}\mathrm{d}k_{\rho}\frac{\mathrm{i}k_{1z}}{k_{\rho}}\left[E_{\mathrm{zed}}\mathrm{e}^{-\mathrm{i}k_{0z}[z-2d_{1}]}\right]\mathrm{H}_{0}^{(1)'}(k_{\rho}\rho) \tag{5.90}$$

$$H_{1\theta}=-\int_{-\infty}^{\infty}\mathrm{d}k_{\rho}\frac{\mathrm{i}\omega\varepsilon_{1}}{k_{\rho}}\left[E_{\mathrm{zed}}\mathrm{e}^{-\mathrm{i}k_{0z}[z-2d_{1}]}\right]\mathrm{H}_{0}^{(1)'}(k_{\rho}\rho) \tag{5.91}$$

区域 2 中的场为

$$E_{2z}=\int_{-\infty}^{\infty}\mathrm{d}k_{\rho}\left[E_{\mathrm{zed}}\mathrm{e}^{\mathrm{i}k_{0z}[z-2(d_{2}-d_{1})]}\right]\mathrm{H}_{0}^{(1)}(k_{\rho}\rho) \tag{5.92}$$

$$E_{2\rho}=\int_{-\infty}^{\infty}\mathrm{d}k_{\rho}\frac{\mathrm{i}k_{2z}}{k_{\rho}}\left[E_{\mathrm{zed}}\mathrm{e}^{\mathrm{i}k_{0z}[z-2(d_{2}-d_{1})]}\right]\mathrm{H}_{0}^{(1)'}(k_{\rho}\rho) \tag{5.93}$$

$$H_{2\theta}=\int_{-\infty}^{\infty}\mathrm{d}k_{\rho}\frac{\mathrm{i}\omega\varepsilon_{2}}{k_{\rho}}\left[E_{\mathrm{zed}}\mathrm{e}^{\mathrm{i}k_{0z}[z-2(d_{2}-d_{1})]}\right]\mathrm{H}_{0}^{(1)'}(k_{\rho}\rho) \tag{5.94}$$

由此可见，区域 2 中的场是由位于 $z=2(d_2-d_1)$ 处的偶极子天线引起的，这相当于初始偶极子天线的完美成像。类似地，初始偶极子天线的完美成像在区域 -2 中形成，并且位于 $z=2(d_{-1}-d_0)$ 处。

5.1.3　分层介质前方的偶极子

如图 5.1.3 所示，对于分层介质前方的偶极子，区域 -1 至区域 $-s$ 都不存在，因此有 $E_{0-}^{+}=H_{0-}^{+}=0$ 和 $R_{0-}^{\mathrm{TM}}=R_{0-}^{\mathrm{TE}}=0$，由此得出

（1）$\hat{z}$ 方向的电偶极子

$$\left.\begin{array}{ll}E_{0-}^{+}=0 & E_{0+}^{+}=E_{\mathrm{zed}}\\ E_{0-}^{-}=(1+R_{0+}^{\mathrm{TM}})E_{\mathrm{zed}} & E_{0+}^{-}=R_{0+}^{\mathrm{TM}}E_{\mathrm{zed}}\\ H_{0-}^{+}=H_{0-}^{-}=0 & H_{0+}^{+}=H_{0+}^{-}=0\end{array}\right\} \tag{5.95}$$

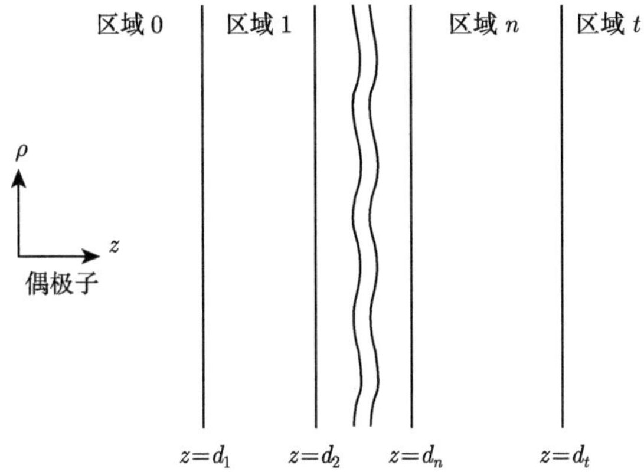

图 5.1.3 偶极子位于分层介质前方

（2）$\hat{\boldsymbol{x}}$ 方向的电偶极子

$$\left.\begin{aligned}
&E_{0-}^{+}=0 && E_{0+}^{+}=E_{\text{xed}}\\
&E_{0-}^{-}=-(1-R_{0+}^{\text{TM}})E_{\text{xed}} && E_{0+}^{-}=R_{0+}^{\text{TM}}E_{\text{xed}}\\
&H_{0-}^{+}=0 && H_{0+}^{+}=H_{\text{xed}}\\
&H_{0-}^{-}=(1+R_{0+}^{\text{TE}})H_{\text{xed}} && H_{0+}^{-}=R_{0+}^{\text{TE}}H_{\text{xed}}
\end{aligned}\right\}\tag{5.96}$$

$\hat{\boldsymbol{y}}$ 方向的电偶极子的结果可以通过将 xed 结果中的 θ 替换为 $-\pi/2+\theta$ 得到。磁偶极子产生的场与相应的电偶极子产生的场是对偶的。磁偶极子 zmd、xmd 和 ymd 的结果可以通过替换 $\boldsymbol{E}\rightarrow\boldsymbol{H}$、$\boldsymbol{H}\rightarrow-\boldsymbol{E}$、$\mu_0\rightleftarrows\varepsilon_0$、$Il\rightarrow \mathrm{i}\omega\mu_0 IA$ 和 TE $\rightleftarrows$ TM 获得。

1. 负各向同性异向介质

考虑位于负各向同性异向介质平板前方 $\hat{\boldsymbol{z}}$ 方向的电偶极子，平板边界位于 $z=d_1$ 和 $z=d_2$。反射系数为

$$R^{\text{TM}}=\frac{R_{01}^{\text{TM}}+R_{12}^{\text{TM}}\mathrm{e}^{\mathrm{i}2k_{1z}(d_2-d_1)}}{1+R_{01}^{\text{TM}}R_{12}^{\text{TM}}\mathrm{e}^{\mathrm{i}2k_{1z}(d_2-d_1)}}\mathrm{e}^{\mathrm{i}2k_{0z}d_1}\tag{5.97}$$

介质平板内场的幅度为

$$E_1^{+}=\frac{2E_{\text{zed}}\mathrm{e}^{-\mathrm{i}(k_{1z}-k_{0z})d_1}}{\left(\dfrac{\varepsilon_1}{\varepsilon_0}+\dfrac{k_{1z}}{k_{0z}}\right)\left(1+R_{01}^{\text{TM}}R_{12}^{\text{TM}}\mathrm{e}^{\mathrm{i}2k_{1z}(d_2-d_1)}\right)}\tag{5.98}$$

$$E_1^{-}=\frac{2R_{12}^{\text{TM}}E_{\text{zed}}\mathrm{e}^{-\mathrm{i}(k_{1z}-k_{0z})d_1}\mathrm{e}^{\mathrm{i}2k_{1z}d_2}}{\left(\dfrac{\varepsilon_1}{\varepsilon_0}+\dfrac{k_{1z}}{k_{0z}}\right)\left(1+R_{01}^{\text{TM}}R_{12}^{\text{TM}}\mathrm{e}^{\mathrm{i}2k_{1z}(d_2-d_1)}\right)}\tag{5.99}$$

透射系数为

$$T^{\mathrm{TM}}=\frac{4\mathrm{e}^{\mathrm{i}k_{0z}d_1}\mathrm{e}^{\mathrm{i}k_{1z}(d_2-d_1)}\mathrm{e}^{-\mathrm{i}k_{2z}d_2}}{\left(\dfrac{\varepsilon_1}{\varepsilon_0}+\dfrac{k_{1z}}{k_{0z}}\right)\left(\dfrac{\varepsilon_2}{\varepsilon_1}+\dfrac{k_{2z}}{k_{1z}}\right)(1+R_{01}^{\mathrm{TM}}R_{12}^{\mathrm{TM}}\mathrm{e}^{\mathrm{i}2k_{1z}(d_2-d_1)})} \tag{5.100}$$

对于 TM 波，$p_{l(l+1)}^{\mathrm{TM}}=\varepsilon_l k_{(l+1)z}/(\varepsilon_{l+1}k_{lz})$，区域 l 和 $l+1$ 之间边界处的反射系数为

$$R_{l(l+1)}^{\mathrm{TM}}=\frac{1-p_{l(l+1)}^{\mathrm{TM}}}{1+p_{l(l+1)}^{\mathrm{TM}}} \tag{5.101}$$

考虑 $\hat{z}$ 方向的电偶极子位于介质平板前方，可以得到以下结果：

（a）区域 0 中 $z<0$ 的场为

$$E_{0z}=\int_{-\infty}^{\infty}\mathrm{d}k_\rho\left[(1+R_{0+}^{\mathrm{TM}})E_{\mathrm{zed}}\mathrm{e}^{-\mathrm{i}k_{0z}z}\right]\mathrm{H}_0^{(1)}(k_\rho\rho) \tag{5.102}$$

$$E_{0\rho}=\int_{-\infty}^{\infty}\mathrm{d}k_\rho\frac{\mathrm{i}k_{0z}}{k_\rho}\left[-(1+R_{0+}^{\mathrm{TM}})E_{\mathrm{zed}}\mathrm{e}^{-\mathrm{i}k_{0z}z}\right]\mathrm{H}_0^{(1)'}(k_\rho\rho) \tag{5.103}$$

$$H_{0\theta}=\int_{-\infty}^{\infty}\mathrm{d}k_\rho\frac{\mathrm{i}\omega\varepsilon_0}{k_\rho}\left[(1+R_{0+}^{\mathrm{TM}})E_{\mathrm{zed}}\mathrm{e}^{-\mathrm{i}k_{0z}z}\right]\mathrm{H}_0^{(1)'}(k_\rho\rho) \tag{5.104}$$

（b）区域 0 中 $z\geqslant 0$ 的场为

$$E_{0z}=\int_{-\infty}^{\infty}\mathrm{d}k_\rho E_{\mathrm{zed}}\left[\mathrm{e}^{\mathrm{i}k_{0z}z}+R_{0+}^{\mathrm{TM}}\mathrm{e}^{-\mathrm{i}k_{0z}z}\right]\mathrm{H}_0^{(1)}(k_\rho\rho) \tag{5.105}$$

$$E_{0\rho}=\int_{-\infty}^{\infty}\mathrm{d}k_\rho\frac{\mathrm{i}k_{0z}}{k_\rho}E_{\mathrm{zed}}\left[\mathrm{e}^{\mathrm{i}k_{0z}z}-R_{0+}^{\mathrm{TM}}\mathrm{e}^{-\mathrm{i}k_{0z}z}\right]\mathrm{H}_0^{(1)'}(k_\rho\rho) \tag{5.106}$$

$$H_{0\theta}=\int_{-\infty}^{\infty}\mathrm{d}k_\rho\frac{\mathrm{i}\omega\varepsilon_0}{k_\rho}E_{\mathrm{zed}}\left[\mathrm{e}^{\mathrm{i}k_{0z}z}+R_{0+}^{\mathrm{TM}}\mathrm{e}^{-\mathrm{i}k_{0z}z}\right]\mathrm{H}_0^{(1)'}(k_\rho\rho) \tag{5.107}$$

（c）区域 1 中的场为

$$E_{1z}=\int_{-\infty}^{\infty}\mathrm{d}k_\rho\left[E_1^+\mathrm{e}^{\mathrm{i}k_{1z}z}+E_1^-\mathrm{e}^{-\mathrm{i}k_{1z}z}\right]\mathrm{H}_0^{(1)}(k_\rho\rho) \tag{5.108}$$

$$E_{1\rho}=\int_{-\infty}^{\infty}\mathrm{d}k_\rho\frac{\mathrm{i}k_{1z}}{k_\rho}\left[E_1^+\mathrm{e}^{\mathrm{i}k_{1z}z}-E_1^-\mathrm{e}^{-\mathrm{i}k_{1z}z}\right]\mathrm{H}_0^{(1)'}(k_\rho\rho) \tag{5.109}$$

$$H_{1\theta}=\int_{-\infty}^{\infty}\mathrm{d}k_\rho\frac{\mathrm{i}\omega\varepsilon_1}{k_\rho}\left[E_1^+\mathrm{e}^{\mathrm{i}k_{1z}z}+E_1^-\mathrm{e}^{-\mathrm{i}k_{1z}z}\right]\mathrm{H}_0^{(1)'}(k_\rho\rho) \tag{5.110}$$

（d）在区域 2 中，$k_{2z}=k_{0z}$，场为

$$E_{2z}=\int_{-\infty}^{\infty}\mathrm{d}k_\rho\left[TE_{\text{zed}}\mathrm{e}^{-\mathrm{i}k_{2z}z}\right]\mathrm{H}_0^{(1)}(k_\rho\rho) \tag{5.111}$$

$$E_{2\rho}=\int_{-\infty}^{\infty}\mathrm{d}k_\rho\frac{\mathrm{i}k_{2z}}{k_\rho}\left[TE_{\text{zed}}\mathrm{e}^{-\mathrm{i}k_{2z}z}\right]\mathrm{H}_0^{(1)'}(k_\rho\rho) \tag{5.112}$$

$$H_{2\theta}=\int_{-\infty}^{\infty}\mathrm{d}k_\rho\frac{\mathrm{i}\omega\varepsilon_2}{k_\rho}\left[TE_{\text{zed}}\mathrm{e}^{-\mathrm{i}k_{2z}z}\right]\mathrm{H}_0^{(1)'}(k_\rho\rho) \tag{5.113}$$

对位于负各向同性异向介质平板前方 $\hat{\boldsymbol{z}}$ 方向的电偶极子，令 $\mu_1=-\mu_0$，$\varepsilon_1=-\varepsilon_0$，$\mu_t=\mu_0$，$\varepsilon_t=\varepsilon_0$，可以发现 $k_{1z}=-k_{0z}$，$k_{2z}=k_{0z}$，$p_{01}=p_{12}=1$，$R_{01}^{\text{TM}}=R_{12}^{\text{TM}}=R_{0+}^{\text{TM}}=0$，$E_1^-=0$，$E_1^+=-E_{\text{zed}}\mathrm{e}^{\mathrm{i}2k_{0z}d_1}$，$T=\mathrm{e}^{-\mathrm{i}2k_{0z}(d_2-d_1)}$。

$$\left.\begin{array}{ll} E_{0-}^+=0 & E_{0+}^+=E_{\text{zed}} \\ E_{0-}^-=E_{\text{zed}} & E_{0+}^-=0 \\ H_{0-}^+=H_{0-}^-=0 & H_{0+}^+=H_{0+}^-=0 \end{array}\right\} \tag{5.114}$$

$$\begin{aligned}\boldsymbol{E}(\boldsymbol{r})=&\hat{\boldsymbol{\rho}}E_\rho+\hat{\boldsymbol{z}}E_z\\ =&\frac{-\mathrm{i}\omega\mu I l\mathrm{e}^{\mathrm{i}kr}}{4\pi r}\left\{\hat{\boldsymbol{z}}\frac{zz}{r^2}\left[1+3\frac{\mathrm{i}}{kr}+3\left(\frac{\mathrm{i}}{kr}\right)^2\right]-\hat{\boldsymbol{z}}\left[1+\frac{\mathrm{i}}{kr}+\left(\frac{\mathrm{i}}{kr}\right)^2\right]\right.\\ &\left.+\hat{\boldsymbol{\rho}}\frac{z\rho}{r^2}\left[1+3\frac{\mathrm{i}}{kr}+3\left(\frac{\mathrm{i}}{kr}\right)^2\right]\right\}\end{aligned} \tag{5.115}$$

根据法拉第定律可以得到磁场为

$$\boldsymbol{H}(\boldsymbol{r})=\hat{\boldsymbol{\theta}}H_\theta=\hat{\boldsymbol{\theta}}\frac{-\mathrm{i}kIl\mathrm{e}^{\mathrm{i}kr}}{4\pi r}\frac{\rho}{r}\left[1+\frac{\mathrm{i}}{kr}\right] \tag{5.116}$$

复坡印亭矢量为

$$\begin{aligned}\boldsymbol{S}=&\frac{\omega\mu k(Il)^2}{(4\pi r)^2}\left\{-\hat{\boldsymbol{\rho}}\frac{zz}{r^2}\left[1+3\frac{\mathrm{i}}{kr}+3\left(\frac{\mathrm{i}}{kr}\right)^2\right]+\hat{\boldsymbol{\rho}}\left[1+\frac{\mathrm{i}}{kr}+\left(\frac{\mathrm{i}}{kr}\right)^2\right]\right.\\ &\left.+\hat{\boldsymbol{z}}\frac{z\rho}{r^2}\left[1+3\frac{\mathrm{i}}{kr}+3\left(\frac{\mathrm{i}}{kr}\right)^2\right]\right\}\frac{\rho}{r}\left[1-\frac{\mathrm{i}}{kr}\right]\end{aligned} \tag{5.117}$$

坡印亭矢量时均值为

$$\langle \boldsymbol{S}\rangle = \frac{\omega\mu k(Il)^2}{2(4\pi r)^2}\left\{\hat{\boldsymbol{\rho}}\frac{\rho}{r}+\hat{\boldsymbol{z}}\frac{z}{r}\right\}\left(\frac{\rho}{r}\right)^2 \tag{5.118}$$

（a）区域 0 中 $z<0$ 的场为

$$E_{0z} = \int_{-\infty}^{\infty} \mathrm{d}k_\rho \left[E_{\text{zed}}\mathrm{e}^{-\mathrm{i}k_{0z}z}\right] \mathrm{H}_0^{(1)}(k_\rho\rho) = E_z \tag{5.119}$$

$$E_{0\rho} = \int_{-\infty}^{\infty} \mathrm{d}k_\rho \frac{\mathrm{i}k_{0z}}{k_\rho} \left[-E_{\text{zed}}\mathrm{e}^{-\mathrm{i}k_{0z}z}\right] \mathrm{H}_0^{(1)'}(k_\rho\rho) = E_\rho \tag{5.120}$$

$$H_{0\theta} = \int_{-\infty}^{\infty} \mathrm{d}k_\rho \frac{\mathrm{i}\omega\varepsilon_0}{k_\rho} \left[E_{\text{zed}}\mathrm{e}^{-\mathrm{i}k_{0z}z}\right] \mathrm{H}_0^{(1)'}(k_\rho\rho) = H_\theta \tag{5.121}$$

（b）区域 0 中 $z \geqslant 0$ 的场为

$$E_{0z} = \int_{-\infty}^{\infty} \mathrm{d}k_\rho \left[E_{\text{zed}}\mathrm{e}^{\mathrm{i}k_{0z}z}\right] \mathrm{H}_0^{(1)}(k_\rho\rho) = E_z \tag{5.122}$$

$$E_{0\rho} = \int_{-\infty}^{\infty} \mathrm{d}k_\rho \frac{\mathrm{i}k_{0z}}{k_\rho} \left[E_{\text{zed}}\mathrm{e}^{\mathrm{i}k_{0z}z}\right] \mathrm{H}_0^{(1)'}(k_\rho\rho) = E_\rho \tag{5.123}$$

$$H_{0\theta} = \int_{-\infty}^{\infty} \mathrm{d}k_\rho \frac{\mathrm{i}\omega\varepsilon_0}{k_\rho} \left[E_{\text{zed}}\mathrm{e}^{\mathrm{i}k_{0z}z}\right] \mathrm{H}_0^{(1)'}(k_\rho\rho) = H_\theta \tag{5.124}$$

（c）在区域 1 中，$k_{1z}=-k_{0z}$，场为

$$E_{1z} = \int_{-\infty}^{\infty} \mathrm{d}k_\rho \left[-E_{\text{zed}}\mathrm{e}^{-\mathrm{i}k_{0z}(z-2d_1)}\right] \mathrm{H}_0^{(1)}(k_\rho\rho) = -E_z \tag{5.125}$$

$$E_{1\rho} = \int_{-\infty}^{\infty} \mathrm{d}k_\rho \frac{\mathrm{i}k_{0z}}{k_\rho} \left[E_{\text{zed}}\mathrm{e}^{-\mathrm{i}k_{0z}(z-2d_1)}\right] \mathrm{H}_0^{(1)'}(k_\rho\rho) = -E_\rho \tag{5.126}$$

$$H_{1\theta} = \int_{-\infty}^{\infty} \mathrm{d}k_\rho \frac{\mathrm{i}\omega\varepsilon_0}{k_\rho} \left[E_{\text{zed}}\mathrm{e}^{-\mathrm{i}k_{0z}(z-2d_1)}\right] \mathrm{H}_0^{(1)'}(k_\rho\rho) = H_\theta \tag{5.127}$$

（d）在区域 2 中，$k_{2z}=k_{0z}$，场为

$$E_{2z} = \int_{-\infty}^{\infty} \mathrm{d}k_\rho \left[E_{\text{zed}}\mathrm{e}^{\mathrm{i}k_{0z}[z-2(d_2-d_1)]}\right] \mathrm{H}_0^{(1)}(k_\rho\rho) = E_z \tag{5.128}$$

$$E_{2\rho} = \int_{-\infty}^{\infty} \mathrm{d}k_\rho \frac{\mathrm{i}k_{2z}}{k_\rho} \left[E_{\text{zed}}\mathrm{e}^{\mathrm{i}k_{0z}[z-2(d_2-d_1)]}\right] \mathrm{H}_0^{(1)'}(k_\rho\rho) = E_\rho \tag{5.129}$$

$$H_{2\theta} = \int_{-\infty}^{\infty} \mathrm{d}k_\rho \frac{\mathrm{i}\omega\varepsilon_2}{k_\rho} \left[E_{\text{zed}}\mathrm{e}^{\mathrm{i}k_{0z}[z-2(d_2-d_1)]}\right] \mathrm{H}_0^{(1)'}(k_\rho\rho) = H_\theta \tag{5.130}$$

从上述公式可以看出，在透射区域中，场源自位于 $z=2(d_2-d_1)$ 处的电偶极子。

2. 基于完美导体的负各向同性异向介质

假设区域 t 为完美导体，根据 $\mu_1=-\mu_0$，$\varepsilon_1=-\varepsilon_0$，$k_{1z}=-k_{0z}$，可以得到 $p_{01}=\varepsilon_0k_{1z}/\varepsilon_1k_{0z}=1$，$\varepsilon_t\to\infty$，$R_{12}^{\mathrm{TM}}=1$，$R_{01}^{\mathrm{TM}}=0$，以及

$$T^{\mathrm{TM}}=0 \tag{5.131}$$

$$E_1^+=-E_{\mathrm{zed}}\mathrm{e}^{\mathrm{i}2k_{0z}d_1} \tag{5.132}$$

$$E_1^-=-E_{\mathrm{zed}}\mathrm{e}^{-\mathrm{i}2k_{0z}(d_2-d_1)} \tag{5.133}$$

$$R_{0+}^{\mathrm{TM}}=\mathrm{e}^{-\mathrm{i}2k_{0z}(d_2-d_1)}\mathrm{e}^{\mathrm{i}2k_{0z}d_1} \tag{5.134}$$

(a) 区域 1 中的场为

$$E_{1z}=\int_{-\infty}^{\infty}\mathrm{d}k_\rho\left[E_1^+\mathrm{e}^{-\mathrm{i}k_{0z}z}+E_1^-\mathrm{e}^{\mathrm{i}k_{0z}z}\right]\mathrm{H}_0^{(1)}(k_\rho\rho) \tag{5.135}$$

$$E_{1\rho}=\int_{-\infty}^{\infty}\mathrm{d}k_\rho\frac{-\mathrm{i}k_{0z}}{k_\rho}\left[E_1^+\mathrm{e}^{-\mathrm{i}k_{0z}z}-E_1^-\mathrm{e}^{\mathrm{i}k_{0z}z}\right]\mathrm{H}_0^{(1)'}(k_\rho\rho) \tag{5.136}$$

$$H_{1\theta}=\int_{-\infty}^{\infty}\mathrm{d}k_\rho\frac{-\mathrm{i}\omega\varepsilon_0}{k_\rho}\left[E_1^+\mathrm{e}^{-\mathrm{i}k_{0z}z}+E_1^-\mathrm{e}^{\mathrm{i}k_{0z}z}\right]\mathrm{H}_0^{(1)'}(k_\rho\rho) \tag{5.137}$$

(b) 区域 0 中 $z\geqslant 0$ 的场为

$$E_{0z}=\int_{-\infty}^{\infty}\mathrm{d}k_\rho E_{\mathrm{zed}}\left[\mathrm{e}^{\mathrm{i}k_{0z}z}+R_{0+}^{\mathrm{TM}}\mathrm{e}^{-\mathrm{i}k_{0z}z}\right]\mathrm{H}_0^{(1)}(k_\rho\rho) \tag{5.138}$$

$$E_{0\rho}=\int_{-\infty}^{\infty}\mathrm{d}k_\rho\frac{\mathrm{i}k_{0z}}{k_\rho}E_{\mathrm{zed}}\left[\mathrm{e}^{\mathrm{i}k_{0z}z}-R_{0+}^{\mathrm{TM}}\mathrm{e}^{-\mathrm{i}k_{0z}z}\right]\mathrm{H}_0^{(1)'}(k_\rho\rho) \tag{5.139}$$

$$H_{0\theta}=\int_{-\infty}^{\infty}\mathrm{d}k_\rho\frac{\mathrm{i}\omega\varepsilon_0}{k_\rho}E_{\mathrm{zed}}\left[\mathrm{e}^{\mathrm{i}k_{0z}z}+R_{0+}^{\mathrm{TM}}\mathrm{e}^{-\mathrm{i}k_{0z}z}\right]\mathrm{H}_0^{(1)'}(k_\rho\rho) \tag{5.140}$$

(c) 区域 0 中 $z<0$ 的场为

$$E_{0z}=\int_{-\infty}^{\infty}\mathrm{d}k_\rho\left[(1+R_{0+}^{\mathrm{TM}})E_{\mathrm{zed}}\mathrm{e}^{-\mathrm{i}k_{0z}z}\right]\mathrm{H}_0^{(1)}(k_\rho\rho) \tag{5.141}$$

$$E_{0\rho}=\int_{-\infty}^{\infty}\mathrm{d}k_\rho\frac{-\mathrm{i}k_{0z}}{k_\rho}\left[(1+R_{0+}^{\mathrm{TM}})E_{\mathrm{zed}}\mathrm{e}^{-\mathrm{i}k_{0z}z}\right]\mathrm{H}_0^{(1)'}(k_\rho\rho) \tag{5.142}$$

$$H_{0\theta}=\int_{-\infty}^{\infty}\mathrm{d}k_\rho\frac{\mathrm{i}\omega\varepsilon_0}{k_\rho}\left[(1+R_{0+}^{\mathrm{TM}})E_{\mathrm{zed}}\mathrm{e}^{-\mathrm{i}k_{0z}z}\right]\mathrm{H}_0^{(1)'}(k_\rho\rho) \tag{5.143}$$

根据区域 0 中 $z<0$ 的解可以显著得到一个结果，即生成的偶极子镜像位于 $z=-2d_2+4d_1$，且幅度等于 $\left|R_{0+}^{\mathrm{TM}}\right|=1$ 的源的幅度。

最后，需要注意之前所有负各向同性异向介质中均假定本构参数 $\mu=-\mu_0$ 和 $\varepsilon=-\varepsilon_0$。在实际分析异向介质中的偶极子天线时，除了许多有趣的数学和物理概念问题外，还需要研究两个问题：异向介质的色散和损耗。

5.2 切连科夫辐射

1958 年，切连科夫、弗兰克和塔姆因发现和解释切连科夫辐射而共同获得诺贝尔物理学奖 [5,6]。切连科夫辐射的发现标志着宏观电磁理论的重大进展。至今，切连科夫辐射已广泛应用于高能物理实验中，包括粒子加速器、天文探测和核反应堆。科学家通过测量切连科夫辐射，可以研究粒子的运动状态和特性，并探索高能物理中的新现象 [7]。此外，切连科夫辐射还被应用于医学领域，如切连科夫成像和切连科夫辐射探测器。据不完全统计，已有至少五项诺贝尔奖成果使用了切连科夫辐射探测器。本节将专门讨论异向介质中的切连科夫辐射现象。

5.2.1 各向同性异向介质中的切连科夫辐射

1. 负各向同性异向介质

通常，当带电粒子在介质中以比光速更快的速度运动时，就会发生切连科夫辐射。如图 5.2.1 所示位于 O 点的带电粒子以速度 $\boldsymbol{v}$ 沿着 $\hat{\boldsymbol{z}}$ 方向运动，满足

$$|\boldsymbol{v}|>\frac{c}{|n|} \tag{5.144}$$

式中，n 为介质的折射率。连接 A 点和 B 点的直线构成了辐射的波阵面，波矢量满足 $\boldsymbol{k}=\hat{\boldsymbol{\rho}}k_\rho+\hat{\boldsymbol{z}}\omega/v$，其中 k_ρ 是波矢量 $\boldsymbol{k}$ 的横向分量。辐射电场的极化方向平行于粒子速度方向和辐射方向所决定的平面。在实际情况下，带电粒子会形成电子束，因此辐射具有圆柱对称性，并形成众所周知的切连科夫锥。圆锥角 θ_{CR} 根据下式确定

$$\cos\theta_{\mathrm{CR}}=\frac{1}{\beta n} \tag{5.145}$$

式中，$\beta=\dfrac{v}{c}<1$。

假定电子运动速度 v 是沿着 $\hat{\boldsymbol{z}}$ 方向的一个常数，运动电荷的电流密度可以表示为

$$\boldsymbol{J}(\boldsymbol{r},t)=\hat{\boldsymbol{z}}qv\delta(z-vt)\delta(x)\delta(y) \tag{5.146}$$

式中，δ 是狄拉克函数。在洛伦兹规范条件下，矢量势 $\boldsymbol{A}$ 的波动方程为

$$\nabla^2\boldsymbol{A}+\frac{\omega^2}{c^2}n^2\boldsymbol{A}=-\mu\boldsymbol{J} \tag{5.147}$$

根据柱坐标系的变换，式 (5.147) 可以简化为

$$\left[\frac{1}{\rho}\frac{\partial}{\partial\rho}\left(\rho\frac{\partial}{\partial\rho}\right)+k_\rho^2\right]g(\rho)=-\frac{\delta(\rho)}{2\pi\rho} \tag{5.148}$$

式中，$k_\rho=\dfrac{\omega}{v}\sqrt{\beta^2n^2-1}$，$g(\rho)$ 是二维标量格林函数。

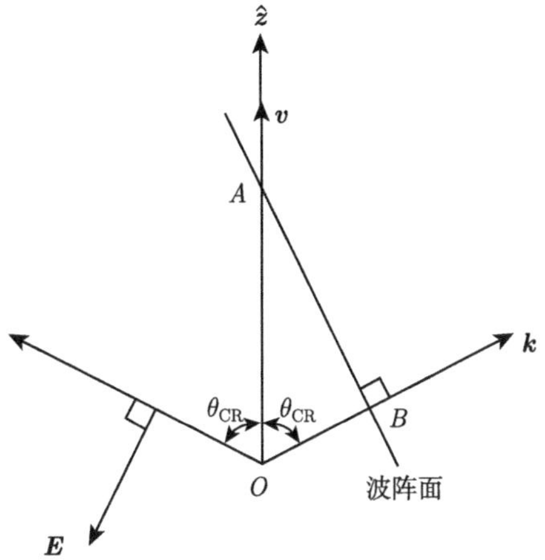

图 5.2.1 正各向同性介质中的切连科夫辐射

式 (5.148) 有两个独立的解 [8]：

（1）$g(\rho)=\dfrac{\mathrm{i}}{4}\mathrm{H}_0^{(1)}(k_\rho\rho)$，对应出射波，其中 $\boldsymbol{k}=\hat{\boldsymbol{\rho}}k_\rho+\hat{\boldsymbol{z}}k_z$，$k_z=\dfrac{\omega}{v}>0$。远场区域 $\hat{\boldsymbol{z}}$ 和 $\hat{\boldsymbol{\rho}}$ 方向单位面积辐射的能量为

$$W_z(\boldsymbol{\rho})=\int_{-\infty}^{\infty}\mathrm{d}tS_z(\boldsymbol{r},t)=\frac{q^2}{8\pi^2\rho v}\int_0^{\infty}\mathrm{d}\omega\frac{k_\rho}{\varepsilon} \tag{5.149}$$

$$W_\rho(\boldsymbol{\rho})=\int_{-\infty}^{\infty}\mathrm{d}tS_\rho(\boldsymbol{r},t)=\frac{q^2}{8\pi^2\rho}\int_0^{\infty}\mathrm{d}\omega\frac{k_\rho^2}{\omega\varepsilon} \tag{5.150}$$

（2）$g(\rho)=-\frac{\mathrm{i}}{4}\mathrm{H}_0^{(2)}(k_\rho\rho)$，对应入射波，其中 $\boldsymbol{k}=-\hat{\boldsymbol{\rho}}k_\rho+\hat{\boldsymbol{z}}k_z$，$k_z=\frac{w}{v}>0$。远场区域 $\hat{\boldsymbol{z}}$ 和 $\hat{\boldsymbol{\rho}}$ 方向单位面积辐射的能量为

$$W_z(\boldsymbol{\rho})=\int_{-\infty}^{\infty}\mathrm{d}tS_z(\boldsymbol{r},t)=\frac{q^2}{8\pi^2\rho v}\int_0^{\infty}\mathrm{d}\omega\frac{k_\rho}{\varepsilon} \tag{5.151}$$

$$W_\rho(\boldsymbol{\rho})=\int_{-\infty}^{\infty}\mathrm{d}tS_\rho(\boldsymbol{r},t)=-\frac{q^2}{8\pi^2\rho}\int_0^{\infty}\mathrm{d}\omega\frac{k_\rho^2}{\omega\varepsilon} \tag{5.152}$$

尽管积分的上下限是从 0 到 ∞，但上述结果仅对满足式 (5.144) 的频率有效。

为了便于说明，首先考虑 ε 和 μ 均为正值的正各向同性介质。根据式 (5.149)~式 (5.152)，两种情况下都有 $W_z(\boldsymbol{\rho})>0$。但情况（1）中，$W_\rho(\boldsymbol{\rho})>0$；情况（2）中 $W_\rho(\boldsymbol{\rho})<0$。这两种情况分别对应前向波 (与粒子速度方向相同) 和后向波辐射的能量。根据索末菲辐射条件（能量不能从无穷远处传来，因此辐射必须从源发出），可以得到情况（1）是正各向同性介质中切连科夫辐射的正确解 [9]。

然而，对于负各向同性异向介质（$\varepsilon<0,\mu<0$），则结果相反。根据式 (5.149)~式 (5.152)，可以分离出以下两种情况：

（1）$W_z(\boldsymbol{\rho})<0$，$W_\rho(\boldsymbol{\rho})<0$，对应后向且入射的辐射能量，如图 5.2.2 所示。

（2）$W_z(\boldsymbol{\rho})<0$，$W_\rho(\boldsymbol{\rho})>0$，对应后向且出射的辐射能量，如图 5.2.3 所示。

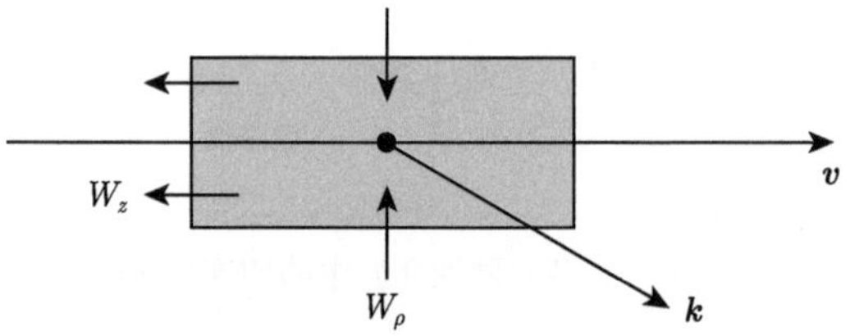

图 5.2.2　情况（1）中带电粒子在负各向同性异向介质中的能量方向和波矢量

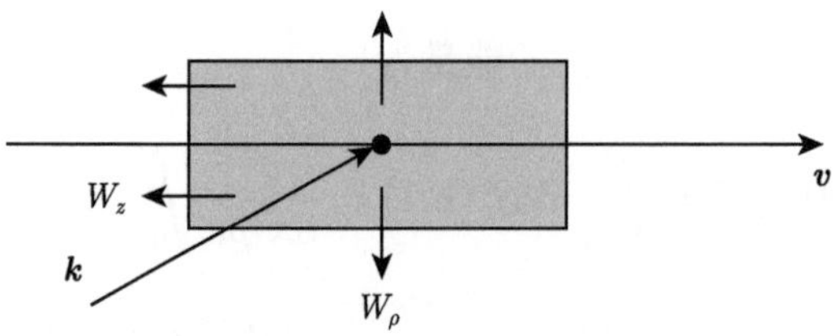

图 5.2.3　情况（2）中带电粒子在负各向同性异向介质中的能量方向和波矢量

假设在无穷远处没有源，则需要选择情况（2）对应的解。此外，介电常数和磁导率都需要为负值，以确保 k 为实数，从而能够支持电磁波的传播。对于无损耗的情况 (坡印亭矢量 $\boldsymbol{S}$ 方向与波矢量 $\boldsymbol{k}$ 方向相反)，远场中的坡印亭矢量方向与带电粒子速度方向之间的夹角仍由式 (5.145) 确定，但式中的折射率为负值，因此辐射是后向波辐射 [2]。

电磁波动量的标准定义是 $\boldsymbol{D}(\boldsymbol{r},t)\times\boldsymbol{B}(\boldsymbol{r},t)=\varepsilon\mu\boldsymbol{S}(\boldsymbol{r},t)$[1]，有

$$\boldsymbol{D}(\boldsymbol{r},t)\times\boldsymbol{B}(\boldsymbol{r},t)=\varepsilon\mu\boldsymbol{E}(\boldsymbol{r},t)\times\boldsymbol{H}(\boldsymbol{r},t)=\varepsilon\mu\boldsymbol{S}(\boldsymbol{r},t) \tag{5.153}$$

当 ε 和 μ 均为负值时，$\boldsymbol{D}(\boldsymbol{r},t)\times\boldsymbol{B}(\boldsymbol{r},t)$ 和 $\boldsymbol{S}(\boldsymbol{r},t)$ 方向相同，这意味着动量是向后的。根据动量守恒定律，带电粒子的前向动量会增加，从而导致能量增大。这与热力学第三定律相矛盾，该定律规定带电粒子会向外辐射能量并因此能量减少。

这个悖论的解决办法可以在切连科夫辐射的量子理论中找到 [9]，其中光子的动量定义为 $\boldsymbol{p}=\hbar\boldsymbol{k}$，$\boldsymbol{p}$ 表示动量，$\hbar$ 是约化普朗克常数。对于情况（2），$k_z>0$ 意味着前向传播，而在 $\hat{\boldsymbol{\rho}}$ 方向上的分量被抵消。因此，动量和能量守恒，即在负各向同性异向介质中，波的能量方向与动量方向相反。当波从负各向同性异向介质穿过边界进入正各向同性介质时，波矢量的分量 k_z（也是动量方向）将改变符号（从 $+\hat{\boldsymbol{z}}$ 方向到 $-\hat{\boldsymbol{z}}$ 方向），但瞬时坡印亭矢量 $\boldsymbol{E}(\boldsymbol{r},t)\times\boldsymbol{H}(\boldsymbol{r},t)$ 仍然是向后的（$-\hat{\boldsymbol{z}}$ 方向）。因此，一旦进入正各向同性介质，波的能量和动量都会再次沿同一个方向 (后向) 传播。

2. 负各向同性异向介质中的色散

考虑无损耗情况下，相对介电常数和磁导率满足 [10]

$$\mu_{\mathrm{r}}(\omega)=1-\frac{\omega_{\mathrm{mp}}^2-\omega_{\mathrm{mo}}^2}{\omega^2-\omega_{\mathrm{mo}}^2} \tag{5.154}$$

$$\varepsilon_{\mathrm{r}}(\omega)=1-\frac{\omega_{\mathrm{ep}}^2-\omega_{\mathrm{eo}}^2}{\omega^2-\omega_{\mathrm{eo}}^2} \tag{5.155}$$

$$\omega_{\mathrm{mc}}=\sqrt{\frac{\omega_{\mathrm{mp}}^2+\omega_{\mathrm{mo}}^2}{2}},\quad \mu_{\mathrm{r}}(\omega_{\mathrm{mc}})=-1 \tag{5.156}$$

$$\omega_{\mathrm{ec}}=\sqrt{\frac{\omega_{\mathrm{ep}}^2+\omega_{\mathrm{eo}}^2}{2}},\quad \varepsilon_{\mathrm{r}}(\omega_{\mathrm{ec}})=-1 \tag{5.157}$$

$$\omega_{\mathrm{c}}=\sqrt{\frac{\omega_{\mathrm{ep}}^2\omega_{\mathrm{mp}}^2-\omega_{\mathrm{eo}}^2\omega_{\mathrm{mo}}^2}{\omega_{\mathrm{ep}}^2+\omega_{\mathrm{mp}}^2-\omega_{\mathrm{eo}}^2-\omega_{\mathrm{mo}}^2}},\quad \mu_{\mathrm{r}}(\omega_{\mathrm{c}})\,\varepsilon_{\mathrm{r}}(\omega_{\mathrm{c}})=1 \tag{5.158}$$

图 5.2.4 展示了不同频段的介电常数和磁导率情况。下方暗区对应于 $n^2 > 1$，在该暗区可能发生切连科夫辐射 (假设 $\beta = 1$)。

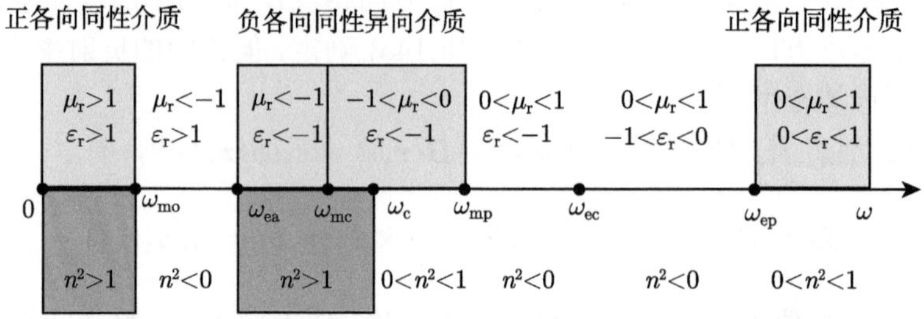

图 5.2.4　正各向同性介质和负各向同性异向介质的频段

在负各向同性异向介质频段，当 $n^2(\omega) > 1$，$\omega \in [\omega_{\mathrm{eo}}, \omega_{\mathrm{c}}]$ 时，波传播过程中产生的倏逝场分量（远场）为

$$E_z(\boldsymbol{r},t) = \frac{q}{4\pi}\sqrt{\frac{2}{\pi\rho}}\left[\int_0^{\omega_{\mathrm{mo}}} \mathrm{d}\omega\,(-)\,k_\rho \frac{\sqrt{k_\rho}}{\omega\varepsilon(\omega)}\cos(\phi_+) + \int_{\omega_{\mathrm{eo}}}^{\omega_{\mathrm{c}}} \mathrm{d}\omega k_\rho \frac{\sqrt{k_\rho}}{\omega\varepsilon(\omega)}\cos(\phi_-)\right] \tag{5.159}$$

$$E_\rho(\boldsymbol{r},t) = \frac{q}{4\pi v}\sqrt{\frac{2}{\pi\rho}}\left[\int_0^{\omega_{\mathrm{mo}}} \mathrm{d}\omega\,(-)\,\frac{\sqrt{k_\rho}}{\varepsilon(\omega)}\cos(\phi_+) + \int_{\omega_{\mathrm{eo}}}^{\omega_{\mathrm{c}}} \mathrm{d}\omega \frac{\sqrt{k_\rho}}{\varepsilon(\omega)}\cos(\phi_-)\right] \tag{5.160}$$

$$H_\theta(\boldsymbol{r},t) = \frac{q}{4\pi}\sqrt{\frac{2}{\pi\rho}}\left[\int_0^{\omega_{\mathrm{mo}}} \mathrm{d}\omega\,(-)\,\sqrt{k_\rho}\cos(\phi_+) + \int_{\omega_{\mathrm{eo}}}^{\omega_{\mathrm{c}}} \mathrm{d}\omega\sqrt{k_\rho}\cos(\phi_-)\right] \tag{5.161}$$

式中，$\phi_\pm = \omega t \mp k_\rho\rho - \dfrac{\omega z}{v} \pm \dfrac{\pi}{4}$，其中上方符号对应情况（1），下方符号对应情况（2）。坡印亭矢量 $\boldsymbol{S}(\boldsymbol{r},t) = \hat{\boldsymbol{z}}S_z(\boldsymbol{r},t) + \hat{\boldsymbol{\rho}}S_\rho(\boldsymbol{r},t) = \boldsymbol{E}(\boldsymbol{r},t) \times \boldsymbol{H}(\boldsymbol{r},t)$ 由下式决定

$$\begin{aligned} S_z(\boldsymbol{r},t) =& E_\rho(\boldsymbol{r},t)H_\theta(\boldsymbol{r},t) = \frac{q^2}{8\pi^3\rho v} \\ &\times\left[\int_0^{\omega_{\mathrm{mo}}}\mathrm{d}\omega\int_0^{\omega_{\mathrm{mo}}}\mathrm{d}\omega' \frac{\sqrt{k_\rho k_\rho'}}{\varepsilon(\omega)}\cos(\phi_+)\cos(\phi_+')\right. \\ &+\int_{\omega_{\mathrm{eo}}}^{\omega_{\mathrm{c}}}\mathrm{d}\omega\int_{\omega_{\mathrm{eo}}}^{\omega_{\mathrm{c}}}\mathrm{d}\omega' \frac{\sqrt{k_\rho k_\rho'}}{\varepsilon(\omega)}\cos(\phi_-)\cos(\phi_-') \\ &+\int_0^{\omega_{\mathrm{mo}}}\mathrm{d}\omega\int_{\omega_{\mathrm{eo}}}^{\omega_{\mathrm{c}}}\mathrm{d}\omega' \frac{\sqrt{k_\rho k_\rho'}}{\varepsilon(\omega)}\cos(\phi_+)\cos(\phi_-') \end{aligned}$$

$$+\int_{\omega_{\mathrm{eo}}}^{\omega_{\mathrm{c}}}\mathrm{d}\omega\int_0^{\omega_{\mathrm{mo}}}\mathrm{d}\omega'\frac{\sqrt{k_\rho k'_\rho}}{\varepsilon(\omega)}\cos(\phi_-)\cos(\phi'_+)\Bigg] \tag{5.162}$$

$$\begin{aligned}S_\rho(\boldsymbol{r},t)=&-E_z(\boldsymbol{r},t)H_\theta(\boldsymbol{r},t)=\frac{q^2}{8\pi^3\rho}\\&\times\left[\int_0^{\omega_{\mathrm{mo}}}\mathrm{d}\omega\int_0^{\omega_{\mathrm{mo}}}\mathrm{d}\omega'\frac{k_\rho\sqrt{k_\rho k'_\rho}}{\omega\varepsilon(\omega)}\cos(\phi_+)\cos(\phi'_+)\right.\\&-\int_{\omega_{\mathrm{eo}}}^{\omega_{\mathrm{c}}}\mathrm{d}\omega\int_{\omega_{\mathrm{eo}}}^{\omega_{\mathrm{c}}}\mathrm{d}\omega'\frac{k_\rho\sqrt{k_\rho k'_\rho}}{\omega\varepsilon(\omega)}\cos(\phi_-)\cos(\phi'_-)\\&+\int_0^{\omega_{\mathrm{mo}}}\mathrm{d}\omega\int_{\omega_{\mathrm{eo}}}^{\omega_{\mathrm{c}}}\mathrm{d}\omega'\frac{k_\rho\sqrt{k_\rho k'_\rho}}{\omega\varepsilon(\omega)}\cos(\phi_+)\cos(\phi'_-)\\&\left.-\int_{\omega_{\mathrm{eo}}}^{\omega_{\mathrm{c}}}\mathrm{d}\omega\int_0^{\omega_{\mathrm{mo}}}\mathrm{d}\omega'\frac{k_\rho\sqrt{k_\rho k'_\rho}}{\omega\varepsilon(\omega)}\cos(\phi_-)\cos(\phi'_+)\right]\end{aligned} \tag{5.163}$$

根据恒等式 [1]

$$\int_{-\infty}^{\infty}\mathrm{d}t\cos[\omega t+\alpha]\cos[\omega' t+\alpha']=\pi\delta(\omega-\omega')\cos(\alpha-\alpha') \tag{5.164}$$

可以得到在 $\hat{\boldsymbol{z}}$ 方向单位面积辐射的总能量 $W_z(\boldsymbol{\rho})$ 和 $\hat{\boldsymbol{\rho}}$ 方向单位面积辐射的总能量 $W_\rho(\boldsymbol{\rho})$

$$W_z(\boldsymbol{\rho})=\int_{-\infty}^{\infty}\mathrm{d}tS_z(\boldsymbol{r},t)=\frac{q^2}{8\pi^2\rho v}\left[\int_0^{\omega_{\mathrm{mo}}}\mathrm{d}\omega\frac{k_\rho}{\varepsilon(\omega)}+\int_{\omega_{\mathrm{eo}}}^{\omega_{\mathrm{c}}}\mathrm{d}\omega\frac{k_\rho}{\varepsilon(\omega)}\right] \tag{5.165}$$

$$W_\rho(\boldsymbol{\rho})=\int_{-\infty}^{\infty}\mathrm{d}tS_\rho(\boldsymbol{r},t)=\frac{q^2}{8\pi^2\rho}\left[\int_0^{\omega_{\mathrm{mo}}}\mathrm{d}\omega\frac{k_\rho^2}{\omega\varepsilon(\omega)}-\int_{\omega_{\mathrm{eo}}}^{\omega_{\mathrm{c}}}\mathrm{d}\omega\frac{k_\rho^2}{\omega\varepsilon(\omega)}\right] \tag{5.166}$$

因为高能带电粒子的速度非常接近于 c，取极限 $\beta\to 1$。由于时间平均效应，正各向同性介质频段和负各向同性异向介质频段各分量之间的相互干扰会消失。

在 $\hat{\boldsymbol{z}}$ 方向上：从式 (5.165) 可以看出，第一个积分处于正各向同性介质频段（$\varepsilon(\omega)>0$ 和 $\mu(\omega)>0$），能量沿 $+\hat{\boldsymbol{z}}$ 方向，这与粒子的运动方向相同。然而，第二个积分处于负各向同性异向介质频段（$\varepsilon(\omega)<0$ 和 $\mu(\omega)<0$），能量沿 $-\hat{\boldsymbol{z}}$ 方向，这与后向功率相对应。穿过 x-y 平面的总能量由两个频段决定，净结果取决于哪个频段更强。

在 $\hat{\boldsymbol{\rho}}$ 方向上：根据式 (5.166)，第一个积分位于正各向同性介质频段，因此能量沿 $\hat{\boldsymbol{\rho}}$ 方向向外传播。第二个积分是在负各向同性异向介质频段，其中 $\varepsilon(\omega)<0$，但积分前有一个负号，这使得整个第二项为正。因此，在负各向同性异向介质频段能量也沿着 $\hat{\boldsymbol{\rho}}$ 方向向外传播。

3. 负各向同性异向介质中的损耗

根据 Kramers-Krönig 关系，$\varepsilon(\omega)$ 和 $\mu(\omega)$ 必须是复数才能满足因果关系。为了进一步理解负各向同性异向介质中的切连科夫辐射，必须考虑介电常数和磁导率是复数的情况。复介电常数 $\varepsilon(\omega)$ 和磁导率 $\mu(\omega)$ 必须满足

$$\varepsilon(-\omega)=\varepsilon(\omega)^*,\quad \varepsilon_{\mathrm{I}}(\omega)>0 \tag{5.167}$$

$$\mu(-\omega)=\mu(\omega)^*,\quad \mu_{\mathrm{I}}(\omega)>0 \tag{5.168}$$

对于损耗的情况，切连科夫辐射的条件为

$$\mathrm{Re}\left\{n^2(\omega)\right\}>\frac{1}{\beta^2} \tag{5.169}$$

虽然此时汉克尔函数的自变量是复数，但是式 (5.148) 的解不变。为了确保 $\rho\to+\infty$ 处的电场和磁场是有限的，有

（1）对于正各向同性介质，$g(\rho)=\frac{\mathrm{i}}{4}\mathrm{H}_0^{(1)}(k_\rho\rho)$，$k_\rho=\sqrt{\frac{\omega^2}{c^2}\mu_{\mathrm{r}}\varepsilon_{\mathrm{r}}-\frac{\omega^2}{v^2}}=k_{\mathrm{R}}+\mathrm{i}k_{\mathrm{I}}$，其中 $k_{\mathrm{I}}>0$，$k_{\mathrm{R}}>0$；

（2）对于负各向同性异向介质，$g(\rho)=-\frac{\mathrm{i}}{4}\mathrm{H}_0^{(2)}(k_\rho\rho)$，$k_\rho=\sqrt{\frac{\omega^2}{c^2}\mu_{\mathrm{r}}\varepsilon_{\mathrm{r}}-\frac{\omega^2}{v^2}}=k_{\mathrm{R}}+\mathrm{i}k_{\mathrm{I}}$，其中 $k_{\mathrm{I}}<0$，$k_{\mathrm{R}}>0$。

正各向同性介质中的场与参考文献 [11] 类似。负各向同性异向介质中的非零场为

$$E_\rho(\boldsymbol{r},t)=\frac{q}{4\pi v}\sqrt{\frac{2}{\pi\rho}}\int_{\mathrm{N}}\mathrm{d}\omega\frac{|k_\rho|^{1/2}}{|\varepsilon(\omega)|}\cos\left(\omega t+k_{\mathrm{R}}\rho-\frac{\omega}{v}z-\frac{\pi}{4}+\frac{\varphi}{2}-\varphi_\varepsilon\right)\mathrm{e}^{k_{\mathrm{I}}\rho} \tag{5.170}$$

$$E_z(\boldsymbol{r},t)=\frac{q}{4\pi}\sqrt{\frac{2}{\pi\rho}}\int_{\mathrm{N}}\mathrm{d}\omega\frac{|k_\rho|^{3/2}}{\omega|\varepsilon(\omega)|}\cos\left(\omega t+k_{\mathrm{R}}\rho-\frac{\omega}{v}z-\frac{\pi}{4}+\frac{3\varphi}{2}-\varphi_\varepsilon\right)\mathrm{e}^{k_{\mathrm{I}}\rho} \tag{5.171}$$

$$H_\theta(\boldsymbol{r},t)=\frac{q}{4\pi}\sqrt{\frac{2}{\pi\rho}}\int_{\mathrm{N}}\mathrm{d}\omega\,|k_\rho|^{1/2}\cos\left(\omega t+k_{\mathrm{R}}\rho-\frac{\omega}{v}z-\frac{\pi}{4}+\frac{\varphi}{2}\right)\mathrm{e}^{k_{\mathrm{I}}\rho} \tag{5.172}$$

式中，φ 和 φ_ε 可以由 $k_\rho = \dfrac{\omega}{v}\eta \mathrm{e}^{\mathrm{i}\varphi}$ 和 $\varepsilon(\omega) = |\varepsilon(\omega)|\mathrm{e}^{\mathrm{i}\varphi_\varepsilon}$ 得到。正各向同性介质的辐射能量为

$$W_\rho(\boldsymbol{\rho}) = \int_{-\infty}^{\infty} \mathrm{d}t S_\rho(\boldsymbol{r}, t) = \frac{q^2}{8\pi^2\rho}\left[\int_{\mathrm{P}} \mathrm{d}\omega \frac{|k_\rho|^2}{\omega|\varepsilon(\omega)|}\mathrm{e}^{-2k_{\mathrm{I}}\rho}\cos(\varphi - \varphi_\varepsilon)\right] \tag{5.173}$$

$$W_z(\boldsymbol{\rho}) = \int_{-\infty}^{\infty} \mathrm{d}t S_z(\boldsymbol{r}, t) = \frac{q^2}{8\pi^2\rho v}\left[\int_{\mathrm{P}} \mathrm{d}\omega \frac{|k_\rho|}{|\varepsilon(\omega)|}\mathrm{e}^{2k_{\mathrm{I}}\rho}\cos\varphi_\varepsilon\right] \tag{5.174}$$

负各向同性异向介质的辐射能量为

$$W_\rho(\boldsymbol{\rho}) = \int_{-\infty}^{\infty} \mathrm{d}t S_\rho(\boldsymbol{r}, t) = \frac{q^2}{8\pi^2\rho}\left[\int_{\mathrm{N}} \mathrm{d}\omega \frac{-|k_\rho|^2}{\omega|\varepsilon(\omega)|}\mathrm{e}^{2k_I\rho}\cos(\varphi - \varphi_\varepsilon)\right] \tag{5.175}$$

$$W_z(\boldsymbol{\rho}) = \int_{-\infty}^{\infty} \mathrm{d}t S_z(\boldsymbol{r}, t) = \frac{q^2}{8\pi^2\rho v}\left[\int_{\mathrm{N}} \mathrm{d}\omega \frac{|k_\rho|}{|\varepsilon(\omega)|}\mathrm{e}^{2k_I\rho}\cos\varphi_\varepsilon\right] \tag{5.176}$$

可以看出，辐射能量的方向是由 $\varepsilon(\omega)$ 和 k_ρ 的角度决定的。

对于实际的介电常数和磁导率模型，应该在式 (5.154) 和式 (5.155) 中加入虚部，即为

$$\mu_{\mathrm{r}}(\omega) = 1 - \frac{\omega_{\mathrm{mp}}^2 - \omega_{\mathrm{mo}}^2}{\omega^2 - \omega_{\mathrm{mo}}^2 + \mathrm{i}\gamma_{\mathrm{m}}\omega} \tag{5.177}$$

$$\varepsilon_{\mathrm{r}}(\omega) = 1 - \frac{\omega_{\mathrm{ep}}^2 - \omega_{\mathrm{eo}}^2}{\omega^2 - \omega_{\mathrm{eo}}^2 + \mathrm{i}\gamma_{\mathrm{e}}\omega} \tag{5.178}$$

复折射率 n 的实部和虚部以及 n^2 的实部如图 5.2.5 所示。对于上述公式中的模型，总满足 $\mathrm{Im}\{\varepsilon(\omega)\} > 0$ 和 $\mathrm{Im}\{\mu(\omega)\} > 0$。表 5.1 对以上各情况进行了总结。

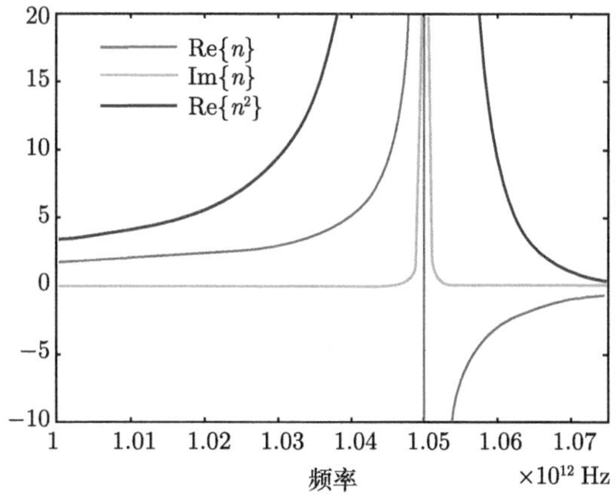

图 5.2.5 在谐振频率附近的 $\mathrm{Re}\{n\}$，$\mathrm{Im}\{n\}$，$\mathrm{Re}\{n^2\}$

表 5.1　$\varepsilon-\varphi_\varepsilon$ 和 $k_\rho-\varphi$ 的角度范围

特性	正各向同性介质频段	负各向同性异向介质频段
$\mathrm{Re}\{\varepsilon(\omega)\}$	>0	<0
φ_ε	$\left[0,\frac{\pi}{2}\right]$	$\left[\frac{\pi}{2},\pi\right]$
k_I	>0	<0
φ	$\left[0,\frac{\pi}{2}\right]$	$\left[\frac{3\pi}{2},2\pi\right]$

尽管存在损耗，负各向同性异向介质中仍然存在后向传播功率，φ_ε 和 φ 决定了功率的传播方向。无损极限意味着在 $\varphi=0$ 时，在正各向同性介质中 $\varphi_\varepsilon=0$，而在负各向同性异向介质中 $\varphi_\varepsilon=\pi$。能量的表达式将简化为式 (5.165) 和式 (5.166)。当存在损耗时，正各向同性介质和负各向同性异向介质中的 $\hat{\boldsymbol{S}}(\omega)$ (用角度 θ_s 表示) 分别为

$$\hat{\boldsymbol{S}}(\omega)=\frac{\hat{\boldsymbol{\rho}}\eta\cos(\varphi-\varphi_\varepsilon)+\hat{\boldsymbol{z}}\cos(\varphi_\varepsilon)}{\sqrt{\eta^2\cos(\varphi-\varphi_\varepsilon)^2+\cos(\varphi_\varepsilon)^2}} \tag{5.179}$$

$$\hat{\boldsymbol{S}}(\omega)=\frac{-\hat{\boldsymbol{\rho}}\eta\cos(\varphi-\varphi_\varepsilon)+\hat{\boldsymbol{z}}\cos(\varphi_\varepsilon)}{\sqrt{\eta^2\cos(\varphi-\varphi_\varepsilon)^2+\cos(\varphi_\varepsilon)^2}} \tag{5.180}$$

相位传播方向 $\hat{\boldsymbol{k}}$ (用角度 θ_c 表示) 与能量传播方向 $\hat{\boldsymbol{S}}(\omega)$ 不同，可以表示为

$$\hat{\boldsymbol{k}}(\omega)=\frac{\hat{\boldsymbol{\rho}}\eta\cos(\varphi)+\hat{\boldsymbol{z}}}{\sqrt{\eta^2\cos(\varphi)^2+1}} \tag{5.181}$$

$$\hat{\boldsymbol{k}}(\omega)=\frac{-\hat{\boldsymbol{\rho}}\eta\cos(\varphi)+\hat{\boldsymbol{z}}}{\sqrt{\eta^2\cos(\varphi)^2+1}} \tag{5.182}$$

为了进一步说明问题，采用式 (5.177) 和式 (5.178) 的模型，绘制由式 (5.173)～式 (5.176) 计算得到的能量分布，如图 5.2.6 所示，图中取 $\omega_\mathrm{mp}=\omega_\mathrm{ep}=2\pi\times10^{12}$ rad/s，$\omega_\mathrm{mo}=\omega_\mathrm{eo}=2\pi\times1.05\times10^{12}$ rad/s，$\gamma_\mathrm{m}=\gamma_\mathrm{e}=\gamma$。所有数值都是在相同距离 ρ 下对所有频率计算得到的。图 5.2.6 显示了 $\gamma=1\times10^8$ rad/s 时，能量 W_z 和 W_ρ 随频率的分布。峰值出现在 $W_z>0$ 的正各向同性介质区域，对应于前向辐射能量。$f\approx1.07\times10^{12}$ Hz 处的小峰对应于 $W_\rho>0$ 和 $W_z<0$。

图 5.2.7 显示了在不同 γ 下的切连科夫辐射的辐射方向图。从图 5.2.7（a）可

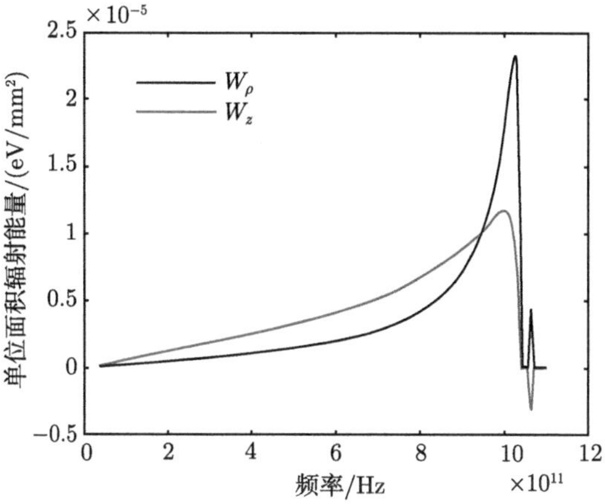

图 5.2.6 $\gamma = 1 \times 10^8$ rad/s 时能量随频率的分布

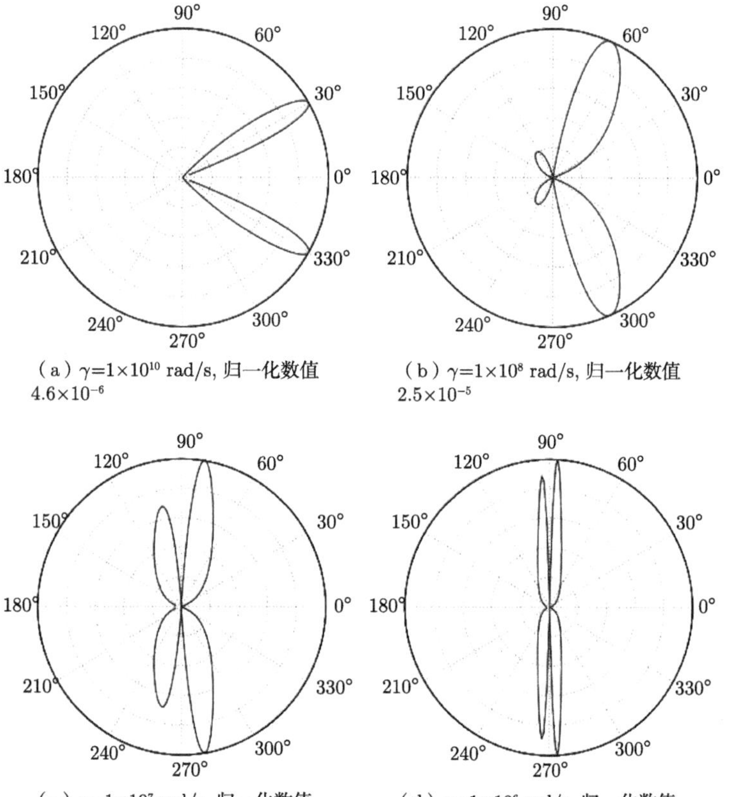

(a) $\gamma=1\times10^{10}$ rad/s, 归一化数值 4.6×10^{-6}

(b) $\gamma=1\times10^{8}$ rad/s, 归一化数值 2.5×10^{-5}

(c) $\gamma=1\times10^{7}$ rad/s, 归一化数值 6.6×10^{-5}

(d) $\gamma=1\times10^{6}$ rad/s, 归一化数值 1.8×10^{-4}

图 5.2.7 切连科夫辐射方向图

以看出，当损耗很大时，主要表现为前向辐射能量（在谐振频率附近存在一个与后向辐射能量对应的峰值）。由于损耗较大，峰值与图 5.2.7（a）中的主瓣相比非常小。随着损耗的减少，后向辐射能量变得越来越明显，同时前向辐射能量的角度也发生了变化。上述现象产生的原因在于辐射主要集中在谐振频率附近的区域，该区域的损耗很小，衰减项不足以抑制幅度。如果距离 ρ 增大，衰减项将占主导地位，因此后向辐射能量的波瓣将被抑制，且辐射图形会变为类似于图 5.2.7（a）中的情况。另一个值得注意的现象是，随着损耗的减少，前向和后向辐射能量的相位角都接近 90°，这主要是因为折射率变得非常大，详细情况可见式 (5.145)。

此外，损耗还会引起相位传播方向和辐射能量方向的不同。从图 5.2.8 中可以发现，对于正各向同性介质频段，$\theta_{\rm c}$ 和 $\theta_{\rm s}$ 几乎没有差别，这是由于在该频段虚部很小，因此角度 φ_ε 和 φ 非常小。然而，对于负各向同性异向介质频段，相位传播方向几乎与能量传播方向相反。

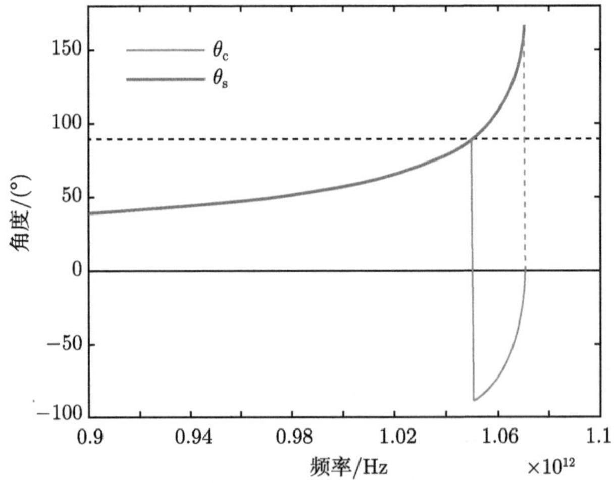

图 5.2.8　$\gamma = 1\times 10^8$ rad/s 时角度随频率的分布

5.2.2　各向异性异向介质中的切连科夫辐射

考虑负各向异性异向介质，其特性由介电常数张量和磁导率张量描述。介电常数张量矩阵的本构参数由 Drude 模型定义，而磁导率张量矩阵的本构参数则由洛伦兹模型描述 [12,13]。在柱坐标系中，介电常数张量可以表示为

$$\bar{\bar{\varepsilon}} = \varepsilon_0 \begin{bmatrix} \varepsilon_{{\rm r}\rho} & 0 & 0 \\ 0 & \varepsilon_{{\rm r}\theta} & 0 \\ 0 & 0 & \varepsilon_{{\rm r}z} \end{bmatrix} = \begin{bmatrix} \varepsilon_\rho & 0 & 0 \\ 0 & \varepsilon_\theta & 0 \\ 0 & 0 & \varepsilon_z \end{bmatrix} \tag{5.183}$$

$$\varepsilon_{\mathrm{r}\rho}(\omega)=1-\frac{\omega_{\mathrm{p}\rho}^2}{\omega^2+\mathrm{i}\gamma_{\mathrm{e}\rho}\omega} \tag{5.184}$$

$$\varepsilon_{\mathrm{r}\theta}(\omega)=1-\frac{\omega_{\mathrm{p}\theta}^2}{\omega^2+\mathrm{i}\gamma_{\mathrm{e}\theta}\omega} \tag{5.185}$$

$$\varepsilon_{\mathrm{r}z}(\omega)=1-\frac{\omega_{\mathrm{p}z}^2}{\omega^2+\mathrm{i}\gamma_{\mathrm{e}z}\omega} \tag{5.186}$$

式中，$\omega_{\mathrm{p}\rho}$、$\omega_{\mathrm{p}\theta}$ 和 $\omega_{\mathrm{p}z}$ 分别是在 $\hat{\boldsymbol{\rho}}$、$\hat{\boldsymbol{\theta}}$、$\hat{\boldsymbol{z}}$ 方向上的等离子体频率，$\gamma_{\mathrm{e}\rho}$、$\gamma_{\mathrm{e}\theta}$ 和 $\gamma_{\mathrm{e}z}$ 代表介质电损耗的碰撞频率。磁导率张量可以表示为

$$\bar{\bar{\boldsymbol{\mu}}}=\mu_0\begin{bmatrix}\mu_{\mathrm{r}\rho} & 0 & 0\\ 0 & \mu_{\mathrm{r}\theta} & 0\\ 0 & 0 & \mu_{\mathrm{r}z}\end{bmatrix}=\begin{bmatrix}\mu_\rho & 0 & 0\\ 0 & \mu_\theta & 0\\ 0 & 0 & \mu_z\end{bmatrix} \tag{5.187}$$

$$\mu_{\mathrm{r}\rho}(\omega)=1-\frac{F_\rho\omega^2}{\omega^2-\omega_{0\rho}^2+\mathrm{i}\gamma_{\mathrm{m}\rho}\omega} \tag{5.188}$$

$$\mu_{\mathrm{r}\theta}(\omega)=1-\frac{F_\theta\omega^2}{\omega^2-\omega_{0\theta}^2+\mathrm{i}\gamma_{\mathrm{m}\theta}\omega} \tag{5.189}$$

$$\mu_{\mathrm{r}z}(\omega)=1-\frac{F_z\omega^2}{\omega^2-\omega_{0z}^2+\mathrm{i}\gamma_{\mathrm{m}z}\omega} \tag{5.190}$$

式中，$\gamma_{\mathrm{m}\rho}$、$\gamma_{\mathrm{m}\theta}$ 和 $\gamma_{\mathrm{m}z}$ 代表介质磁损耗的碰撞频率，$\omega_{0\rho}$、$\omega_{0\theta}$ 和 ω_{0z} 为磁谐振频率，F_ρ、F_θ 和 F_z 为介质在单元结构中的体积分数。值得注意的是，当 $\varepsilon_{\mathrm{r}\rho}(\omega)=\varepsilon_{\mathrm{r}\theta}(\omega)=\varepsilon_{\mathrm{r}z}(\omega)$ 和 $\mu_{\mathrm{r}\rho}(\omega)=\mu_{\mathrm{r}\theta}(\omega)=\mu_{\mathrm{r}z}(\omega)$ 时，负各向异性异向介质变为负各向同性异向介质。

假设带电粒子沿 $\hat{\boldsymbol{z}}$ 方向匀速运动 $\boldsymbol{v}=\hat{\boldsymbol{z}}v$，运动电荷的电流密度为

$$\boldsymbol{J}(\boldsymbol{r},t)=\hat{\boldsymbol{z}}qv\delta(z-vt)\delta(x)\delta(y) \tag{5.191}$$

在柱坐标系下，电流密度可以写成 [1]

$$\boldsymbol{J}(\boldsymbol{r},t)=\hat{\boldsymbol{z}}qv\delta(z-vt)\frac{\delta(\rho)}{2\pi\rho} \tag{5.192}$$

将上式变换到频域，有

$$\boldsymbol{J}(\boldsymbol{r},\omega)=\hat{\boldsymbol{z}}\frac{q}{4\pi^2\rho}\mathrm{e}^{\mathrm{i}\omega z/v}\delta(\rho) \tag{5.193}$$

根据安培定律

$$\boldsymbol{D}=\frac{\mathrm{i}}{\omega}\nabla\times\left(\bar{\bar{\boldsymbol{\mu}}}^{-1}\cdot\boldsymbol{B}\right)-\boldsymbol{J}(\boldsymbol{r},\omega) \tag{5.194}$$

假设 $\boldsymbol{B}=\nabla\times\boldsymbol{A}$，其中 $\boldsymbol{A}$ 为矢量势，等于 $\hat{\boldsymbol{z}}A_z$。将式 (5.194) 和 $\boldsymbol{B}=\nabla\times\boldsymbol{A}$ 代入法拉第定律，则矢量形式的波动方程为

$$\nabla\times\left[\bar{\bar{\boldsymbol{\mu}}}^{-1}\cdot\nabla\times(\hat{\boldsymbol{z}}A_z)\right]-\boldsymbol{J}=\omega^2\bar{\bar{\boldsymbol{\varepsilon}}}\cdot(\hat{\boldsymbol{z}}A_z)+\mathrm{i}\omega\bar{\bar{\boldsymbol{\varepsilon}}}\cdot\nabla\varPhi \tag{5.195}$$

式中，$\varPhi$ 是标量势。将矢量波动方程 (5.195) 分离为三个标量波动方程，令 $A_z=g(\rho)\mu_\theta q/(2\pi)\exp(\mathrm{i}\omega z/v)$，可以得到标量形式的波动方程为

$$\left[\frac{1}{\rho}\frac{\partial}{\partial\rho}\left(\rho\frac{\partial}{\partial\rho}\right)+k_\rho^2\right]g(\rho)=-\frac{\delta(\rho)}{2\pi\rho} \tag{5.196}$$

式中，$k_\rho=-\sqrt{\omega^2\varepsilon_z\mu_\theta-\varepsilon_z/\varepsilon_\rho\omega^2/v^2}$ 为径向波矢。方程 (5.196) 的解可以表示为

$$g(\rho)=-\frac{\mathrm{i}}{4}\mathrm{H}_0^{(2)}(k_\rho\rho),\quad \rho\neq 0 \tag{5.197}$$

式中，$\mathrm{H}_0^{(2)}(k_\rho\rho)$ 是第二类汉克尔函数。

如果 $\mathrm{Re}(\varepsilon_{\mathrm{r}\rho}\mu_{\mathrm{r}\theta})>1/\beta^2$，则发生切连科夫辐射。因此，在负各向异性异向介质中，切连科夫辐射的发生条件如下

$$\mathrm{Re}\left(\varepsilon_{\mathrm{r}\rho}\mu_{\mathrm{r}\theta}\right)>1/\beta^2,\quad \mathrm{Re}\left(\varepsilon_{\mathrm{r}\rho}\right)<0\ ,\quad \mathrm{Re}\left(\mu_{\mathrm{r}\theta}\right)<0\ ,\quad \mathrm{Re}\left(\varepsilon_{\mathrm{r}z}\right)<0 \tag{5.198}$$

式中，$\beta=v/c$。因此，当上述条件满足且 $\rho\neq 0$ 时，磁场可表示为

$$\boldsymbol{H}_\theta(\boldsymbol{r},\omega)=-\hat{\boldsymbol{\theta}}\frac{\mathrm{i}qk_\rho}{8\pi}\mathrm{e}^{\mathrm{i}\omega z/v}\mathrm{H}_1^{(2)}(k_\rho\rho) \tag{5.199}$$

由式 (5.194) 可导出电场分量

$$\boldsymbol{E}_z(\boldsymbol{r},\omega)=\hat{\boldsymbol{z}}\frac{qk_\rho}{8\pi\varepsilon_z\omega}\mathrm{e}^{\mathrm{i}\omega z/v}\left\{\frac{1}{\rho}H_1^{(2)}(k_\rho\rho)+\frac{k_\rho}{2}\left[\mathrm{H}_0^{(2)}\left(k_\rho\rho\right)-H_2^{(2)}(k_\rho\rho)\right]\right\} \tag{5.200}$$

$$\boldsymbol{E}_\rho(\boldsymbol{r},\omega)=-\hat{\boldsymbol{\rho}}\frac{\mathrm{i}qk_\rho}{8\pi\varepsilon_\rho v}\mathrm{e}^{\mathrm{i}\omega z/v}\mathrm{H}_1^{(2)}(k_\rho\rho) \tag{5.201}$$

相位角 θ_{CR} 为相速度 $\boldsymbol{v}_{\mathrm{p}}$ 相对于粒子速度 $\boldsymbol{v}$ 的角度，如图 5.2.9 所示，由下式决定

$$\cos\theta_{\mathrm{CR}}=-\frac{1}{\mathrm{Re}\left\{\sqrt{\varepsilon_z\mu_\theta+(1-\varepsilon_z/\varepsilon_\rho)/v^2}\right\}v} \tag{5.202}$$

相速度与波矢量 $\boldsymbol{k}=\hat{\boldsymbol{\rho}}\mathrm{Re}\,(k_\rho)+\hat{\boldsymbol{z}}k_z\,(k_z=\omega/v)$ 方向相同。显然，相位角在很大程度上取决于观测到辐射的频率。θ_{sv} 是坡印亭矢量的时均值 $\langle\boldsymbol{S}\rangle$ 相对于粒子速度 $\boldsymbol{v}$ 的角度，可以写成 $\theta_{sv}=\pi/2-\arctan\left(\langle S_z\rangle/\langle S_\rho\rangle\right)$（图 5.2.9）。图 5.2.9 中，$\theta_{sv}$ 为钝角，而在正各向同性介质中，θ_{sv} 为锐角。由于 $\theta_{\mathrm{CR}}\neq\theta_{sv}$，负各向异性异向介质中 $\langle\boldsymbol{S}\rangle$ 和 $\boldsymbol{k}$ 的方向并不是完全反平行的。这一特征与负各向同性异向介质的特征截然不同，这是因为负各向同性异向介质远场区的矢量 $\langle\boldsymbol{S}\rangle$ 和 $\boldsymbol{k}$ 恰好是反平行的。与负各向同性异向介质一样，切连科夫辐射也是反向的。式 (5.202) 描述了 θ_{CR} 与粒子速度和介质的关系。因此，可以通过改变粒子的速度或介质的电磁参数，获得所需的相位角。

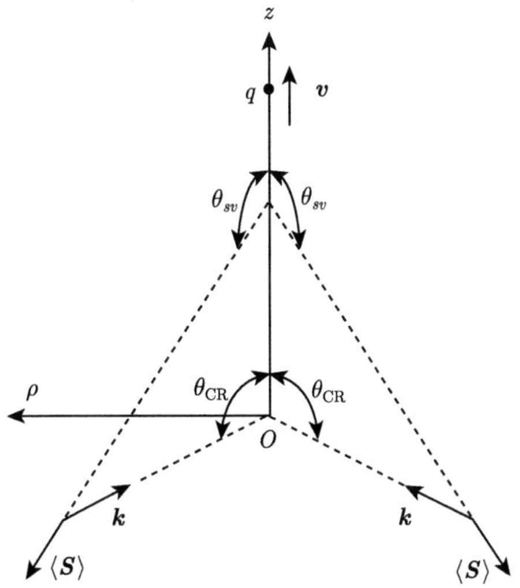

图 5.2.9 负各向异性异向介质中的逆切连科夫辐射示意图

带电粒子在路径上单位长度的能量损耗由运动带电粒子产生的场对粒子施加的阻滞力决定

$$\frac{\mathrm{d}W}{\mathrm{d}z}=qE_z\big|_{z\to vt,\rho\to0}=\frac{q^2}{4\pi}\mathrm{Re}\left\{\int_0^\infty \mathrm{d}\omega\frac{k_\rho}{\varepsilon_z\omega}\left[\frac{1}{\rho_0}\mathrm{H}_1^{(2)}(k_\rho\rho_0)\right.\right.$$
$$\left.\left.+\frac{k_\rho}{2}\left[\mathrm{H}_0^{(2)}(k_\rho\rho_0)-\mathrm{H}_2^{(2)}(k_\rho\rho_0)\right]\right]\right\}\tag{5.203}$$

式中，ρ_0 表示经典电动力学仍然适用时，粒子与场源的最小平均距离。需要注意的是，式 (5.203) 的积分区间由式 (5.198) 决定。另一方面，如果 $\mathrm{Re}\,(\varepsilon_{\mathrm{r}\rho}\mu_{\mathrm{r}\theta})<1/\beta^2$，则运动带电粒子激发的波为倏逝波，切连科夫辐射不会发生。

5.3 渡越辐射

渡越辐射（transition radiation）是指一个点电荷（或其他无固有频率的源）在不均匀的电磁环境中运动时所产生的辐射现象 [14]。这种不均匀的电磁环境可以由空间介质的变化或介质随时间的变化引起。该现象最早是由科学家金茨堡（Vitaly Lazarevich Ginzburg，1916—2009）和弗兰克与塔姆在 1945 年预言的 [15,16]。本节将讨论异向介质中的渡越辐射问题。

5.3.1 单界面渡越辐射

如图 5.3.1 所示，当一个带电荷量为 q、高速运动的电子沿着 $\hat{\boldsymbol{z}}$ 方向以速度 $\boldsymbol{v}$ 从相对介电常数为 $\varepsilon_{1,\mathrm{r}}$、相对磁导率为 $\mu_{1,\mathrm{r}}$ 的介质 1 运动到相对介电系数为 $\varepsilon_{2,\mathrm{r}}$、相对磁导率为 $\mu_{2,\mathrm{r}}$ 的介质 2 中时，电子在介质 1 与介质 2 边界处所激发出的电磁辐射即为自由电子渡越辐射 [17−20]。

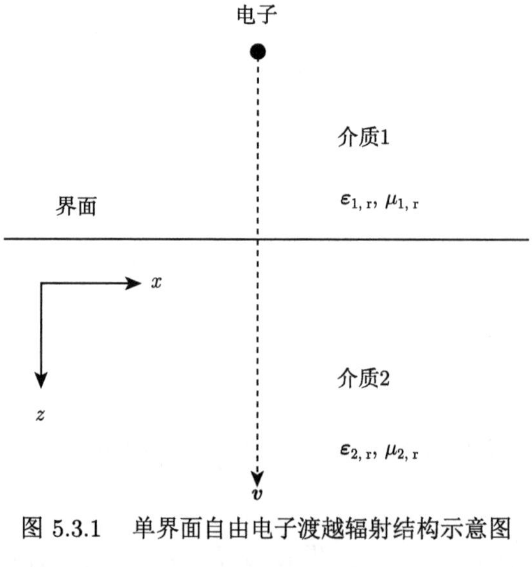

图 5.3.1 单界面自由电子渡越辐射结构示意图

在经典电磁学的框架中，一个带电荷量为 q 的点电荷以速度 $\boldsymbol{v}$ 沿着 $\hat{\boldsymbol{z}}$ 方向运动的电流密度可表示为 [14]

$$\boldsymbol{J}(\boldsymbol{r},t)=\hat{\boldsymbol{z}}qv\delta(x)\delta(y)\delta(z-vt) \tag{5.204}$$

通过傅里叶变换的方法，将电流、电场与磁场等物理量变换到频域，可以得到

$$\boldsymbol{J}(\boldsymbol{r},t)=\int\hat{\boldsymbol{z}}j_{\omega,\boldsymbol{\kappa}_\perp}(z)\mathrm{e}^{\mathrm{i}(\boldsymbol{\kappa}_\perp\boldsymbol{r}_\perp-\omega t)}\mathrm{d}\boldsymbol{\kappa}_\perp\mathrm{d}\omega \tag{5.205}$$

$$\boldsymbol{E}(\boldsymbol{r},t)=\int \boldsymbol{E}_{\omega,\boldsymbol{\kappa}_\perp}(z)\mathrm{e}^{\mathrm{i}(\boldsymbol{\kappa}_\perp \boldsymbol{r}_\perp-\omega t)}\mathrm{d}\boldsymbol{\kappa}_\perp\mathrm{d}\omega \tag{5.206}$$

$$\boldsymbol{H}(\boldsymbol{r},t)=\int \boldsymbol{H}_{\omega,\boldsymbol{\kappa}_\perp}(z)\mathrm{e}^{\mathrm{i}(\boldsymbol{\kappa}_\perp \boldsymbol{r}_\perp-\omega t)}\mathrm{d}\boldsymbol{\kappa}_\perp\mathrm{d}\omega \tag{5.207}$$

式中，$\boldsymbol{\kappa}_\perp=\hat{\boldsymbol{x}}\kappa_x+\hat{\boldsymbol{y}}\kappa_y$ 是与点电荷运动轨迹相垂直方向上的波矢分量。联立式 (5.204) 和式 (5.205)，可以得到

$$j_{\omega,\boldsymbol{\kappa}_\perp}(z)=\frac{q}{(2\pi)^3}\mathrm{e}^{\mathrm{i}\frac{\omega}{v}z} \tag{5.208}$$

进一步地，根据频域麦克斯韦方程组，可以得到 $E_{z,\omega,\boldsymbol{\kappa}_\perp}$（即电场 $\boldsymbol{E}_{\omega,\boldsymbol{\kappa}_\perp}$ 的 $\hat{\boldsymbol{z}}$ 方向分量）的方程

$$\frac{\partial^2}{\partial z^2}\left(\varepsilon_\mathrm{r}E_{z,\omega,\boldsymbol{\kappa}_\perp}\right)+\varepsilon_\mathrm{r}\left(\frac{\omega^2}{c^2}\varepsilon_\mathrm{r}\mu_\mathrm{r}-\kappa_\perp^2\right)E_{z,\omega,\boldsymbol{\kappa}_\perp}=-\frac{\mathrm{i}\omega\mu_0 q}{(2\pi)^3}\left(\varepsilon_\mathrm{r}\mu_\mathrm{r}-\frac{c^2}{v^2}\right)\mathrm{e}^{\mathrm{i}\frac{\omega}{v}z} \tag{5.209}$$

式中，μ_0 是自由空间的磁导率，ε_r 和 μ_r 分别是各向同性介质的相对介电常数和相对磁导率。为了求解式 (5.209)，可以将每个介质中的电场 $E_{z,\omega,\boldsymbol{\kappa}_\perp}$ 表示成电荷场 $E^\mathrm{q}_{z,\omega,\boldsymbol{\kappa}_\perp}$ 和辐射场 $E^\mathrm{r}_{z,\omega,\boldsymbol{\kappa}_\perp}$ 的叠加

$$E_{z,\omega,\boldsymbol{\kappa}_\perp}=E^\mathrm{q}_{z,\omega,\boldsymbol{\kappa}_\perp}+E^\mathrm{r}_{z,\omega,\boldsymbol{\kappa}_\perp} \tag{5.210}$$

如果在一个各向同性的介质中求解式 (5.209)，可以得到每个介质中的电荷场

$$E^\mathrm{q}_{z,\omega,\boldsymbol{\kappa}_\perp}=\frac{-\mathrm{i}q\mu_\mathrm{r}}{\omega\varepsilon_0(2\pi)^3}\frac{1-\dfrac{c^2}{v^2\varepsilon_\mathrm{r}\mu_\mathrm{r}}}{\varepsilon_\mathrm{r}\mu_\mathrm{r}-\dfrac{c^2}{v^2}-\dfrac{\kappa_\perp^2c^2}{\omega^2}}\mathrm{e}^{\mathrm{i}\frac{\omega}{v}z} \tag{5.211}$$

式中，ε_0 是自由空间的介电常数。式 (5.211) 中的电荷场可以理解为是入射波，而辐射场可以理解为散射波。根据动量守恒定律，入射波和散射波应该拥有相同的平行于界面的波矢量，即 $\boldsymbol{\kappa}_\perp$。因此，可以进一步地假设每个介质中的辐射场有如下的表达形式

$$E^\mathrm{r}_{z,\omega,\boldsymbol{\kappa}_\perp}=\frac{\mathrm{i}q}{\omega\varepsilon_0(2\pi)^3}\cdot a\cdot\mathrm{e}^{\pm\mathrm{i}\left(\sqrt{\varepsilon_\mathrm{r}\mu_\mathrm{r}-\frac{\boldsymbol{\kappa}_\perp^2c^2}{\omega^2}}\right)z} \tag{5.212}$$

由于辐射场从分界面处向两边传播，所以 + 号应该用于介质 2 中的正向辐射，而 − 号应该用于表示介质 1 中的后向辐射。辐射场中的未知参数 a 可以通过施加总电场 $E_{z,\omega,\boldsymbol{\kappa}_\perp}$ 的电磁边界条件来得到

$$\hat{\boldsymbol{n}}\times\left(\boldsymbol{E}_{1\perp}-\boldsymbol{E}_{2\perp}\right)\big|_{z=0}=0 \tag{5.213}$$

$$\hat{\boldsymbol{n}} \times \left(\boldsymbol{H}_{1\perp} - \boldsymbol{H}_{2\perp}\right)\big|_{z=0} = 0 \tag{5.214}$$

根据上述边界条件，可以得到介质 1 中的后向渡越辐射幅度系数 a_1 和介质 2 中的前向渡越辐射幅度系数 a_2

$$a_1 = \frac{\kappa_\perp^2 c^2}{\omega^2}\frac{-v}{c}\frac{\dfrac{1-\dfrac{v}{c}\dfrac{k_{z,2}}{\omega/c}}{1-\dfrac{v^2}{c^2}\varepsilon_{2,\mathrm{r}}\mu_{2,\mathrm{r}}+\dfrac{\kappa_\perp^2 v^2}{\omega^2}} - \dfrac{1-\dfrac{v}{c}\dfrac{k_{z,2}}{\omega/c}}{1-\dfrac{v^2}{c^2}\varepsilon_{1,\mathrm{r}}\mu_{1,\mathrm{r}}+\dfrac{\kappa_\perp^2 v^2}{\omega^2}}}{\varepsilon_{1,\mathrm{r}}\dfrac{k_{z,2}}{\omega/c}+\varepsilon_{2,\mathrm{r}}\dfrac{k_{z,1}}{\omega/c}} \tag{5.215}$$

$$a_2 = \frac{\kappa_\perp^2 c^2}{\omega^2}\frac{+v}{c}\frac{\dfrac{1+\dfrac{v}{c}\dfrac{k_{z,1}}{\omega/c}}{1-\dfrac{v^2}{c^2}\varepsilon_{1,\mathrm{r}}\mu_{1,\mathrm{r}}+\dfrac{\kappa_\perp^2 v^2}{\omega^2}} - \dfrac{1+\dfrac{v}{c}\dfrac{k_{z,1}}{\omega/c}}{1-\dfrac{v^2}{c^2}\varepsilon_{2,\mathrm{r}}\mu_{2,\mathrm{r}}+\dfrac{\kappa_\perp^2 v^2}{\omega^2}}}{\varepsilon_{1,\mathrm{r}}\dfrac{k_{z,2}}{\omega/c}+\varepsilon_{2,\mathrm{r}}\dfrac{k_{z,1}}{\omega/c}} \tag{5.216}$$

将式 (5.215) 和式 (5.216) 代入式 (5.212) 中，并结合式 (5.211)、式 (5.210) 和式 (5.206)，即可得到时域中电场在柱坐标系中的表达式。经过计算，可以得到

$$\boldsymbol{E}_{\mathrm{m}}(\boldsymbol{r},t) = \boldsymbol{E}_{\mathrm{m}}^{\mathrm{q}}(\boldsymbol{r},t) + \boldsymbol{E}_{\mathrm{m}}^{\mathrm{R}}(\boldsymbol{r},t) \tag{5.217}$$

$$\boldsymbol{H}_{\mathrm{m}}(\boldsymbol{r},t) = \boldsymbol{H}_{\mathrm{m}}^{\mathrm{q}}(\boldsymbol{r},t) + \boldsymbol{H}_{\mathrm{m}}^{\mathrm{R}}(\boldsymbol{r},t) \tag{5.218}$$

$$\begin{aligned}
&\boldsymbol{E}_{\mathrm{m}}^{q}(\boldsymbol{r},t)\\
=&\hat{\boldsymbol{z}}\int_{-\infty}^{\infty}\mathrm{d}\omega\frac{-q\left(\dfrac{\omega^2}{c^2}\varepsilon_{\mathrm{m,r}}\mu_{\mathrm{m,r}}-\dfrac{\omega^2}{v^2}\right)}{8\pi\omega\varepsilon_0\varepsilon_{\mathrm{m,r}}}\mathrm{H}_0^{(1)}\left(\rho\sqrt{\frac{\omega^2}{c^2}\varepsilon_{\mathrm{m,r}}\mu_{\mathrm{m,r}}-\frac{\omega^2}{v^2}}\right)\mathrm{e}^{\mathrm{i}\left(\frac{\omega}{v}z-\omega t\right)}\\
&+\hat{\boldsymbol{\rho}}\int_{-\infty}^{\infty}\mathrm{d}\omega\frac{-q\left(\mathrm{i}\dfrac{\omega}{v}\right)}{8\pi\omega\varepsilon_0\varepsilon_{\mathrm{m,r}}}\left(-\sqrt{\frac{\omega^2}{c^2}\varepsilon_{\mathrm{m,r}}\mu_{\mathrm{m,r}}-\frac{\omega^2}{v^2}}\mathrm{H}_1^{(1)}\left(\rho\sqrt{\frac{\omega^2}{c^2}\varepsilon_{\mathrm{m,r}}\mu_{\mathrm{m,r}}-\frac{\omega^2}{v^2}}\right)\mathrm{e}^{\mathrm{i}\left(\frac{\omega}{v}z-\omega t\right)}\right)
\end{aligned} \tag{5.219}$$

$$\begin{aligned}
\boldsymbol{H}_{\mathrm{m}}^{\mathrm{q}}(\boldsymbol{r},t) =&\hat{\boldsymbol{\theta}}\int_{-\infty}^{+\infty}\mathrm{d}\omega\frac{\mathrm{i}q}{8\pi}\sqrt{\frac{\omega^2}{c^2}\varepsilon_{\mathrm{m,r}}\mu_{\mathrm{m,r}}-\frac{\omega^2}{v^2}}\mathrm{H}_1^{(1)}\\
&\cdot\left(\sqrt{\frac{\omega^2}{c^2}\varepsilon_{\mathrm{m,r}}\mu_{\mathrm{m,r}}-\frac{\omega^2}{v^2}}\rho\right)\mathrm{e}^{\mathrm{i}\left(\frac{\omega}{v}z-\omega t\right)}
\end{aligned} \tag{5.220}$$

$$\boldsymbol{E}_{\mathrm{m}}^{\mathrm{r}}(\boldsymbol{r},t)=\hat{\boldsymbol{z}}\int_{-\infty}^{+\infty}\mathrm{d}\omega\int_{0}^{+\infty}\mathrm{d}\kappa_{\perp}\frac{\mathrm{i}q}{\omega\varepsilon_0(2\pi)^3}a_{\mathrm{m}}\kappa_{\perp}\left(2\pi\mathrm{J}_0\left(\kappa_{\perp}\rho\right)\right)$$
$$\cdot\,\mathrm{e}^{\mathrm{i}\left[(-1)^m\left(\frac{\omega}{c}\sqrt{\varepsilon_{\mathrm{m,r}}\mu_{\mathrm{m,r}}-\frac{\kappa_{\perp}^2c^2}{\omega^2}}\right)z-\omega t\right]}$$
$$+\hat{\boldsymbol{\rho}}\int_{-\infty}^{+\infty}\mathrm{d}\omega\int_{0}^{+\infty}\mathrm{d}\kappa_{\perp}\frac{q2\pi-1^m}{\omega\varepsilon_0(2\pi)^3}a_{\mathrm{m}}\frac{\omega}{c}\sqrt{\varepsilon_{\mathrm{m,r}}\mu_{\mathrm{m,r}}-\frac{\kappa_{\perp}^2c^2}{\omega^2}}\mathrm{J}_1\left(\kappa_{\perp}\rho\right)$$
$$\cdot\,\mathrm{e}^{\mathrm{i}\left[(-1)^m\left(\frac{\omega}{c}\sqrt{\varepsilon_{\mathrm{m,r}}\mu_{\mathrm{m,r}}-\frac{\kappa_{\perp}^2c^2}{\omega^2}}\right)z-\omega t\right]} \tag{5.221}$$

$$\boldsymbol{H}_{\mathrm{m}}^{\mathrm{r}}(\boldsymbol{r},t)=\hat{\boldsymbol{\theta}}\int_{-\infty}^{+\infty}\mathrm{d}\omega\int_{0}^{+\infty}\mathrm{d}\kappa_{\perp}\frac{\mathrm{i}q}{\omega\varepsilon_0(2\pi)^3}$$
$$\cdot\,a_{\mathrm{m}}\times\left(-\omega\varepsilon_0\varepsilon_{\mathrm{m,r}}\right)\left(\mathrm{i}2\pi\mathrm{J}_1\left(\kappa_{\perp}\rho\right)\right)\mathrm{e}^{\mathrm{i}\left[(-1)^m\left(\frac{\omega}{c}\sqrt{\varepsilon_{\mathrm{m,r}}\mu_{\mathrm{m,r}}-\frac{\kappa_{\perp}^2c^2}{\omega^2}}\right)z-\omega t\right]} \tag{5.222}$$

式中，下标 $\mathrm{m}=1$ 或 2，$\kappa_{\perp}=|\boldsymbol{\kappa}_{\perp}|$。根据式 (5.221) 和式 (5.222)，可以将自由电子渡越辐射的辐射场部分计算出来。如图 5.3.2 所示，当一个自由电子以速度 $v=0.7c$ 垂直穿过自由空间（$\varepsilon_{1,\mathrm{r}}=\mu_{1,\mathrm{r}}=1$）与介质（$\varepsilon_{2,\mathrm{r}}=2+0.2\mathrm{i}$，$\mu_{2,\mathrm{r}}=1$）的分界面时，激发出的渡越辐射的磁场分量 H_{θ}^{R} 的分布情况，图中的绿色虚线表示分界面的位置。

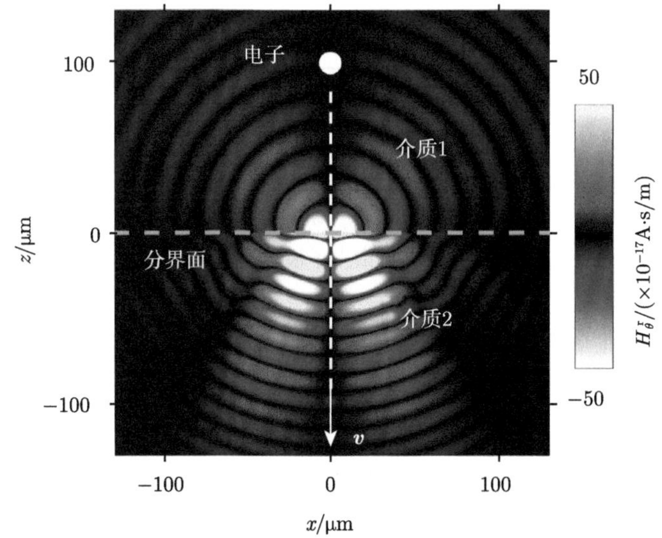

图 5.3.2　自由电子渡越辐射的辐射场磁场分量 H_{θ}^{r} 分布图

自由电子渡越辐射的产生对电子运动速度并没有特殊的要求，这与切连科夫辐射 [20−22] 截然不同，因为切连科夫辐射的产生要求电子运动速度大于介质中的切连科夫阈值（即介质中光的相速度）。另一方面，对于具有相对论速度的带电粒子，每个界面处自由电子渡越辐射的强度近似与 γ（$\gamma=1/\sqrt{1-v^2/c^2}$ 是洛伦兹因子，c 是自由空间中的光速）成正比 [23]。这个特征使得自由电子渡越辐射在高能粒子探测器方面 [24−26] 具有广泛的应用。渡越辐射探测器可用于识别能量极高的粒子。同时，使用电子束或周期性光子纳米结构可以形成相干或共振自由电子渡越辐射 [27−29]，这将进一步增强自由电子渡越辐射强度和方向性。因此，自由电子渡越辐射在新型辐射光源和粒子探测器方面有着广泛的应用前景 [30,31]。

5.3.2　双界面渡越辐射

高速运动电子穿过一个单轴非磁性的三维介质平板的物理模型如图 5.3.3 所示。一个电荷量为 q 的高速电子沿着 $+\hat{\boldsymbol{z}}$ 方向，以速度 $\boldsymbol{v}=\hat{\boldsymbol{z}}v$ 垂直穿过区域 2 中一个厚度为 d 的单轴非磁性的三维介质平板（电磁参数为 $\bar{\bar{\boldsymbol{\varepsilon}}}=\mathrm{diag}\left(\varepsilon_{\perp},\varepsilon_{\perp},\varepsilon_{\mathrm{z}}\right),\mu=1$）。介质平板上方的区域 1 和下方的区域 3 都是相对介电常数为 $\varepsilon_1=\varepsilon_3=1$ 的自由空间。当电子穿过自由空间和介质平板的界面时，会分别激发出前向和后向的自由电子渡越辐射。

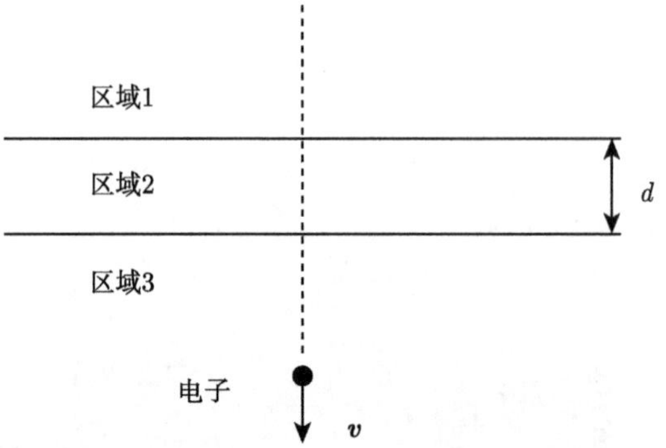

图 5.3.3　双界面自由电子渡越辐射结构示意图

在经典麦克斯韦方程组的框架内，运动电子产生的感应电流可以表示为 [14]

$$\boldsymbol{J}\left(\boldsymbol{r},t\right)=\hat{\boldsymbol{z}}qv\delta(x)\delta(y)\delta(z-vt) \tag{5.223}$$

利用傅里叶变换（或平面波展开），可以得到电子的等效电流表达式

$$j_{\omega,\boldsymbol{\kappa}_{\perp}}\left(z\right)=\frac{q}{\left(2\pi\right)^3}\mathrm{e}^{\mathrm{i}\frac{\omega}{v}z} \tag{5.224}$$

式中，$\boldsymbol{\kappa}_\perp$ 是垂直于电子速度方向的波矢量分量。根据式 (5.223) 和式 (5.224)，并结合边界条件

$$\hat{\boldsymbol{n}} \times (\boldsymbol{E}_{1\perp} - \boldsymbol{E}_{2\perp})|_{z=0} = 0 \tag{5.225}$$

$$\hat{\boldsymbol{n}} \times (\boldsymbol{H}_{1\perp} - \boldsymbol{H}_{2\perp})|_{z=0} = 0 \tag{5.226}$$

$$\hat{\boldsymbol{n}} \times (\boldsymbol{E}_{2\perp} - \boldsymbol{E}_{3\perp})|_{z=d} = 0 \tag{5.227}$$

$$\hat{\boldsymbol{n}} \times (\boldsymbol{H}_{2\perp} - \boldsymbol{H}_{3\perp})|_{z=d} = 0 \tag{5.228}$$

可以计算区域 1~3 中的辐射磁场的分布。经过推导，在柱坐标系 (ρ, θ, z) 中将麦克斯韦方程组的解表达为如下形式

$$\boldsymbol{H}_j(\boldsymbol{r},t) = \boldsymbol{H}_j^{\mathrm{q}}(\boldsymbol{r},t) + \boldsymbol{H}_j^{\mathrm{r}}(\boldsymbol{r},t) \quad (j = 1, 2 \text{ 或 } 3) \tag{5.229}$$

$$\boldsymbol{H}_1^{\mathrm{q}}(\boldsymbol{r},t) = \hat{\boldsymbol{\theta}} \int_{-\infty}^{+\infty} \mathrm{d}\omega \frac{\mathrm{i}q}{8\pi} \sqrt{\frac{\omega^2}{c^2}\varepsilon_1 - \frac{\omega^2}{v^2}}\, \mathrm{H}_1^{(1)}\left(\sqrt{\frac{\omega^2}{c^2}\varepsilon_1 - \frac{\omega^2}{v^2}}\rho\right) \mathrm{e}^{\mathrm{i}\left(\frac{\omega}{v}z - \omega t\right)} \tag{5.230}$$

$$\boldsymbol{H}_2^{\mathrm{q}}(\boldsymbol{r},t) = \hat{\boldsymbol{\theta}} \int_{-\infty}^{+\infty} \mathrm{d}\omega \frac{\mathrm{i}q}{8\pi} \sqrt{\frac{\omega^2}{c^2}\varepsilon_z - \frac{\omega^2}{v^2}\frac{\varepsilon_z}{\varepsilon_\perp}}\, \mathrm{H}_1^{(1)}\left(\sqrt{\frac{\omega^2}{c^2}\varepsilon_z - \frac{\omega^2}{v^2}\frac{\varepsilon_z}{\varepsilon_\perp}}\rho\right) \mathrm{e}^{\mathrm{i}\left(\frac{\omega}{v}z - \omega t\right)} \tag{5.231}$$

$$\boldsymbol{H}_3^{\mathrm{q}}(\boldsymbol{r},t) = \hat{\boldsymbol{\theta}} \int_{-\infty}^{+\infty} \mathrm{d}\omega \frac{\mathrm{i}q}{8\pi} \sqrt{\frac{\omega^2}{c^2}\varepsilon_3 - \frac{\omega^2}{v^2}}\, \mathrm{H}_1^{(1)}\left(\sqrt{\frac{\omega^2}{c^2}\varepsilon_3 - \frac{\omega^2}{v^2}}\rho\right) \mathrm{e}^{\mathrm{i}\left(\frac{\omega}{v}z - \omega t\right)} \tag{5.232}$$

$$\boldsymbol{H}_1^{\mathrm{r}}(\boldsymbol{r},t) = \hat{\boldsymbol{\theta}} \int_{-\infty}^{+\infty} \mathrm{d}\omega \int_0^{+\infty} \mathrm{d}\kappa_\perp \frac{q}{\omega\varepsilon_0(2\pi)^3} a_1\omega\varepsilon_0\varepsilon_1 2\pi \mathrm{J}_1(\kappa_\perp\rho)\mathrm{e}^{\mathrm{i}(-k_{z,1}z - \omega t)} \tag{5.233}$$

$$\begin{aligned}\boldsymbol{H}_2^{\mathrm{r}}(\boldsymbol{r},t) = \hat{\boldsymbol{\theta}} \int_{-\infty}^{+\infty} \mathrm{d}\omega \int_0^{+\infty} \mathrm{d}\kappa_\perp \frac{q\omega\varepsilon_0\varepsilon_z}{\omega\varepsilon_0(2\pi)^3} \\ \cdot 2\pi \mathrm{J}_1(\kappa_\perp\rho)\left(a_2^- \mathrm{e}^{-\mathrm{i}k_{z,2}z} + a_2^+ \mathrm{e}^{\mathrm{i}k_{z,2}z}\right)\mathrm{e}^{-\mathrm{i}\omega t}\end{aligned} \tag{5.234}$$

$$\boldsymbol{H}_3^{\mathrm{r}}(\boldsymbol{r},t) = \hat{\boldsymbol{\theta}} \int_{-\infty}^{+\infty} \mathrm{d}\omega \int_0^{+\infty} \mathrm{d}\kappa_\perp \frac{q}{\omega\varepsilon_0(2\pi)^3} a_3\omega\varepsilon_0\varepsilon_3 2\pi \mathrm{J}_1(\kappa_\perp\rho)\,\mathrm{e}^{\mathrm{i}(+k_{z,3}z - \omega t)} \tag{5.235}$$

$$a_{\text{backward}} = a_{1|2}^{-,0} + a_{1|2}^{+,0}\frac{R_{2|3}T_{2|1}}{1 - R_{2|3}R_{2|1}\mathrm{e}^{\mathrm{i}2k_{z,2}d}}\mathrm{e}^{\mathrm{i}2k_{z,2}d} + a_{2|3}^{-,0}\frac{T_{2|1}}{1 - R_{2|3}R_{2|1}\mathrm{e}^{\mathrm{i}2k_{z,2}d}}\mathrm{e}^{\mathrm{i}\frac{\omega}{v}d}\mathrm{e}^{\mathrm{i}k_{z,2}d} \tag{5.236}$$

$$a_2^- = a_{1|2}^{+,0}\frac{R_{2|3}}{1-R_{2|3}R_{2|1}\mathrm{e}^{\mathrm{i}2k_{z,2}d}}\mathrm{e}^{\mathrm{i}2k_{z,2}d} + a_{2|3}^{-,0}\frac{1}{1-R_{2|3}R_{2|1}\mathrm{e}^{\mathrm{i}2k_{z,2}d}}\mathrm{e}^{\mathrm{i}\frac{\omega}{v}d}\mathrm{e}^{\mathrm{i}k_{z,2}d} \quad (5.237)$$

$$a_2^+ = a_{1|2}^{+,0}\frac{1}{1-R_{2|3}R_{2|1}\mathrm{e}^{\mathrm{i}2k_{z,2}d}} + a_{2|3}^{-,0}\frac{R_{2|1}}{1-R_{2|3}R_{2|1}\mathrm{e}^{\mathrm{i}2k_{z,2}d}}\mathrm{e}^{\mathrm{i}\frac{\omega}{v}d}\mathrm{e}^{\mathrm{i}k_{z,2}d} \quad (5.238)$$

$$\begin{aligned} a_{\text{forward}} =& a_{2|3}^{+,0}\mathrm{e}^{\mathrm{i}\frac{\omega}{v}d}\mathrm{e}^{-\mathrm{i}k_{z,3}d} + a_{1|2}^{+,0}\frac{T_{2|3}}{1-R_{2|3}R_{2|1}\mathrm{e}^{\mathrm{i}2k_{z,2}d}}\mathrm{e}^{\mathrm{i}k_{z,2}d}\mathrm{e}^{-\mathrm{i}k_{z,3}d} \\ &+ a_{2|3}^{-,0}\frac{R_{2|1}T_{2|3}}{1-R_{2|3}R_{2|1}\mathrm{e}^{\mathrm{i}2k_{z,2}d}}\mathrm{e}^{\mathrm{i}\frac{\omega}{v}d}\mathrm{e}^{\mathrm{i}2k_{z,2}d}\mathrm{e}^{-\mathrm{i}k_{z,3}d} \end{aligned} \quad (5.239)$$

$$\begin{aligned} a_{1|2}^{-,0} =& \frac{\kappa_\perp^2 c^2}{\omega^2}\frac{-v}{c}\varepsilon_\perp\frac{1}{\varepsilon_1\dfrac{k_{z,2}}{\omega/c}+\varepsilon_\perp\dfrac{k_{z,1}}{\omega/c}} \\ &\cdot\left[\frac{1-\dfrac{v}{c}\dfrac{k_{z,2}}{\omega/c}}{\varepsilon_z\left(1-\dfrac{v^2}{c^2}\varepsilon_\perp+\dfrac{\kappa_\perp^2 v^2}{\omega^2}\dfrac{\varepsilon_\perp}{\varepsilon_z}\right)} - \frac{1-\dfrac{v}{c}\dfrac{k_{z,2}}{\omega/c}\dfrac{\varepsilon_1}{\varepsilon_\perp}}{\varepsilon_1\left(1-\dfrac{v}{c}\dfrac{k_{z,1}}{\omega/c}\right)\left(1+\dfrac{v}{c}\dfrac{k_{z,1}}{\omega/c}\right)}\right] \end{aligned} \quad (5.240)$$

$$\begin{aligned} a_{1|2}^{+,0} =& \frac{\kappa_\perp^2 c^2}{\omega^2}\frac{+v}{c}\frac{\varepsilon_1\varepsilon_\perp}{\varepsilon_z}\frac{1}{\varepsilon_1\dfrac{k_{z,2}}{\omega/c}+\varepsilon_\perp\dfrac{k_{z,1}}{\omega/c}} \\ &\cdot\left[\frac{1+\dfrac{v}{c}\dfrac{k_{z,1}}{\omega/c}}{\varepsilon_1\left(1-\dfrac{v^2}{c^2}\varepsilon_1+\dfrac{\kappa_\perp^2 v^2}{\omega^2}\right)} - \frac{1+\dfrac{v}{c}\dfrac{k_{z,1}}{\omega/c}\dfrac{\varepsilon_\perp}{\varepsilon_1}}{\varepsilon_z\left(1-\dfrac{v^2}{c^2}\varepsilon_\perp+\dfrac{\kappa_\perp^2 v^2}{\omega^2}\dfrac{\varepsilon_\perp}{\varepsilon_z}\right)}\right] \end{aligned} \quad (5.241)$$

$$\begin{aligned} a_{2|3}^{-,0} =& \frac{\kappa_\perp^2 c^2}{\omega^2}\frac{-v}{c}\frac{\varepsilon_\perp\varepsilon_3}{\varepsilon_z}\frac{1}{\varepsilon_\perp\dfrac{k_{z,3}}{\omega/c}+\varepsilon_3\dfrac{k_{z,2}}{\omega/c}} \\ &\cdot\left[\frac{1-\dfrac{v}{c}\dfrac{k_{z,3}}{\omega/c}}{\varepsilon_3\left(1-\dfrac{v^2}{c^2}\varepsilon_3+\dfrac{\kappa_\perp^2 v^2}{\omega^2}\right)} - \frac{1-\dfrac{v}{c}\dfrac{k_{z,3}}{\omega/c}\dfrac{\varepsilon_\perp}{\varepsilon_3}}{\varepsilon_z\left(1-\dfrac{v^2}{c^2}\varepsilon_\perp+\dfrac{\kappa_\perp^2 v^2}{\omega^2}\dfrac{\varepsilon_\perp}{\varepsilon_z}\right)}\right] \end{aligned} \quad (5.242)$$

$$a_{2|3}^{+,0} = \frac{\kappa_\perp^2 c^2}{\omega^2}\frac{+v}{c}\varepsilon_\perp\frac{1}{\varepsilon_\perp\dfrac{k_{z,3}}{\omega/c}+\varepsilon_3\dfrac{k_{z,2}}{\omega/c}}$$

$$\cdot\left[\frac{1+\dfrac{v}{c}\dfrac{k_{z,2}}{\omega/c}}{\varepsilon_z\left(1-\dfrac{v^2}{c^2}\varepsilon_\perp+\dfrac{\kappa_\perp^2 v^2}{\omega^2}\dfrac{\varepsilon_\perp}{\varepsilon_z}\right)}-\frac{1+\dfrac{v}{c}\dfrac{k_{z,2}}{\omega/c}\dfrac{\varepsilon_3}{\varepsilon_\perp}}{\varepsilon_3\left(1-\dfrac{v}{c}\dfrac{k_{z,3}}{\omega/c}\right)\left(1+\dfrac{v}{c}\dfrac{k_{z,3}}{\omega/c}\right)}\right] \tag{5.243}$$

在式 (5.229) 中，总磁场 $\boldsymbol{H}_j(\boldsymbol{r},t)$ 可以分为两部分，即电荷场 $\boldsymbol{H}_j^{\mathrm{q}}(\boldsymbol{r},t)$ 和辐射场 $\boldsymbol{H}_j^{\mathrm{r}}(\boldsymbol{r},t)$。具体来说，电荷场 $\boldsymbol{H}_j^{\mathrm{q}}(\boldsymbol{r},t)$ 对应于电子在均匀介质内运动产生的场；$\boldsymbol{H}_j^{\mathrm{r}}(\boldsymbol{r},t)=\boldsymbol{H}_j(\boldsymbol{r},t)-\boldsymbol{H}_j^{\mathrm{q}}(\boldsymbol{r},t)$ 通常被称为辐射场，是电子在穿过两种介质的交界面时产生。$R_{2|1}$ 和 $T_{2|1}$（$R_{2|3}$ 和 $T_{2|3}$）是区域 2 和区域 1（区域 3）之间的边界处的反射系数和透射系数。它们具体的表达式为

$$R_{2|1}=\frac{\dfrac{k_{z,2}}{\varepsilon_\perp}-\dfrac{k_{z,1}}{\varepsilon_1}}{\dfrac{k_{z,2}}{\varepsilon_\perp}+\dfrac{k_{z,1}}{\varepsilon_1}},\quad R_{2|3}=\frac{\dfrac{k_{z,2}}{\varepsilon_\perp}-\dfrac{k_{z,3}}{\varepsilon_3}}{\dfrac{k_{z,2}}{\varepsilon_\perp}+\dfrac{k_{z,3}}{\varepsilon_3}}$$

$$T_{2|1}=\frac{2\dfrac{k_{z,2}}{\varepsilon_\perp}\dfrac{\varepsilon_z}{\varepsilon_1}}{\dfrac{k_{z,2}}{\varepsilon_\perp}+\dfrac{k_{z,1}}{\varepsilon_1}},\quad T_{2|3}=\frac{2\dfrac{k_{z,2}}{\varepsilon_\perp}\dfrac{\varepsilon_z}{\varepsilon_3}}{\dfrac{k_{z,2}}{\varepsilon_\perp}+\dfrac{k_{z,3}}{\varepsilon_3}} \tag{5.244}$$

1. 零折射率异向介质渡越辐射

常规自由电子渡越辐射的一个显著特征是，如果电子的运动速度 v 接近自由空间中的光速 c，其辐射强度近似与洛伦兹因子 $\gamma=\left(1-v^2/c^2\right)^{-1/2}$ 成正比 [24]。这一特性为自由电子渡越辐射的多种应用奠定了基础，例如用于识别具有极高动量粒子（例如 $P>100\mathrm{GeV}/c$ 或 $\gamma>10^5$）的渡越辐射探测器 [27,32,33]，以及太赫兹、紫外线和 X 射线频段的新型辐射光源 [29,34–41]。然而，这些基于自由电子渡越辐射的设备一直依赖高速电子，而高速电子的产生需要体积庞大且造价高昂的加速器设备，因此阻碍了渡越辐射在更广泛领域的应用。

然而，迄今为止，基于低速电子的自由电子渡越辐射应用仍未得到充分探索。这主要是因为自由电子渡越辐射的强度通常会随着电子运动速度的降低而迅速减弱。例如，低速电子（$v/c=0.001$）的常规自由电子渡越辐射强度比高速电子（$v/c=0.9$）的强度低两个数量级。如何增强低速电子的自由电子渡越辐射仍然是一个悬而未决的难题。利用零折射率异向介质中激发的费雷尔–贝雷曼（Ferrell-Berreman）模式，远低于光速的低能电子（$v/c<0.001$）能够实现与高能电子（$v/c=0.999$）相同强度的自由电子渡越辐射。此外，在相同的辐射强度下，低能电子的光子提取效率可以比高能电子高八个数量级。这种独特的自由电子渡越辐射现象的原理与史密斯–珀塞尔辐射不同 [42]，它提供了一种增强粒子与物质相

互作用的方法，有望用于极低动能未知粒子的探测器设计（例如探测未知的暗物质 [43−45]），以及用于开发基于低能电子的新型片上集成光源。

以氮化硼为例 [46,47]，对上述自由电子渡越辐射进行分析。作为太赫兹频段内的典型双曲型介质，氮化硼具有两个剩余射线辐射带。第一辐射带位于 22.7~24.8THz 范围内，此时氮化硼表现出 I 型双曲异向介质特性；第二辐射带位于 41.1~48.4THz 范围内，此时氮化硼表现出 Ⅱ 型双曲异向介质特性。在 24.5THz 和 42THz，氮化硼的相对介电常数分别为 $\varepsilon_\perp = 7.7 + 0.01\mathrm{i}$，$\varepsilon_z = -0.05 + 0.04\mathrm{i}$ 和 $\varepsilon_\perp = -34.8 + 4.6\mathrm{i}$，$\varepsilon_z = 2.7 + 0.0005\mathrm{i}$。图 5.3.4 绘制了频率为 24.5THz（$\varepsilon_z \to 0$），运动速度为 $v = 0.999c$ 和 $v = 0.001c$ 的电子在穿过氮化硼时激发出的场分布。在这种情况下，可以将氮化硼当作零折射率异向介质。图中绿色虚线表示氮化硼介质平板的位置。

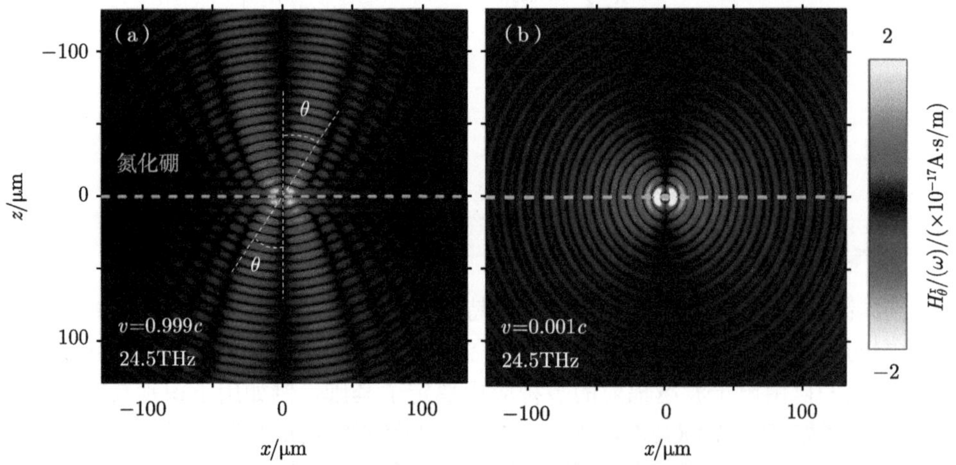

图 5.3.4　零折射率异向介质自由电子渡越辐射场分布

图 5.3.4 表明，低速电子可以产生与高速电子相同强度的渡越辐射。具体而言，图 5.3.4（b）中低速电子（$v/c = 0.001$）对应的磁场强度与图 5.3.4（a）中高速电子（$v/c = 0.999$）对应的磁场强度相当。此外，从图 5.3.4 中可以看出，如果电子运动速度较低时（$v/c = 0.001$），自由电子的渡越辐射场主要沿着接近平行于界面的方向传播（$\theta \to 90^\circ$），这一场分布与垂直于介电常数近零介质平板方向上振荡的电偶极子产生的偶极子辐射类似。相对地，在图 5.3.4 中，当电子运动速度较高（v/c=0.999）时，所激发的场大部分沿着接近垂直于界面的方向传播（$\theta \to 0^\circ$）。

为了便于比较，图 5.3.5 展示了当频率为 42THz 时，常规自由电子渡越辐射的场分布。与零折射率异向介质自由电子渡越辐射的场分布情况相反，图 5.3.5

(b) 中低速电子 ($v/c = 0.001$) 对应的磁场强度远小于图 5.3.5 (a) 中高速电子 ($v/c = 0.999$) 对应的磁场强度。

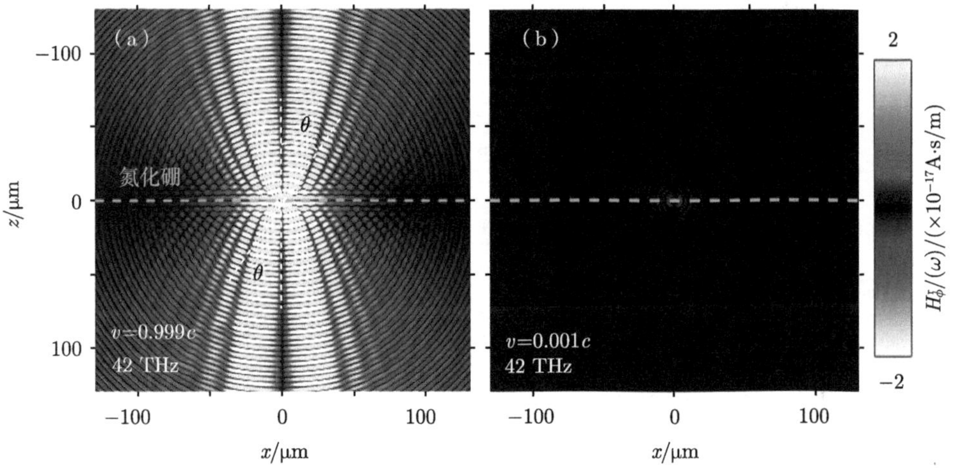

图 5.3.5 常规自由电子渡越辐射的场分布

2. 增益异向介质的布儒斯特–渡越辐射

图 5.3.6 为自由电子布儒斯特–渡越辐射。假设自由空间的工作波长为 λ_0，增益异向介质（图 5.3.6 (a) 中的区域 2）的相对介电常数为 $\varepsilon_{r,2} = 2 - 0.1i$，厚度为 $d = 50\lambda_0$，电子的运动速度为 $v = 0.5c$。由于电子的运动速度低于切连科夫辐射阈值，因此在图 5.3.6 中提出的体系中不会产生切连科夫辐射。当图 5.3.6 (a) 中出现自由电子布儒斯特–渡越辐射时，将有明显的平面波传播到区域 3。如图 5.3.6 (c) 和 (d) 中的前向角谱能量密度所示，自由电子布儒斯特–渡越辐射具有高定向性，其辐射峰值出现在 $\theta_{F,peak} = 54.7°$，θ_F 表示前向辐射角，且满足 $\theta_{F,peak} = \theta_{Brew,pseudo}$，其中 $\theta_{Brew,pseudo} = \mathrm{Re}\left(\arctan\left(\sqrt{\varepsilon_{r,2}/\varepsilon_{r,3}}\right)\right)$ 是增益异向介质与区域 3（相对介电常数为 $\varepsilon_{r,3}$）分界面处的赝布儒斯特角。从图 5.3.6 (a) 中可以看到，增益异向介质中的自由电子布儒斯特–渡越辐射与常规介质中的自由电子渡越辐射完全不同。若用常规介质代替增益异向介质，则图 5.3.6 (b) 中的区域 3 只有球面波。从图 5.3.6 (c) 和 (e) 中的前向角谱能量密度也可以发现，常规介质中的自由电子渡越辐射具有低方向性。另一方面，在图 5.3.6 (c) 中也可以发现，自由电子布儒斯特–渡越辐射的辐射强度比自由电子渡越辐射的辐射强度高四个数量级，因此增益异向介质可以作为角度放大器，用于放大赝布儒斯特角的自由电子渡越辐射。

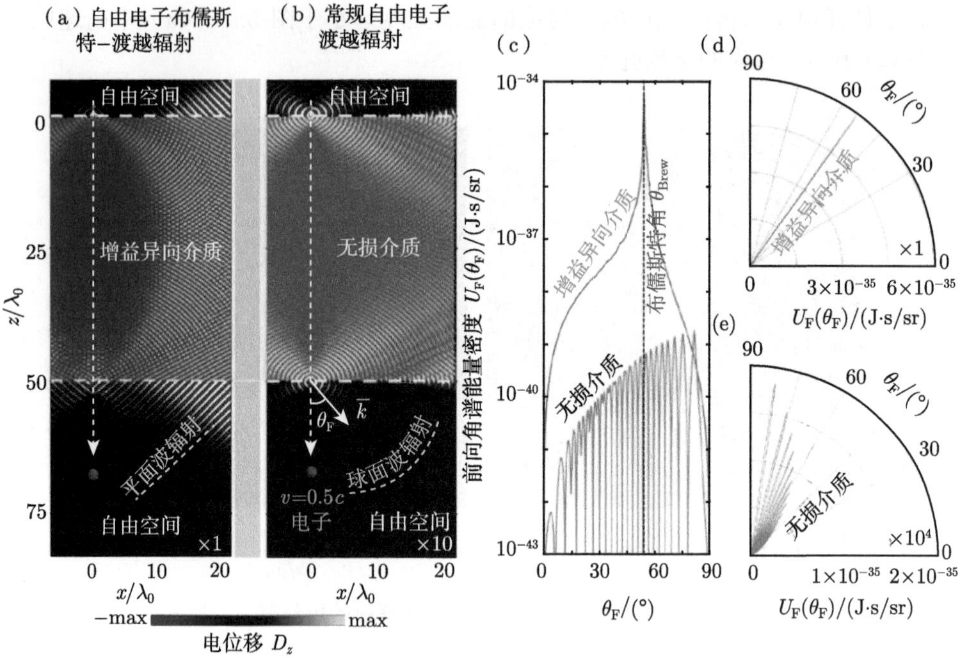

图 5.3.6　自由电子布儒斯特–渡越辐射

图 5.3.7 展示了自由电子布儒斯特–渡越辐射的激发机制。该激发机制的理论分析基于金兹堡和弗兰克提出的自由电子渡越辐射理论，而该理论是在经典麦克斯韦方程组的框架下发展而成的 [14,48,49]。区域 3 的前向辐射场可以写成

$$E_{z,\text{forward}}^{\text{r}}(\boldsymbol{r},t)=\iiint \mathrm{d}\omega\mathrm{d}\boldsymbol{k}_{\perp}E_{z,\text{forward}}^{\text{r}}(z)\,\mathrm{e}^{\mathrm{i}(\boldsymbol{k}_{\perp}\cdot\boldsymbol{r}_{\perp}-\omega t)} \tag{5.245}$$

式中，$E_{z,\text{forward}}^{\text{r}}(z)=A_{\text{forward}}\mathrm{e}^{\mathrm{i}k_{z,3}(z-d)}$，$\boldsymbol{k}_{\perp}=\hat{\boldsymbol{x}}k_x+\hat{\boldsymbol{y}}k_y, k_{\perp}=|\boldsymbol{k}_{\perp}|, \boldsymbol{r}_{\perp}=\hat{\boldsymbol{x}}x+\hat{\boldsymbol{y}}y, k_{z,j}$ 为区域 1、2、3 的波矢分量，$k_{z,j}^2+k_{\perp}^2=k_j^2$，$k_j^2=\varepsilon_{r,j}\omega^2/c^2$。经过计算，前向辐射系数 A_{forward} 为

$$A_{\text{forward}}=a_{2,3}^{+}+a_{1,2}^{+}\frac{\mathrm{e}^{\mathrm{i}k_{z,2}d}}{1-R_{2,1}R_{2,3}\mathrm{e}^{2\mathrm{i}k_{z,2}d}}+a_{2,3}^{-}\frac{R_{2,1}\mathrm{e}^{2\mathrm{i}k_{z,2}d}}{1-R_{2,1}R_{2,3}\mathrm{e}^{2\mathrm{i}k_{z,2}d}} \tag{5.246}$$

式中，$a_{j,j+1}^{\pm}$ 和 $R_{j,j+1}=-R_{j+1,j}$ 分别是区域 j 和区域 $j+1$ 之间的分界面处的辐射系数和反射系数。

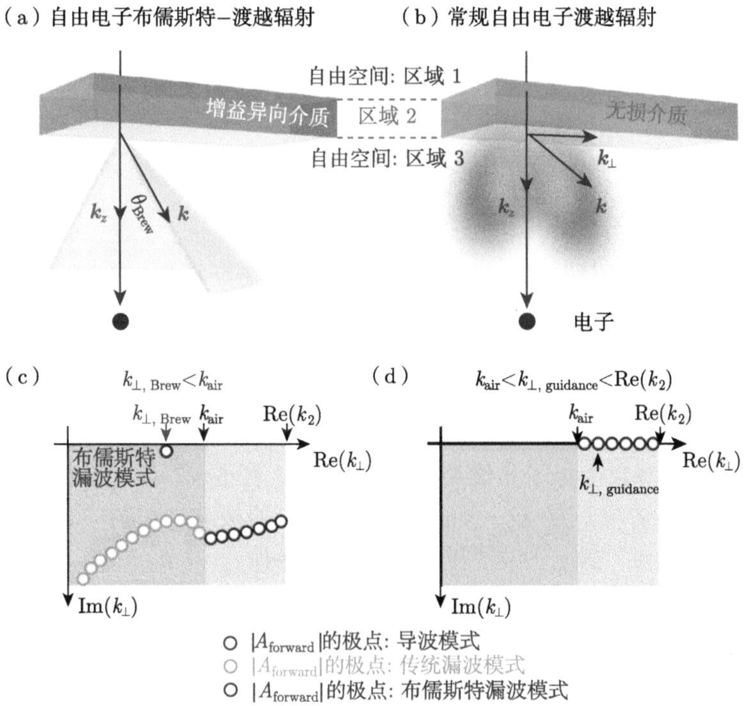

图 5.3.7 自由电子布儒斯特–渡越辐射在 k-空间中的激发机制

当区域 2 为增益异向介质时，有 $\text{Im}(k_{z,2})<0$，并且如果 d/λ_0 足够大，有 $\left|\text{e}^{2\text{i}k_{z,2}d}\right|\to\infty$ 和 $\left|R_{2,1}R_{2,3}\text{e}^{2\text{i}k_{z,2}d}\right|\gg 1$，相应地，式 (5.246) 中有 $\lim\limits_{d\to\infty}\dfrac{\text{e}^{\text{i}k_{z,2}d}}{1-R_{2,1}R_{2,3}\text{e}^{2\text{i}k_{z,2}d}}=0$ 和 $\lim\limits_{d\to\infty}\dfrac{R_{2,1}\text{e}^{2\text{i}k_{z,2}d}}{1-R_{2,1}R_{2,3}\text{e}^{2\text{i}k_{z,2}d}}=\dfrac{-1}{R_{2,3}}$。在这种情况下，式 (5.246) 可简化为

$$\lim_{d\to\infty}A_{\text{forward}}=a_{2,3}^{+}-a_{2,3}^{-}\frac{1}{R_{2,3}} \tag{5.247}$$

在上式中，$a_{2,3}^{+}$ 和 $a_{2,3}^{-}$ 一般具有相同的数量级，并且如果 $|R_{2,3}|\to 0$，$\left|a_{2,3}^{-}\dfrac{1}{R_{2,3}}\right|\gg\left|a_{2,3}^{+}\right|$。对于增益异向介质，根据赝布儒斯特效应，在赝布儒斯特角 $\theta_{\text{Brew,pseudo}}$ 可以用 $|R_{2,3}|\to 0$ 取代 $|R_{2,3}|=0$。此外，如果 $\text{Im}\left(\varepsilon_{\text{r},2}\right)$ 的大小适宜，$\theta_{\text{Brew,pseudo}}$ 对 $\text{Im}\left(\varepsilon_{\text{r},2}\right)$ 是不敏感的，在这个情况下 $\theta_{\text{Brew,pseudo}}=\theta_{\text{Brew}}$，其中 $\theta_{\text{Brew}}=\arctan\left(\sqrt{\text{Re}\left(\varepsilon_{\text{r},2}\right)/\varepsilon_{\text{r},3}}\right)$ 为布儒斯特角，由常规介质的布儒斯特效应计算得到。

因此，根据增益异向介质的赝布儒斯特效应，可以得出结论：当辐射角接近布儒斯特角（即 $\theta_{\rm F} \to \theta_{\rm Brew}$）时，$a_{2,3}^{-}\dfrac{1}{R_{2,3}}$ 项在式 (5.247) 中起决定性作用，而 $a_{2,3}^{+}$ 项的贡献可以忽略不计。式 (5.247) 可以进一步简化为

$$\lim_{\substack{d\to\infty\\ \theta_{\rm F}\to\theta_{\rm Brew}}} A_{\rm forward} = -a_{2,3}^{-}\frac{1}{R_{2,3}} \tag{5.248}$$

表明 $|A_{\rm forward}|$ 最大值和 $|R_{2,3}|$ 最小值将出现在布儒斯特角。换句话说，只要介质平板足够厚，在布儒斯特角总会产生高强度且高定向性的自由电子布儒斯特–渡越辐射。

仔细观察式 (5.246)，$|A_{\rm forward}|$ 的极点直接对应于 $\dfrac{R_{2,1}{\rm e}^{2{\rm i}k_{z,2}d}}{1-R_{2,1}R_{2,3}{\rm e}^{2{\rm i}k_{z,2}d}}$ 的极点。为了便于理解自由电子布儒斯特–渡越辐射，图 5.3.7（c）绘制了增益异向介质平板足够厚的情况下复 $k_\perp$ 平面上 $|A_{\rm forward}|$ 的极点。在图 5.3.7（c）中有三种不同类型的极点。第一种类型的极点满足 ${\rm Re}\,(k_\perp) = k_{\perp,\rm guidance}$，其中 $k_{\rm air} < k_{\perp,\rm guidance} < {\rm Re}\,(k_2)$，并且 $k_{\rm air} = \omega/c$。这种极点对应导波模式，不会影响远场的辐射；另外两种类型的极点都满足 ${\rm Re}\,(k_\perp) < k_{\rm air}$，它们对应的本征模式是泄漏的，可以耦合到自由空间中。具体来说，第二种类型的极点对应传统的漏波模式，在一定程度上与法布里–珀罗谐振条件 $\arg\left(R_{2,1}R_{2,3}{\rm e}^{2{\rm i}k_{z,2}d}\right) = 2\pi$ 有关，因为它们的极点位置（${\rm Re}\,(k_\perp)$）对平板厚度的变化很敏感。相比之下，第三种类型在图 5.3.7（c）中只有一个极点。值得注意的是，它的位置与法布里–珀罗谐振条件无关，并且在增益异向介质平板足够厚的情况下总是出现在 ${\rm Re}\,(k_\perp) = k_{\perp,\rm Brew}$，其中 $k_{\perp,\rm Brew} = k_{\rm air}\sin\theta_{\rm Brew}$。由于它与增益异向介质的赝布儒斯特效应的内在联系，这种特殊的本征模式在图 5.3.7（c）中被称为布儒斯特漏波模式。布儒斯特漏波模式一旦激发，其对远场自由电子渡越辐射的贡献比传统的漏波模式大，因为前向自由电子渡越辐射的强度与实 $k_\perp$ 轴上 $|A_{\rm forward}|^2$ 的值成正比并且第三类极点在图 5.3.7（c）中复 $k_\perp$ 平面的位置比第二类极点更接近实 $k_\perp$ 轴。因此，根据式 (5.248) 的分析，自由电子布儒斯特–渡越辐射的发生归因于布儒斯特漏模的激发。作为参考，图 5.3.7（d）显示常规介质平板中的 $|A_{\rm forward}|$ 只有第一类极点。

根据式 (5.246)~ 式 (5.248) 的分析，平板厚度 d 应足够大，以便出现自由电子布儒斯特–渡越辐射。图 5.3.8（a）显示了平板厚度 d 对前向自由电子渡越辐射的影响。如果图 5.3.8（a）中 d 相对较小（例如 $d < d_{\rm c} = 11\lambda_0$），辐射主要有两组明显分离的峰值。如果 d 增加，这些峰值将合并到布儒斯特角，如果 d 相对较大（例如图 5.3.8（a）中 $d > d_{\rm Brew} = 20\lambda_0$），自由电子布儒斯特–渡越辐射就会出现。为了量化这一趋势，将这两组辐射峰之间的角度差定义为 $\Delta\theta = \theta_{\rm max,right} - \theta_{\rm max,left}$，

其中 $\theta_{\max,\text{left}}$ 和 $\theta_{\max,\text{right}}$ 分别对应于 $\theta_F \in [0°, \theta_{\text{Brew}}]$ 和 $\theta_F \in [\theta_{\text{Brew}}, 90°]$ 范围内的辐射峰值对应的角度位置。图 5.3.8（b）显示如果 $d < d_c$，$\Delta\theta$ 的值是随机振荡的并且 $\Delta\theta > \Delta\theta_c$，其中 $\Delta\theta_c = 10°$。如果 $d > d_c$，$\Delta\theta$ 的值随着 d 的增加而减小；此外，如果 $d_c < d < d_{\text{Brew}}$，$\Delta\theta_{\text{Brew}} < \Delta\theta < \Delta\theta_c$ 并且如果 $d > d_{\text{Brew}}$，$\Delta\theta < \Delta\theta_{\text{Brew}}$ 其中 $\Delta\theta_{\text{Brew}} = 0.5°$。

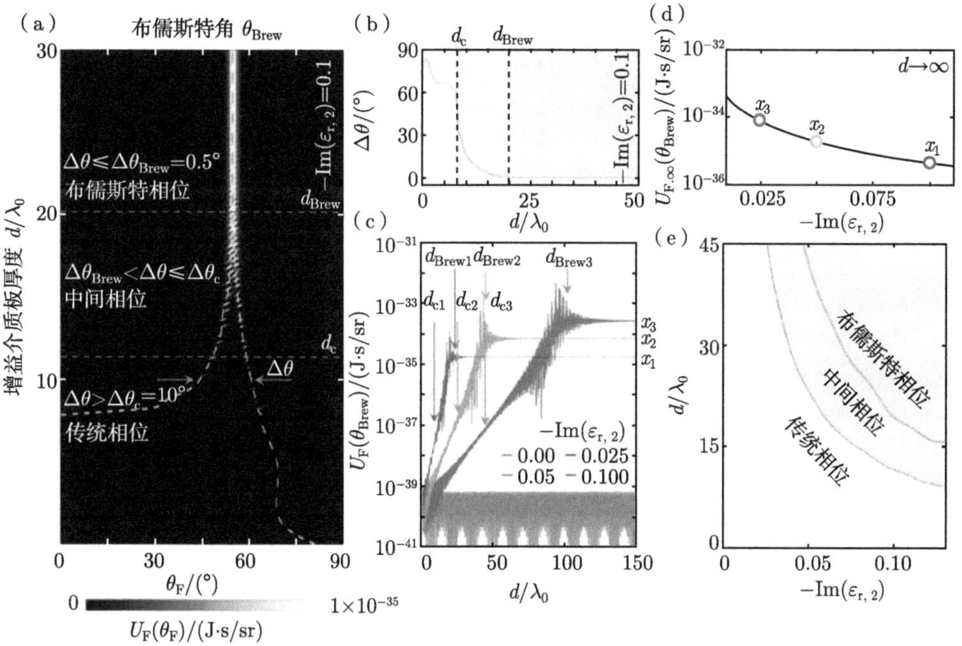

图 5.3.8 增益异向介质平板自由电子渡越辐射与平板厚度的关系

由于自由电子渡越辐射在不同的厚度中的辐射特性不同（图 5.3.8（a）和（b）展示了方向性的差异，图 5.3.8（a）和（c）展示了辐射强度的差异），将 $\Delta\theta < \Delta\theta_{\text{Brew}}$ 的自由电子渡越辐射命名为自由电子布儒斯特–渡越辐射；$\Delta\theta_{\text{Brew}} < \Delta\theta < \Delta\theta_c$ 的辐射命名为过渡的自由电子渡越辐射；$\Delta\theta > \Delta\theta_c$ 的辐射命名为常规的自由电子渡越辐射。

由于图 5.3.8(a) 中前向自由电子渡越辐射在布儒斯特角的奇异性，图 5.3.8(c) 进一步研究布儒斯特角的辐射强度随平板厚度 d 变化的函数，即 $U_F(\theta_{\text{Brew}})$。从图 5.3.8（c）可以发现，如果 $d < d_{\text{Brew}}$，$U_F(\theta_{\text{Brew}})$ 的值随 d 的增加而增加；如果 $d > d_{\text{Brew}}$，$U_F(\theta_{\text{Brew}})$ 将稳定到一个常数 $U_{F,\infty}$，并对 d 的变化不敏感，有

$$U_{F,\infty} = \lim_{d\to\infty} U_F(\theta_{\text{Brew}}) \propto \lim_{\substack{d\to\infty \\ \theta_F\to\theta_{\text{Brew}}}} |A_{\text{forward}}|^2 \propto \lim_{\theta_F\to\theta_{\text{Brew}}} \left|\frac{1}{R_{2,3}}\right|^2 \tag{5.249}$$

上式表明，如图 5.3.8（c）和（d）所示的布儒斯特角的自由电子布儒斯特–渡越辐射强度仅由增益异向介质，也就是 $-\mathrm{Im}\,(\varepsilon_{\mathrm{r},2})$ 决定，图 5.3.8（d）中 $U_{\mathrm{F},\infty}$ 的值随 $|\mathrm{Im}\,(\varepsilon_{\mathrm{r},2})|$ 减少而增大。也就是说，如果平板厚度足够大，使用增益较小的异向介质平板可以进一步增强自由电子布儒斯特–渡越辐射的强度。例如，从图 5.3.8（c）和（d）中可以发现，若 $|\mathrm{Im}\,(\varepsilon_{\mathrm{r},2})|$ 从 0.1 降低到 0.025，增强强度将达到 10 倍以上。从图 5.3.8(a)~(d) 中可以看出, 增益异向介质平板中的自由电子渡越辐射, 尤其是其方向性, 与平板的厚度和增益大小密切相关。图 5.3.8（e）表示自由电子渡越辐射的相位图，可以分为布儒斯特相位、中间相位和传统相位三种。

参 考 文 献

[1] Kong J A. Electromagnetic Wave Theory [M]. 2nd ed. New York: Wiley, 1990.

[2] Veselago V G. The electrodynamics of substances with simultaneously negative values of ε and μ [J]. Soviet Physics Uspekhi, 1968, 10(4): 509-514.

[3] Kong J A. Electromagnetic wave interaction with stratified negative isotropic media [J]. Progress in Electromagnetics Research, 2002, 35: 1-52.

[4] Smith D R, Padilla W J, Vier D C, et al. Composite medium with simultaneously negative permeability and permittivity [J]. Physical Review Letters, 2000, 84(18): 4184-4187.

[5] Cherenkov P A. Visible luminescence of pure liquids under the influence of γ-radiation [C]. Dokl. Akad. Nauk SSSR, 1934: 451-454.

[6] Tamm I, Frank I. Coherent radiation of fast electrons in a medium [C]. Dokl. Akad. Nauk SSSR, 1937: 107-112.

[7] Cherenkov P A. Visible radiation produced by electrons moving in a medium with velocities exceeding that of light [J]. Physical Review, 1937, 52(4): 378.

[8] Lu J. Novel electromagnetic radiation in left-handed materials [D]. Cambridge: Massachusetts Institute of Technology, 2006.

[9] Zrelov V P. Cherenkov Radiation in High-Energy Physics [M]. Jerusalem: Israel Program for Scientific Translations, 1970.

[10] Shelby R A, Smith D R, Schultz S. Experimental verification of a negative index of refraction [J]. Science, 2001, 292(5514): 77-79.

[11] Saffouri M H.Treatment of Cherenkov radiation from electric and magnetic charges in dispersive and dissipative media [J]. Il Nuovo Cimento D, 1984, 3(3): 589-622.

[12] Pendry J B, Holden A J, Stewart W J, et al. Extremely low frequency plasmons in metallic mesostructures [J]. Physical Review Letters, 1996, 76(25): 4773-4776.

[13] Pendry J B, Holden A J, Robbins D J, et al. Magnetism from conductors and enhanced nonlinear phenomena[J]. IEEE Transactions on Microwave Theory and Techniques, 1999, 47(11): 2075-2084.

[14] Ginzburg V L, Tsytovich V N. Transition Radiation and Transition Scattering [M]. Bristol: Adam Higler, 1990.

[15] Ginzburg V L, Tsytovich V N. Several problems of the theory of transition radiation and transition scattering [J]. Physics Reports, 1979, 49(1): 1-89.

[16] Frank I M, Tamm I Y. Coherent visible radiation of fast electrons passing through matter [J]. Physics-Uspekhi, 1937, 93: 388-393.

[17] Rivera N, Kaminer I. Light-matter interactions with photonic quasiparticles [J]. Nature Reviews Physics, 2020, 2(10): 538-561.

[18] Hu H, Lin X, Luo Y. Free-electron radiation engineering via structured environments [J]. Progress In Electromagnetics Research, 2021, 171: 75-88.

[19] Chen R, Gong Z, Chen J, et al. Recent advances of transition radiation: fundamentals and applications [J]. Materials Today Electronics, 2023, 3: 100025.

[20] Roques-Carmes C, Kooi S E, Yang Y, et al. Free-electron–light interactions in nanophotonics [J]. Applied Physics Reviews, 2023, 10(1): 011303.

[21] de Abajo F J G. Optical excitations in electron microscopy [J]. Reviews of Modern Physics, 2010, 82(1): 209-275.

[22] Su Z, Xiong B, Xu Y, et al. Manipulating Cherenkov radiation and Smith-Purcell radiation by artificial structures [J]. Advanced Optical Materials, 2019, 7(14): 1801666.

[23] Tamm I. Radiation Emitted by Uniformly Moving Electrons [M]. Berlin, Heidelberg: Springer, 1991: 37-53.

[24] Jackson J D. Classical Electrodynamics [M]. 3rd ed. New York: Wiley, 1999.

[25] Andronic A, Wessels J P. Transition radiation detectors [J]. Nuclear Instruments and Methods in Physics Research Section A: Accelerators, Spectrometers, Detectors and Associated Equipment, 2012, 666: 130-147.

[26] Artru X, Yodh G, Mennessier G. Practical theory of the multilayered transition radiation detector [J]. Physical Review D, 1975, 12(5): 1289.

[27] de Vries K D, Prohira S. Coherent transition radiation from the geomagnetically induced current in cosmic-ray air showers: Implications for the anomalous events observed by ANITA [J]. Physical Review Letters, 2019, 123(9): 091102.

[28] Casalbuoni S, Schmidt B, Schmüser P, et al. Ultrabroadband terahertz source and beamline based on coherent transition radiation [J]. Physical Review Special Topics—Accelerators and Beams, 2009, 12(3): 030705.

[29] Liao G Q, Li Y T, Zhang Y H, et al. Demonstration of coherent terahertz transition radiation from relativistic laser-solid interactions [J]. Physical Review Letters, 2016, 116(20): 205003.

[30] Piestrup M, Boyers D, Pincus C, et al. Observation of soft-x-ray spatial coherence from resonance transition radiation [J]. Physical Review A, 1992, 45(2): 1183.

[31] Kaplan A, Law C, Shkolnikov P. X-ray narrow-line transition radiation source based on low-energy electron beams traversing a multilayer nanostructure [J]. Physical Review E, 1995, 52(6): 6795.

[32] Huang X G, Tuchin K. Transition radiation as a probe of the chiral anomaly [J]. Physical Review Letters, 2018, 121(18): 182301.

[33] Aguilar M, Ali Cavasonza L, Ambrosi G, et al. Towards understanding the origin of cosmic-ray positrons [J]. Physical Review Letters, 2019, 122(4): 041102.

[34] Pakluea S, Rimjaem S, Saisut J, et al. Coherent THz transition radiation for polarization imaging experiments [J]. Nuclear Instruments and Methods in Physics Research Section B: Beam Interactions with Materials and Atoms, 2020, 464: 28-31.

[35] Roques-Carmes C, Rivera N, Ghorashi A, et al. A framework for scintillation in nanophotonics [J]. Science, 2022, 375(6583): eabm9293.

[36] Déchard J, Debayle A, Davoine X, et al. Terahertz pulse generation in underdense relativistic plasmas: From photoionization-induced radiation to coherent transition radiation [J]. Physical Review Letters, 2018, 120(14): 144801.

[37] Zhang D, Zeng Y, Bai Y, et al. Coherent surface plasmon polariton amplification via free-electron pumping [J]. Nature, 2022, 611(7934): 55-60.

[38] Chen R, Chen J, Gong Z, et al. Free-electron Brewster-transition radiation [J]. Science Advances, 2023, 9(32): eadh8098.

[39] Shentcis M, Budniak A K, Shi X, et al. Tunable free-electron X-ray radiation from van der waals materials [J]. Nature Photonics, 2020, 14(11): 686-692.

[40] Liang Y, Du Y, Su X, et al. Observation of coherent Smith-Purcell and transition radiation driven by single bunch and micro-bunched electron beams [J]. Applied Physics Letters, 2018, 112(5) : 053501.

[41] Xu X, Cesar D B, Corde S, et al. Generation of terawatt attosecond pulses from relativistic transition radiation [J]. Physical Review Letters, 2021, 126(9): 094801.

[42] Yang Y, Massuda A, Roques-Carmes C, et al. Maximal spontaneous photon emission and energy loss from free electrons [J]. Nature Physics, 2018, 14(9): 894-899.

[43] Berlin A, Schutz K. Helioscope for gravitationally bound millicharged particles [J]. Physical Review D, 2022, 105(9): 095012.

[44] Hochberg Y, Kahn Y, Kurinsky N, et al. Determining dark-matter-electron scattering rates from the dielectric function [J]. Physical Review Letters, 2021, 127(15): 151802.

[45] Liu H, Outmezguine N J, Redigolo D, et al. Reviving millicharged dark matter for 21-cm cosmology [J]. Physical Review D, 2019, 100(12): 123011.

[46] Caldwell J D, Aharonovich I, Cassabois G, et al. Photonics with hexagonal boron nitride [J]. Nature Reviews Materials, 2019, 4(8): 552-567.

[47] Dai S, Fei Z, Ma Q, et al. Tunable phonon polaritons in atomically thin van der Waals crystals of boron nitride [J]. Science, 2014, 343(6175): 1125-1129.

[48] Lin X, Easo S, Shen Y, et al. Controlling cherenkov angles with resonance transition radiation [J]. Nature Physics, 2018, 14(8): 816-821.

[49] Ginzburg V, Frank I. Radiation of a uniformly moving electron due to its transition from one medium into another [J]. Journal of Physics (USSR), 1945, 9: 353-362.

第 6 章　异向介质的电磁表征和应用

6.1　异向介质的等效电路理论

自 Pendry 等提出等效介电常数和等效磁导率为负值的异向介质理论以来 [1,2]，研究人员开始探索各种基本单元结构来研究异向介质。这些结构包括轴向对称的开口谐振环 [3]、Ω 型 [4]、S 型 [5] 和砖墙型结构 [6] 等。对于金属棒和开口谐振环结构，研究人员尝试使用简单的电路模型进行分析 [7,8]。然而，这种方法并不完善，因为简单的电路模型未充分考虑不同单元结构之间的耦合。为了更准确地分析异向介质单元结构，需要采用一些更为复杂的方法，如洛伦兹模型，以考虑不同单元结构之间的耦合效应。

6.1.1　金属棒阵列等效电路模型

等离子体频率的概念最早由 Tonks 和 Langmuir 于 1929 年提出，并在实验中首次观察到等离子体的谐振现象 [9]。后来，普林斯顿大学 Jackson 结合 Drude 模型的介电常数，发现当频率低于等离子体频率时，等效介电常数呈现负值 [10]。因此，等离子体的等效介电常数符合 Drude 模型，并可以表示为

$$\varepsilon_{\mathrm{p}}(\omega)=\varepsilon_0\left(1-\frac{\omega_{\mathrm{p}}^2}{\omega^2}\right) \tag{6.1}$$

式中

$$\omega_{\mathrm{p}}=\sqrt{\frac{ne^2}{m\varepsilon_0}} \tag{6.2}$$

为等离子体频率。在式 (6.2) 中，e 和 m 分别表示电子的电量和质量；n 表示电子的数密度。显然，式 (6.1) 表示的等效介电常数会随工作频率的变化而变化，在工作频率小于 ω_{p} 时，$\varepsilon_{\mathrm{p}}(\omega)$ 会小于 0。

金属棒阵列结构是最早被发现具有负介电常数的人工电磁结构之一。早在 1953 年，人们就将金属棒阵列嵌入介质中，用于构建微波频段的人工电磁介质 [11]。然而，直到 1996 年，Pendry 等才通过周期排列的金属棒阵列实现了负等效介电常数的电磁特性 [1]。如图 6.1.1 所示，金属棒的 $\hat{\boldsymbol{z}}$ 方向为无限长，半径为 r，在 $\hat{\boldsymbol{x}}$ 和 $\hat{\boldsymbol{y}}$ 方向上的周期为 $a\,(a \gg r)$。当外加电场沿着 $\hat{\boldsymbol{z}}$ 方向作用时，该结构可以实

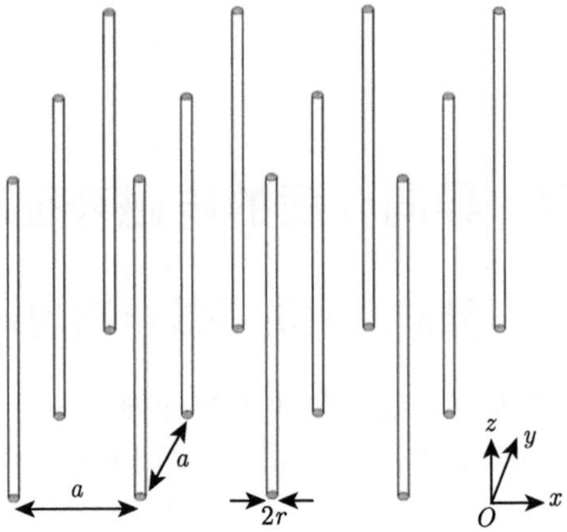

图 6.1.1　金属棒周期阵列结构

现在工作波长下的负等效介电常数。由于电子被限制在金属棒内，会导致阵列结构的等效电子密度降低，即

$$n_{\text{eff}} = n\frac{\pi r^2}{a^2} \tag{6.3}$$

式中，n 是金属棒中实际的电子密度。由于金属棒较细，电感值较大，金属棒内的电流难以迅速变化，这意味着金属棒中的电子具有较大的惯性质量。在考虑金属棒一个周期单元内距离中心为 ρ 的磁场时，由于金属棒在 $\hat{\boldsymbol{z}}$ 方向无限延伸，可以近似将每个周期单元的电位移 $\boldsymbol{D}$ 视为均匀分布。然而，电流分布却是不均匀的，因为电流仅存在于金属棒的某些区域，其他区域没有电流流动。这导致磁场的分布也是不均匀的，靠近金属棒的区域磁场强度较大。通过麦克斯韦方程组和边界条件，可以得出相邻两个金属棒之间中心位置磁场为零，即 $H\left(\boldsymbol{p}_n + \hat{\boldsymbol{\rho}}\frac{a}{2}\right) = 0$，$\boldsymbol{p}_n$ 为第 n 个金属棒的位置。若考虑金属棒的中心为坐标原点，则可以近似得到磁场分布为

$$\boldsymbol{H}(\rho) = \hat{\boldsymbol{\theta}}\frac{I}{2\pi}\left(\frac{1}{\rho} - \frac{1}{a-\rho}\right) \tag{6.4}$$

式中，电流 $I = \pi r^2 nev$，v 是电子运动的平均速度。根据 $\nabla \times \boldsymbol{A} = \mu_0\boldsymbol{H}$，可以得出矢量势分布

$$\boldsymbol{A}(\rho) = \begin{cases} \hat{\boldsymbol{z}}\dfrac{\mu_0 I}{2\pi}\ln\left(\dfrac{a^2}{4\rho(a-\rho)}\right), & 0 < \rho < a/2 \\ 0, & \rho \geqslant a/2 \end{cases} \tag{6.5}$$

由于 $a \gg r$，电子基本上在导体表面流动，因此在单位长度的金属棒内，电偶极矩为

$$P = m_{\mathrm{eff}}\pi r^2 nv \tag{6.6}$$

式中，$m_{\mathrm{eff}} = \dfrac{\mu_0 \pi r^2 ne^2}{2\pi}\ln(a/r)$ 为电子的等效质量。因此，可以得到金属棒周期阵列结构的等离子体频率为

$$\omega_{\mathrm{p}} = \sqrt{\frac{n_{\mathrm{eff}}e^2}{\varepsilon_0 m_{\mathrm{eff}}}} = \sqrt{\frac{2\pi c^2}{a^2 \ln\left(\dfrac{a}{r}\right)}} \tag{6.7}$$

虽然在推导金属棒周期阵列结构时用到了金属棒的电子密度，但从得到的等离子体频率公式可以看出，该频率并不依赖于金属棒的电子密度，而只与金属棒的尺寸和结构的周期相关，这也表明金属棒周期阵列结构可用等效电容和等效电感来解释（图 6.1.2）[7]。

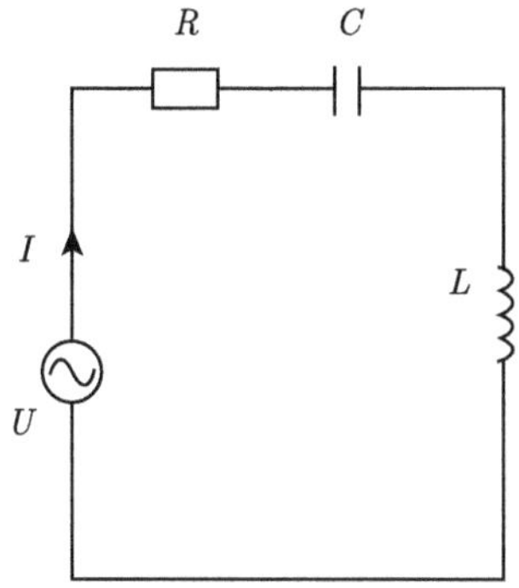

图 6.1.2　金属棒阵列等效电路模型

假设单位长度的金属棒的总电感为 L（包括自感和互感），考虑金属棒上的电流 I 由沿着金属棒的外电场 E_z 激发产生，有

$$E_z = -\mathrm{i}\omega LI \tag{6.8}$$

因此，单位体积内的电偶极矩为

$$P = \frac{1}{a^2}\frac{I}{(-\mathrm{i}\omega)} = -\frac{E_z}{\omega^2 La^2} \tag{6.9}$$

通过计算单位长度金属棒及其相邻金属棒中心对称面围成的区域内的磁通量，可以求得金属棒的电感。具体的计算过程如下

$$\varPhi = \mu_0 \int_r^{a/2} H(\rho)\,\mathrm{d}\rho = \frac{\mu_0 I}{2\pi}\ln\left[\frac{a^2}{4r(a-r)}\right] \tag{6.10}$$

根据 $\Phi = LI$ 以及 $P = (\varepsilon - 1)\,\varepsilon_0 E_z$，在 $a \gg r$ 的情况下，可以得到等效介电常数

$$\varepsilon(\omega) = 1 - \frac{2\pi c^2}{\omega^2 a^2 \ln(a/r)} \tag{6.11}$$

如果金属棒沿 $\hat{\boldsymbol{z}}$ 方向不是无限延伸的，或者由不相接的有限金属棒组成，那么在金属棒之间会引入一个等效电容 C。对于这种不连续的金属棒阵列，可以类似地推导出在存在损耗 σ 的情况下，金属棒上的电场与电流的关系

$$E_z = -\mathrm{i}\omega LI + \sigma\pi r^2 I + \frac{I}{-\mathrm{i}\omega C} \tag{6.12}$$

因此，等效介电常数表达式为

$$\varepsilon(\omega) = 1 - \frac{\omega_{\mathrm{p}}^2}{\omega^2 - 1/LC + \mathrm{i}\omega\gamma} \tag{6.13}$$

式中，$\omega_0 = 1/\sqrt{LC}$ 为谐振频率。

6.1.2　开口谐振环等效电路模型

从 20 世纪 50 年代起，各种具有负磁导率的环状结构就被用于构造微波频段的手征介质。1952 年，Schelkunoff 和 Friis 率先提出了开口单环结构。以图 6.1.3 所示的开口谐振环结构为例进行等效电路模型分析 [3]。图 6.1.3（a）为一个开口谐振环单元结构，图 6.1.3（b）和（c）为开口谐振环周期阵列结构，其中在 $\hat{\boldsymbol{x}}$ 和 $\hat{\boldsymbol{z}}$ 方向周期为 a，在 $\hat{\boldsymbol{y}}$ 方向周期为 l。为了得到这个结构的等效磁导率，需要计算出在外场 H_0 作用下感应出的磁矩 $\boldsymbol{M}_{\mathrm{d}}$。

在 $\hat{\boldsymbol{y}}$ 方向，当施加一个随时间变化的磁场 H_0 时，每个开口谐振环单元结构将感应出电流，记为 I。电流在开口谐振环流动将产生电压降，可以用如图 6.1.4 所示的电路来解释，其中 C_{g} 是谐振环开口处的等效电容，$R = 2\pi r\sigma$ 是环路的总电阻，σ 是单位环路的电阻。感生电动势 U 的值取决于外加磁场 H_0

$$U = \mathrm{i}\omega\mu_0\pi r^2 H_0 \tag{6.14}$$

如图 6.1.3（b）所示在 $\hat{\boldsymbol{y}}$ 方向的一列开口谐振环相当于一列螺线管，若开口谐振环排列足够密，则可以不考虑磁力线的边缘效应。如果在开口谐振环中流动的

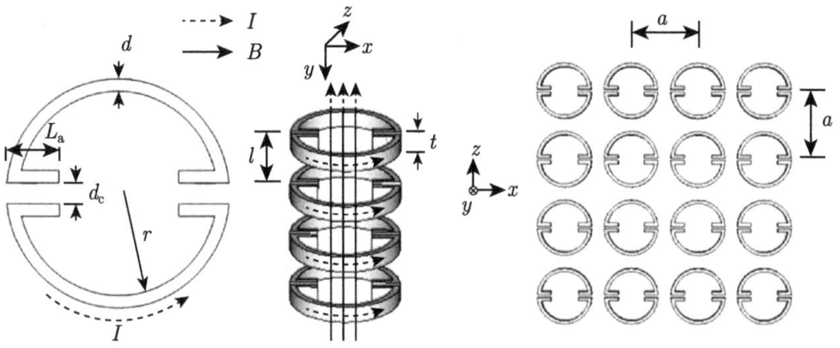

(a) (b) (c)

图 6.1.3 开口谐振环及其阵列结构

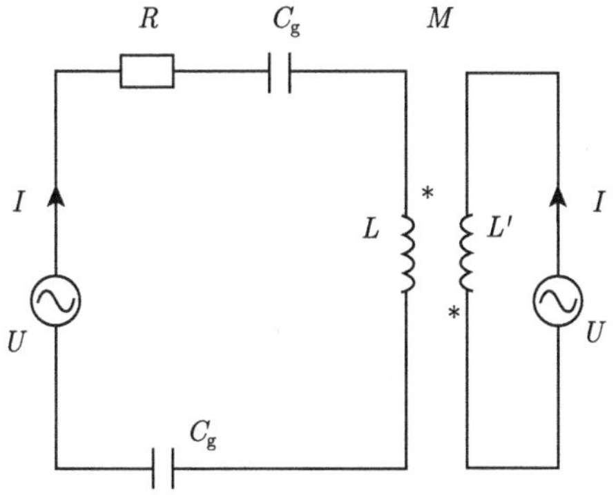

图 6.1.4 开口谐振环等效电路模型

电流值为 I，则穿过开口谐振环螺线管的磁通量为 $\pi r^2 B = \pi r^2 \mu_0 I/l$，因此在电路模型中，开口谐振环单元结构的等效电感值为

$$L = \mu_0 \pi r^2 / l \tag{6.15}$$

同时，用 L' 来表示其他开口谐振环螺线管的总电感值（不包括用 L 值表示的开口谐振环单元结构所在的螺线管）。由于电感 L' 产生的去极化磁场将耦合到电感 L 中，可以用互感 M 来表示它们之间的耦合系数。如果开口谐振环螺线管在 $\hat{\boldsymbol{y}}$ 方向延伸到很远，其产生的去极化场将均匀地分布在 x-y 平面，因此互感系数 M 可以计算如下

$$M = \frac{\Phi}{I} = \lim_{n\to\infty} \frac{\dfrac{\pi r^2}{na^2}\Phi_{\mathrm{d}}}{I} = \lim_{n\to\infty} \frac{\pi r^2}{na^2}(n-1)L = \frac{\pi r^2}{a^2}L = FL \tag{6.16}$$

式中，n 是 x-y 平面包含开口谐振环螺线管的数量，Φ 是落在电感 L 内的去极化

场通量，$\Phi_{\mathrm{d}}=(n-1)\,LI$ 是总的去极化场通量，$F=\dfrac{\pi r^2}{a^2}$ 是在 x-z 平面上的一个开口谐振环单元结构所占的面积比。

沿着电流环路，总的电压降守恒，因此有

$$U=RI+\frac{I}{-\mathrm{i}\omega C}+(-\mathrm{i}\omega L)\,I-(-\mathrm{i}\omega M)\,I \tag{6.17}$$

式中

$$C=C_{\mathrm{g}}/2 \tag{6.18}$$

表示总的环路电容。利用式 (6.14)~式 (6.17) 可以计算出每个开口谐振环的电流值

$$I=\frac{-H_0 l}{(1-F)-\dfrac{1}{\omega^2 LC}+\mathrm{i}\dfrac{R}{\omega L}} \tag{6.19}$$

因此，单位体积的磁矩为

$$M_{\mathrm{d}}=\frac{1}{a^2 l}\pi r^2 I \tag{6.20}$$

等效磁导率可以计算如下

$$\mu_{\mathrm{eff}}=\frac{\boldsymbol{B}/\mu_0}{\boldsymbol{B}/\mu_0-M_{\mathrm{d}}}=1-\frac{F}{1-\dfrac{1}{\omega^2 LC}+\mathrm{i}\dfrac{R}{\omega L}} \tag{6.21}$$

如果不考虑各个开口谐振环之间的耦合，可以得到另外一个等效磁导率为

$$\mu_{\mathrm{eff}}=1-\frac{F}{1+F-\dfrac{1}{\omega^2 LC}+\mathrm{i}\dfrac{R}{\omega L}} \tag{6.22}$$

与式 (6.21) 相比，在分母中将相差一个因子 F。根据式 (6.21) 可以得出磁谐振频率为

$$\omega_{m0}=\sqrt{\frac{1}{LC}} \tag{6.23}$$

磁等离子体频率为

$$\omega_{\mathrm{mp}}=\sqrt{\frac{1}{LC\,(1-F)}} \tag{6.24}$$

采用等效电路模型得到的结果，即式 (6.21)、式 (6.23) 和式 (6.24)，与 Pendry 等所推导的结果 [2] 具有相同的形式。然而，采用电路模型推导的方法更加简洁易懂，同时适用于多维结构。

通过比较理论分析结果和仿真结果，可以验证模型的正确性。图 6.1.3 展示的开口谐振环结构的具体尺寸为：$r = 2\text{mm}$，$d_c = 0.2\text{mm}$，$L_a = 1\text{mm}$，$d = 0.035\text{mm}$，$t = 0.6\text{mm}$，$a = 5\text{mm}$ 以及 $l = 2\text{mm}$。在等效电路模型中，采用参考文献 [12] 的方法计算电容 C_g。在仿真过程中，通过模拟平面波垂直入射到开口谐振环阵列结构，得到反射系数和透射系数，再通过 S 参数反演获得等效磁导率 [13,14]。理论分析结果与仿真结果见图 6.1.5。两者均显示，开口谐振环阵列在 9GHz 处产生谐振，其磁等离子体频率为 12.5GHz，因此在 9GHz 到 12.5GHz 的频率范围内，等效磁导率为负值。然而，如果使用式 (6.22) 进行计算，即忽略开口谐振环之间的耦合效应，则所得结果将与仿真结果产生显著偏差。

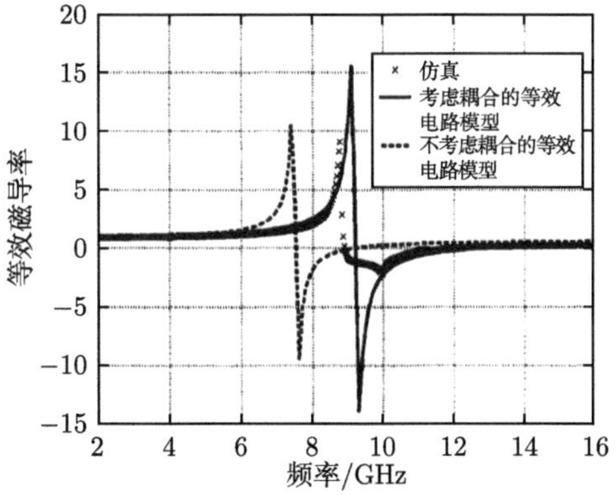

图 6.1.5 基于等效电路模型和仿真模拟的等效磁导率，曲线表示实部分量

图 6.1.6 所示的开口谐振环结构 [3,8,15−17] 的工作原理与图 6.1.3 的结构类似，因此可以直接使用图 6.1.4 所示的等效电路模型来进行分析。如果结构中包含多

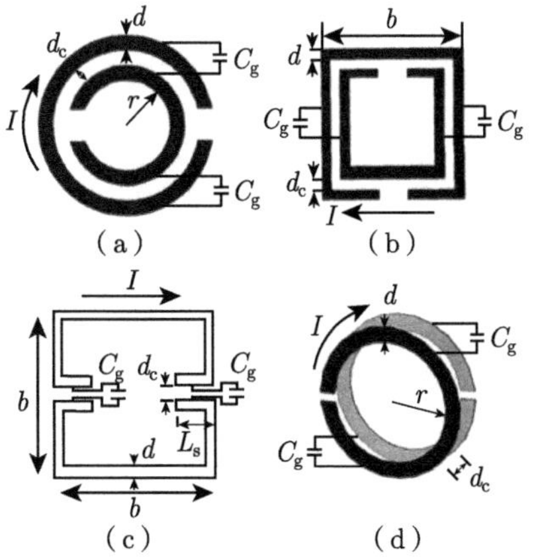

图 6.1.6 四种不同的开口谐振环结构

个电流环，如 Ω 型、S 型等，同样可以利用等效电路模型来分析计算每个电流环的电流值，从而获得总的磁矩。

6.1.3　多重谐振环等效电路模型

1. S 型谐振环结构

图 6.1.7 展示了 S 型谐振环结构，每个单元结构包括一对相对放置的 S 型金属图案，形成“8”字型图案。“8”字型图案中包含两个环路。单元结构在 $\hat{\boldsymbol{z}}$ 方向上的周期为 a，在 $\hat{\boldsymbol{x}}$ 方向上的周期为 b，在 $\hat{\boldsymbol{y}}$ 方向上的周期为 l。其余结构参数设置如图所示。根据图示参数，可以得到在 x-z 平面上，一个周期单元的面积为

$$S = ab \tag{6.25}$$

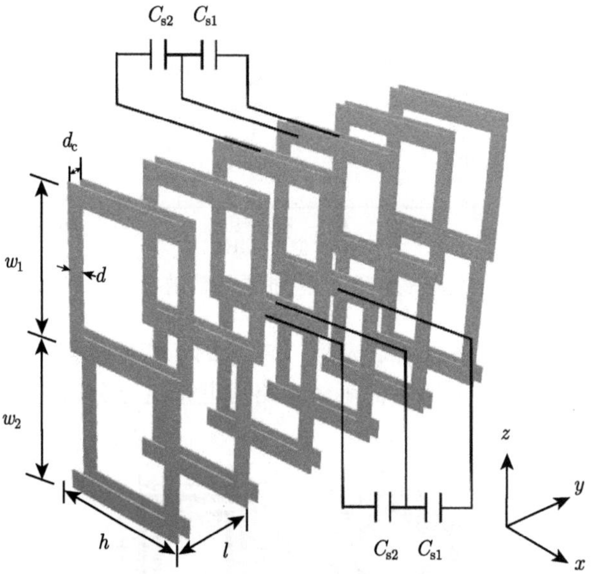

图 6.1.7　S 型谐振环阵列结构

上半环路所围面积占整个周期的比为

$$F_1 = \frac{w_1 h}{ab} \tag{6.26}$$

下半环路所围面积占整个周期的比为

$$F_2 = \frac{w_2 h}{ab} \tag{6.27}$$

同样地，可以利用等效电路模型计算出每个环路的电流，从而得到 S 型谐振环的等效磁导率。

当在 $\hat{\boldsymbol{y}}$ 方向施加随时间变化的磁场 H_0 时，“8” 字型的两个环路内产生感应电流，分别记为 I_1 和 I_2。S 型谐振环单元结构可以等效为图 6.1.8 所示的电路模型。在该电路中，R_1 和 R_2 分别表示两个环路的电阻。两个环路的感生电动势分别为

$$U_1 = \mathrm{i}\omega\mu_0 H_0 F_1 S \tag{6.28}$$

$$U_2 = \mathrm{i}\omega\mu_0 H_0 F_2 S \tag{6.29}$$

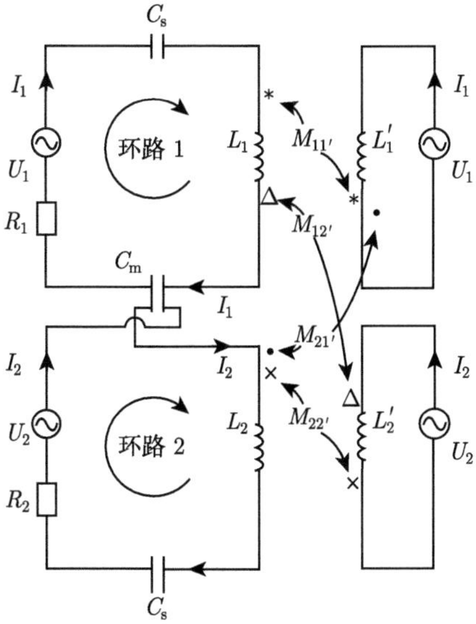

图 6.1.8 S 型谐振环结构等效电路模型

在如图 6.1.7 所示的 S 型谐振环结构中，若将上端水平金属棒之间的等效电容和下端水平金属棒之间的等效电容分别记为 C_{s1} 和 C_{s2}，而将中间水平金属棒之间的等效电容记为 C_{m1} 和 C_{m2}，则根据图 6.1.8 所示等效电路模型，其等效电容值为

$$C_s = C_{s1} + C_{s2} \tag{6.30}$$

$$C_m = C_{m1} + C_{m2} \tag{6.31}$$

假设所有金属棒宽均为 d，若不考虑电容的边缘效应（即在理想情况下），电容值为

$$C_{s1} = C_{m1} = \varepsilon \frac{hd}{d_c} \tag{6.32}$$

$$C_{s2} = C_{m2} = \varepsilon \frac{hd}{l - d_c} \tag{6.33}$$

电路模型中的电感值和互感系数与 6.1.2 节类似，其中，

$$L_1 = \mu_0 F_1 S/l \tag{6.34}$$

表示环路 1 的等效电感，

$$L_2 = \mu_0 F_2 S/l \tag{6.35}$$

表示环路 2 的等效电感。互感系数分别为

$$M_{11'} = F_1 L_1 = \mu_0 F_1^2 S/l \tag{6.36}$$

$$M_{12'} = F_2 L_1 = \mu_0 F_1 F_2 S/l \tag{6.37}$$

$$M_{21'} = F_1 L_2 = \mu_0 F_1 F_2 S/l \tag{6.38}$$

$$M_{22'} = F_2 L_2 = \mu_0 F_2^2 S/l \tag{6.39}$$

式中，$M_{11'}$ 代表 L_1 和 L_1' 的互感系数，$M_{22'}$ 代表 L_2 和 L_2' 的互感系数，$M_{12'}$ 代表 L_1 和 L_2' 的互感系数，$M_{21'}$ 代表 L_2 和 L_1' 的互感系数，L_1' 代表其他 S 螺线管环路 1 的电感，L_2' 代表其他 S 螺线管环路 2 的电感。两个环路的总电压降应平衡，对于环路 1，有

$$\begin{aligned} U_1 =& R_1 I_1 + \frac{I_1}{-\mathrm{i}\omega C_s} + \frac{I_1 + I_2}{-\mathrm{i}\omega C_m} + (-\mathrm{i}\omega L_1) I_1 \\ & - (-\mathrm{i}\omega M_{11'}) I_1 - (-\mathrm{i}\omega M_{12'}) I_2 \end{aligned} \tag{6.40}$$

对于环路 2，有

$$\begin{aligned} U_2 =& R_2 I_2 + \frac{I_2}{-\mathrm{i}\omega C_s} + \frac{I_1 + I_2}{-\mathrm{i}\omega C_m} + (-\mathrm{i}\omega L_2) I_2 \\ & - (-\mathrm{i}\omega M_{22'}) I_2 - (-\mathrm{i}\omega M_{21'}) I_1 \end{aligned} \tag{6.41}$$

将式 (6.38) 和式 (6.39) 代入式 (6.40) 和式 (6.41)，可以算出两个环路的电流

$$I_1 = \frac{-E^{'} \omega^2 + F^{'} + G^{'} (R)}{A^{'} \omega^2 + B^{'} + C^{'} \dfrac{1}{\omega^2} + D^{'} (R)} H_0 l \tag{6.42}$$

$$I_2 = \frac{-E^{'} \omega^2 + K^{'} + P^{'} (R)}{A^{'} \omega^2 + B^{'} + C^{'} \dfrac{1}{\omega^2} + D^{'} (R)} H_0 l \tag{6.43}$$

式中

$$A^{\cdot} = L_1 L_2 (1 - F_1 - F_2)$$

$$B^{\cdot} = -\frac{L_1 (1 - F_1) + L_2 (1 - F_2)}{C_{\rm s}} - \frac{L_1 (1 - F_1 + F_2) + L_2 (1 - F_2 + F_1)}{C_{\rm m}}$$

$$C^{\cdot} = \left(\frac{1}{C_{\rm s}} + \frac{2}{C_{\rm m}}\right) \frac{1}{C_{\rm s}}$$

$$E^{\cdot} = L_1 L_2$$

$$F^{\cdot} = \frac{L_1}{C_{\rm s}} + \frac{L_1 - L_2}{C_{\rm m}}$$

$$K^{\cdot} = \frac{L_2}{C_{\rm s}} + \frac{L_2 - L_1}{C_{\rm m}}$$

$$D^{\cdot}(R) = -\left[R_1 R_2 + (R_1 + R_2)\left(\frac{1}{-{\rm i}\omega C_{\rm s}} + \frac{1}{-{\rm i}\omega C_{\rm m}}\right) - {\rm i}\omega L_1 (1 - F_1) R_2 - {\rm i}\omega L_2 (1 - F_2) R_1\right]$$

$$G^{\cdot}(R) = -{\rm i}\omega L_1 R_2$$

$$P^{\cdot}(R) = -{\rm i}\omega L_2 R_1$$

因此，可以得到单位体积的磁偶极矩为

$$M = \sum_k N_k \langle m_k \rangle = N_1 m_1 + N_2 m_2 = \frac{1}{abl}(F_1 S) I_1 + \frac{1}{abl}(F_2 S) I_2 \tag{6.44}$$

相对等效磁导率为

$$\begin{aligned}\mu_{\rm eff} &= \frac{\mu}{\mu_0} = 1 + \chi_{\rm m} = 1 + \frac{M}{\boldsymbol{B}/\mu_0 - M} \\ &= 1 - \frac{\omega^2 L_1 L_2 (F_1 + F_2) - \dfrac{F_1 L_1 + F_2 L_2}{C_{\rm s}} - \dfrac{F_1 L_1 + F_2 L_2 - F_1 L_2 - F_2 L_1}{C_{\rm m}} + S^{\cdot}(R)}{\omega^2 L_1 L_2 - \left(\dfrac{1}{C_{\rm s}} + \dfrac{1}{C_{\rm m}}\right)(L_1 + L_2) + \left(\dfrac{1}{\omega C_{\rm s}} + \dfrac{2}{\omega C_{\rm m}}\right)\dfrac{1}{\omega C_{\rm s}} + Q^{\cdot}(R)}\end{aligned} \tag{6.45}$$

式中

$$Q^{\cdot}(R) = -\left[R_1 R_2 + (R_1 + R_2)\left(\frac{1}{-{\rm i}\omega C_{\rm s}} + \frac{1}{-{\rm i}\omega C_{\rm m}}\right) - {\rm i}\omega R_2 L_1 - {\rm i}\omega R_1 L_2\right]$$

$$S^{\cdot}(R) = {\rm i}\omega R_2 F_1 L_1 + {\rm i}\omega R_1 F_2 L_2$$

如果 $F_1 \neq F_2$，式 (6.45) 具有两个谐振频率

$$\omega_{\mathrm{m0}}^{(1)} = \sqrt{\frac{(m+1)(n+1)+\sqrt{(m-1)^2(n^2+2n)+(m+1)^2}}{2mn}\frac{1}{L_2C_{\mathrm{s}}}} \tag{6.46}$$

$$\omega_{\mathrm{m0}}^{(2)} = \sqrt{\frac{(m+1)(n+1)-\sqrt{(m-1)^2(n^2+2n)+(m+1)^2}}{2mn}\frac{1}{L_2C_{\mathrm{s}}}} \tag{6.47}$$

式中，$m = \dfrac{L_1}{L_2}$，$n = \dfrac{C_{\mathrm{m}}}{C_{\mathrm{s}}}$，因此该结构具有两个负磁导率通带。这是首次在理论上获得双负磁导率通带的异向介质。对于如下参数：

$h = 4\mathrm{mm}$，$w = 7.5\mathrm{mm}$，$c = 0.5\mathrm{mm}$，$d = 0.5\mathrm{mm}$，$\sigma_{\mathrm{s}} = 0.5\Omega$

$a = 10\mathrm{mm}$，$b = 5\mathrm{mm}$，$l = 1\mathrm{mm}$，$F_1 = 0.45$，$F_2 = 0.15$

等效磁导率曲线见图 6.1.9，两个谐振频率为 $f_{\mathrm{m0}}^{(1)} = 9.17\times10^9\mathrm{Hz}$ 和 $f_{\mathrm{m0}}^{(2)} = 4.14\times10^9\mathrm{Hz}$。

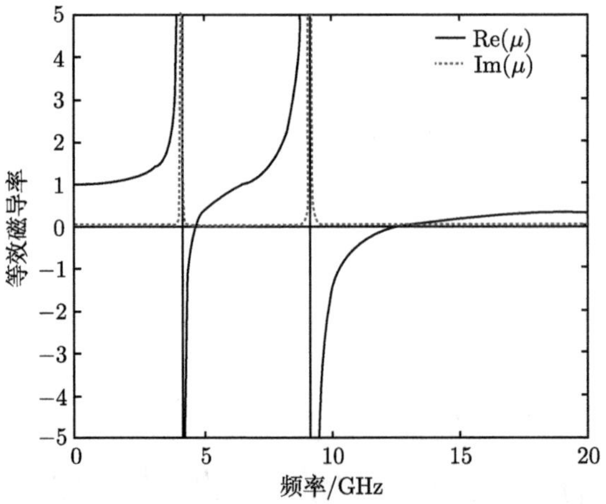

图 6.1.9　S 型谐振环结构在 $F_1 = 0.45$，$F_2 = 0.15$ 情况下的等效磁导率曲线

对于 $F_1 = F_2 = F$（即 $L_1 = L_2 = L$）的特殊情况，式 (6.45) 变为

$$\mu_{\mathrm{eff}} = 1 - \frac{2F + U^{\cdot}(R)}{1 - \dfrac{1}{\omega^2 L}\left(\dfrac{1}{C_{\mathrm{s}}} + \dfrac{2}{C_{\mathrm{m}}}\right) + V^{\cdot}(R)} \tag{6.48}$$

式中

$$U^{\cdot}(R) = S^{\cdot}(R)/T^{\cdot}$$

$$V^{\cdot}(R) = Q^{\cdot}(R)/T^{\cdot}$$

$$T^{\cdot} = \omega^2 L^2 \left(1 - \frac{1}{\omega^2 LC}\right)$$

磁谐振频率为

$$\omega_{\mathrm{m0}} = \sqrt{\frac{1}{L}\left(\frac{1}{C_{\mathrm{s}}} + \frac{2}{C_{\mathrm{m}}}\right)} \tag{6.49}$$

磁等离子体频率为

$$\omega_{\mathrm{mp}} = \sqrt{\frac{1}{L(1-2F)}\left(\frac{1}{C_{\mathrm{s}}} + \frac{2}{C_{\mathrm{m}}}\right)} = \omega_{\mathrm{m0}}\sqrt{\frac{1}{1-2F}} \tag{6.50}$$

图 6.1.10 表示的是 $F_1 = F_2 = F = 0.3$ 情况下的等效磁导率曲线，此时只有一个负磁导率通带。

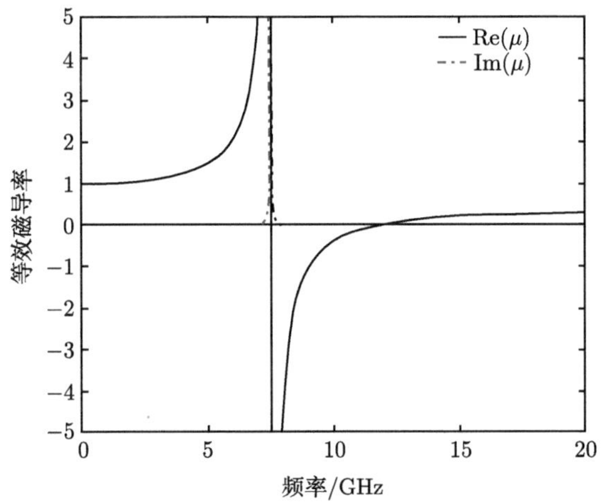

图 6.1.10 S 型谐振环结构在 $F_1 = F_2 = F = 0.3$ 情况下的等效磁导率曲线

2. S 型谐振环衍生结构

在 S 型谐振环结构中，每个环路具有电等离子效应，在特定频段可引起负的等效介电常数。同时，当两个相对放置的 S 型谐振环结构相互作用时，产生负的等效磁导率，从而在相应的通带内呈现负的折射率。为了降低 S 型谐振环结构的电谐振频率，可将多个 S 型结构首尾相连，如图 6.1.11 所示。随着每个周期中 S 型结构的数量 n 增加，采用解析方法求解每个环路中的电流将变得极其复杂。然而，当 n 趋近于无穷大时，S 型结构延伸至无穷远，并在 $\hat{z}$ 方向以一定的周期排列，如图 6.1.11（c）所示，则结构的等效磁导率的解析解依然相对容易得到。举例来说，若结构在 $\hat{z}$ 方向的周期为 2，则只需求解环路中的两个电流变量（见图 6.1.12）。

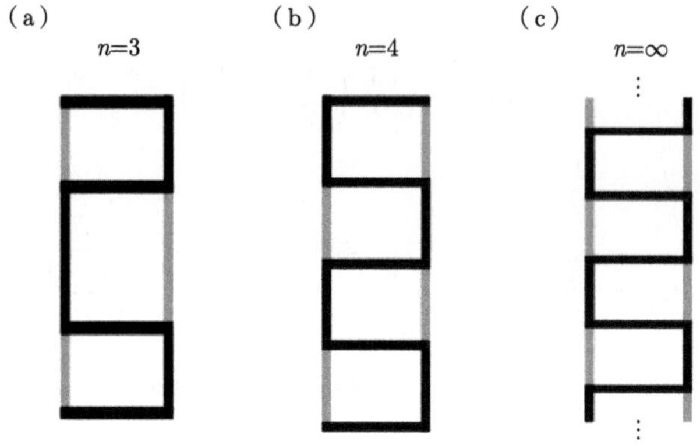

图 6.1.11 S 型谐振环衍生结构

图 6.1.12 所示结构的推导过程与 6.1.3 节 1. 类似，其等效磁导率为

$$\mu_{\text{eff}} = 1 - \frac{A_1 + \mathrm{i}\sigma_{\text{s}1}l \cdot A_2 + \mathrm{i}\sigma_{\text{s}2}l \cdot A_3}{B_1 + \mathrm{i}\sigma_{\text{s}1}l \cdot B_2 + \mathrm{i}\sigma_{\text{s}2}l \cdot B_3 - \sigma_{\text{s}1}l\sigma_{\text{s}2}l} \tag{6.51}$$

式中，$\sigma_{\text{s}1}$ 和 $\sigma_{\text{s}2}$ 为两个环路竖直金属棒的电阻，其他变量为

$$A_1 = (\mu_0 S)^2 F_1 F_2 \left[\omega^2 (F_1 + F_2) - \left(\frac{l}{C_1} + \frac{l}{C_2}\right) \frac{(F_1 - F_2)^2}{(\mu_0 S) F_1 F_2}\right]$$

$$B_1 = (\mu_0 S)^2 F_1 F_2 \left[\omega^2 - \left(\frac{l}{C_1} + \frac{l}{C_2}\right) \frac{F_1 + F_2}{(\mu_0 S) F_1 F_2}\right]$$

$$A_2 = \frac{\mu_0 S F_2}{\omega} (\omega^2 F_2)$$

$$B_2 = \frac{\mu_0 S F_2}{\omega} \left[\omega^2 - \left(\frac{l}{C_1} + \frac{l}{C_2}\right) \frac{1}{\mu_0 S F_2}\right]$$

$$A_3 = \frac{\mu_0 S F_1}{\omega} (\omega^2 F_1)$$

$$B_3 = \frac{\mu_0 S F_1}{\omega} \left[\omega^2 - \left(\frac{l}{C_1} + \frac{l}{C_2}\right) \frac{1}{\mu_0 S F_1}\right]$$

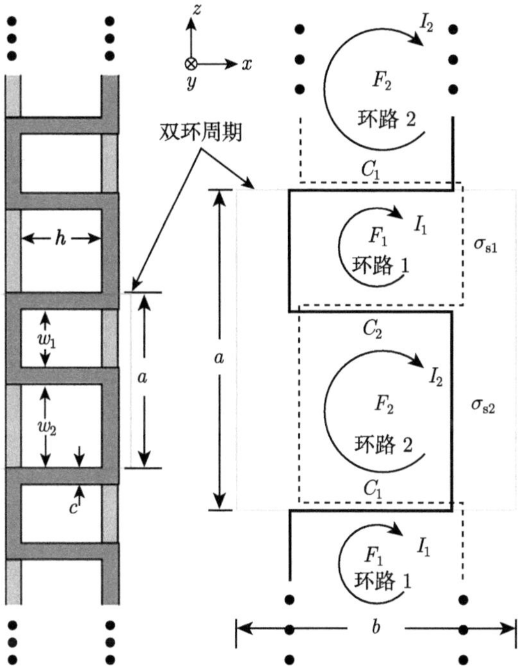

图 6.1.12 在 $\hat{z}$ 方向以 2 为周期的 S 型谐振环衍生结构及其等效电路模型

磁谐振频率为

$$\omega_{\mathrm{m0}}=\sqrt{\left(\frac{l}{C_1}+\frac{l}{C_2}\right)\frac{F_1+F_2}{(\mu_0 S)\,F_1F_2}} \tag{6.52}$$

磁等离子体频率为

$$\omega_{\mathrm{mp}}=\sqrt{\left(\frac{l}{C_1}+\frac{l}{C_2}\right)\frac{(F_1+F_2)-(F_1-F_2)^2}{(\mu_0 S)\,F_1F_2\,(1-F_1-F_2)}}=\omega_{\mathrm{m0}}\sqrt{\frac{(F_1+F_2)-(F_1-F_2)^2}{(1-F_1-F_2)\,(F_1+F_2)}} \tag{6.53}$$

当结构尺寸如下取值时

$h=3\mathrm{mm}$，$w_1=3\mathrm{mm}$，$w_2=5\mathrm{mm}$，$c=0.5\mathrm{mm}$，$d=0.5\mathrm{mm}$

$a=9\mathrm{mm}$，$b=5\mathrm{mm}$，$l=1\mathrm{mm}$，$\sigma_{\mathrm{s1}}=0.5\Omega$，$\sigma_{\mathrm{s2}}=0.5\Omega$

等效磁导率曲线如图 6.1.13 所示。

在这个 S 型谐振环衍生结构中，金属棒保持电连续，因此电谐振频率为 $\omega_{\mathrm{e0}}=0$。从式 (6.53) 可以看出，如果保持 $F_1+F_2=F$ 不变，只改变 F_1/F_2 的值，当 $F_1=F_2=F/2$ 时，$\omega_{\mathrm{mp}}/\omega_{\mathrm{m0}}=\sqrt{\dfrac{1}{1-F}}$ 最大，此时具有负磁导率的频带最宽。

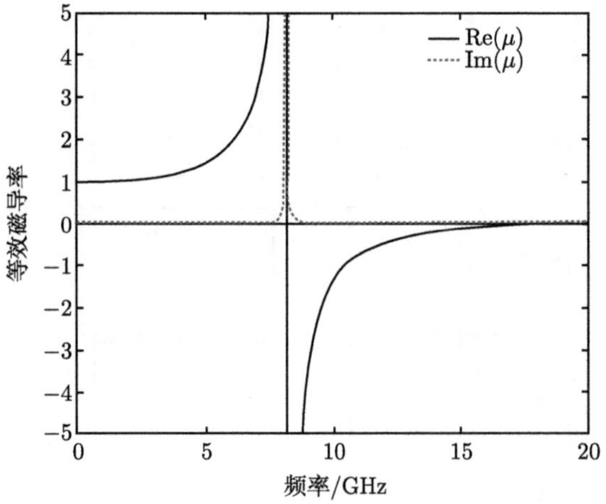

图 6.1.13　S 型谐振环衍生结构的等效磁导率曲线

从式 (6.51) 可以得出另外两种情况。第一种情况是当 $\mathrm{Re}\,(\sigma_{\mathrm{s1}}) \gg 1$ 时，式 (6.51) 变为

$$\mu_{\mathrm{eff}} = 1 - \frac{A_2}{B_2 + \mathrm{i}\sigma_{\mathrm{s2}} l} = 1 - \frac{F_2}{1 - \dfrac{1}{\omega^2 \mu_0 S F_2}\left(\dfrac{l}{C_1} + \dfrac{l}{C_2}\right) + \mathrm{i}\dfrac{\sigma_{\mathrm{s2}} l}{\omega \mu_0 S F_2}} \tag{6.54}$$

式 (6.54) 具有与式 (6.21) 相似的形式。一般地，σ_{s1} 和 σ_{s2} 是复数，$\mathrm{Re}\,(\sigma_{\mathrm{s1}}) \gg 1$ 表示环路 1 的两个竖直部分由绝缘体组成，故图 6.1.12 的结构就简化为如图 6.1.14 所示的开口谐振环结构，磁谐振频率为

$$\omega_{\mathrm{m0}} = \sqrt{\left(\frac{l}{C_1} + \frac{l}{C_2}\right)\frac{1}{\mu_0 S F_2}} \tag{6.55}$$

磁等离子体频率为

$$\omega_{\mathrm{mp}} = \omega_{\mathrm{m0}}\sqrt{\frac{1}{1 - F_2}} \tag{6.56}$$

第二种情况是当 $\mathrm{Re}\,(\sigma_{\mathrm{s2}}) \gg 1$ 时，式 (6.51) 变为

$$\mu_{\mathrm{eff}} = 1 - \frac{A_3}{B_3 + \mathrm{i}\sigma_{\mathrm{s1}} l} = 1 - \frac{F_1}{1 - \dfrac{1}{\omega^2 \mu_0 S F_1}\left(\dfrac{l}{C_1} + \dfrac{l}{C_2}\right) + \mathrm{i}\dfrac{\sigma_{\mathrm{s1}} l}{\omega \mu_0 S F_1}} \tag{6.57}$$

此时，磁谐振频率为

$$\omega_{\mathrm{m0}} = \sqrt{\left(\frac{l}{C_1} + \frac{l}{C_2}\right)\frac{1}{\mu_0 S F_1}} \tag{6.58}$$

磁等离子体频率为

$$\omega_{\mathrm{mp}}=\omega_{\mathrm{m0}}\sqrt{\frac{1}{1-F_1}} \tag{6.59}$$

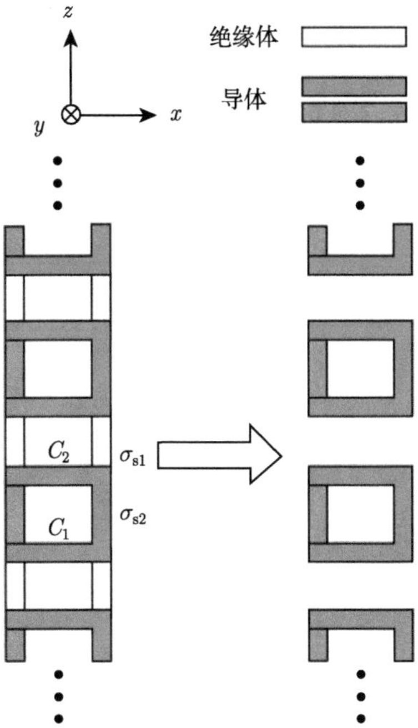

图 6.1.14 S 型谐振环衍生结构在 $\mathrm{Re}(\sigma_{\mathrm{s1}})\gg 1$ 条件下变化为开口谐振环结构

图 6.1.15 展示了 Ω 型结构，可作为 S 型谐振环的一种衍生结构，用于分析其磁效应。以下给出了最终结果，其中结构在 $\hat{\boldsymbol{z}}$ 方向的周期为 a，$\hat{\boldsymbol{x}}$ 方向的周期为 b，$\hat{\boldsymbol{y}}$ 方向的周期为 l。

$$\mu_{\mathrm{eff}}=1-\frac{(F_1+F_2)\left[\omega^2-\omega_{\mathrm{m0}}^2\left(\dfrac{F_1-F_2}{F_1+F_2}\right)^2\right]+\mathrm{i}W^{\cdot}(R)}{\omega^2-\omega_{\mathrm{m0}}^2+\mathrm{i}X^{\cdot}(R)} \tag{6.60}$$

式中

$$\omega_{\mathrm{m0}}=\sqrt{\left(\frac{1}{L_1}+\frac{1}{L_2}\right)\frac{1}{C}}$$

$$C=C_{\mathrm{g}}/2$$

$$L_1=\mu_0F_1S/l$$

$$L_2=\mu_0F_2S/l$$

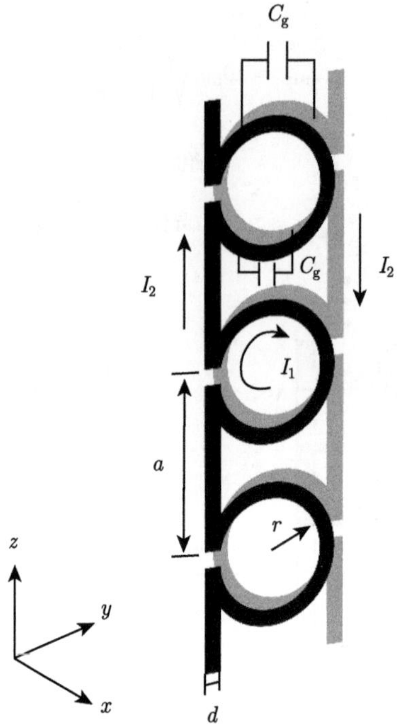

图 6.1.15　Ω 型结构

$W^{\cdot}(R)$ 和 $X^{\cdot}(R)$ 是损耗项，磁等离子体频率为

$$\omega_{\mathrm{mp}}=\omega_{\mathrm{m0}}\sqrt{\frac{1}{(1-F_1-F_2)}\left(1-\frac{(F_1-F_2)^2}{F_1+F_2}\right)} \tag{6.61}$$

从上述公式可以看出，当频率在 ω_{m0} 和 ω_{mp} 之间时，其等效磁导率为负值。

3. 多维开口谐振环结构

图 6.1.16 所示为二维交叉的开口谐振环结构。与二维嵌套开口谐振环结构不同的是，该结构在外加磁场激励下，位于 x-z 平面和 y-z 平面的两个开口谐振环相互耦合。例如，当 H_y 的磁场激励时，感应电流在 x-z 平面的开口谐振环流动，而在 y-z 平面的开口谐振环则起等效电容的作用。由于对称性，图 6.1.16 中的二维交叉开口谐振环结构在 $\hat{\boldsymbol{x}}$ 和 $\hat{\boldsymbol{y}}$ 方向产生相同的磁特性。由于二维嵌套开口谐振环结构 [18] 中两个平面上的开口谐振环尺寸不同，其 Q 值也不同。因此，尽管该结构在两个方向上均具有负磁导率特性，但仍表现出显著的各向异性。图 6.1.16 中结构对应的等效电路模型如图 6.1.17 所示。

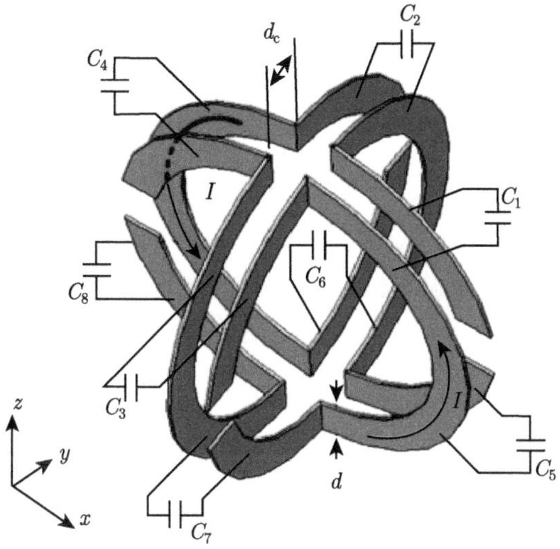

图 6.1.16 二维交叉开口谐振环结构

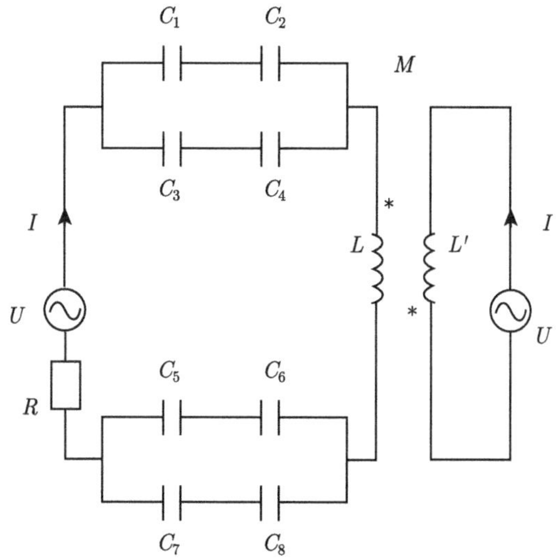

图 6.1.17 二维交叉开口谐振环结构等效电路模型

依据图 6.1.17 的等效电路模型，可以得出二维交叉开口谐振环结构的等效磁导率

$$\mu_{\text{eff}} = 1 - \frac{F}{1 - \dfrac{1}{\omega^2 LC} + \mathrm{i}\dfrac{R}{\omega L}} \tag{6.62}$$

式中，L 是开口谐振环单元结构的电感，F 的表达式见式 (6.16)。环路的总电容值为

$$C = C'_{\mathrm{g}}/2 \tag{6.63}$$

式中，$C'_{\mathrm{g}} = C_i\,(i = 1, 2, \cdots, 8)$。对于相同的尺寸，图 6.1.16 中二维交叉开口谐振环开口处的等效电容值 C_i 是图 6.1.6（d）开口谐振环开口处的等效电容值的一半，因此二维交叉开口谐振环结构的总电容值为 $C'_{\mathrm{g}}/2$，仅为一维开口谐振环结构环路总电容值 $C_{\mathrm{g}}/2$ 的一半。由于两个结构具有相同的电感值，所以谐振频率具有如下关系：

$$\omega_{\mathrm{m0}}^{\mathrm{2D}} = \sqrt{2}\omega_{\mathrm{m0}}^{\mathrm{1D}} \tag{6.64}$$

这个关系可以通过仿真结果进行验证。图 6.1.18 为仿真结果，在仿真中，两个结构的尺寸为：$r = 1.6$ mm, $d_{\mathrm{c}} = 0.4$ mm, $d = 0.4$ mm, $\varepsilon = \varepsilon_0$，$a = 5$ mm，$l = 5$ mm。结果表明二维交叉开口谐振环结构的谐振频率为 $\omega_{\mathrm{m0}}^{\mathrm{2D}} = 2\pi \times 11.7\mathrm{GHz}$，一维开口谐振环结构的谐振频率为 $\omega_{\mathrm{m0}}^{\mathrm{1D}} = 2\pi \times 8.3\mathrm{GHz}$，因此，

$$\frac{\omega_{\mathrm{m0}}^{\mathrm{2D}}}{\omega_{\mathrm{m0}}^{\mathrm{1D}}} = \frac{2\pi \times 11.7}{2\pi \times 8.3} = 1.41 \approx \sqrt{2} \tag{6.65}$$

进一步验证了式 (6.64) 的正确性。

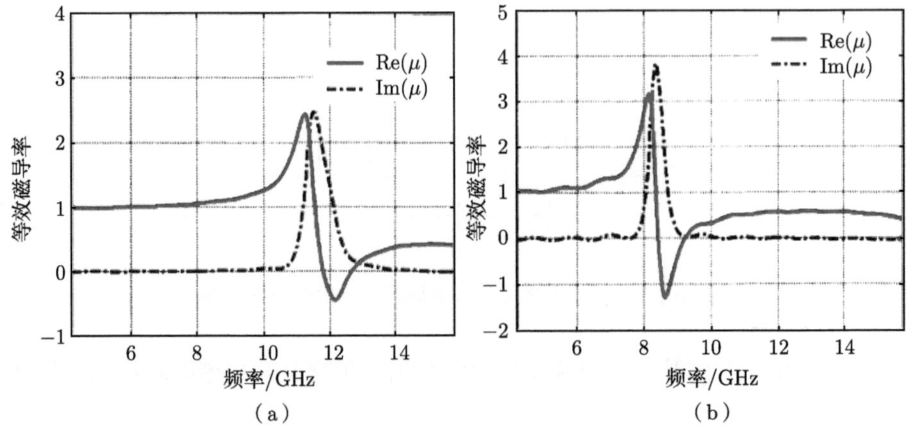

图 6.1.18　二维交叉开口谐振环结构和一维开口谐振环结构的等效磁导率曲线

6.1.4 增益异向介质等效电路模型

1. 增益异向介质的物理机制

尽管异向介质在理论上可用于负折射、完美成像和电磁隐身等应用，但其固有损耗使这些应用难以在工程上有效实现。为了克服这个障碍，研究人员对增益异向介质进行了广泛的研究。佐治亚州立大学的 Stockman 等基于因果关系，理论分析了采用有源方法实现增益异向介质的可行性，并对能否实现完全的损耗补偿和过度补偿持悲观态度 [19]。其他研究指出，传统的 Kramers-Krönig 关系对于有源增益介质并不能直接适用 [20]，但有源增益介质的色散在理论上仍符合因果关系。后续的理论和实验研究进一步证实了增益异向介质的可行性 [21−24]。

根据复坡印亭定理，有

$$\nabla\cdot\boldsymbol{S}+\mathrm{i}\omega\boldsymbol{E}\cdot(\varepsilon\boldsymbol{E})^*-\mathrm{i}\omega\boldsymbol{H}^*\cdot(\mu\boldsymbol{H})=-(\boldsymbol{J}^*\cdot\boldsymbol{E}) \tag{6.66}$$

式中，$\boldsymbol{E}$ 和 $\boldsymbol{H}$ 分别为介质中的电场和磁场，$\boldsymbol{S}=(\boldsymbol{E}\times\boldsymbol{H}^*)$ 为坡印亭矢量，ε 和 μ 分别为介质的介电常数和磁导率，$\boldsymbol{J}$ 表示介质中的电流密度。特别地，$\nabla\cdot\boldsymbol{S}$ 的实部对应介质中传输的净电磁波功率流密度，$\boldsymbol{E}\cdot(\varepsilon\boldsymbol{E})^*$ 和 $(\mu\boldsymbol{H})\cdot\boldsymbol{H}^*$ 的实部分别对应电场和磁场功率密度。

一般情况下，式 (6.66) 中的电流密度可以表示为 $\boldsymbol{J}=\boldsymbol{J}_{\mathrm{c}}+\boldsymbol{J}_{\mathrm{f}}$，其中 $\boldsymbol{J}_{\mathrm{c}}=\sigma(\omega)\,\boldsymbol{E}$ 为传导电流密度，$\sigma(\omega)$ 为介质的电导率；$\boldsymbol{J}_{\mathrm{f}}$ 为自由电流密度，表示介质中的自由电流源。$\boldsymbol{J}_{\mathrm{c}}$ 的方向与电场方向相同，因此 $-\boldsymbol{J}_{\mathrm{c}}^*\cdot\boldsymbol{E}$ 的实部始终为负值，表示传导电流消耗的功率，对应介质内部的损耗功率密度。

对于无源介质，$\boldsymbol{J}_{\mathrm{f}}=0$，式 (6.66) 变为

$$\nabla\cdot\boldsymbol{S}+\mathrm{i}\omega\boldsymbol{E}\cdot(\varepsilon\boldsymbol{E})^*-\mathrm{i}\omega\boldsymbol{H}^*\cdot(\mu\boldsymbol{H})=-\left[\sigma(\omega)\,\boldsymbol{E}\right]^*\cdot\boldsymbol{E} \tag{6.67}$$

将损耗功率密度归因于介电常数的虚部，式 (6.67) 可以改写为

$$\nabla\cdot\boldsymbol{S}+\mathrm{i}\omega\boldsymbol{E}\cdot(\varepsilon_{\mathrm{eff}}\boldsymbol{E})^*-\mathrm{i}\omega\boldsymbol{H}^*\cdot(\mu\boldsymbol{H})=0 \tag{6.68}$$

式中，$\varepsilon_{\mathrm{eff}}=\varepsilon+\mathrm{i}\sigma(\omega)/\omega$ 即为介质的复介电常数。

对于介质中沿 $\hat{\boldsymbol{z}}$ 方向传播的平面波，若电场 $\boldsymbol{E}=\hat{\boldsymbol{x}}E_0\mathrm{e}^{\mathrm{i}kz}$，则磁场可表示为 $\boldsymbol{H}=\hat{\boldsymbol{y}}\,(E_0/\eta)\,\mathrm{e}^{\mathrm{i}kz}$，其中 $k=k'+\mathrm{i}k''=\omega\sqrt{\varepsilon_{\mathrm{eff}}\mu}$ 为介质中的波矢，$\eta=\eta'+\mathrm{i}\eta''=\sqrt{\mu/\varepsilon_{\mathrm{eff}}}$ 为介质的阻抗。式 (6.66) 可写为

$$\nabla\cdot\boldsymbol{S}=\left[-\omega\left(\frac{\varepsilon''_{\mathrm{eff}}}{|\varepsilon_{\mathrm{eff}}|}+\frac{\mu''}{|\mu|}\right)+\mathrm{i}\omega\left(\frac{\varepsilon'_{\mathrm{eff}}}{|\varepsilon_{\mathrm{eff}}|}-\frac{\mu'}{|\mu|}\right)\right]|\varepsilon_{\mathrm{eff}}|\,|\boldsymbol{E}|^2 \tag{6.69}$$

式中，$\varepsilon_{\text{eff}} = \varepsilon'_{\text{eff}} + \mathrm{i}\varepsilon''_{\text{eff}}$，$\mu = \mu' + \mathrm{i}\mu''$。由于无源介质存在固有损耗，进入单位体积介质的功率必然大于从该体积输出的功率，因此 $\nabla \cdot \boldsymbol{S}$ 的实部必须满足 $\mathrm{Re}\,(\nabla \cdot \boldsymbol{S}) < 0$。将 $\mathrm{Re}\,(\nabla \cdot \boldsymbol{S}) < 0$ 代入式 (6.69)，得到

$$\frac{\varepsilon''_{\text{eff}}}{|\varepsilon_{\text{eff}}|} + \frac{\mu''}{|\mu|} > 0 \tag{6.70}$$

式 (6.70) 可以视为在电磁能量守恒的要求下，无源介质的电磁参数需要满足的因果关系，该关系亦适用于无源异向介质。

对于异向介质中存在的磁导率损耗，如定义等效磁流密度 $\boldsymbol{J}_{\text{m}} = \sigma_{\text{m}}(\omega)\,\boldsymbol{H}$，则有

$$\begin{aligned}&\nabla \cdot \boldsymbol{S} + \mathrm{i}\omega \boldsymbol{E} \cdot (\varepsilon \boldsymbol{E})^* - \mathrm{i}\omega \boldsymbol{H}^* \cdot (\mu \boldsymbol{H}) \\ &= -\left[\sigma(\omega)\,\boldsymbol{E}\right]^* \cdot \boldsymbol{E} - \left[\sigma_{\text{m}}(\omega)\,\boldsymbol{H}\right] \cdot \boldsymbol{H}^*\end{aligned} \tag{6.71}$$

将传导电流以及等效磁流的影响分别归入等效介电常数和等效磁导率虚部，可以得到

$$\nabla \cdot \boldsymbol{S} + \mathrm{i}\omega \boldsymbol{E} \cdot (\varepsilon_{\text{eff}} \boldsymbol{E})^* - \mathrm{i}\omega \boldsymbol{H}^* \cdot (\mu_{\text{eff}} \boldsymbol{H}) = 0 \tag{6.72}$$

式中，$\varepsilon_{\text{eff}} = \varepsilon + \mathrm{i}\sigma(\omega)/\omega$，$\mu_{\text{eff}} = \mu + \mathrm{i}\sigma_m(\omega)/\omega$。在无源假定下，上述介质的等效本构参数需要满足

$$\frac{\varepsilon''_{\text{eff}}}{|\varepsilon_{\text{eff}}|} + \frac{\mu''_{\text{eff}}}{|\mu_{\text{eff}}|} > 0 \tag{6.73}$$

以增益介质为例，在未使用激光泵浦时，增益介质作为普通无源介质，不存在自由电流和磁流。当外加泵浦激光时，泵浦光通过受激辐射转化为入射光的能量，从而产生光放大现象。在这种情况下，增益介质成为有源介质，其产生的等效电流源由泵浦激光驱动，与自由电流源本质上不同。自由电流源产生的辐射波与入射波无关，因此无法维持稳定的增益；而增益介质中的等效电流源与入射波相位相干，可视为受控电流源，记作 $\boldsymbol{J}_{\text{s}} = -\sigma_{\text{s}}(\omega)\boldsymbol{E}$，其中 $-\sigma_{\text{s}}(\omega)$ 可视为电流源的等效负电导。受控电流源功率方向与电流相反，能够向外提供功率。在这种情况下，式 (6.67) 变为

$$\nabla \cdot \boldsymbol{S} + \mathrm{i}\omega \boldsymbol{E} \cdot (\varepsilon \boldsymbol{E})^* - \mathrm{i}\omega \boldsymbol{H}^* \cdot (\mu \boldsymbol{H}) = -\left[\sigma(\omega)\,\boldsymbol{E} - \sigma_{\text{s}}(\omega)\,\boldsymbol{E}\right]^* \cdot \boldsymbol{E} \tag{6.74}$$

将传导电流密度和受控源电流密度归入等效介电常数的虚部，有

$$\nabla \cdot \boldsymbol{S} + \mathrm{i}\omega \boldsymbol{E} \cdot (\varepsilon_{\text{eff}} \boldsymbol{E})^* - \mathrm{i}\omega \boldsymbol{H}^* \cdot (\mu \boldsymbol{H}) = 0 \tag{6.75}$$

式中，$\varepsilon_{\text{eff}} = \varepsilon'_{\text{eff}} + i\varepsilon''_{\text{eff}} = \varepsilon + \mathrm{i}\left[\sigma(\omega) - \sigma_{\text{s}}(\omega)/\omega\right]$。根据上述条件下的等效介电常数表达式，受控源等效负电导 $-\sigma_{\text{s}}(\omega)$ 可以影响等效介电常数虚部的大小和符号，从而调控异向介质电磁参数的虚部。由于在有源条件下等效介电常数可以视为传统复数介电常数色散与负电导 $-\sigma_{\text{s}}(\omega)$ 色散的叠加，只要 $-\sigma_{\text{s}}(\omega)$ 能够在满足因果关系条件下实现，等效有源介质的色散也将满足因果关系。

当 $\sigma_{\text{s}}(\omega)$ 的值小于 $\sigma(\omega)$ 的实部时，ε_{eff} 的虚部仍为正值，此时受控源所提供的能量并不足以抵消传导电流导致的损耗。介电常数和磁导率的虚部均为正值，从而满足 $\dfrac{\varepsilon''_{\text{eff}}}{|\varepsilon_{\text{eff}}|} + \dfrac{\mu''_{\text{eff}}}{|\mu_{\text{eff}}|} > 0$，等效介质总体上仍然呈现无源特征。当 $\sigma_{\text{s}}(\omega)$ 的值大于 $\sigma(\omega)$ 的实部时，ε_{eff} 的虚部将变为负值，此时受控源提供的能量可以完全抵消传导电流导致的损耗。当 $\sigma_{\text{s}}(\omega)$ 大于 $\sigma(\omega)$ 的实部且能满足 $\dfrac{\varepsilon''_{\text{eff}}}{|\varepsilon_{\text{eff}}|} + \dfrac{\mu''_{\text{eff}}}{|\mu_{\text{eff}}|} < 0$ 时，等效介质将过度补偿入射电磁波的损耗。在过度补偿的条件下，异向介质变为增益异向介质。同样地，受外磁场控制的受控磁流源也可以用于补偿异向介质的损耗。

基于上述分析，为了得到符合因果关系的增益异向介质，需要在无源异向介质的谐振单元中引入等效负电导（或负电阻）器件。

2. 增益异向介质等效电路模型

图 6.1.19 展示了无源金属棒结构向有源金属棒结构 [25] 的变化情况。金属棒的半径为 r_0，在 $\hat{\boldsymbol{x}}$ 和 $\hat{\boldsymbol{y}}$ 方向以周期 d 均匀排列。每个金属棒的中间部分设有一段间隙，以便嵌入隧道二极管。为简便起见，暂时不考虑隧道二极管等效电路中的寄生参数，将其用纯等效阻抗 $-R_{\text{d}}$ 表征，其中 R_{d} 为正实数。

如图 6.1.19 所示，沿金属棒方向 d 长度内的电压降 U 和金属棒上感应电流 I 之间的关系为

$$U = E_z d = RI + (-\mathrm{i}\omega LI) + \frac{I}{-\mathrm{i}\omega C} + U_{\text{d}} \tag{6.76}$$

式中，R 和 L 分别为金属棒的等效串联电阻和电感（包括多个金属棒之间的互耦电感），$L \approx d\mu_0 \log\left[d^2/(4r_0(d-r_0))\right]/2\pi$，$C$ 为不连续金属棒的等效串联电容，$U_{\text{d}} = -IR_{\text{d}}$ 为隧道二极管两端的电压，将其代入式 (6.76)，可以得到

$$I = E_z d \Big/ \left[R + (-\mathrm{i}\omega L) + \frac{1}{-\mathrm{i}\omega C} - R_{\text{d}}\right] \tag{6.77}$$

单元结构中沿 $\hat{\boldsymbol{z}}$ 方向的等效电流密度 J 为

$$J = \frac{I}{d^2} = \frac{\mathrm{i}\omega/(dL)}{\omega^2 - 1/(LC) + \mathrm{i}\omega\,(R - R_{\text{d}})/L} E_z = \sigma_{\text{eff}} E_z \tag{6.78}$$

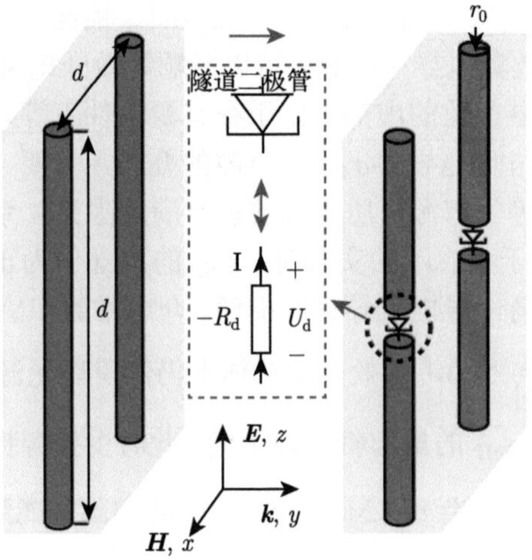

图 6.1.19　无源金属棒结构向有源金属棒结构的变化情况

式中，σ_{eff} 为异向介质的等效电导率

$$\sigma_{\mathrm{eff}}=\frac{\mathrm{i}\omega/(dL)}{\omega^2-1/(LC)+\mathrm{i}\omega\left(R-R_d\right)/L} \tag{6.79}$$

σ_{eff} 包含谐振单元结构中的无源和有源部分，即 $\sigma_{\mathrm{eff}}(\omega)=\sigma_{\mathrm{c}}(\omega)+\sigma_{\mathrm{s}}(\omega)$，分别产生对应的传导电流和受控源电流，其中

$$\sigma_{\mathrm{c}}(\omega)=\frac{\omega^2R/(dL^2)+\mathrm{i}\omega\left[\omega^2-1/(LC)\right]/(dL)}{\left[\omega^2-1/(LC)\right]^2+\left[\omega\left(R-R_{\mathrm{d}}\right)/L\right]^2} \tag{6.80}$$

$$\sigma_{\mathrm{s}}(\omega)=\frac{-\omega^2R_{\mathrm{d}}/(dL^2)}{\left[\omega^2-1/(LC)\right]^2+\left[\omega\left(R-R_{\mathrm{d}}\right)/L\right]^2} \tag{6.81}$$

根据式 (6.75) 可以得到嵌入隧道二极管后金属棒阵列结构的等效介电常数

$$\varepsilon_{\mathrm{eff}}=1+\varepsilon_{\mathrm{c}}+\varepsilon_{\mathrm{s}} \tag{6.82}$$

$$\begin{aligned}\varepsilon_{\mathrm{c}}=&\frac{-\left[\omega^2-1/(LC)\right]/(dL\varepsilon_0)}{\left[\omega^2-1/(LC)\right]^2+\left[\omega\left(R-R_{\mathrm{d}}\right)/L\right]^2}\\&+\mathrm{i}\frac{\omega R/(dL^2\varepsilon_0)}{\left[\omega^2-1/(LC)\right]^2+\left[\omega\left(R-R_{\mathrm{d}}\right)/L\right]^2}\end{aligned} \tag{6.83}$$

$$\varepsilon_{\mathrm{s}}=\mathrm{i}\frac{-\omega R_{\mathrm{d}}/(dL^2\varepsilon_0)}{\left[\omega^2-1/(LC)\right]^2+\left[\omega\left(R-R_{\mathrm{d}}\right)/L\right]^2} \tag{6.84}$$

式中，$\varepsilon_{\rm c}$ 对应无源谐振结构产生的电极化响应，其实部呈现洛伦兹色散，虚部的符号由无源电阻 R 决定，因此恒为正值；$\varepsilon_{\rm s}$ 对应等效负阻产生的电极化响应，是虚部恒为负值的纯虚数。根据式 (6.82)∼ 式 (6.84)，通过改变 $-R_{\rm d}$ 的大小，即可以部分、全部或过度补偿由于分布电阻 R 引起的传导电流损耗。

接下来推导嵌入隧道二极管的开口谐振环阵列结构对应的等效磁导率。图 6.1.20 展示了无源非对称开口谐振环结构向有源非对称开口谐振环结构的变化情况，其中环的半径为 r_1，开口谐振环在 $\hat{\boldsymbol{x}}$、$\hat{\boldsymbol{y}}$ 和 $\hat{\boldsymbol{z}}$ 方向的排列周期均为 d，隧道二极管位于每个环的左侧。假设环路等效串联电容为 C，分布串联电阻为 R，环路电感为 L。

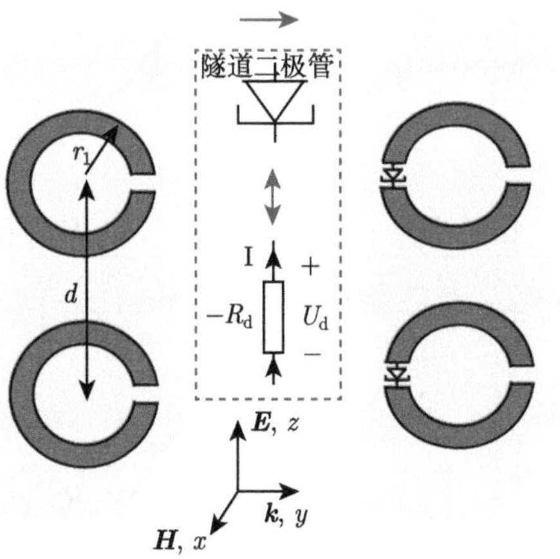

图 6.1.20 无源非对称开口谐振环结构向有源非对称开口谐振环结构的变化情况

如图 6.1.20 所示，每个环路的感应电动势 U 为

$$U = {\rm i}\omega\pi r_1^2\mu_0 H_0 \tag{6.85}$$

在准静态场近似下，环路电流 I 与穿过单位长度内开口谐振环的磁通量满足

$$\pi r_1^2 B = \pi r_1^2 \mu_0 I/d \tag{6.86}$$

因此，单个环路的等效电感为 $L = \mu_0\pi r_1^2/d$，互感为 $L' = FL$，其中 $F = \pi r_1^2/d^2$。由此可得

$$U = {\rm i}\omega\pi r_1^2\mu_0 H_0 = RI + I/(-{\rm i}\omega C) + (-{\rm i}\omega L)\,I + (-{\rm i}\omega FL)\,I + U_{\rm d} \tag{6.87}$$

式中，$U_{\rm d} = -R_{\rm d}I$ 为隧道二极管两端的电压，感应电流 I 为

$$I = \frac{{\rm i}\omega\pi r_1^2\mu_0 H_0}{R + 1/(-{\rm i}\omega C) + (-{\rm i}\omega L) + (-{\rm i}\omega FL) + (-R_{\rm d})}$$

$$= \frac{-dH_0}{\left(1 - F - \dfrac{1}{\omega^2 LC}\right) + \mathrm{i}\dfrac{(R - R_\mathrm{d})}{\omega L}} \tag{6.88}$$

利用单位体积内的磁矩 $M = \pi r_1^2 I/d^3$，可以得到对应的等效磁导率

$$\mu_\mathrm{eff} = \frac{\boldsymbol{B}/\mu_0}{\boldsymbol{B}/\mu_0 - M} = 1 - \frac{F}{\left(1 - \dfrac{1}{\omega^2 LC}\right) + \mathrm{i}\dfrac{(R - R_\mathrm{d})}{\omega L}} \tag{6.89}$$

类似地，μ_eff 可以写为

$$\mu_\mathrm{eff} = 1 + \mu_\mathrm{c} + \mu_\mathrm{s} \tag{6.90}$$

$$\mu_\mathrm{c} = \frac{-F\left(1 - \dfrac{1}{\omega^2 LC}\right)}{\left(1 - \dfrac{1}{\omega^2 LC}\right)^2 + \left(\dfrac{R - R_\mathrm{d}}{\omega L}\right)^2} + \mathrm{i}\frac{FR/(\omega L)}{\left(1 - \dfrac{1}{\omega^2 LC}\right)^2 + \left(\dfrac{R - R_\mathrm{d}}{\omega L}\right)^2} \tag{6.91}$$

$$\mu_\mathrm{s} = \frac{FR_\mathrm{d}/(\omega L)}{\left(1 - \dfrac{1}{\omega^2 LC}\right)^2 + \left(\dfrac{R - R_\mathrm{d}}{\omega L}\right)^2} \tag{6.92}$$

3. 隧道二极管电路模型

隧道二极管是一种利用量子隧道效应的半导体微波器件，在其工作频段内，隧道二极管对微波信号呈现负微分电阻（negative differential resistance, NDR）的特性。具体来说，隧道二极管的 I-V 曲线表现为工作区域内电压随着电流的增加而减小，呈现负的曲线斜率。根据 I-V 曲线的不同特征，负阻器件一般可以分为电压控制型和电流控制型两类，如图 6.1.21 所示。隧道二极管的这种特殊负阻特性使其在微波器件中具有重要的应用，常用于振荡器、放大器等电路中。

以通用公司生产的 TD261 型隧道二极管作为嵌入异向介质单元结构的负阻器件，其工作频率最高可达 20GHz，适用于微波频段有源异向介质的设计需求，并可用于控制异向介质本构参数虚部的色散。TD261 型隧道二极管具有电压控制型伏安特性，其伏安特性曲线可以由下式拟合得到

$$I_\mathrm{d}(V_\mathrm{d}) = I_\mathrm{P}\mathrm{e}^{-V_\mathrm{FP}/V_\mathrm{t}}\left(\mathrm{e}^{V_\mathrm{d}/V_\mathrm{t}} - 1\right) + I_\mathrm{P}(V_\mathrm{d}/V_\mathrm{P})\,\mathrm{e}^{1 - V_\mathrm{d}/V_\mathrm{P}} + I_\mathrm{V}\mathrm{e}^{V_\mathrm{d} - V_\mathrm{V}} \tag{6.93}$$

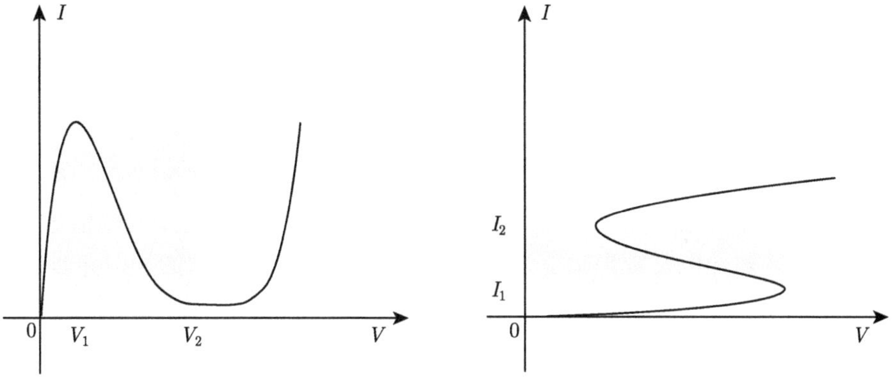

（a）电压控制型　　（b）电流控制型

图 6.1.21　负阻器件的两种类型

式中，$I_{\rm d}$ 为隧道二极管的电流，$V_{\rm d}$ 为隧道二极管的电压，$I_{\rm P}$ 为峰点电流，$V_{\rm FP}$ 为前向电压，$V_{\rm t}$ 为热电压，$V_{\rm P}$ 为峰点电压，$I_{\rm V}$ 为峰谷电流，$V_{\rm V}$ 为峰谷电压。从商家提供的参数资料可知，$I_{\rm P}=2.2{\rm mA}$、$V_{\rm FP}=0.58{\rm V}$、$V_{\rm t}=0.026{\rm V}$、$V_{\rm P}=0.08{\rm V}$、$I_{\rm V}=0.31{\rm mA}$、$V_{\rm V}=0.39{\rm V}$。TD261 的伏安曲线和等效电路如图 6.1.22 所示。从图 6.1.22 可以看出，TD261 型隧道二极管的直流工作偏置电压介于 0.1~0.4V 时，其伏安特性呈现负微分电阻。通过调整直流偏置，TD261 的等效电路可以调整等效负阻 $-R_{\rm d}$ 的大小。当偏置电压为 0.2V 时，等效负阻 $-R_{\rm d}$ 的值约为 -250Ω。

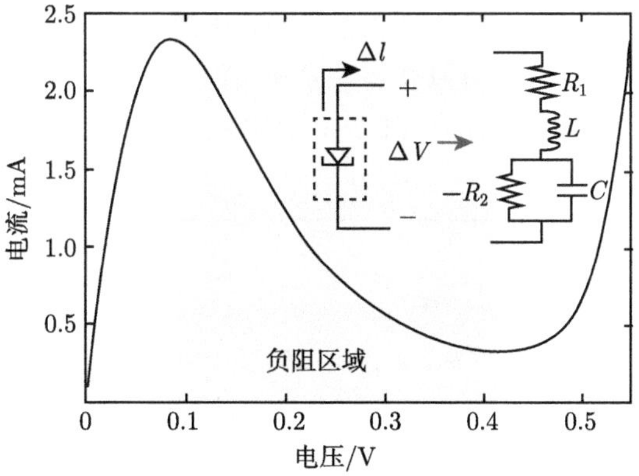

图 6.1.22　TD261 隧道二极管的伏安特性及等效电路

4. 等效介电常数和等效磁导率

图 6.1.23 展示了嵌入 TD261 隧道二极管金属棒电谐振单元的结构模型，通过仿真获得相应的 S 参数，然后根据本构参数反演算法 [14]，得出有源异向介质

的等效介电常数 $\varepsilon_{\rm eff}$。图中给出了反演计算得到的 $\varepsilon_{\rm eff}$，其实部满足洛伦兹模型。在谐振频率附近 $\varepsilon_{\rm eff}$ 的实部为负值，引入的等效负阻使其虚部也变成了负值。为了进一步比较仿真和理论结果，计算得到的等效介电常数 $\varepsilon_{\rm eff}$ 以及 $\varepsilon_{\rm c}$ 和 $\varepsilon_{\rm s}$ 的曲线如图 6.1.23 所示。理论计算得到的介电常数与仿真结果基本吻合。

图 6.1.23 的 $\varepsilon_{\rm c}$ 和 $\varepsilon_{\rm s}$ 曲线清晰地展示了介电常数损耗的补偿过程。其中，代表无源特性的 $\varepsilon_{\rm c}$ 虚部为正值，而代表有源特性的 $\varepsilon_{\rm s}$ 虚部为负值，且幅值更大。有源补偿后，等效介电常数虚部变为负值，表明嵌入 TD261 后的异向介质实现了损耗的过度补偿，具有增益异向介质的特性。

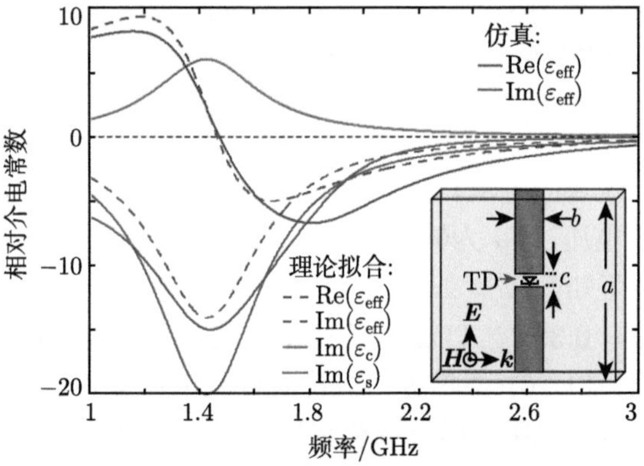

图 6.1.23　增益异向介质的等效介电常数曲线

类似地，图 6.1.24 展示了一个内嵌 TD216 的开口谐振环单元结构。根据仿真得到的 S 参数反演计算，可以获得等效磁导率 $\mu_{\rm eff}$。从图中可以观察到，该参数的实部呈现洛伦兹模型。由于 TD261 负阻效应导致过度补偿，该参数的虚部

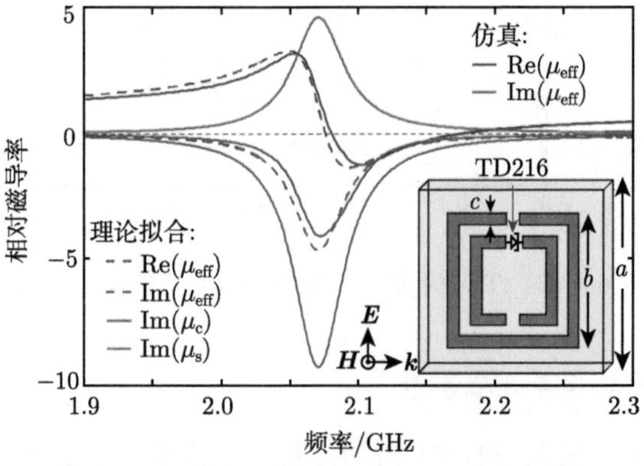

图 6.1.24　增益异向介质的等效磁导率曲线

在所有频段均为负值。理论计算得到的 μ_{eff} 以及 μ_{c} 和 μ_{s} 曲线如图 6.1.24 所示。比较仿真和理论分析结果，仿真结果与理论计算基本吻合，表明所得异向介质具有明显的增益特性。

6.2 异向介质的等效介质理论

介质的本构关系是众多微观单元电磁响应的宏观描述。对于绝缘介质，由于其内部谐振单元在外电场的作用下极化，从而产生宏观电偶极矩，导致介质内部电位移发生变化。这一现象可以通过物质的电极化率来描述。对于导电介质，内部自由电子在外部电磁场的作用下加速运动，导致宏观电偶极矩发生变化，可通过 Drude 模型或洛伦兹模型进行解释。对于由微小谐振单元结构构成的阵列，如果谐振单元未发生谐振，且阵列周期单元尺寸远小于背景介质中的波长，则可视为等效介质，采用等效介质理论来描述其宏观电磁特性。

6.2.1 Maxwell-Garnett 等效介质理论

当介质由多种材料组成时，复合介质在宏观尺度上将表现出等效介电常数和磁导率。描述该复合介质的本构关系可以通过对电位移 $\boldsymbol{D}$ 和电场 $\boldsymbol{E}$ 进行平均来完成 [26]。考虑如图 6.2.1 所示的复合介质，由多种材料颗粒复合而成。假设体积 V 中包含 N 个颗粒，对于第 j 个颗粒，其介电常数为 ε_j，体积为 v_j。若外部电场为 $\boldsymbol{E}_{\text{e}}$，则电位移 $\boldsymbol{D}$ 在体积 V 中的总积分 $\boldsymbol{I}_D$ 为

$$\boldsymbol{I}_D=\int_V \mathrm{d}v\boldsymbol{D}=\int_{V-\sum\limits_j v_j}\mathrm{d}v\varepsilon_0\boldsymbol{E}_{\text{e}}(\boldsymbol{r})+\sum_j\int_{v_j}\mathrm{d}v\varepsilon_j\boldsymbol{E}_j(\boldsymbol{r}) \tag{6.94}$$

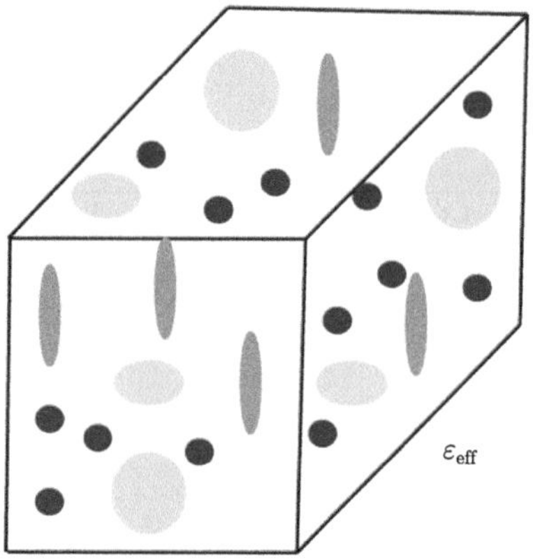

图 6.2.1 由不同材料颗粒组成的复合介质

式中，$\boldsymbol{E}_j$ 为第 j 个颗粒的内部电场。电场 $\boldsymbol{E}$ 在体积 V 中的总积分 $\boldsymbol{I}_E$ 可以表示为

$$\boldsymbol{I}_E = \int_V \mathrm{d}v \boldsymbol{E}(\boldsymbol{r}) = \int_{V-\sum\limits_j v_j} \mathrm{d}v \boldsymbol{E}_\mathrm{e}(\boldsymbol{r}) + \sum_j \int_{v_j} \mathrm{d}v \boldsymbol{E}_j(\boldsymbol{r}) \tag{6.95}$$

如果定义复合介质的等效介电常数 ε_eff，那么复合介质中的平均电位移 $\langle \boldsymbol{D} \rangle$ 和平均电场 $\langle \boldsymbol{E} \rangle$ 可以通过等效介电常数进行联系，$\langle \boldsymbol{D} \rangle = \varepsilon_\mathrm{eff} \langle \boldsymbol{E} \rangle$。复合介质中的平均电位移和平均电场为

$$\langle \boldsymbol{D} \rangle = \frac{I_D}{V} = \frac{1}{V} \left[\int_{V-\sum\limits_j v_j} \varepsilon_0 \boldsymbol{E}_\mathrm{e}(\boldsymbol{r}) \mathrm{d}v + \sum_j \int_{v_j} \varepsilon_j \boldsymbol{E}_j(\boldsymbol{r}) \mathrm{d}v \right] \tag{6.96}$$

$$\langle \boldsymbol{E} \rangle = \frac{\boldsymbol{I}_E}{V} = \frac{1}{V} \left[\int_{V-\sum\limits_j v_j} \boldsymbol{E}_\mathrm{e}(\boldsymbol{r}) \mathrm{d}v + \sum_j \int_{v_j} \boldsymbol{E}_j(\boldsymbol{r}) \mathrm{d}v \right] \tag{6.97}$$

等效介电常数为

$$\varepsilon_\mathrm{eff} = \frac{\displaystyle\int_{V-\sum\limits_j v_j} \varepsilon_0 \boldsymbol{E}_\mathrm{e}(\boldsymbol{r}) \mathrm{d}v + \sum_j \int_{v_j} \varepsilon_j \boldsymbol{E}_j(\boldsymbol{r}) \mathrm{d}v}{\displaystyle\int_{V-\sum\limits_j v_j} \boldsymbol{E}_\mathrm{e}(\boldsymbol{r}) \mathrm{d}v + \sum_j \int_{v_j} \boldsymbol{E}_j(\boldsymbol{r}) \mathrm{d}v} \tag{6.98}$$

假设所有颗粒的介电常数均为 ε_i，在体积 V 中均匀分布，并且外形大小相同，如图 6.2.2 所示。当颗粒尺寸非常小时，颗粒内部以及颗粒之间的电场可近似看作均匀的。假定颗粒内部电场均为 $\boldsymbol{E}_\mathrm{i}$，外部电场为 $\boldsymbol{E}_\mathrm{e}$，颗粒体积为 Δv，式 (6.98) 可简化为

$$\varepsilon_\mathrm{eff} = \frac{\varepsilon_0 \boldsymbol{E}_\mathrm{e}(1-f) + f\varepsilon_\mathrm{i} \boldsymbol{E}_\mathrm{i}}{\boldsymbol{E}_\mathrm{e}(1-f) + f\boldsymbol{E}_\mathrm{i}} = \frac{\varepsilon_0(1-f) + f\varepsilon_\mathrm{i} A}{(1-f) + fA} \tag{6.99}$$

式中，$f = N\Delta v V^{-1}$ 表示颗粒在复合介质中的体积分数，而 $A = E_\mathrm{i}/E_\mathrm{e}$ 代表颗粒内外电场的幅度比值。

再考虑如图 6.2.3 所示的介质小球的散射。介质小球在低频时，其内部场几乎是均匀的。根据瑞利散射理论，有

$$\boldsymbol{E}_\mathrm{in} = \frac{3\varepsilon_0}{\varepsilon_\mathrm{i} + 2\varepsilon_0} \boldsymbol{E}_\mathrm{e} \tag{6.100}$$

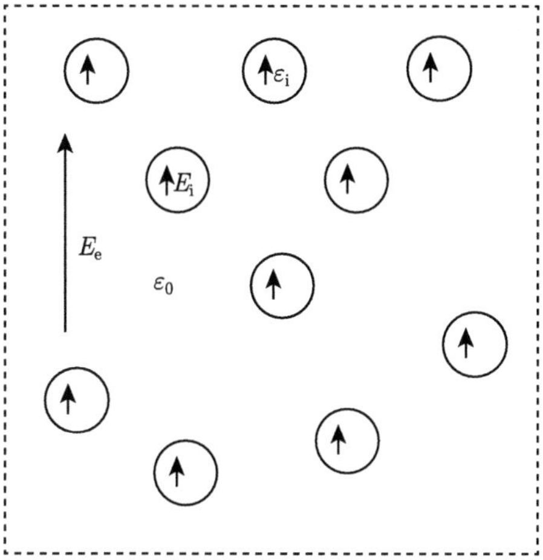

图 6.2.2 由同种材料颗粒组成的均匀复合介质

因此，$A=3\varepsilon_0(\varepsilon_i+2\varepsilon_0)^{-1}$，将其代入式 (6.99)，可以得到

$$\varepsilon_{\text{eff}}=\varepsilon_0+3f\varepsilon_0\frac{\varepsilon_i-\varepsilon_0}{\varepsilon_i+2\varepsilon_0-f(\varepsilon_i-\varepsilon_0)} \tag{6.101}$$

或

$$\frac{\varepsilon_{\text{eff}}-\varepsilon_0}{\varepsilon_{\text{eff}}+2\varepsilon_0}=f\frac{\varepsilon_i-\varepsilon_0}{\varepsilon_i+2\varepsilon_0} \tag{6.102}$$

这就是麦克斯韦–加内特 (Maxwell-Garnett) 复合介质模型方程。式 (6.102) 表示最基本的复合介质概念：当 $f=0$ 时，$\varepsilon_{\text{eff}}=\varepsilon_0$；当 $f=1$ 时，$\varepsilon_{\text{eff}}=\varepsilon_i$。

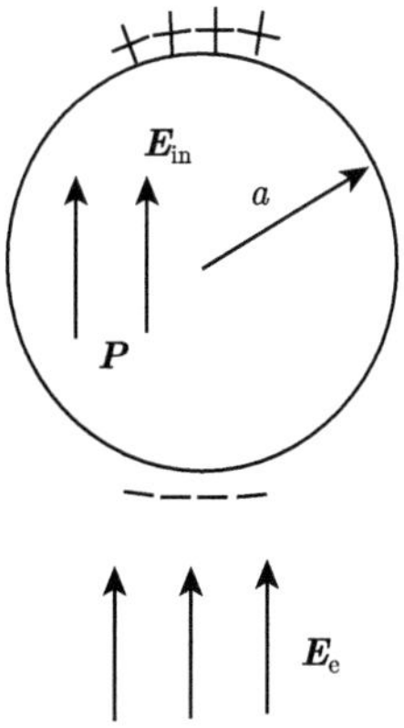

图 6.2.3 半径为 a 的介质小球被外加电场照射

介质球受到外电场极化产生的极化电偶极矩分布为

$$\boldsymbol{P}=(\varepsilon_i-\varepsilon_0)\boldsymbol{E}_{\text{in}}=\frac{3\varepsilon_0(\varepsilon_i-\varepsilon_0)}{\varepsilon_i+2\varepsilon_0}\boldsymbol{E}_e \tag{6.103}$$

因此，整个球体的极化率为

$$\alpha=\frac{3\varepsilon_0(\varepsilon_{\mathrm{i}}-\varepsilon_0)}{\varepsilon_{\mathrm{i}}+2\varepsilon_0}\frac{4\pi a^3}{3} \tag{6.104}$$

式中，a 为小球半径，将式 (6.104) 代入式 (6.103) 中，可以得到

$$\frac{\varepsilon_{\mathrm{eff}}-\varepsilon_0}{\varepsilon_{\mathrm{eff}}+2\varepsilon_0}=\frac{N\alpha}{3\varepsilon_0} \tag{6.105}$$

这就是克劳修斯–加内特（Clausius-Garnett）（或洛伦茨–洛伦兹（Lorenz-Lorentz））复合介质模型方程。

Maxwell-Garrett 复合介质模型方程只在介质颗粒很小的低频情况下才近似成立，更为精确的计算则是由 Lewin 在 1947 年完成的 [27]。当球体颗粒的尺寸与介质球 $(\varepsilon_{\mathrm{i}},\mu_{\mathrm{i}})$ 中的波长可比拟，却远小于背景介质 (ε_0,μ_0) 中的波长时，Lewin 的结论可以归结为下面的表达式

$$\varepsilon_{\mathrm{eff}}=\varepsilon_0\left(1+\frac{3v_{\mathrm{f}}}{\dfrac{F(\theta)+2b_{\mathrm{e}}}{F(\theta)-b_{\mathrm{e}}}-v_{\mathrm{f}}}\right) \tag{6.106}$$

和

$$\mu_{\mathrm{eff}}=\mu_0\left(1+\frac{3f}{\dfrac{F(\theta)+2b_{\mathrm{m}}}{F(\theta)-b_{\mathrm{m}}}-f}\right) \tag{6.107}$$

式中，$b_{\mathrm{e}}=\varepsilon_0\varepsilon_{\mathrm{i}}^{-1}$，$b_{\mathrm{m}}=\mu_0\mu_{\mathrm{i}}^{-1}$，$f=4\pi a^3(3p^3)^{-1}$ 为球体颗粒的体积分数，p 为混合介质的晶格常数，而

$$F(\theta)=\frac{2(\sin\theta-\theta\cos\theta)}{(\theta^2-1)\sin\theta+\theta\cos\theta} \tag{6.108}$$

式中，$\theta=k_0a\sqrt{\varepsilon_{\mathrm{i}}\mu_{\mathrm{i}}}$，$k_0$ 为自由空间中的波矢。当球体颗粒的介电常数和磁导率比较大且球体的半径与球体中的波长可比拟时，复合介质所具有的等效介电常数将随频率变化而呈现出色散特性，其值可以为负。

6.2.2 分层介质等效介质理论

考虑如图 6.2.4 所示的周期分层介质，由介电常数为 ε_1 和 ε_2 的两种介质层组成，其中介质 1 在分层介质中的体积分数记为 f_1，介质 2 的体积分数记为

$f_2 = 1 - f_1$。当介质层的厚度远小于波长时，分层介质可以用等效介质参数进行表征。与 Maxwell-Garnett 等效介质理论的分析类似，描述分层介质的本构关系同样可以通过对电位移 $\boldsymbol{D}$ 和电场 $\boldsymbol{E}$ 进行平均来完成。

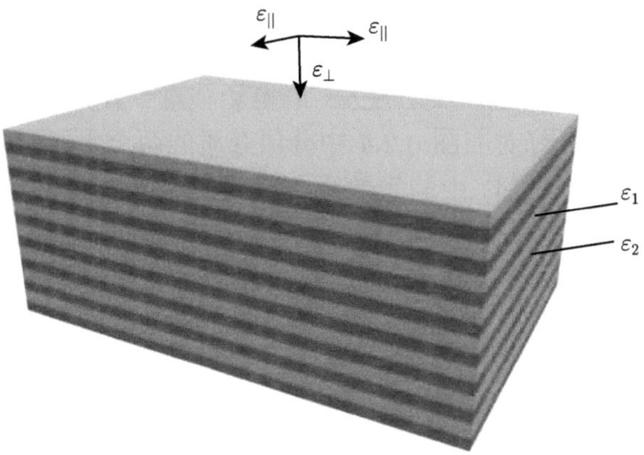

图 6.2.4 周期分层介质示意图

对于任意极化的电磁波，该分层介质的本构参数满足

$$\boldsymbol{D}_i = \varepsilon_i \boldsymbol{E}_i \tag{6.109}$$

式中，下标 i 是 1 或 2 表示分层介质中的介质 1 或介质 2，也可以是 e 表示周期分层介质。当入射波的极化方向平行于分层介质的界面时，该分层介质的平均电位移 $\langle \boldsymbol{D}_{\mathrm{e}} \rangle$ 可以表示为

$$\langle \boldsymbol{D}_{\mathrm{e}} \rangle = f_1 \boldsymbol{D}_1 + f_2 \boldsymbol{D}_2 \tag{6.110}$$

结合式 (6.109) 和式 (6.110)，可以得到当电场沿分层介质的界面方向时，分层介质的等效介电常数为

$$\varepsilon_{\parallel} = f_1 \varepsilon_1 + f_2 \varepsilon_2 \tag{6.111}$$

当入射波的极化方向垂直于分层介质的界面时，由于不存在表面电荷，电位移 $\boldsymbol{D}$ 必须是连续的，而分层介质中的等效电场则可以通过加权平均的方式

$$\boldsymbol{D}_1 = \boldsymbol{D}_2 = \boldsymbol{D}_{\mathrm{e}} \tag{6.112}$$

$$\langle \boldsymbol{E}_{\mathrm{e}} \rangle = f_1 \boldsymbol{E}_1 + f_2 \boldsymbol{E}_2 \tag{6.113}$$

可以得到

$$\varepsilon_{\perp} = \frac{\varepsilon_1 \varepsilon_2}{f_2 \varepsilon_1 + f_1 \varepsilon_2} \tag{6.114}$$

另一方面，也可以通过布鲁格曼（Bruggeman）等效介质理论 [28]，并考虑形状效应的修正得到分层介质的等效介电常数

$$f_1\frac{\varepsilon_1-\varepsilon}{\varepsilon_1+\kappa\varepsilon}+f_2\frac{\varepsilon_2-\varepsilon}{\varepsilon_2+\kappa\varepsilon}=0 \tag{6.115}$$

上述方程中的参数 κ 代表介质对外部场的屏蔽。当分层介质的分界面与电场平行时，屏蔽因子 κ 达到最大值，为无穷大；当电场垂直于分界面时，屏蔽因子 κ 为零。这两种极端情况正好对应图 6.2.4 中分层介质的两个主要取向。

式 (6.111) 和式 (6.114) 中的等效介电常数公式可以推广到由两种以上介质构成的周期分层介质

$$\varepsilon_{\parallel}=\sum_i f_i\varepsilon_i \tag{6.116}$$

$$\varepsilon_{\perp}^{-1}=\sum_i f_i\varepsilon_i^{-1} \tag{6.117}$$

在上述公式中，对于整个分层介质来说，需要满足 $\sum f_i=1$。因此，当电场平行于分界面时，分层介质的介电常数等于其所有组成介质的介电常数的加权算术平均值，而当电场垂直于分界面时，介电常数取所有组成介质的介电常数的加权调和平均值。对于两种介质组成的周期分层介质，式 (6.111) 和式 (6.114) 中的等效介电常数给出了分层介质等效介电常数的上限和下限。这个事实最早是由 Wiener 在 1912 年揭示的 [29]，因此式 (6.111) 和式 (6.114) 中的表达式有时被称为维纳界限。复介电常数平面可用于清晰地展示分层金属介质结构的维纳界限，其实部和虚部分别对应水平和垂直轴 [30]。介质 1 或介质 2 的介电常数 ε_1 或 ε_2 在复平面上由一个孤立的点表示。当改变分层介质的体积分数 f_1 和 f_2 时，式 (6.111) 中的 $\varepsilon_{\parallel}$ 沿着连接 ε_1 和 ε_2 的直线变化，而式 (6.114) 中的 $\varepsilon_{\perp}$ 则通过 ε_1、ε_2 和原点的圆弧变化 [31]。

为了说明这个情景，在图 6.2.5 中绘制了波长为 600nm 的钛硅分层介质的维纳界限。钛和硅的介电常数分别为 $\varepsilon_1=-4+12\mathrm{i}$ 和 $\varepsilon_2=15+0.2\mathrm{i}$[32]。当金属体积分数从 $f=0$ 变化到 $f=1$ 时，$\varepsilon_{\parallel}$ 沿实线从 ε_2 变化到 ε_1，而 $\varepsilon_{\perp}$ 随着虚线圆弧变化。对于固定的体积分数，图 6.2.5 定义了一条细曲线与式 (6.115) 的 Bruggeman 等效介质理论相关，给出了分层介质等效介电常数的所有可能值。需要注意的是，对于给定的 f，细曲线位于相同体积分数的维纳界限上的两点之间。

对于给定介质，维纳界限提供了一个方便的工具，用于估计分层介质等效介电常数的范围。采用分层金属介质结构，其等效介电常数有可能达到自然介质中很难获得的数值。例如，当电场平行于分界面时，若介质的损耗较小，且满足 $f_1/f_2=-\varepsilon_2/\varepsilon_1$，则分层金属介质结构的等效介电常数可以接近零。而当电场垂直于分界

面时，若满足 $f_1/f_2=-\varepsilon_1/\varepsilon_2$，则分层金属介质结构的等效介电常数可以接近于无穷大。从图 6.2.5 的复介电常数平面可以发现，当 ε_1 和 ε_2 的虚部很小时，对应于 $f=0$ 和 $f=1$ 的两点都紧靠水平轴，因此对应 $\varepsilon_\perp$ 的圆弧将延伸到无穷大的值。

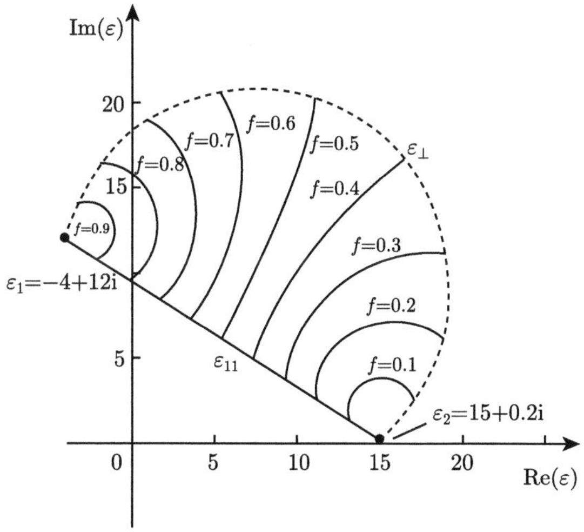

图 6.2.5　钛硅分层介质在 $\lambda=600\text{nm}$ 处的维纳界限

6.3 异向介质的转移矩阵理论

若所设计的异向介质结构较为复杂,往往会增加对其电磁特性的表征难度,导致双各向同性和双各向异性等电磁特性。因此，在复杂的异向介质结构中，电磁波在传播过程中往往会伴随交叉极化。鉴于此，若仍采用等效介质参数提取方法来表征其电磁响应，需要提前获得异向介质的等效本构参数形式，这极大地提高了表征难度。此外，即便获得了每一层异向介质的等效电磁参数，在设计分层异向介质结构时，仍需根据复杂的等效电磁参数推算其散射特性，这也是一项艰巨的任务。因此，在复杂分层异向介质结构的设计中，等效介质参数的表征方法不再具有显著的优势。

针对这一问题，接下来将介绍如何利用转移矩阵法计算分层异向介质结构的电磁响应。首先考虑如图 6.3.1（a）所示的单层异向介质的散射问题，假设异向介质结构位于介质 m 和介质 n 之间，当异向介质的周期和厚度均远小于波长时，只有零级散射波会被反射或者透射，此时可以将异向介质结构看成一个零厚度的阻抗调节表面。该异向介质表面会调节反射波和透射波的极化、相位和幅度。为了简化计算，仅考虑垂直入射的情况，入射端口的两个正交模式分别为 x 极化波

和 y 极化波。将两种介质中的前向波和后向波分别表示为 $E^{\mathrm{f}}_{\mathrm{m}x}$、$E^{\mathrm{f}}_{\mathrm{m}y}$、$E^{\mathrm{f}}_{\mathrm{n}x}$、$E^{\mathrm{f}}_{\mathrm{n}y}$ 和 $E^{\mathrm{b}}_{\mathrm{m}x}$、$E^{\mathrm{b}}_{\mathrm{m}y}$、$E^{\mathrm{b}}_{\mathrm{n}x}$、$E^{\mathrm{b}}_{\mathrm{n}y}$，下标 m 和 n 分别代表介质 m 和介质 n，x 和 y 代表电磁波的极化模式，f 和 b 分别代表前向波和后向波。在仿真中，可以得到该二端口网络的散射参数包括对应于不同模式的反射和透射系数等 16 个参数，分别表示为

$$\boldsymbol{R}_{\mathrm{mm}} = \begin{bmatrix} r_{\mathrm{m}x;\mathrm{m}x} & r_{\mathrm{m}x;\mathrm{m}y} \\ r_{\mathrm{m}y;\mathrm{m}x} & r_{\mathrm{m}y;\mathrm{m}y} \end{bmatrix}, \quad \boldsymbol{T}_{\mathrm{nm}} = \begin{bmatrix} t_{\mathrm{n}x;\mathrm{m}x} & t_{\mathrm{n}x;\mathrm{m}y} \\ t_{\mathrm{n}y;\mathrm{m}x} & t_{\mathrm{n}y;\mathrm{m}y} \end{bmatrix} \tag{6.118}$$

$$\boldsymbol{R}_{\mathrm{nn}} = \begin{bmatrix} r_{\mathrm{n}x;\mathrm{n}x} & r_{\mathrm{n}x;\mathrm{n}y} \\ r_{\mathrm{n}y;\mathrm{n}x} & r_{\mathrm{n}y;\mathrm{n}y} \end{bmatrix}, \quad \boldsymbol{T}_{\mathrm{mn}} = \begin{bmatrix} t_{\mathrm{m}x;\mathrm{n}x} & t_{\mathrm{m}x;\mathrm{n}y} \\ t_{\mathrm{m}y;\mathrm{n}x} & t_{\mathrm{m}y;\mathrm{n}y} \end{bmatrix} \tag{6.119}$$

式中，$\boldsymbol{R}_{\mathrm{mm}}$ 和 $\boldsymbol{T}_{\mathrm{nm}}$ 分别是从介质 m 端入射的反射矩阵和透射矩阵，$\boldsymbol{R}_{\mathrm{nn}}$ 和 $\boldsymbol{T}_{\mathrm{mn}}$ 分别是从介质 n 端入射的反射矩阵和透射矩阵。以 $t_{\mathrm{n}x;\mathrm{m}y}$ 为例，这个参数代表了 $\hat{\boldsymbol{y}}$ 方向极化的电磁波从介质 m 中入射，进入介质 n 后的交叉极化透射系数。这种由介质 m、介质 n 以及异向介质层构成的二端口网络可以用一个转移矩阵来表征其电磁响应 [33]

$$\left(E^{\mathrm{f}}_{\mathrm{n}x}, E^{\mathrm{f}}_{\mathrm{n}y}, E^{\mathrm{b}}_{\mathrm{n}x}, E^{\mathrm{b}}_{\mathrm{n}y}\right)^{\mathrm{T}} = \boldsymbol{M}_{\mathrm{nm}}\left(E^{\mathrm{f}}_{\mathrm{m}x}, E^{\mathrm{f}}_{\mathrm{m}y}, E^{\mathrm{b}}_{\mathrm{m}x}, E^{\mathrm{b}}_{\mathrm{m}y}\right)^{\mathrm{T}} \tag{6.120}$$

式中，$\boldsymbol{M}_{\mathrm{nm}}$ 是一个 4×4 的矩阵，通过它可以得到异向介质两侧的前向和后向电磁波的关系式，通常称其为介质 m 到介质 n 的转移矩阵。转移矩阵 $\boldsymbol{M}_{\mathrm{nm}}$ 的表达式为

$$\boldsymbol{M}_{\mathrm{nm}} = \begin{pmatrix} \bar{\bar{\boldsymbol{I}}} & -\boldsymbol{R}_{\mathrm{nn}} \\ 0 & \boldsymbol{T}_{\mathrm{mn}} \end{pmatrix}^{-1} \begin{pmatrix} \boldsymbol{T}_{\mathrm{nm}} & 0 \\ -\boldsymbol{R}_{\mathrm{mm}} & \bar{\bar{\boldsymbol{I}}} \end{pmatrix} \tag{6.121}$$

式中，$\bar{\bar{\boldsymbol{I}}}$ 是 2×2 的单位矩阵。

对于多层介质叠加而成的复杂系统，可以级联各个二端口网络得到总的转移矩阵。以如图 6.3.1（b）所示的结构为例，电磁波从介质 a 端入射，经过由多层介质和多层异向介质组成的复杂结构到达介质 b，其中相邻两层介质由一层异向介质结构连接。这个系统的总转移矩阵 $\boldsymbol{M}$ 可以表示为

$$\left(E^{\mathrm{f}}_{\mathrm{b}x}, E^{\mathrm{f}}_{\mathrm{b}y}, E^{\mathrm{b}}_{\mathrm{b}x}, E^{b}_{by}\right)^{\mathrm{T}} = \boldsymbol{M}\left(E^{\mathrm{f}}_{\mathrm{a}x}, E^{\mathrm{f}}_{\mathrm{a}y}, E^{\mathrm{b}}_{\mathrm{a}x}, E^{\mathrm{b}}_{\mathrm{a}y}\right)^{\mathrm{T}} \tag{6.122}$$

$$\boldsymbol{M} = \boldsymbol{M}_{\mathrm{b}n}\boldsymbol{P}_n \cdots \boldsymbol{M}_{32}\boldsymbol{P}_2\boldsymbol{M}_{21}\boldsymbol{P}_1\boldsymbol{M}_{1\mathrm{a}} \tag{6.123}$$

式中，$\boldsymbol{P}_i = \mathrm{diag}\left[\exp(\mathrm{i}k_0 n_i d_i), \exp(\mathrm{i}k_0 n_i d_i), \exp(-\mathrm{i}k_0 n_i d_i), \exp(-\mathrm{i}k_0 n_i d_i)\right]$ 是第 i 层介质中的传输矩阵，n_i 和 d_i 分别是介质 i 的折射率和厚度，k_0 是自由空间中的波矢。

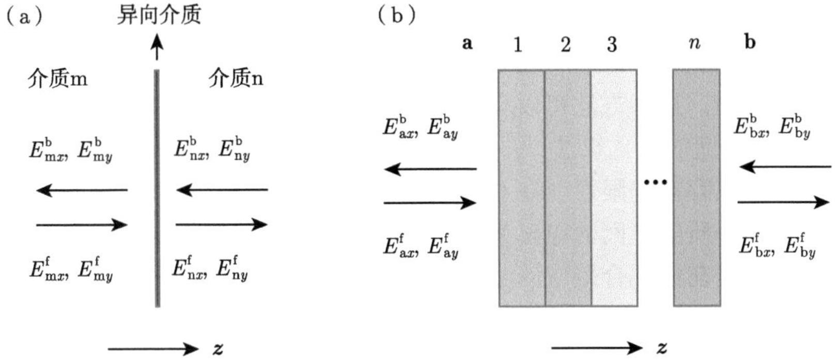

图 6.3.1 分层异向介质的透反射问题

接下来介绍如何从转移矩阵 $\boldsymbol{M}$ 中获取分层异向介质的散射参数。考虑电磁波从介质 a 中入射的情况，即令 $E^{\rm b}_{{\rm b}x}=0$，$E^{\rm b}_{{\rm b}y}=0$。此时，式 (6.122) 形式变为

$$\left(E^{\rm f}_{{\rm b}x}, E^{\rm f}_{{\rm b}y}, 0, 0\right)^{\rm T} = \boldsymbol{M}\left(E^{\rm f}_{{\rm a}x}, E^{\rm f}_{{\rm a}y}, E^{\rm b}_{{\rm a}x}, E^{\rm b}_{{\rm a}y}\right)^{\rm T} \tag{6.124}$$

将转移矩阵 $\boldsymbol{M}$ 进行分块，可以得到以下表达式

$$\begin{pmatrix} E^{\rm f}_{{\rm b}x} \\ E^{\rm f}_{{\rm b}y} \end{pmatrix} = \begin{pmatrix} m_{11} & m_{12} \\ m_{21} & m_{22} \end{pmatrix}\begin{pmatrix} E^{\rm f}_{{\rm a}x} \\ E^{\rm f}_{{\rm a}y} \end{pmatrix} + \begin{pmatrix} m_{13} & m_{14} \\ m_{23} & m_{24} \end{pmatrix}\begin{pmatrix} E^{\rm b}_{{\rm a}x} \\ E^{\rm b}_{{\rm a}y} \end{pmatrix} \tag{6.125}$$

$$\begin{pmatrix} 0 \\ 0 \end{pmatrix} = \begin{pmatrix} m_{31} & m_{32} \\ m_{41} & m_{42} \end{pmatrix}\begin{pmatrix} E^{\rm f}_{{\rm a}x} \\ E^{\rm f}_{{\rm a}y} \end{pmatrix} + \begin{pmatrix} m_{33} & m_{34} \\ m_{43} & m_{44} \end{pmatrix}\begin{pmatrix} E^{\rm b}_{{\rm a}x} \\ E^{\rm b}_{{\rm a}y} \end{pmatrix} \tag{6.126}$$

式中，m_{ij} 代表转移矩阵 $\boldsymbol{M}$ 的第 i 行第 j 列的元素，由此可以得到整个分层异向介质的反射矩阵 $\boldsymbol{R}$ 和透射矩阵 $\boldsymbol{T}$

$$\boldsymbol{R} = -\begin{pmatrix} m_{33} & m_{34} \\ m_{43} & m_{44} \end{pmatrix}^{-1}\begin{pmatrix} m_{31} & m_{32} \\ m_{41} & m_{42} \end{pmatrix} \tag{6.127}$$

$$\boldsymbol{T} = \begin{pmatrix} m_{11} & m_{12} \\ m_{21} & m_{22} \end{pmatrix} - \begin{pmatrix} m_{13} & m_{14} \\ m_{23} & m_{24} \end{pmatrix}\begin{pmatrix} m_{33} & m_{34} \\ m_{43} & m_{44} \end{pmatrix}^{-1}\begin{pmatrix} m_{31} & m_{32} \\ m_{41} & m_{42} \end{pmatrix} \tag{6.128}$$

综上所述，通过对转移矩阵的讨论和分析，可以得出分析分层异向介质电磁响应的一般方法。首先，需要通过数值仿真或者理论计算得到每一层异向介质结构的转移矩阵 $\boldsymbol{M}_{\rm nm}$，然后根据式 (6.123) 写出整体结构的总转移矩阵 $\boldsymbol{M}$。通过式 (6.127) 和式 (6.128) 得到分层异向介质的反射矩阵和透射矩阵，以此来表征整

体结构的电磁响应。和等效介质参数提取法相比，这种方法的优点是直接考虑异向介质的电磁响应本身，而不需要分析各种结构的等效电磁参数形式。在复杂的异向介质结构中，这种方法可以有效降低设计难度。尤其是在分层异向介质设计中，可以结合合适的优化算法，寻找各层介质的厚度和参数，从而减少工作量。当然，这种方法也存在局限性。在对分层异向介质进行分层和单独分析时，可能会忽略不同异向介质层之间的电磁耦合，从而导致一定的性能误差。然而，针对特定问题，尤其是在低耦合效应的分层异向介质结构设计中，该方法仍然具有相当程度的实用性和便捷性。

6.4　异向介质的对称性分析理论

由于异向介质的多样性和结构复杂性，直接通过等效介质参数提取法或转移矩阵计算来定量表征异向介质的电磁响应，可能导致设计过程烦琐且低效。此外，近期的研究表明，等效介质参数提取法在某些特殊情况下 (如非局域效应、空间色散等) 不再可靠 [34−37]。因此，需要一种合适的方法对异向介质结构的电磁响应进行定性判断，从而指导后续的结构设计。这一部分将讨论如何通过分析结构的对称性来判断异向介质结构的电磁响应，尤其是其对电磁波极化的控制能力。这种对称性分析的方法能够很好地解释各种奇特电磁现象，包括各向异性、旋光性、手征特性和非对称传输等。

异向介质的电磁响应通常可以通过透射和反射系数、极化旋转、极化转化等参数进行表征 [38,39]。所有这些参数均可以由一个名为琼斯矩阵的方法得到，它可以将复杂的电磁场简化为一系列简单的线性关系，从而方便进行分析和计算。琼斯矩阵包括反射矩阵和透射矩阵，分别描述了入射波和反射波、入射波和透射波的内在关系。以透射矩阵 $\boldsymbol{T}$ 为例，这个 2×2 矩阵中的四个复变量反映了平板介质的频率特性。在只产生零阶布洛赫模式的情况下，与此相关的琼斯运算可以用来描述和分析一个异向介质平板在任意极化波入射时的透射现象。

接下来介绍如何用琼斯透射矩阵 $\boldsymbol{T}$ 和对称性分析手段来表征异向介质平板的电磁特性 [40]。首先回顾一下如何用矩阵运算来表征平板介质的电磁响应，假设平面波沿着 $+\hat{\boldsymbol{z}}$ 方向传播，垂直入射到介质表面，则可以将入射波和透射波分别写成琼斯矢量形式

$$\boldsymbol{E}_{\mathrm{i}}(\boldsymbol{r},t)=\begin{pmatrix}E_{\mathrm{i}x}\\E_{\mathrm{i}y}\end{pmatrix}\exp\left[\mathrm{i}\left(kz-\omega t\right)\right] \tag{6.129}$$

$$\boldsymbol{E}_{\mathrm{t}}(\boldsymbol{r},t)=\begin{pmatrix}E_{\mathrm{t}x}\\E_{\mathrm{t}y}\end{pmatrix}\exp\left[\mathrm{i}\left(kz-\omega t\right)\right] \tag{6.130}$$

式中，k 是介质中的波矢，复数 $E_{\mathrm{i}x}$ 和 $E_{\mathrm{i}y}$ 分别表示入射电场在 $\hat{\boldsymbol{x}}$ 和 $\hat{\boldsymbol{y}}$ 方向的分量，$E_{\mathrm{t}x}$ 和 $E_{\mathrm{t}y}$ 则表示透射波的两个电场分量。通过这两个电场分量可以计算反射场和透射场的极化性质。

假设异向介质平板放置在均匀介质，单元结构的周期沿着 x 轴和 y 轴方向。对于相干的情况，不需要用缪勒运算来考虑电磁波的非相关性。琼斯矩阵可以用来表征异向介质平板的透反射性质，以透射矩阵 $\boldsymbol{T}$ 为例

$$\begin{pmatrix} E_{\mathrm{t}x} \\ E_{\mathrm{t}y} \end{pmatrix} = \begin{pmatrix} T_{xx} & T_{xy} \\ T_{yx} & T_{yy} \end{pmatrix} \begin{pmatrix} E_{\mathrm{i}x} \\ E_{\mathrm{i}y} \end{pmatrix} = \begin{pmatrix} A & B \\ C & D \end{pmatrix} \begin{pmatrix} E_{\mathrm{i}x} \\ E_{\mathrm{i}y} \end{pmatrix} = \boldsymbol{T}^{\mathrm{f}} \begin{pmatrix} E_{\mathrm{i}x} \\ E_{\mathrm{i}y} \end{pmatrix} \tag{6.131}$$

式中，上标 f 表示电磁波前向传播。对于互异介质，后向透射矩阵可以表示为

$$\boldsymbol{T}^{\mathrm{b}} = \begin{pmatrix} T_{xx} & -T_{yx} \\ -T_{xy} & T_{yy} \end{pmatrix} = \begin{pmatrix} A & -C \\ -B & D \end{pmatrix} \tag{6.132}$$

这里非对角项的负号是由坐标系的旋转引起的。特别地，对于式 (6.131) 和式 (6.132) 所表述的前向和后向透射矩阵（$\boldsymbol{T}^{\mathrm{f}}$，$\boldsymbol{T}^{\mathrm{b}}$）关系，其基于的坐标变换是 $x^{\mathrm{b}} = \pm x^{\mathrm{f}}$，$y^{\mathrm{b}} = \mp y^{\mathrm{f}}$。从上述公式中可以发现，不管电磁波从哪边入射，透射矩阵 $\boldsymbol{T}$ 都包含了表征平板介质透射特性所需要的全部信息。

在实际应用中，坐标系的选择较为复杂，因此如何得到任意坐标系下的透射矩阵就是一个非常重要的问题。假定矢量 $\boldsymbol{i}$ 和 $\boldsymbol{t}$ 分别代表在一个任意坐标系下的入射场和透射场。通过坐标变换，可以得到笛卡儿坐标系下的入射场和透射场矢量的表达式，分别为 $\boldsymbol{i}_{\mathrm{c}} = \boldsymbol{\Lambda i}$ 和 $\boldsymbol{t}_{\mathrm{c}} = \boldsymbol{\Lambda t}$，其中 $\boldsymbol{\Lambda}$ 是坐标转移矩阵。新坐标系下的透射矩阵的表达式 $\boldsymbol{T}_{\mathrm{new}}$ 满足

$$\boldsymbol{t}_{\mathrm{c}} = \boldsymbol{T}\boldsymbol{i}_{\mathrm{c}} \to \boldsymbol{t} = \boldsymbol{\Lambda}^{-1}\boldsymbol{T}\boldsymbol{\Lambda}\boldsymbol{i} = \boldsymbol{T}_{\mathrm{new}}\boldsymbol{i} = \begin{pmatrix} T_{11} & T_{12} \\ T_{21} & T_{22} \end{pmatrix} \begin{pmatrix} i_1 \\ i_2 \end{pmatrix} \tag{6.133}$$

以圆极化为例,将矢量坐标变换到圆极化基的转移矩阵为 $\boldsymbol{\Lambda} = \dfrac{1}{\sqrt{2}}\begin{pmatrix} 1 & 1 \\ \mathrm{i} & -\mathrm{i} \end{pmatrix}$，矩阵中的两个列矢量是新坐标系下的特征矢量。根据式 (6.133)，可以得到针对圆极化模式的透射矩阵

$$\begin{aligned} \boldsymbol{T}_{\mathrm{circ}}^{\mathrm{f}} &= \begin{pmatrix} T_{++} & T_{+-} \\ T_{-+} & T_{--} \end{pmatrix} \\ &= \frac{1}{2}\begin{pmatrix} T_{xx} + T_{yy} + \mathrm{i}\,(T_{xy} - T_{yx}) & T_{xx} - T_{yy} - \mathrm{i}\,(T_{xy} + T_{yx}) \\ T_{xx} - T_{yy} + \mathrm{i}\,(T_{xy} + T_{yx}) & T_{xx} + T_{yy} - \mathrm{i}\,(T_{xy} - T_{yx}) \end{pmatrix} \end{aligned} \tag{6.134}$$

入射圆极化波和透射圆极化波的关系可以简单地用式 (6.134) 得到的圆极化透射矩阵来描述：$\begin{pmatrix} t_+ \\ t_- \end{pmatrix} = \boldsymbol{T}_{\text{circ}}^{\text{f}} \begin{pmatrix} i_+ \\ i_- \end{pmatrix}$。特别地，根据式 (6.132) 和式 (6.134)，可以进一步得到后向透射矩阵

$$\boldsymbol{T}_{\text{circ}}^{\text{b}} = \begin{pmatrix} T_{++} & -T_{-+} \\ -T_{+-} & T_{--} \end{pmatrix} \tag{6.135}$$

由于结构的对称性直接影响透射矩阵的特征值和特征矢量，因此对矩阵的本征值进行分析是研究其电磁响应的有效手段。考虑如下的特征值问题

$$\begin{pmatrix} A & B \\ C & D \end{pmatrix} \begin{pmatrix} E_{\text{i}x} \\ E_{\text{i}y} \end{pmatrix} = \kappa \begin{pmatrix} E_{\text{i}x} \\ E_{\text{i}j} \end{pmatrix} \tag{6.136}$$

式中，κ 是特征值，通过求解特征值方程，可以得到特征值的表达式

$$\kappa_{1,2} = \frac{1}{2}\left[(A+D) \pm \sqrt{(A-D)^2 + 4BC}\right] \tag{6.137}$$

特征值 $\kappa_{1,2}$ 描述了极化本征态（即特征矢量）的透射系数。通过这些特征值，还可以进一步得到本征态（特征矢量）的具体表达式

$$\boldsymbol{i}_1 = \begin{pmatrix} 1 \\ \dfrac{\kappa_1 - A}{B} \end{pmatrix} = \begin{pmatrix} 1 \\ R_1 \text{e}^{\text{i}\varphi_1} \end{pmatrix}, \quad \boldsymbol{i}_2 = \begin{pmatrix} 1 \\ \dfrac{\kappa_2 - A}{B} \end{pmatrix} = \begin{pmatrix} 1 \\ \dfrac{1}{R_2}\text{e}^{-\text{i}\varphi_2} \end{pmatrix} \tag{6.138}$$

式中，$R_1\text{e}^{\text{i}\varphi_1} = \dfrac{X}{2B}$，$R_2\text{e}^{\text{i}\varphi_2} = -\dfrac{X}{2C}$，$X = -(A-D) + \sqrt{(A-D)^2 + 4BC}$。一旦确定了结构的特征值和本征态，就可以推导出其透射矩阵的表达式，并根据这些信息判断介质的电磁特性。

接下来详细介绍对称性分析方法，并深入阐述结构的对称性如何影响异向介质平板的透射和反射。以透射矩阵 $\boldsymbol{T}$ 为例，假定平板结构的法线为 $\hat{\boldsymbol{z}}$ 方向，即电磁波沿着 z 轴入射。将该平板结构绕着 z 轴旋转一个角度后，结构的透射矩阵可以通过以下矩阵运算获得

$$\boldsymbol{T}_{\text{new}} = D_{\varphi}^{-1}\boldsymbol{T}D_{\varphi}, \quad \boldsymbol{D}_{\varphi} = \begin{pmatrix} \cos\varphi & \sin\varphi \\ -\sin\varphi & \cos\varphi \end{pmatrix} \tag{6.139}$$

根据式 (6.139) 旋转矩阵运算的基本法则，可以有效地分析旋转对称性对透射矩阵的影响。如果一个结构绕着 z 轴旋转 $360°/n$ 后结构保持不变，则称该结构具有 C_n

对称性,n 为一个正整数。以 C_2 对称性为例,此时旋转矩阵为 $\boldsymbol{D}_\pi=\begin{pmatrix}-1 & 0\\ 0 & -1\end{pmatrix}$,代入式 (6.139) 得到

$$D_\pi^{-1}\boldsymbol{T}^{\mathrm{f}}D_\pi=\begin{pmatrix}A & B\\ B & D\end{pmatrix}\equiv\boldsymbol{T}_{\mathrm{new}}^{\mathrm{f}} \tag{6.140}$$

因此,C_2 对称性并不影响和改变透射矩阵的形式。

如果结构具有 C_3 或者 C_4 对称性,此时旋转矩阵分别为

$$D_{2\pi/3}=\begin{pmatrix}-1/2 & \sqrt{3}/2\\ -\sqrt{3}/2 & -1/2\end{pmatrix}\quad \text{和}\quad D_{\pi/2}=\begin{pmatrix}0 & 1\\ -1 & 0\end{pmatrix}$$

代入式 (6.139) 并令 $\boldsymbol{T}_{\mathrm{new}}^{\mathrm{f}}=\boldsymbol{T}^{\mathrm{f}}$,可以得到这两种对称性($C_3$、$C_4$)的透射矩阵均满足以下形式

$$\boldsymbol{T}^{\mathrm{f}}=\begin{pmatrix}A & B\\ -B & A\end{pmatrix} \tag{6.141}$$

即对角项相同,非对角项反号。根据式 (6.134),得到相应的圆极化模式的透射矩阵

$$\boldsymbol{T}_{\mathrm{circ}}^{\mathrm{f}}=\begin{pmatrix}T_{++} & T_{+-}\\ T_{-+} & T_{--}\end{pmatrix}=\begin{pmatrix}A+\mathrm{i}B & 0\\ 0 & A-\mathrm{i}B\end{pmatrix} \tag{6.142}$$

在没有其他镜面对称的情况下,$T_{++}\neq T_{--}$,表示左旋圆极化波和右旋圆极化波具有不同的透射率,因此当线极化波通过这类介质时,电场的极化方向会发生偏转,这种性质称为旋光性,是手征介质最为常见的现象之一。另外,圆极化透射矩阵的非对角项为零,说明对于具有 C_3 或 C_4 对称性的介质,圆极化波在传播时不会发生不同极化模式之间的转化。

接下来讨论镜面对称对异向介质电磁响应的影响。以 x-z 平面的镜面对称为例,将结构关于 x-z 平面做镜面翻转,新结构的透射矩阵可以通过乘以相应的变换矩阵 $\boldsymbol{M}_x$ 得到

$$\boldsymbol{T}_{\mathrm{new}}^{\mathrm{f}}=\boldsymbol{M}_x^{-1}\boldsymbol{T}^{\mathrm{f}}\boldsymbol{M}_x=\begin{pmatrix}A & -B\\ -C & D\end{pmatrix},\quad \boldsymbol{M}_x=\begin{pmatrix}1 & 0\\ 0 & -1\end{pmatrix} \tag{6.143}$$

由于翻转前后结构完全一样,因此相应的透射矩阵也应该保持一致,即 $\boldsymbol{T}_{\mathrm{new}}^{\mathrm{f}}=\boldsymbol{T}^{\mathrm{f}}$,为满足这个条件,透射矩阵的非对角线项则必须为 0

$$\boldsymbol{T}^{\mathrm{f}}=\begin{pmatrix}A & 0\\ 0 & D\end{pmatrix} \tag{6.144}$$

因此，如果一个结构关于 x-z 平面具有镜面对称的性质，那么它的透射矩阵只含有对角项，该结构可视为光轴沿着 x 轴或者 y 轴的异向介质。类似地，关于 y-z 平面镜像对称的结构也具有同样形式的透射矩阵。在这种透射矩阵为对角阵的系统中，其极化本征态为线极化波，所以这类结构不具有手征特性。

对于在 x-y 平面上镜面对称的结构，可以将其在 x-z 平面（即沿 x 轴）做镜面翻转。在这种操作下，新的结构与从后面观察原先的结构完全相同，因此新结构的前向透射矩阵与原结构的后向透射矩阵相同

$$\boldsymbol{M}_x^{-1}\boldsymbol{T}^{\mathrm{f}}\boldsymbol{M}_x = \boldsymbol{T}^{\mathrm{b}} \to \boldsymbol{T}^{\mathrm{f}} = \begin{pmatrix} A & B \\ B & D \end{pmatrix} \tag{6.145}$$

即透射矩阵的非对角项相同。圆极化透射矩阵为

$$\boldsymbol{T}_{\mathrm{circ}}^{\mathrm{f}} = \begin{pmatrix} T_{++} & T_{+-} \\ T_{-+} & T_{--} \end{pmatrix} = \frac{1}{2}\begin{pmatrix} A+D & A-D-\mathrm{i}2B \\ A-D+\mathrm{i}2B & A+D \end{pmatrix} \tag{6.146}$$

此时，圆极化透射矩阵的对角项相同（$T_{++} = T_{--}$），因此该类结构不会引起由手征特性导致的旋光现象。对于右旋极化波（+），根据式 (6.144)，可以计算得到前向和后向的总透射率分别为 $\tau^{\mathrm{f}} = |T_{++}|^2 + |T_{-+}|^2$ 和 $\tau^{\mathrm{b}} = |T_{++}|^2 + |T_{+-}|^2$，因此非对角项的不同（$T_{+-} - T_{-+} = -\mathrm{i}2B$）会带来非对称传输的现象。此时该结构的本征态为

$$\boldsymbol{i}_1 = \begin{pmatrix} 1 \\ R\mathrm{e}^{\mathrm{i}\varphi} \end{pmatrix}, \quad \boldsymbol{i}_2 = \begin{pmatrix} 1 \\ -\dfrac{1}{R}\mathrm{e}^{-\mathrm{i}\varphi} \end{pmatrix} \tag{6.147}$$

式中，$R\mathrm{e}^{\mathrm{i}\varphi} = \dfrac{X}{2B}$。只有当 $\varphi = n\pi$，$n \in \mathbb{N}$ 时，其本征态为线极化波。否则，这类具有对称性结构的特征极化模式为一般的椭圆极化波。

其他类型的对称性也可以通过上述方法获得相应的透射矩阵和极化本征态，这里不再逐一详细说明。根据矩阵形式和本征态的不同，可以把异向介质分为以下 5 类：

M_{xz}（M_{yz}）：透射矩阵形式为 $\boldsymbol{T} = \begin{pmatrix} A & 0 \\ 0 & D \end{pmatrix}$，本征态为线极化波。

$C_{4,z}$（$C_{3,z}$）：透射矩阵形式为 $\boldsymbol{T} = \begin{pmatrix} A & B \\ -B & A \end{pmatrix}$，本征态为圆极化波。

M_{xy}（$C_{2,z}$）：透射矩阵形式为 $\boldsymbol{T} = \begin{pmatrix} A & B \\ B & D \end{pmatrix}$，本征态为椭圆极化波。

$C_{2,y}$（$C_{2,x}$）：透射矩阵形式为 $\boldsymbol{T}=\begin{pmatrix} A & B \\ -B & D \end{pmatrix}$，本征态为椭圆极化波。

无对称性：透射矩阵形式为 $\boldsymbol{T}=\begin{pmatrix} A & B \\ C & D \end{pmatrix}$，本征态为椭圆极化波。

其中，M_{ij} 表示结构关于 ij 平面有镜面对称性，$C_{n,i}$ 表示结构关于 i 轴有 C_n 旋转对称性。

本节介绍了如何根据结构的对称性确定其透射矩阵形式和极化本征态。根据这个理论，可以通过实验判断异向介质结构的对称性。例如，可以先用线极化波入射，绕着 z 轴旋转样品，然后探测交叉极化波的透射功率，如果在任意旋转角度下均无法探测到交叉极化波，可以判定该结构是极化不敏感的，即为各向同性介质。如果在某个旋转角度下无法探测到交叉极化波，则该结构为各向异性介质。进一步，如果相同极化和交叉极化波的透射功率不随旋转角度变化，则该结构为手征介质。其他的情况则表示本征态为椭圆极化波，若要进一步判断其对称性则需要测量透射矩阵的全部四个参数。同样地，用圆极化波作为入射波也可以来分析结构的性质，只不过需要在实验中配备圆偏振片和圆极化分析仪器等设备。

6.5 不同类型的异向介质及应用

自 Pendry 提出异向介质设计方法以来，异向介质（包括超构表面）在过去 20 多年中取得了巨大进展，也因此提出了许多新发现、新设备以及新系统。在异向介质研究领域不断发展的过程中，科学家发展了一系列异向介质，包括手征异向介质 [41−47]、双曲型异向介质 [48−54]、零折射率异向介质 [55−57] 以及智能异向介质 [58−60] 等。

6.5.1 手征异向介质

自手征异向介质被制备以来，这种新型介质以其独特的结构和电磁特性迅速成为研究的热点。2004 年，Pendry 设计了一种具有手征特性的异向介质，并成功实现了负折射现象 [61]。该设计通过将绝缘金属线绕成螺旋结构并周期性排列，形成手征介质，从而实现负折射效果。此外，Tretyakov 等提出了一个新构想，即基于天线模型实现“手征虚无”：在特定频率范围内，该介质的介电常数和磁导率为零，但其手征参数不为零，从而提供了一种实现负折射的可行方案 [62]。随着研究的深入，科学家发现手征负折射异向介质与左手介质不同，其负折射的实现不需要同时实现负的介电常数和磁导率，只需要手征参数达到一定数值即可，因此手征异向介质成为光频段实现负折射的研究热点。

根据手征的定义，构造手征异向介质需要破坏结构的镜像对称性。图 6.5.1 展示了几种不同的手征异向介质单元结构。图 6.5.1（a）展示了一种由两个各向同性的扭曲交叉结构组成的手征异向介质单元 [63]。当扭转角不等于 π/2 的整数倍时，该结构失去镜像对称性，从而表现出手征特性。图 6.5.1（b）展示了另一种由多层结构组成的手征异向介质单元，相邻层间具有一定的扭转角 [64]。这种构造方法同样适用于开口谐振环和 Y 形结构，如图 6.5.1（c）和（d）所示。图 6.5.1（e）展示了一种由四个扭曲的 U 形金属结构组成的手征异向介质单元，其中相邻 U 形结构的扭转角为 π/2[65]。由于 U 形结构本身是各向异性的，这种设计具有手征特性。此外，这种 U 型手征异向介质通常由多层结构组成，相邻层中同一位置的 U 形结构也具有 π/2 的扭转角。上述手征异向介质通过在各向异性或各向同性多层结构中引入扭曲实现对称性破缺。图 6.5.1 中展示的手征结构在绕其法线旋转 π/2 后能够与自身叠加，因此被称为四重对称结构，或 C_4 对称结构。在这类手征异向介质中，不存在圆极化之间的转换。

由于上述手征结构需要严格的不对称性设计，因此在高频段实现起来具有一定的难度。英国南安普顿大学 Zheludev 等在 2008 年首次提出了一种具有手征特性的异向介质——外在手征异向介质 [66]。外在手征异向介质是由非手征结构和斜入射电磁波共同构成的，其手征特性来源于平面异向介质与入射波的相对方位，因此称作“外在手征”。这种现象在三维情况下，通常被称作布恩效应或者伪手征效应。较之传统的手征结构，外在手征结构的物理设计更加简单，易于生产制造，同时具备较高的动态调控能力，如可以通过对结构尺寸的调整、单元周期的排布和入射光角度的改变来调整它的电磁参数。

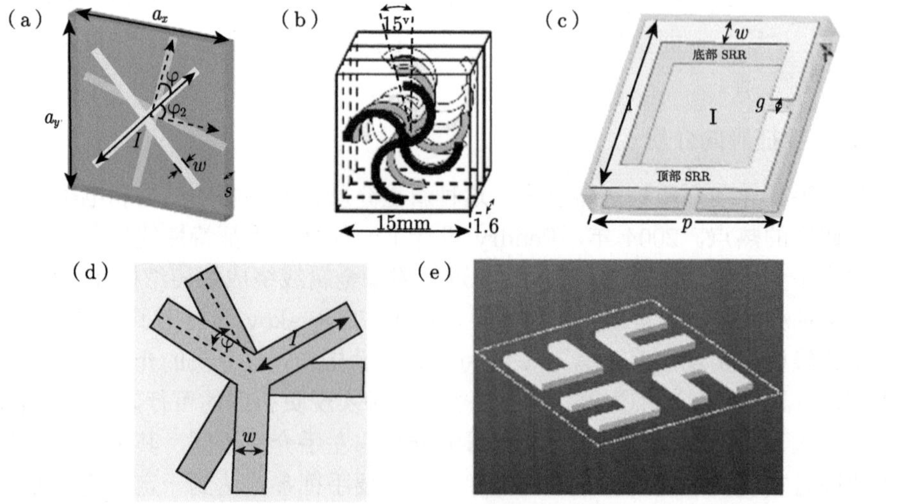

图 6.5.1　手征异向介质单元结构

由于自然界中的手性分子通常具有较弱的手性响应，直接通过测量其圆二色性光谱来检测手性需要大量样品，难以实现高灵敏度检测。然而，手征异向介质能够显著增强光与手性分子之间的相互作用，为痕量手性分子的传感提供了一种有效的方法。

鉴于此，范德比尔特大学 Valentine 等提出了一种手征吸收剂，并在近红外范围内实现了显著的圆二色性 [67]。手征异向介质的结构如图 6.5.2（a）所示，周期金属 Z 形单元通过聚甲基丙烯酸甲酯 (PMMA) 间隔物沉积在银衬底上。图 6.5.2（d）显示了圆极化光入射时的吸收特性，其中左旋圆极化（LCP）光几乎被完全吸收，而右旋圆极化（RCP）光的吸收率则低于 10%。将这种手征吸收剂与半导体等活性材料结合，并施加直流偏置电压，可以实现可调谐的吸收特性。图 6.5.2（b）展示了另一种手征异向介质 [68]，每个单元包含两层扭曲的金属棒。在波长为 8μm 时，RCP 光被完全吸收，而 LCP 光被反射，表现出显著的圆二色性，如图 6.5.2（e）所示。此外，这种手征吸收在 ±80° 的宽角度范围内仍然有效。这类具有选择性圆极化光吸收的手征异向介质在生物检测、显示和传感器器件中具有潜在的应用前景。

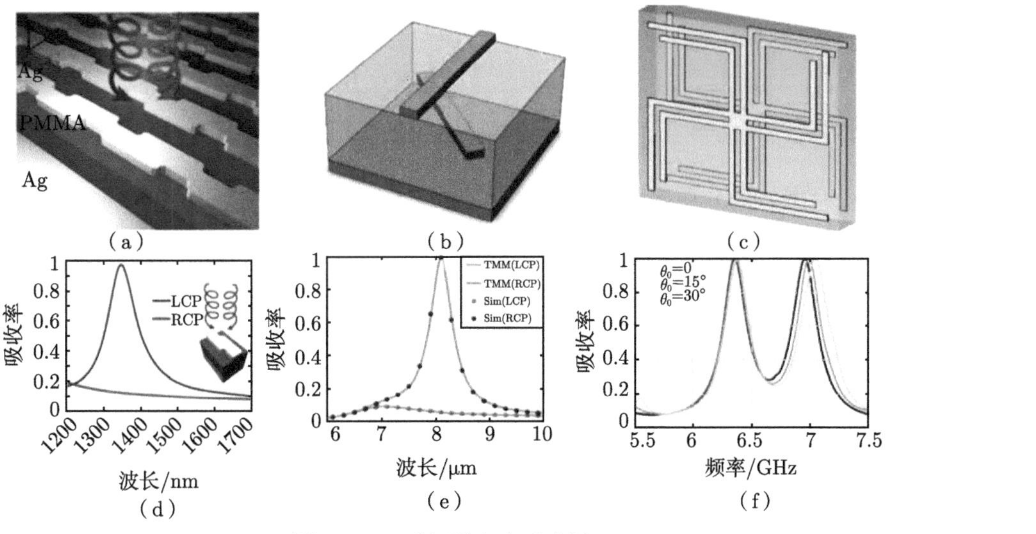

图 6.5.2 手征异向介质应用

6.5.2 双曲型异向介质

作为异向介质的一个重要分支，双曲型异向介质因其在近场电磁波调控方面的独特特性，成为该领域研究的重点。1969 年，加利福尼亚大学 Fisher 等在磁等离子体天线的实验中首次实现了双曲色散特性 [69]，但当时尚未明确提出这一概念。直到 2003 年，Smith 等在研究异向介质时首次提出开口谐振环结构具有双曲色散特性的概念 [70]，并将具有这种色散特性的人造材料称为双曲型异向介质。双曲型异向介质的研究可以追溯到 20 世纪 60 年代后期，当时研究人员利用恒定磁场制造磁化电子等离子体，使电子只能沿一个方向运动。尽管 1969 年的实验验证了该结构的有效性 [69]，但其应用频率范围因设备受到限制。近年来，研究人员提出了多种双曲型异向介质结构 [48]，如图 6.5.3 所示，包括金属–介质平板层状结构、金属–介质圆柱层状结构、多层渔网结构、纳米线阵列结构、金字塔结构和石墨烯多层结构等。

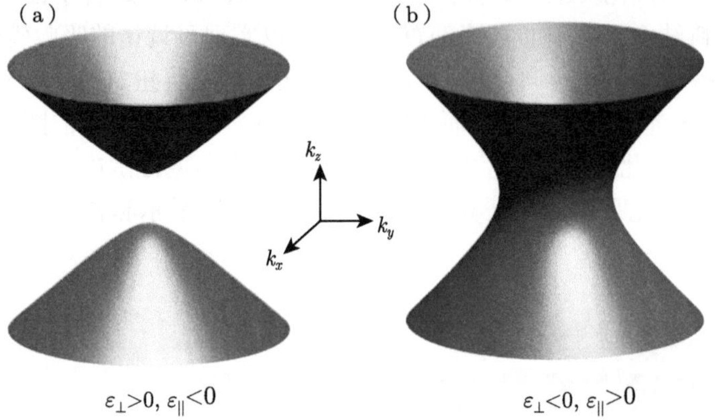

图 6.5.3 双曲型异向介质的色散曲面

双曲型异向介质，顾名思义，是指具有双曲色散特性的异向介质。这种介质的主要特性体现在其等效介电常数（或磁导率）张量上，即介电常数（或磁导率）的主对角元素中，有一个元素与另外两个元素的符号相反。即 $\varepsilon_\perp<0$、$\varepsilon_\parallel>0$ 或者 $\varepsilon_\perp>0$、$\varepsilon_\parallel<0$，其中下标 $\perp$ 和 $\parallel$ 分别表示对应分量与各向异性轴的方向垂直和平行。根据麦克斯韦方程组，可以推导出双曲型异向介质的色散关系为

$$\left(k_x^2+k_y^2+k_z^2-\varepsilon_\perp k_0^2\right)\left(\frac{k_x^2+k_y^2}{\varepsilon_\parallel}+\frac{k_z^2}{\varepsilon_\perp}-k_0^2\right)=0 \tag{6.148}$$

式中，$k_0=\dfrac{\omega}{c}$ 为自由空间中的波矢，k_x、k_y、k_z 分别为 x、y、z 三个方向的波矢。根据式 (6.148) 可以知道，寻常波和非寻常波的色散方程分别为

$$\frac{k_x^2+k_y^2+k_z^2}{\varepsilon_\perp}=k_0^2 \tag{6.149}$$

$$\frac{k_x^2+k_y^2}{\varepsilon_\parallel}+\frac{k_z^2}{\varepsilon_\perp}=k_0^2 \tag{6.150}$$

根据 $\varepsilon_\perp$ 和 $\varepsilon_\parallel$ 的正负关系，可以将双曲型异向介质分为 $\varepsilon_\perp < 0$、$\varepsilon_\parallel > 0$ 和 $\varepsilon_\perp > 0$、$\varepsilon_\parallel < 0$ 两种情况。其中，满足 $\varepsilon_\perp > 0$、$\varepsilon_\parallel < 0$ 的双曲型异向介质具有介电性，因此被称为介电型或 I 型双曲异向介质，如图 6.5.3 (a) 所示；满足 $\varepsilon_\perp < 0$、$\varepsilon_\parallel > 0$ 的双曲型异向介质则具有金属性，因此被称为金属型或 Ⅱ 型双曲异向介质，如图 6.5.3（b）所示。

金属中自由运动电子的极化响应与电场方向相反，使其在等离子体频率以下，介电常数实部为负值。因此，可以通过限制自由电子的运动来实现某一方向的介电常数为负值。双曲型异向介质最常见的实现方式是金属和介质混合结构，包括金属和介质层状结构（图 6.5.4（a））以及金属纳米线阵列（图 6.5.4（d））。

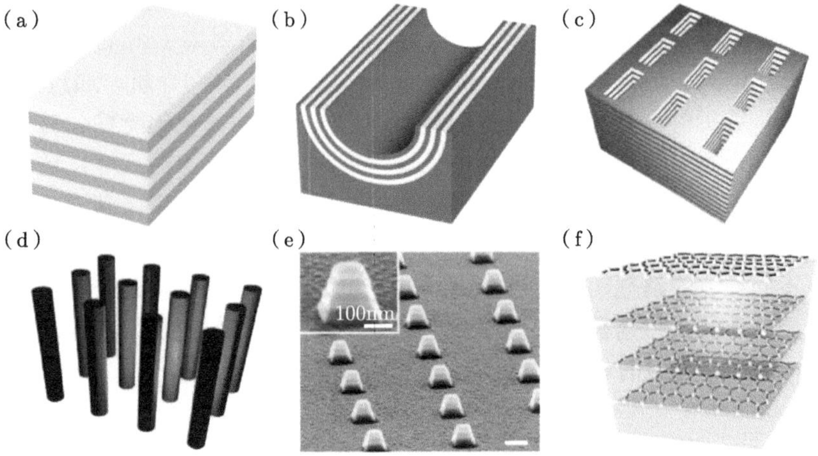

图 6.5.4 常见的双曲型异向介质

双曲型异向介质的核心特性在于其高度各向异性。由于具有双曲色散，这种介质在理论上可以支持无限大波矢的电磁波传播，因此展现出突破衍射极限的潜力。这使其在高分辨率成像、纳米级光刻和自发辐射增强等领域具有广泛的应用前景。此外，基于双曲异向介质的传感器在生物医学和环境检测等领域也具有显著的应用价值。在生物医学领域，双曲异向介质传感器可用于高灵敏度的生物检测。由于其独特的电磁特性，这类传感器能够精确检测生物分子，如蛋白质和 DNA 等生物标志物。它不仅具备高灵敏度，还能够实现快速检测，对于早期疾病诊断和生物研究至关重要。在环境检测领域，双曲异向介质传感器能够监测环境中的污染物。凭借其宽频带和非谐振特性，该传感器可以高效检测空气和水体中的污染物，提供高精度的环境监测数据，对环境保护和污染控制具有重要意义。

6.5.3　零折射率异向介质

零折射率异向介质，顾名思义，是指折射率接近于零的异向介质。根据折射率的表达式，折射率的数值由介电常数和磁导率共同决定，其中只需要一个参数接近于零，就能实现折射率的近零。从介电常数和磁导率的参数空间来看，如图 6.5.5 所示，零折射率异向介质位于参数空间的坐标轴和原点，横轴和纵轴分别代表 ε 和 μ，而原点则代表 ε 和 μ 均为零的情况。通常，介电常数接近零的异向介质被称为介电常数近零（epsilon-near-zero, ENZ）异向介质，磁导率接近零的异向介质被称为磁导率近零（mu-near-zero, MNZ）异向介质，介电常数和磁导率同时接近于零的情况被称为磁导率–介电常数近零（mu-epsilon-near-zero, MENZ）异向介质。对于各向异性的情况，介电常数和磁导率以张量矩阵的形式出现，若这些张量中仅有个别分量接近零，则称为各向异性零折射率（anisotropic epsilon-near-zero, AENZ; anisotropic mu-near-zero, AMNZ）异向介质。通过简单分析，不难发现，零折射率异向介质具有明显不同于常规介质的电磁特性。首先，在零折射率异向介质中传播的电磁波的波长通常远大于介质本身的尺寸，这意味着在有限尺寸的零折射率异向介质中，电磁波的传播相位近乎为零。其次，根据麦克斯韦方程组，介电常数或者磁导率接近零会导致电磁波的电场和磁场在传播过程中发生不同程度的解耦，即电场和磁场的分布不再相互依赖。此外，折射率接近零的介质的布儒斯特角极小，这使得无论是从外部入射的电磁波还是从介质内部辐射的电磁波，都具有良好的角度选择性。

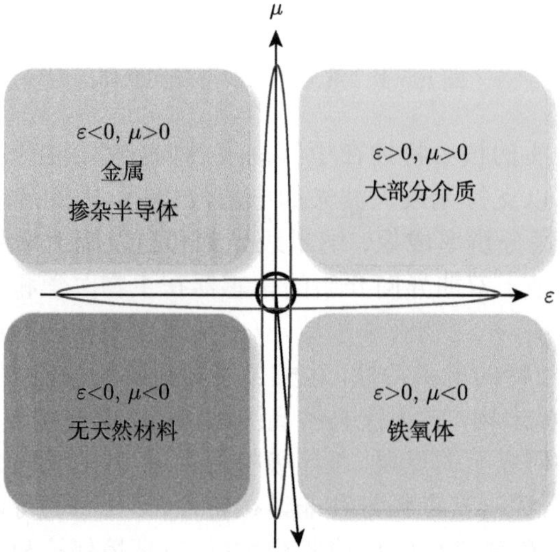

图 6.5.5　介电常数和磁导率的参数空间

自从零折射率异向介质的概念提出以来，科学家一直关注如何在实验中制备这种异向介质。实际上，对于特定频率的零折射率异向介质（通常是 ENZ 异向介质），自然界中存在一些实例，例如处于等离子体频率附近的金属和掺杂的半导体。然而，这些介质通常具有较大的损耗。通过异向介质设计方法，人们实现了不同频段的低损耗零折射率异向介质。截至目前，常见的实现方法主要分为三类：分层结构、金属波导结构和介质柱阵列，如图 6.5.6 所示。

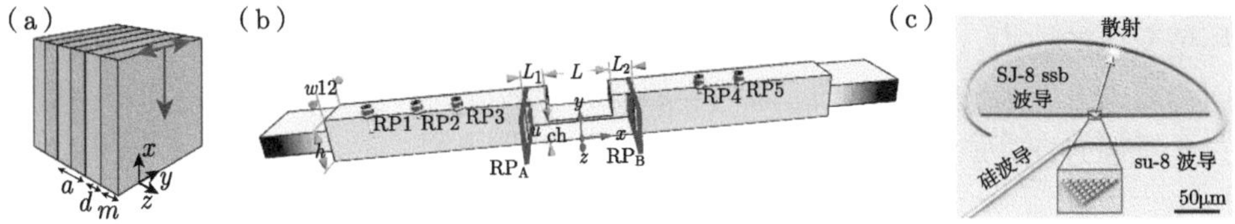

图 6.5.6 零折射率异向介质的实现方法

基于零折射率异向介质的独特电磁特性，该类介质可以用于设计具有特定功能的器件，从而对电磁波进行有效的变换与控制，以实现特定功能。例如，零折射率异向介质可以应用于开关、调制器、解调器和放大器等设备 [57,71]。总的来说，使用零折射率异向介质设计器件具有以下优势。第一，零折射率异向介质的电磁特性是常规介质难以实现的，利用这些特性可以设计任意形状的波导耦合器、电磁吸收器、等效电路元件和激光器等。第二，零折射率异向介质能突破几何形状的限制。由于其隧穿效应和挤压效应，电磁波能够通过狭窄且扭曲的结构而不产生能量损耗，从而使器件的性能对几何形状的依赖程度大大降低。这一特性使得设计不规则形状的弯曲波导、任意方向的电磁分束器以及几何不敏感的谐振器成为可能。第三，零折射率异向介质器件能够更高效地处理电磁波。在常规介质中，电磁波常常产生高阶模式，影响器件性能；而在零折射率异向介质中，电磁波模式通常是单一的，这使得器件能够更高效地实现特定功能，同时更方便进行电磁波的调控。第四，可调零折射率异向介质具有出色的开关性能。通过引入可调光学元件，可以设计出电磁通道转换器、数字调制器等相关的开关器件。

6.5.4 智能异向介质

总结不同类型的异向介质特性与设计方法，并结合时代热潮的人工智能技术，可将异向介质分为两大类：等效异向介质与智能异向介质。等效异向介质是指可通过等效介质参数描述的经典异向介质系统；而智能异向介质是传统异向介质与人工智能的结合，代表了异向介质向信息化和智能化发展的趋势，同时也是电磁物理与数字信息融合的智能调控平台。从物理本质上讲，这两类异向介质都是通过设计特殊结构单元来调控电磁波的传播，但两者在调控电磁波的方式和功能上有所不同。等效异向介质主要关注电磁波的幅度、相位、极化和传播等特性，无法实现对电磁波的实时调控，也难以与信息理论和信号处理方法相结合。相比之下，智能异向介质通过集成无源器件和有源器件，并使用数字编码方式进行表征、分析和设计，实现了对电磁波的灵活、实时和智能调控。

可编程异向介质作为一种有源且可控的形式，为异向介质的功能多样性提供了硬件基础。然而，可编程异向介质的主动控制仍然需要人为干预来改变控制指令或程序，以实现不同电磁特性的切换，如切换不同的相位编码状态、不同的极化编码状态等。而对于智能异向介质，自适应智能操作使其具有主动识别和判断环境变化的能力，能够根据智能算法做出自主决策。因此，智能异向介质将是异向介质未来发展的重要方向。本书主要研究等效异向介质的电磁理论和相关应用，关于智能异向介质方面的介绍可参考本丛书其他内容。

参 考 文 献

[1] Pendry J B, Holden A J, Stewart W J, et al. Extremely low frequency plasmons in metallic mesostructures [J]. Physical Review Letters, 1996, 76(25): 4773-4776.

[2] Pendry J B, Holden A J, Robbins D J, et al. Magnetism from conductors and enhanced nonlinear phenomena[J]. IEEE Transactions on Microwave Theory and Techniques, 1999, 47(11): 2075-2084.

[3] O'brien S, Pendry J B. Magnetic activity at infrared frequencies in structured metallic photonic crystals [J]. Journal of Physics: Condensed Matter, 2002, 14(25): 6383-6394.

[4] Huangfu J, Ran L, Chen H, et al. Experimental confirmation of negative refractive index of a metamaterial composed of Ω-like metallic patterns [J]. Applied Physics Letters, 2004, 84(9): 1537-1539.

[5] Chen H, Ran L, Huangfu J, et al. Left-handed materials composed of only S-shaped resonators [J]. Physical Review E, 2004, 70(5): 057605.

[6] Chen H, Ran L, Huangfu J, et al. Negative refraction of a combined double S-shaped metamaterial [J]. Applied Physics Letters, 2005, 86(15): 151909.

[7] Maslovski S, Tretyakov S, Belov P. Wire media with negative effective permittivity: A quasi-static model [J]. Microwave and Optical Technology Letters, 2002, 35(1): 47-51.

[8] Marqués R, Medina F, Rafii-El-Idrissi R. Role of bianisotropy in negative permeability and left-handed metamaterials [J]. Physical Review B, 2002, 65(14): 144440.

[9] Tonks L, Langmuir I. Oscillations in gases [J]. Physical Review, 1929, 33: 195.

[10] Jackson J D. Classical Electrodynamics [M]. 3rd ed. New York: Wiley, 1999.

[11] Brown J. Artificial dielectrics [J]. Progress in Dielectrics, 1960, 2: 195-225.

[12] Yuan C P, Trick T N. A simple formula for the estimation of the capacitance of two-dimensional interconnects in VLSI circuits [J]. IEEE Electron Device Letters, 1982, 3(12): 391-393.

[13] Smith D R, Schultz S, Markoš P, et al. Determination of effective permittivity and permeability of metamaterials from reflection and transmission coefficients [J]. Physical Review B, 2002, 65(19): 195104.

[14] Chen X, Grzegorczyk T M, Wu B, et al. Robust method to retrieve the constitutive effective parameters of metamaterials [J]. Physical Review E, 2004, 70(1): 016608.

[15] Smith D R, Padilla W J, Vier D C, et al. Composite medium with simultaneously negative permeability and permittivity [J]. Physical Review Letters, 2000, 84(18): 4184-4187.

[16] Shelby R A, Smith D R, Schultz S. Experimental verification of a negative index of refraction [J]. Science, 2001, 292(5514): 77-79.

[17] Shelby R A, Smith D R, Nemat-Nasser S C, et al. Microwave transmission through a two-dimensional, isotropic, left-handed metamaterial [J]. Applied Physics Letters, 2001, 78(4): 489-491.

[18] Gay-Balmaz P, Martin O J F. Efficient isotropic magnetic resonators [J]. Applied Physics Letters, 2002, 81(5): 939-941.

[19] Stockman M I. Criterion for negative refraction with low optical losses from a fundamental principle of causality [J]. Physical Review Letters, 2007, 98(17): 177404.

[20] Kinsler P, McCall M W. Causality-based criteria for a negative refractive index must be used with care [J]. Physical Review Letters, 2008, 101(16): 167401.

[21] Hamm J M, Wuestner S, Tsakmakidis K L, et al. Theory of light amplification in active fishnet metamaterials [J]. Physical Review Letters, 2011, 107(16): 167405.

[22] Wuestner S, Pusch A, Tsakmakidis K L, et al. Overcoming losses with gain in a negative refractive index metamaterial [J]. Physical Review Letters, 2010, 105(12): 127401.

[23] Xiao S, Drachev V P, Kildishev A V, et al. Loss-free and active optical negative-index metamaterials [J]. Nature, 2010, 466(7307): 735-738.

[24] Fang A, Koschny T H, Soukoulis C M. Self-consistent calculations of loss-compensated fishnet metamaterials [J]. Physical Review B, 2010, 82(12): 121102.

[25] Ye D, Chang K, Ran L, et al. Microwave gain medium with negative refractive index [J]. Nature Communications, 2014, 5(1): 5841.

[26] Sihvola A H. Electromagnetic Mixing Formulas and Applications [M]. London: Institution of Electrical Engineers, 1999.

[27] Lewin L. The electrical constants of a material loaded with spherical particles [J]. Journal of the Institution of Electrical Engineers, 1947, 94(27): 65-68.

[28] Bruggeman B. Calculation of various physics constants in heterogenous substances I Dielectricity Constants and Conductivity of Mixed Bodies from Isotropic Substances [J]. Annalen Der Physik, 1935, 24: 626-664.

[29] Wiener O. Die theorie des Mischkörpers für das Feld der stationären Strömung [J]. Abh Sachs Ges Akad Wiss Math Phys KI, 1912, 32: 507-604.

[30] Aspnes D E. Local-field effects and effective-medium theory: A microscopic perspective [J]. American Journal of Physics, 1982, 50(8): 704-709.

[31] Aspnes D E. Optical properties of thin films [J]. Thin Solid Films, 1982, 89(3): 249-262.

[32] Palik E D, Ghosh G. Handbook of Optical Constants of Solids [M]. San Diego: Academic Press, 1998.

[33] Grady N K, Heyes J E, Chowdhury D R, et al. Terahertz metamaterials for linear polarization conversion and anomalous refraction [J]. Science, 2013, 340(6138): 1304-1307.

[34] Menzel C, Paul T, Rockstuhl C, et al. Validity of effective material parameters for optical fishnet metamaterials [J]. Physical Review B, 2010, 81(3): 035320.

[35] Simovski C R, Tretyakov S A. On effective electromagnetic parameters of artificial nanostructured magnetic materials [J]. Photonics and Nanostructures-Fundamentals and Applications, 2010, 8(4): 254-263.

[36] Sheinfux H H, Kaminer I, Plotnik Y, et al. Subwavelength multilayer dielectrics: Ultra-sensitive transmission and breakdown of effective-medium theory [J]. Physical Review Letters, 2014, 113(24): 243901.

[37] Zhukovsky S V, Andryieuski A, Takayama O, et al. Experimental demonstration of effective medium approximation breakdown in deeply subwavelength all-dielectric multilayers [J]. Physical Review Letters, 2015, 115(17): 177402.

[38] Rogacheva A V, Fedotov V A, Schwanecke A S, et al. Giant gyrotropy due to electromagnetic-field coupling in a bilayered chiral structure [J]. Physical Review Letters, 2006, 97(17): 177401.

[39] Rockstuhl C, Menzel C, Paul T, et al. Optical activity in chiral media composed of three-dimensional metallic meta-atoms [J]. Physical Review B, 2009, 79(3): 035321.

[40] Menzel C, Rockstuhl C, Lederer F. Advanced Jones calculus for the classification of periodic metamaterials [J]. Physical Review A, 2010, 82(5): 053811.

[41] Wang Z, Cheng F, Winsor T, et al. Optical chiral metamaterials: a review of the fundamentals, fabrication methods and applications [J]. Nanotechnology, 2016, 27(41): 412001.

[42] Ma W, Cheng F, Liu Y. Deep-learning-enabled on-demand design of chiral metamaterials [J]. ACS Nano, 2018, 12(6): 6326-6334.

[43] Fernandez-Corbaton I, Rockstuhl C, Ziemke P, et al. New twists of 3D chiral metamaterials [J]. Advanced Materials, 2019, 31(26): 1807742.

[44] Helgert C, Pshenay-Severin E, Falkner M, et al. Chiral metamaterial composed of three-dimensional plasmonic nanostructures [J]. Nano Letters, 2011, 11(10): 4400-4404.

[45] Wang B, Zhou J, Koschny T, et al. Chiral metamaterials: Simulations and experiments [J]. Journal of Optics A: Pure and Applied Optics, 2009, 11(11): 114003.

[46] Zhao R, Koschny T, Soukoulis C M. Chiral metamaterials: Retrieval of the effective parameters with and without substrate [J]. Optics Express, 2010, 18(14): 14553-14567.

[47] Li Z, Mutlu M, Ozbay E. Chiral metamaterials: From optical activity and negative refractive index to asymmetric transmission [J]. Journal of Optics, 2013, 15(2): 023001.

[48] Poddubny A, Iorsh I, Belov P, et al. Hyperbolic metamaterials [J]. Nature Photonics, 2013, 7(12): 948-957.

[49] Shekhar P, Atkinson J, Jacob Z. Hyperbolic metamaterials: Fundamentals and applications [J]. Nano Convergence, 2014, 1(1): 14.

[50] Guo Z, Jiang H, Chen H. Hyperbolic metamaterials: From dispersion manipulation to applications [J]. Journal of Applied Physics, 2020, 127(7): 071101.

[51] Huo P, Zhang S, Liang Y, et al. Hyperbolic metamaterials and metasurfaces: Fundamentals and applications [J]. Advanced Optical Materials, 2019, 7(14): 1801616.

[52] Ferrari L, Wu C, Lepage D, et al. Hyperbolic metamaterials and their applications [J]. Progress in Quantum Electronics, 2015, 40: 1-40.

[53] Lee D, So S, Hu G, et al. Hyperbolic metamaterials: fusing artificial structures to natural 2D materials [J]. eLight, 2022, 2(1): 1.

[54] Drachev V P, Podolskiy V A, Kildishev A V. Hyperbolic metamaterials: New physics behind a classical problem [J]. Optics Express, 2013, 21(12): 15048-15064.

[55] Liberal I, Engheta N. Near-zero refractive index photonics [J]. Nature Photonics, 2017, 11(3): 149-158.

[56] Kinsey N, DeVault C, Boltasseva A, et al. Near-zero-index materials for photonics [J]. Nature Reviews Materials, 2019, 4(12): 742-760.

[57] Niu X, Hu X, Chu S, et al. Epsilon-near-zero photonics: A new platform for integrated devices [J]. Advanced Optical Materials, 2018, 6(10): 1701292.

[58] Li L, Zhao H, Liu C, et al. Intelligent metasurfaces: Control, communication and computing [J]. eLight, 2022, 2(1): 7.

[59] Chen J, Hu S, Zhu S, et al. Metamaterials: From fundamental physics to intelligent design [J]. Interdisciplinary Materials, 2023, 2(1): 5-29.

[60] Cui T J, Li L, Liu S, et al. Information metamaterial systems [J]. iScience, 2020, 23(8): 101403.

[61] Pendry J B. A chiral route to negative refraction [J]. Science, 2004, 306(5700): 1353-1355.

[62] Tretyakov S, Nefedov I, Sihvola A, et al. Waves and energy in chiral nihility [J]. Journal of Electromagnetic Waves and Applications, 2003, 17(5): 695-706.

[63] Zhou J, Dong J, Wang B, et al. Negative refractive index due to chirality [J]. Physical Review B, 2009, 79(12): 121104.

[64] Plum E, Zhou J, Dong J, et al. Metamaterial with negative index due to chirality [J]. Physical Review B, 2009, 79(3): 035407.

[65] Liu N, Giessen H. Three-dimensional optical metamaterials as model systems for longitudinal and transverse magnetic coupling [J]. Optics Express, 2008, 16(26): 21233-21238.

[66] Plum E, Fedotov V A, Zheludev N I. Optical activity in extrinsically chiral metamaterial [J]. Applied Physics Letters, 2008, 93(19): 191911.

[67] Li W, Coppens Z J, Besteiro L V, et al. Circularly polarized light detection with hot electrons in chiral plasmonic metamaterials [J]. Nature Communications, 2015, 6(1): 8379.

[68] Wang Z, Jia H, Yao K, et al. Circular dichroism metamirrors with near-perfect extinction [J]. ACS Photonics, 2016, 3(11): 2096-2101.

[69] Fisher R, Gould R. Resonance cones in the field pattern of a short antenna in an anisotropic plasma [J]. Physical Review Letters, 1969, 22(21): 1093-1095.
[70] Smith D R, Schurig D. Electromagnetic wave propagation in media with indefinite permittivity and permeability tensors [J]. Physical Review Letters, 2003, 90(7): 077405.
[71] Abbasi F, Engheta N. Roles of epsilon-near-zero (ENZ) and mu-near-zero (MNZ) materials in optical metatronic circuit networks[J]. Optics Express, 2014, 22(21): 25109-25119.

索　引

A

安培定律, 1

B

保角变换, 138
贝塞尔函数, 90
本构参数, 2
本构关系, 2
边界条件, 16
变换光学, 4
标量势, 120
表面电荷, 30
表面电流, 31
表面电压, 164
波矢量, 3
布儒斯特–渡越辐射, 213

C

常规介质, 3
超构表面, 5
超散射, 108
磁导率, 3
磁化, 1
磁偶极矩, 19
磁偶极子, 21

D

单界面渡越辐射, 204
单通道散射极限, 108
单轴介质, 65
德拜势, 101
等效磁导率, 221
等效电路模型, 221
等效介电常数, 221
等效介质理论, 249
地毯式隐身器件, 130
电传导, 25
电磁辐射, 129
电磁隐身, 4
电极化, 2
电流密度, 2
电偶极矩, 19
电偶极子, 19
渡越辐射, 204
对称性分析理论, 258
多维开口谐振环结构, 238

F

法拉第定律, 2
分层介质, 89
负各向同性异向介质, 37
负折射, 3
负折射率, 3
复坡印亭定理, 17

G

高阶变换光学, 136
高斯定律, 2
格林函数, 191
各向同性异向介质, 26
各向异性异向介质, 26
广义表面边界条件, 32
广义斯涅尔定律, 5

H

汉克尔函数, 90

J

极化, 2
介电常数, 3
金属棒阵列, 4
均匀坐标变换, 130

K

开口谐振环, 4
空间频率, 6
库仑定律, 1

L

勒让德多项式, 101
零折射率异向介质, 109
洛伦兹模型, 23

M

麦克斯韦方程组, 1
米氏散射, 97

N

逆 Goos-Hänchen 位移, 42
逆多普勒效应, 4
逆切连科夫辐射, 37
逆斯涅尔定律, 38

P

坡印亭定理, 6

Q

切连科夫辐射, 4
球体散射, 97

R

瑞利散射, 97

S

散射截面, 99
色散关系, 7
时间频率, 6
时谐场, 6
时域耦合模式理论, 111
矢量势, 157
手征异向介质, 76
双各向同性异向介质, 27
双各向异性异向介质, 28
双界面渡越辐射, 208
双曲型异向介质, 263

T

椭圆极化, 6

W

完美磁导体, 105
完美电导体, 94
完美透镜, 43
维纳界限, 254
位移电流, 2

X

线极化, 6

Y

雅可比矩阵, 129
异向介质, 1
异向界面, 35
隐身器件, 128
圆极化, 6
圆柱散射, 89

Z

增益异向介质, 117
智能异向介质, 5
转移矩阵理论, 255
自由电子渡越辐射, 204
左手介质, 3
坐标变换, 4

其他

Drude 模型, 122
kDB 坐标系, 48
Kramers-Krönig 关系, 196
Maxwell-Garnett 等效介质理论, 249
S 型谐振环结构, 228